INTRODUÇÃO À ÁLGEBRA

Blucher

Lenimar Nunes de Andrade

INTRODUÇÃO À ÁLGEBRA

Questões comentadas e resolvidas

Introdução à Álgebra: questões comentadas e resolvidas

Editora Edgard Blücher Ltda.

Publisher Edgard Blücher
Editor Eduardo Blucher
Coordenador editorial Rafael Fulanetti
Coordenação de produção Andressa Lira
Produção editorial Kedma Marques
Diagramação Horizon Soluções Editoriais
Revisão de texto Maurício Katayama
Capa Laércio Flenic
Imagem da capa iStockphoto

Blucher

Rua Pedroso Alvarenga, 1245, 4° andar
CEP 04531-934 – São Paulo – SP – Brasil
Tel.: 55 11 3078-5366
contato@blucher.com.br
www.blucher.com.br

Segundo o Novo Acordo Ortográfico, conforme 6. ed. do *Vocabulário Ortográfico da Língua Portuguesa,* Academia Brasileira de Letras, julho de 2021.

Dados Internacionais de Catalogação na Publicação (CIP)
Angélica Ilacqua CRB-8/7057

Andrade, Lenimar Nunes
Introdução à Álgebra: questões comentadas e resolvidas / Lenimar Nunes de Andrade -- São Paulo: Blucher, 2025.
330 p.

Bibliografia
ISBN 978-85-212-2477-8 (impresso)
ISBN 978-85-212-2476-1 (eletrônico)

1. Álgebra I. Título

25-0293 CDD 512.9

Índice para catálogo sistemático:
1. Álgebra

Dedicado às minhas netas
Aurora e Rita (as "pintinhas")
e aos meus netos
Jorge e Ravi (os "pintinhos").

Prefácio

Este texto foi inicialmente elaborado para servir de apoio à disciplina "Introdução à Álgebra" e correlatas. Pode também ser usado como um complemento de outro texto que contenha o desenvolvimento detalhado da teoria. Dedica-se principalmente a alunos dos cursos de Licenciatura ou Bacharelado em Matemática, Física, Química ou Engenharia Elétrica (na área de Telecomunicações).

Nos primeiros capítulos, fizemos uma revisão de conjuntos, relações, funções e aritmética. Demos ênfase a alguns assuntos tais como Princípio de Indução, congruências, critérios de divisibilidade e relações de equivalência. Em cada capítulo, depois de explorar esses temas, resolvemos vários exercícios a eles relacionados.

Nos Capítulos 4, 5, 6 e 7, fizemos uma introdução à Teoria dos Grupos e desenvolvemos temas como operações binárias, grupos, subgrupos, homomorfismos e isomorfismos de grupos, classes laterais e grupos-quocientes. Nos Capítulos 8 e 9, introduzimos os conceitos de anéis e corpos. Foram explicados assuntos como anéis, subanéis, ideais, homomorfismos e isomorfismos de anéis e anéis-quocientes. No Capítulo 10 fizemos uma revisão de polinômios e equações polinomiais e apresentamos o conceito de polinômios irredutíveis.

Por fim, são apresentados alguns exercícios de revisão, bem como alguns testes do tipo múltipla escolha. Esse tipo de questão era muito utilizado em concursos e vestibulares de décadas passadas, e, nos tempos atuais de educação a distância, voltou a ter alguma importância, já que programas como o Moodle têm muitos recursos que ajudam na sua aplicação.

No final de cada capítulo, acrescentamos alguns exercícios propostos, todos com respostas. Podem ser usados para avaliação da aprendizagem dos diversos conteúdos ou para uma autoavaliação.

Na elaboração do texto, utilizamos programas livres tais como o Latex. O apoio computacional foi dado pelo Maxima e pelo GeoGebra.

Para encerrar, quero fazer um agradecimento especial à minha esposa Luíza Amélia pela ajuda, incentivo e apoio permanentes.

João Pessoa, 18 de setembro de 2023

Lenimar Nunes de Andrade

Conteúdo

CAPÍTULO 1

Conjuntos

1.1 NOÇÕES PRIMITIVAS

Os conceitos de *conjunto, elemento* e *pertinência* costumam ser aceitos sem definição e, por isso, são chamados *noções primitivas.* A noção matemática de conjunto que se usa é praticamente a mesma do idioma comum, ou seja, é o mesmo que agrupamento, classe, coleção.

Um *conjunto* é qualquer coleção de objetos. Os objetos que compõem a coleção são chamados *elementos.* Os elementos *pertencem* à sua respectiva coleção. Convencionamos representar conjuntos por letras maiúsculas e seus elementos por letras minúsculas.

Um conjunto fica determinado quando:

- listamos todos os seus elementos. Neste caso, usaremos vírgulas separando cada elemento e os agruparemos entre chaves. Por exemplo, $V = \{a, e, i, o, u\}$ representa o conjunto das vogais do nosso alfabeto.
- indicamos alguma propriedade que seja característica dos seus elementos. Por exemplo, $P = \{x \mid x \text{ é um inteiro positivo par}\}$ (lê-se: *"P é o conjunto dos x tais que x é um inteiro positivo par"*) é o conjunto formado pelos elementos $2, 4, 6, 8, \ldots$ As reticências denotam que a listagem dos elementos tem continuidade.

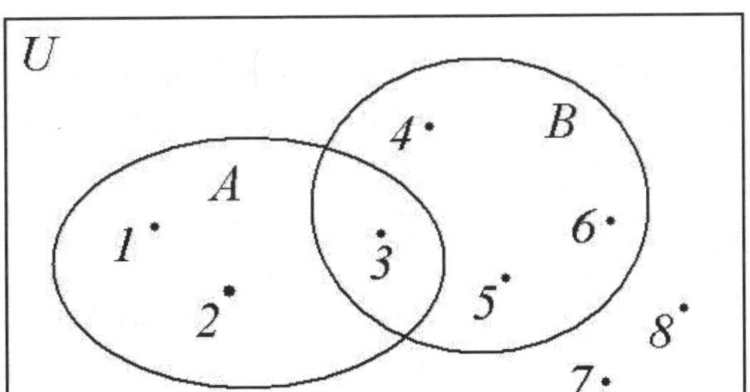

Figura 1.1 Diagrama representando um conjunto.

Usaremos a notação $x \in A$ para indicar que o elemento x pertence ao conjunto A e $x \notin A$ em caso contrário, ou seja, indicando que x não pertence a A.

Dois conjuntos são *iguais* quando tiverem os mesmos elementos. Equivalentemente, dois conjuntos A e B são considerados iguais quando todo elemento de A for elemento de B e todo elemento de B também for elemento de A. Não importa se há repetição de elementos e nem a ordem em que os elementos são listados. Por exemplo, se $A = \{1, 2, 3, 4\}$ e $B = \{4, 3, 4, 3, 1, 1, 2\}$, então temos que $A = B$, ou seja, são conjuntos iguais.

1.2 DIAGRAMAS DE VENN

É usual representar os conjuntos por curvas fechadas, sem autointerseção, contendo no seu interior pontos que são os seus elementos. Elementos que não pertencem ao conjunto são representados por ponto no exterior da curva. Por exemplo, na Figura 1.1 representamos um conjunto $A = \{x, y, z, u, w\}$. Representamos também que $a \notin A$, $b \notin A$ e $c \notin A$.

Essa forma de representação de conjuntos é chamada *diagrama de Euler-Venn* ou, simplesmente, *diagrama de Venn.*

1.3 CONJUNTO UNITÁRIO, CONJUNTO VAZIO, CONJUNTO UNIVERSO

Um conjunto que contenha um único elemento é chamado *unitário.* Por exemplo, $X = \{y \mid y$ é um número par positivo e primo $\}$ é um conjunto unitário.

Fazemos distinção entre um conjunto unitário $X = \{x\}$ e o seu único elemento x. Neste caso, escrevemos $x \in \{x\}$ e consideramos sem sentido igualdades do tipo $x = \{x\}$.

Um conjunto sem elementos é chamado *conjunto vazio* que é representado por $\varnothing$ ou por $\{\ \}$.

Ao estudarmos determinados conjuntos, admitimos a existência de um conjunto U ao qual pertencem todos os elementos de todos os conjuntos envolvidos. Esse conjunto U é chamado *conjunto universo.*

É comum a solução de um problema depender do conjunto universo utilizado. Por exemplo, se resolvermos a equação $x^2 + 5x + 6 = 0$ usando como conjunto universo o dos inteiros positivos, então diremos que ela não tem solução. No entanto, se o conjunto universo das possíveis soluções fosse o conjunto de todos os inteiros, então diríamos que ela admite duas soluções, -2 e -3.

Outro exemplo: escolhamos um segmento de reta $\overline{AB}$ em uma reta r. Se escolhermos como conjunto universo a reta r, então os pontos que estão a uma mesma distância tanto de A quanto de B é formado por apenas um único ponto: o ponto médio do segmento

$\overline{AB}$. Por outro lado, se escolhermos o conjunto universo como sendo um plano que passe pela reta r, então o conjunto de todos os pontos a uma mesma distância de A e B é formado por uma reta s que é perpendicular a r e que passa no ponto médio de $\overline{AB}$.

1.4 SUBCONJUNTOS

Consideremos dois conjuntos A e B. Se todo elemento de A também for elemento de B, então diremos que A *está contido em* B e também que A é *subconjunto* de B. Simbolicamente, representaremos por $A \subset B$ ou por $A \subseteq B$. Neste caso, dizemos também que B contém A e representamos por $B \supset A$ ou $B \supseteq A$.

Usaremos $A \not\subset B$ significando "A *não está contido em* B" e $B \not\supset A$ significando "B *não contém* B".

Qualquer conjunto está contido em si mesmo, ou seja, $A \subset A$ para qualquer conjunto A.

Temos também que o conjunto vazio está contido em qualquer conjunto, ou seja, $\emptyset \subset A$ para todo A. Para entender melhor essa afirmação, vamos supor que fosse diferente, que existisse algum conjunto X tal que $\emptyset \not\subset X$. Isso só seria possível se existisse algum elemento a pertencente a $\emptyset$ que não fosse elemento de X. Como tal elemento a não existe, não podemos ter $\emptyset \not\subset X$, e, consequentemente, o conjunto $\emptyset$ está contido em qualquer outro conjunto.

Exemplos:

- $\{a, c\} \subset \{a, c, d, f\}$
- $\{a\} \subset \{a, d, e\}$
- $\{a, b, c\} \subset \{a, b, c\}$
- $\{a, b, c, d\} \not\subset \{a, b\}$

Quando $A \subset B$, representamos no diagrama A como sendo uma curva fechada dentro de outra curva fechada B.

1.5 UNIÃO DE CONJUNTOS

Se A e B são conjuntos quaisquer, o conjunto formado pelos elementos que pertencem a pelo menos um deles é chamado *união* de A com B e é representado por $A \cup B$ (lê-se: "*A união B*"). Ver Figura 1.2. Simbolicamente,

$$A \cup B = \{x \mid x \in A \text{ ou } x \in B\}$$

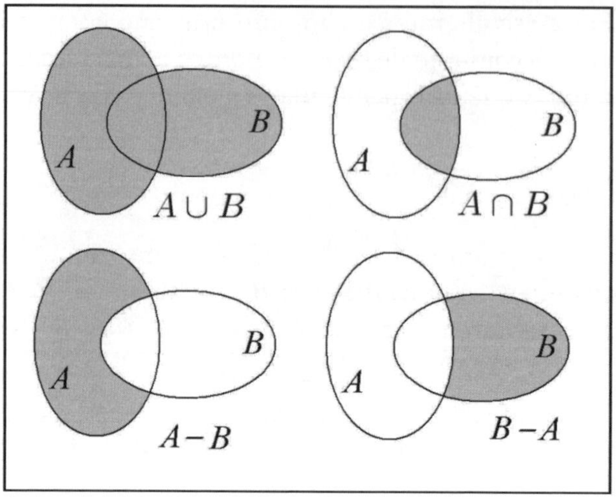

Figura 1.2 União, interseção e diferenças de conjuntos.

Exemplos:

- $\{a, c, d\} \cup \{a, c, f\} = \{a, c, d, f\}$
- $\{a, b, c, f\} \cup \{a, d, e\} = \{a, b, c, d, e, f\}$
- $\{a, b, c\} \cup \{d, e, f\} = \{a, b, c, d, e, f\}$
- $\{a, b, c\} \cup \{a, b, c\} = \{a, b, c\}$
- $\{a, b, c\} \cup \varnothing = \{a, b, c\}$

Para quaisquer conjuntos A, B e C subconjuntos de um conjunto universo U temos as seguintes propriedades:

- $A \cup A = A$
- $A \cup U = U$
- $A \cup \varnothing = A$
- $A \cup B = B \cup A$
- $A \cup B \supset A$ e $A \cup B \supset B$
- $(A \cup B) \cup C = A \cup (B \cup C)$

1.6 INTERSEÇÃO DE CONJUNTOS

Se A e B são conjuntos quaisquer, o conjunto formado pelos elementos que pertencem a ambos é chamado *interseção* de A e B e é representado por $A \cap B$ (lê-se: "*A inter B*"). Ver Figura 1.2. Simbolicamente,

$$A \cap B = \{x \mid x \in A \text{ e } x \in B\}$$

Exemplos:

- $\{a, b, c, d\} \cap \{a, c, e, f\} = \{a, c\}$
- $\{a, b, c, f\} \cap \{a, d, e\} = \{a\}$
- $\{a, b, c\} \cap \{d, e, f\} = \varnothing$
- $\{a, b, c\} \cap \{a, b, c\} = \{a, b, c\}$
- $\{a, b, c\} \cap \varnothing = \varnothing$

Para quaisquer conjuntos A, B e C subconjuntos de um conjunto universo U temos as seguintes propriedades:

- $A \cap A = A$
- $A \cap U = A$
- $A \cap \varnothing = \varnothing$
- $A \cap B = B \cap A$
- $A \cap B \subset A$ e $A \cap B \subset B$
- $(A \cap B) \cap C = A \cap (B \cap C)$
- $A \cap (B \cup C) = (A \cap B) \cup (A \cap C)$
- $A \cup (B \cap C) = (A \cup B) \cap (A \cup C)$

1.7 DIFERENÇA DE CONJUNTOS

Se A e B são conjuntos quaisquer, o conjunto formado pelos elementos de A que não pertencem a B é chamado *diferença* entre A e B e é representado por $A - B$ (lê-se: "*A menos B*"). Ver Figura 1.1. Simbolicamente,

$$A - B = \{x \mid x \in A \text{ e } x \notin B\}$$

Analogamente, definimos:

$$B - A = \{x \mid x \in B \text{ e } x \notin A\}$$

Exemplos:

- $\{a, b, c, d\} - \{a, c, e, f\} = \{b, d\}$
- $\{a, b\} - \{a, b, d, e\} = \varnothing$
- $\{a, b, d, e\} - \{a, b\} = \{d, e\}$
- $\{a, b, c\} - \{a, b, c\} = \varnothing$
- $\{a, b, c\} - \varnothing = \{a, b, c\}$

1.8 COMPLEMENTAR

Dados dois conjuntos A e B, tais que $B \subset A$, chama-se *complementar de B com relação a A* o conjunto $A - B$ formado pelos elementos que pertencem a A e não pertencem a B, representado por $\overline{B}$ ou por $\complement_A B$ (lê-se: "*complementar de B com relação a A*"). Simbolicamente,

$$\complement_A B = A - B = \{x \mid x \in A \text{ e } x \notin B\}$$

Exemplos: Sejam $A = \{1, 2, 3, 4, 5\}$, $B = \{1, 2\}$, $X = \{4, 5\}$ e $U = \{1, 2, 3, 4, 5, 6, 7, 8\}$.

- $\complement_A B = \{3, 4, 5\}$
- $\complement_A X = \{1, 2, 3\}$
- $\complement_U A = \{6, 7, 8\}$
- $\complement_U X = \{1, 2, 3, 6, 7, 8\}$
- $\complement_B B = \varnothing$
- $\complement_A \varnothing = A$

Para quaisquer conjuntos A, B subconjuntos de um conjunto U temos as seguintes propriedades:

- $A \cap \complement_U A = \varnothing$ e $A \cup \complement_U A = U$
- $\complement_A A = \varnothing$ e $\complement_A \varnothing = A$

- $\complement_U(\complement_U A) = A$
- $\complement_U(A \cup B) = \complement_U A \cap \complement_U B$
- $\complement_U(A \cap B) = \complement_U A \cup \complement_U B$

1.9 CONJUNTO DE CONJUNTOS

Os elementos de um conjunto também podem ser conjuntos. Por exemplo,

$$A = \{\{1,4\},\ \{0,5,6\},\ \{9\}\}$$

é um conjunto formado por três elementos (que também são conjuntos):

$$\{1,4\},\ \{0,5,6\},\ \{9\}$$

Aqui, podemos escrever $\{1,4\} \in A$, $\{0,5,6\} \in A$, $\{9\} \in A$, e $\{\{1,4\},\ \{0,5,6\}\} \subset A$, mas não podemos escrever algo como $\{0,5,6\} \subset A, 4 \in A, 9 \in A$.

Considerando A um conjunto qualquer, o *conjunto das partes de A*, denotado por $\wp(A)$, é o conjunto cujos elementos são todos os subconjuntos de A. Simbolicamente:

$$\wp(A) = \{X \mid X \subset A\}$$

Por exemplo, se $A = \{1,3,5\}$, então os subconjuntos de A são

$$\varnothing, \{1\}, \{3\}, \{5\}, \{1,3\}, \{1,5\}, \{3,5\}, \{1,3,5\}$$

portanto

$$\wp(A) = \{\varnothing, \{1\}, \{3\}, \{5\}, \{1,3\}, \{1,5\}, \{3,5\}, \{1,3,5\}\}$$

É possível mostrar que se A for formado por n elementos distintos, então $\wp(A)$ é formado por 2^n elementos distintos.

1.10 TABELA DE SÍMBOLOS

Tabela 1.1 Símbolos utilizados com conjuntos.

símbolos	como se lê
$a \in A$	a **pertence** a A
$a \notin A$	a **não pertence** a A
$A = \{x \mid x \text{ tem a propriedade } P\}$	A é o conjunto dos x tal que x tem a propriedade P
$A = B$	A é **igual** a B
$A \neq B$	A é **diferente** de B
$A \subset B$	A **está contido** em B
$A \not\subset B$	A **não está contido** em B
$A \supset B$	A **contém** B
$A \not\supset B$	A **não contém** B
$\varnothing$	conjunto **vazio**
$A - B$	A **menos** B
$A \cup B$	A **união** B
$A \cap B$	A **inter** B
$\complement_B A$	**complementar** de A com relação a B
$\wp(A)$	Conjunto das **partes** de A
$\exists x$	**existe** um x
$\forall x$	**para todo** x

1.11 NÚMEROS NATURAIS E INTEIROS

Chamamos *conjunto dos números naturais* (denotado por $\mathbb{N}$) o conjunto formado por $0, 1, 2, 3, \ldots$

$$\mathbb{N} = \{0, 1, 2, 3, 4, \ldots\}$$

e *conjunto dos números inteiros* (denotado por $\mathbb{Z}$) o seguinte conjunto:

$$\mathbb{Z} = \{\ldots, -3, -2, -1, 0, 1, 2, 3, \ldots\}$$

Destacamos os seguintes subconjuntos de $\mathbb{Z}$:

$$\mathbb{Z}_+ = \{0, 1, 2, 3, \ldots\} = \mathbb{N}$$

$$\mathbb{Z}_- = \{\ldots, -3, -2, -1, 0\}$$

$$\mathbb{Z}^* = \{\ldots, -3, -2, -1, 1, 2, 3, \ldots\}$$

Em $\mathbb{Z}$, além das operações de *adição* e *multiplicação*, uma importante definição é a de *divisor*: dados $a, b \in \mathbb{Z}$, dizemos que a é um divisor de b (em símbolos: $a \mid b$) quando existir um inteiro c tal que $ac = b$. Neste caso, dizemos também que b é um *múltiplo* de a. Por exemplo, $3 \mid 12$, ou seja, 3 é um divisor de 12 (porque existe um inteiro, 4, tal que $3 \cdot 4 = 12$).

1.12 NÚMEROS RACIONAIS

Chamamos *conjunto dos números racionais* (denotado por $\mathbb{Q}$) o conjunto formado por todas as frações (pares de inteiros) $\frac{p}{q}$ onde $p \in \mathbb{Z}$, $q \in \mathbb{Z}^*$:

$$\mathbb{Q} = \left\{ \frac{p}{q} \mid p, q \in \mathbb{Z}, q \neq 0 \right\}$$

Em $\mathbb{Q}$ definimos os seguintes conceitos:

- igualdade: $\frac{a}{b} = \frac{c}{d}$ equivale a $ad = bc$;
- adição: $\frac{a}{b} + \frac{c}{d} = \frac{ad+bc}{bd}$;
- multiplicação: $\frac{a}{b} \cdot \frac{c}{d} = \frac{ac}{bd}$.

1.13 NÚMEROS REAIS

Uma raiz de um número racional nem sempre é um número racional. Por exemplo, $\sqrt{2}$ não é racional.

Um número que não é racional é chamado *irracional*. Existe uma infinidade de números irracionais conhecidos: $\sqrt{2}$, $\sqrt{3}$, $\sqrt{5}$, ..., $\pi = 3,1415926...$, $e = 2,7182818...$, $\log_{10} 2 = 0,301030...$

A união de todos os racionais com todos os irracionais é chamado *conjunto dos números reais*, denotado por $\mathbb{R}$. O conjunto dos irracionais é o complementar dos racionais com relação aos reais, por isso ele costuma ser denotado por $\mathbb{R} - \mathbb{Q}$.

Destacamos aqui os seguintes subconjuntos dos reais: $\mathbb{R}^*$ dos reais não nulos, $\mathbb{R}_+$ dos reais não negativos,$\mathbb{R}_-$ dos reais não positivos.

1.14 INTERVALOS

Dados dois números reais a e b com $a < b$, definimos:

- *intervalo aberto* de extremidades a e b como sendo o conjunto

$$]a, b[= \{x \in \mathbb{R} \mid a < x < b\}$$

- *intervalo fechado* de extremidades a e b como sendo o conjunto

$$[a, b] = \{x \in \mathbb{R} \,|\, a \leq x \leq b\}$$

- *intervalo fechado à esquerda* de extremidades a e b como sendo o conjunto

$$[a, b[= \{x \in \mathbb{R} \,|\, a \leq x < b\}$$

- *intervalo fechado à direita* de extremidades a e b como sendo o conjunto

$$]a, b] = \{x \in \mathbb{R} \,|\, a < x \leq b\}$$

Também definimos intervalos *infinitos*:

- $]-\infty, b[= \{x \in \mathbb{R} \,|\, x < b\}$
- $]-\infty, b] = \{x \in \mathbb{R} \,|\, x \leq b\}$
- $]a, +\infty[= \{x \in \mathbb{R} \,|\, x > a\}$
- $[a, +\infty[= \{x \in \mathbb{R} \,|\, x \geq a\}$
- $]-\infty, +\infty[= \mathbb{R}$

1.15 NÚMEROS COMPLEXOS

Um número complexo é um número da forma $a + bi$ onde a e b são reais e $i = \sqrt{-1}$ é a unidade imaginária cuja propriedade básica é $i^2 = -1$. O conjunto de todos os números complexos é denotado por $\mathbb{C}$. Se $b = 0$, então z é um número real e, se a=0, z é dito **imaginário puro**.

Um número complexo $a + bi$ pode ser representado como o ponto (a, b) no plano cartesiano e o conjunto $\mathbb{C}$ pode ser pensado como se fosse o plano $\mathbb{R}^2$.

Se $z = a + bi \in \mathbb{C}$, então a é denominado parte real de z e b é a parte imaginária. Em símbolos: $a = \text{Re}(z)$ e $b = \text{Im}(z)$.

Se $z = a+bi$, o **conjugado** de z é o número $\overline{z} = a-bi$, o **módulo** de z é a distância do ponto (a, b) à origem $(0, 0)$, ou seja $|z| = \sqrt{a^2 + b^2}$. O **argumento** de $z \neq 0$, denotado por $\arg(z)$, é o ângulo formado pelo eixo dos x e o segmento Oz. Se $0 \leq \arg(z) < 2\pi$, então $\arg(z)$ é denominado **argumento principal**.

Dados dois números complexos $z = a + bi$ e $w = c + di$, a adição e a multiplicação de z e w são definidas por: $z + w = (a + c) + (b + d)i$ e $zw = z \cdot w = (ac - bd) +$

$i(ad + bc)$. O inverso aditivo e multiplicativo de $z \neq 0$ são calculados por $-z = -a - bi$ e $\frac{1}{z} = \frac{\bar{z}}{z\bar{z}} = \frac{a}{a^2 + b^2} - \frac{bi}{a^2 + b^2}$. A partir daí, definimos subtração e divisão de z por w: $z - w = z + (-w)$ e $\frac{z}{w} = z \cdot \frac{1}{w}$, se $w \neq 0$.

Exemplo: Escrever na forma $a + bi$ o número $z = \frac{3 + 2i}{1 + 7i}$. Para isso, basta multiplicar numerador e denominador da fração pelo conjugado do denominador:

$$z = \frac{3 + 2i}{1 + 7i} = \frac{(3 + 2i)(1 - 7i)}{(1 + 7i)(1 - 7i)} = \frac{3 - 21i + 2i - 14i^2}{1^2 - (7i)^2} = \frac{3 - 19i + 14}{1 + 49} = \frac{17}{50} - \frac{19}{50}i$$

1.16 POTÊNCIAS DA UNIDADE IMAGINÁRIA

As potências de i são $i^0 = 1$, $i^1 = i$, $i^2 = i \cdot i = -1$, $i^3 = i^2 \cdot i = -i$, $i^4 = i^2 \cdot i^2 = (-1)(-1) = 1$. A partir daí, as potências com expoente inteiro se repetem de 4 em 4: $i^5 = i^4 \cdot i = i$, $i^6 = i^4 \cdot i^2 = -1$, $i^7 = i^4 \cdot i^3 = -i$ etc.

Em geral, se n for inteiro positivo, para calcular uma potência i^n, basta dividir n por 4, ou seja, escrever $n = 4q + r$ com $0 \leq r < 4$ e considerar o resto da divisão como expoente: $i^n = i^{4q+r} = (i^4)^q \cdot i^r = 1^q \cdot i^r = i^r$. Por exemplo, para calcular i^{2019}, dividimos 2019 por 4 e obtemos um resto igual a 3 e daí $i^{2019} = i^3 = -i$.

1.17 FORMA POLAR E FÓRMULA DE DE MOIVRE

Se $z \neq 0$, $r = |z|$ e $\theta = \arg(z)$, então a **forma polar** de z é definida como sendo $z = r(\cos\theta + i \operatorname{sen}\theta)$.

Se $z = a + bi$, então $r = \sqrt{a^2 + b^2}$, $\cos\theta = \frac{a}{r}$, $\operatorname{sen}\theta = \frac{b}{r}$ e daí $\operatorname{tg}\theta = \frac{\operatorname{sen}\theta}{\cos\theta} = \frac{b}{a}$. Logo, $\theta = \arg(z) = \operatorname{arctg}\frac{b}{a}$. Por exemplo, se $z = 2 + 5i$, então $|z| = \sqrt{2^2 + 5^2} = \sqrt{29}$, $\theta = \operatorname{arctg}\frac{5}{2}$. Logo, a forma polar de z é $z = \sqrt{29}(\cos(\operatorname{arctg}\frac{5}{2}) + i(\operatorname{sen}(\operatorname{arctg}\frac{5}{2}))$.

Se $z_1 = r_1(\cos\theta_1 + i \operatorname{sen}\theta_1)$ e $z_2 = r_2(\cos\theta_2 + i \operatorname{sen}\theta_2)$, então

$$z_1 z_2 = r_1 r_2(\cos(\theta_1 + \theta_2) + i \operatorname{sen}(\theta_1 + \theta_2)).$$

Se $z_1 = z_2 = z = r(\cos\theta + i \operatorname{sen}\theta)$, obtemos $z^2 = r^2(\cos 2\theta + i \operatorname{sen} 2\theta)$ e, de modo geral,

$$z^n = r^n(\cos n\theta + i \operatorname{sen} n\theta),$$

para todo inteiro n. Essa é a conhecida fórmula de De Moivre[1] para o cálculo de potências de números complexos.

A partir daí, obtemos a fórmula para o cálculo de raízes:

$$\sqrt[n]{z} = \sqrt[n]{r}\left[\cos\left(\frac{\theta + 2k\pi}{n}\right) + i \operatorname{sen}\left(\frac{\theta + 2k\pi}{n}\right)\right],$$

com $k = 0, 1, 2, \ldots, n - 1$.

Se for feito um gráfico com todas as raízes enésimas de um número complexo z, obtemos sempre os vértices de um polígono regular com n lados e de raio igual a $\sqrt[n]{|z|}$.

1.18 EXERCÍCIOS RESOLVIDOS

R1) Sejam A e B subconjuntos de um universo U. Mostre que:

a) $(A - B) \subset (A \cup B)$

b) $\complement_U A - \complement_U B = B - A$

c) $A \subset B \Rightarrow \complement_U B \subset \complement_U A$

Solução:

a) $x \in A - B \Rightarrow x \in A$ e $x \notin B \Rightarrow x \in A \Rightarrow x \in A$ ou $x \in B \Rightarrow x \in A \cup B$. Assim, todo elemento de $A - B$ também é elemento de $A \cup B$ e isso significa que $(A - B) \subset A \cup B$.

b) Seja $x \in U$. Então $x \in \complement_U A - \complement_U B \Leftrightarrow x \in \complement_U A$ e $x \notin \complement_U B \Leftrightarrow x \notin A$ e $x \in B \Leftrightarrow x \in B - A$. Logo, todo elemento de $\complement_U A - \complement_U B$ também é elemento de $B - A$ e vice-versa. Isso significa que $\complement_U A - \complement_U B = B - A$.

c) Suponhamos $A \subset B$. Se $x \in \complement_U B$, então $x \notin B$. Como $A \subset B$, temos também $x \notin A$, ou seja, $x \in \complement_U A$. Portanto, todo elemento de $\complement_U B$ também é elemento de $\complement_U A$, ou seja, $\complement_U B \subset \complement_U A$.

[1] Abraham de Moivre (1667–1754), matemático francês.

R2) Sendo A e B conjuntos quaisquer, é verdade que $A - (A - B) = B$?

Solução: Essa fórmula não é válida para quaisquer conjuntos. Para mostrar isso, devemos encontrar exemplos de conjuntos A e B para os quais $A - (A - B) \neq B$. Por exemplo, considerando $A = \{1, 2, 3\}$ e $B = \{4, 5, 6\}$ temos que $A - B = A$ e daí $A - (A - B) = A - A = \varnothing \neq B$.

R3) Sejam A, B e C conjuntos não vazios contidos em $U = \{0, 1, 2, 3, 4, 5, 6, 7\}$. Determine A, B e C sabendo que $A \cup B \cup C = U$, $A \cap B = \varnothing$, $A \cap C = \{6\}$, $\complement_U(A \cup B) = \{7\}$, $A - C = \{1, 2\}$ e $B \cap C = \{5\}$.

Solução: Baseando-se no que foi dado, construímos o seguinte diagrama. Desenhamos o A separado do B porque $A \cap B = \varnothing$. Preenchemos $A \cap C$ com o elemento 6 e $B \cap C$ com o 5. Completamos o C com o 7 e os demais elementos 0, 3 e 4 devem ser usados para completar o conjunto B.

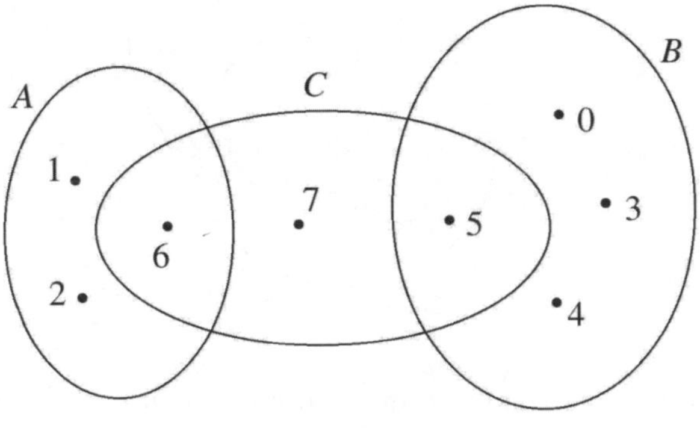

Observando o diagrama, chegamos à conclusão de que $A = \{1, 2, 6\}$, $B = \{0, 3, 4, 5\}$ e $C = \{5, 6, 7\}$.

R4) Em uma comunidade são consumidos três produtos A, B e C. Feita uma pesquisa de mercado sobre o consumo desses produtos, foram obtidos os resultados mostrados na tabela:

Produtos	A	B	C	A e B	B e C	A e C	A, B e C	nenhum
N. consumidores	100	150	200	20	40	30	10	130

Pergunta-se:

a) quantas pessoas foram consultadas?

b) quantas pessoas consomem só dois produtos?

c) quantas pessoas não consomem o produto B?

d) quantas pessoas não consomem A ou não consomem C?

Solução: Baseandos-se nos dados dessa tabela, construímos o seguinte diagrama:

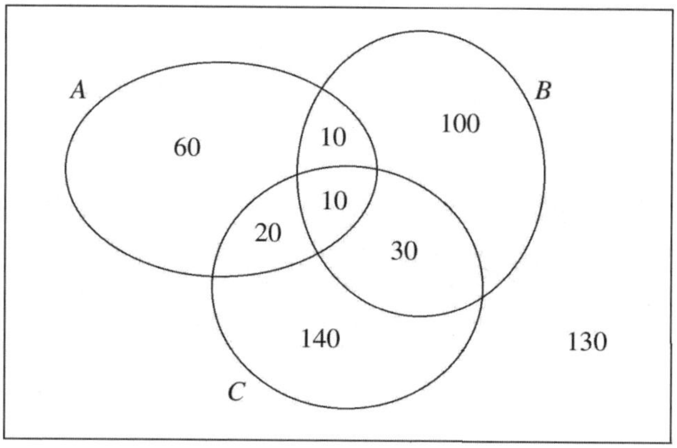

Inicialmente, colocamos na interseção de A, B e C o valor 10. Depois, completamos com o valor $20 - 10 = 10$ a interseção de A e B, com $40 - 10 = 30$ a interseção de B e C e com $30 - 10 = 20$ a interseção de B e C. Colocamos 130 fora dos conjuntos A, B e C e completamos o conjunto A com o valor $100 - 10 - 10 - 20 = 60$, completamos B com $150 - 10 - 10 - 30 = 100$ e C com $200 - 10 - 20 - 30 = 140$.

a) O total de pessoas consultadas é $60 + 10 + 10 + 20 + 30 + 100 + 140 + 130 = 500$.

b) Temos 10 pessoas que consomem só A e B, 20 consomem só A e C e 30 consomem só B e C. Logo, o total das que consomem só dois produtos é $10 + 20 + 30 = 60$.

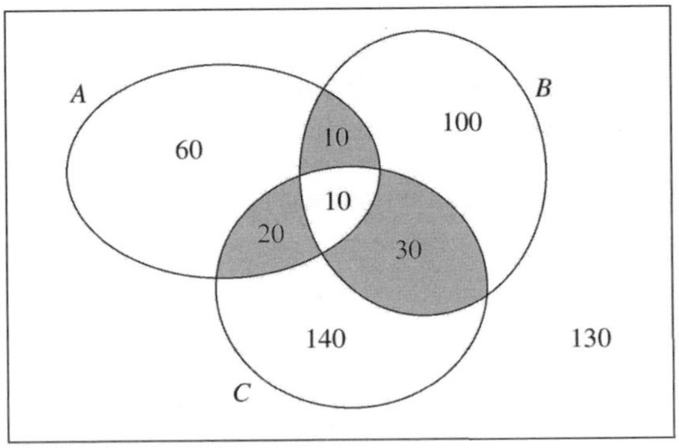

c) As que não consomem o produto B é $500 - 150 = 350$. Esse total também pode ser obtido do seguinte modo: $60 + 20 + 140 + 130 = 350$.

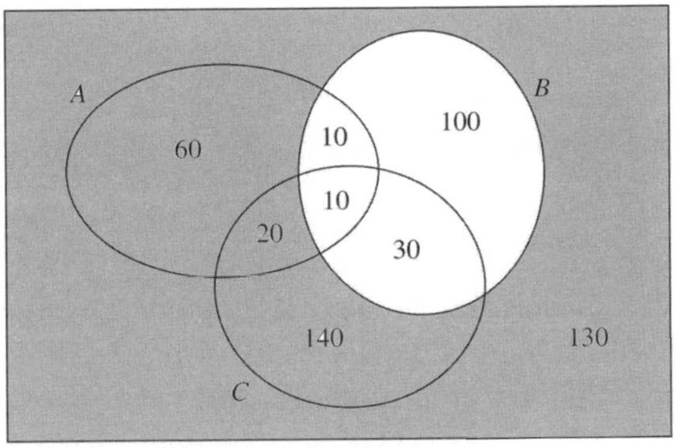

d) As pessoas que não consomem A ou não consomem B são as mesmas que não consomem A e B, logo o total dessas pessoas é $500 - 20 = 480$. Também pode ser obtido através da seguinte soma: $130 + 60 + 20 + 140 + 30 + 100 = 480$.

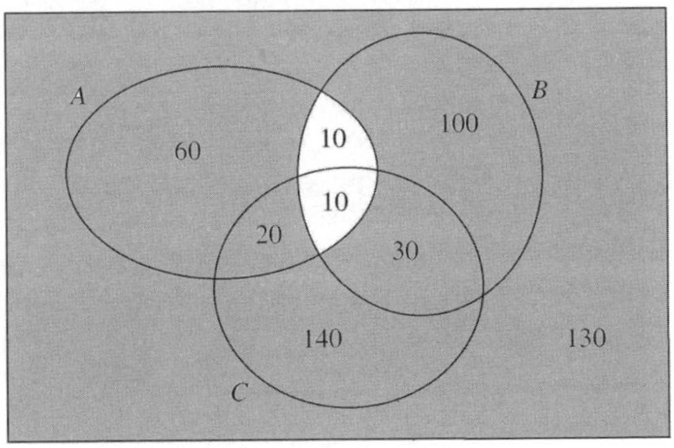

R5) Sendo $A = \{0, 3, 5, 9\}$ escreva todos os elementos do conjunto das partes de A, denotado por $\wp(A)$. Se um conjunto B tivesse apenas um elemento a mais do que A, quantos elementos teria $\wp(B)$?

Solução: O conjunto das partes de A é dado por

$$\begin{aligned}\wp(A) &= \{\varnothing, \{0\}, \{3\}, \{5\}, \{9\}, \{0,3\}, \{0,5\}, \{0,9\}, \{3,5\}, \{3,9\}, \{5,9\}, \\ &\qquad \{0,3,5\}, \{0,3,9\}, \{0,5,9\}, \{3,5,9\}, \{0,3,5,9\}\}\end{aligned}$$

Se o conjunto B tiver um elemento a mais do que A, então $B = A \cup \{b\}$, onde $b \notin A$. Assim, um subconjunto de B seria igual a um subconjunto de A ou a um subconjunto de A unido a $\{b\}$:

$$\wp(B) = \underbrace{\{X \mid X \in \wp(A)\}}_{n(\wp(A))\text{ elementos}} \cup \underbrace{\{X \cup \{b\} \mid X \in \wp(A)\}}_{n(\wp(A))\text{ elementos}}$$

Portanto, o número de elementos de $\wp(B)$ é o dobro do de $\wp(A)$. No exemplo atual, $\wp(A)$ tem 16 elementos e $\wp(B)$ tem 32.

R6) Uma cidade tem dois jornais A e B que têm juntos 10000 leitores. O jornal A tem 4000 leitores e os dois jornais têm 800 leitores comuns. Quantos leitores tem o jornal B?
Solução: A quantidade de leitores que leem só o jornal A é de $4000 - 800 = 3200$ leitores. Seja x a quantidade de leitores de B. Então, os que leem só o jornal B é $x - 800$ leitores. Assim, somando-se os leitores exclusivos de A com os leitores exclusivos de B com os leitores em comum, obtemos o número total de leitores da cidade. Simbolicamente: $3200 + (x - 800) + 800 = 10000$, de onde obtemos $x = 6800$.
Portanto, na cidade, 6800 leitores tem o jornal B.

R7) Dados dois conjuntos A e B, a *diferença simétrica* $A \,\Delta\, B$ de A com B é definida por

$$A \,\Delta\, B = (A - B) \cup (B - A)$$

Calcule $\{1, 2, 3, 4\} \,\Delta\, \{2, 4, 6, 8\}$ e mostre que, em geral, $A \,\Delta\, A = \varnothing$, $A \,\Delta\, \varnothing = A$ e $A \,\Delta\, B = B \,\Delta\, A$.

Solução: Usando a definição dada, temos:

- $\{1, 2, 3, 4\} \,\Delta\, \{2, 4, 6, 8\} = (\{1, 2, 3, 4\} - \{2, 4, 6, 8\}) \cup (\{2, 4, 6, 8\} - \{1, 2, 3, 4\}) = \{1, 3\} \cup \{6, 8\} = \{1, 3, 6, 8\}$;

- $A \Delta A = (A - A) \cup (A - A) = \varnothing \cup \varnothing = \varnothing$;
- $A \Delta \varnothing = (A - \varnothing) \cup (\varnothing - A) = A \cup \varnothing = A$.

R8) Sendo A, B e C conjuntos quaisquer, mostre que

$$(A \cup B) - (A \cap B) \ = \ (A - B) \cup (B - A).$$

Solução:

- Inicialmente, mostramos que todo elemento de $(A \cup B) - (A \cap B)$ também é elemento de $(A - B) \cup (B - A)$:
  $x \in (A \cup B) - (A \cap B) \Rightarrow x \in A \cup B$ e $x \notin A \cap B \Rightarrow (x \in A$ ou $x \in B)$ e $(x \notin A$ ou $x \notin B) \Rightarrow (x \in A$ e $x \notin B)$ ou $(x \in B$ e $x \notin A)$ $\Rightarrow x \in A - B$ ou $x \in B - A \Rightarrow x \in (A - B) \cup (B - A)$. E assim fica mostrado que $(A \cup B) - (A \cap B) \subset (A - B) \cup (B - A)$.
- Depois, mostramos que todo elemento de $(A - B) \cup (B - A)$ também é elemento de $(A \cup B) - (A \cap B)$:
  $x \in (A - B) \cup (B - A) \Rightarrow x \in A - B$ ou $x \in B - A$. Vamos considerar dois casos:
  - $x \in A - B \Rightarrow x \in A$ e $x \notin B \Rightarrow x \in A \cup B$ e $x \notin A \cap B \Rightarrow x \in (A \cup B) - (A \cap B)$
  - $x \in B - A \Rightarrow x \in B$ e $x \notin A \Rightarrow x \in A \cup B$ e $x \notin A \cap B \Rightarrow x \in (A \cup B) - (A \cap B)$

  Em qualquer caso, $x \in (A \cup B) - (A \cap B)$. Logo, $(A - B) \cup (B - A) \subset (A \cup B) - (A \cap B)$.

Portanto, $(A \cup B) - (A \cap B) \subset (A - B) \cup (B - A)$ e $(A - B) \cup (B - A) \subset (A \cup B) - (A \cap B)$ e isso implica $(A - B) \cup (B - A) = (A \cup B) - (A \cap B)$.

R9) Mostre que, para quaisquer conjuntos A, B subconjuntos de um conjunto U, temos

$$\complement_U(A \cap B) = \complement_U A \cup \complement_U B.$$

Solução: Vamos mostrar que todo elemento de $\complement_U(A \cap B)$ também é elemento de $\complement_U A \cup \complement_U B$ e vice-versa:

$x \in \complement_U(A \cap B) \Leftrightarrow x \notin A \cap B \Leftrightarrow x \notin A$ ou $x \notin B \Leftrightarrow x \complement_U A$ ou $\complement_U B \Leftrightarrow x \complement_U A \cup \complement_U B$.

Observação: Note que $x \in A \cap B$ é o mesmo que $x \in A$ e $x \in B$ e, no entanto, $x \notin A \cap B$ é o mesmo que $x \notin A$ ou $x \notin B$. De modo semelhante, $x \in A \cup B$ é o mesmo que $x \in A$ ou $x \in B$ e, no entanto, $x \notin A \cup B$ é o mesmo que $x \notin A$ e $x \notin B$.

R10) Calcular todas as raízes cúbicas de $z = 27 - 27i$.

Solução: Inicialmente, escrevemos z na forma polar. Para isso, determinamos seus módulo e argumento.

- $|z| = \sqrt{27^2 + (-27)^2} = \sqrt{2 \cdot 27^2} = 27\sqrt{2}$
- $z = |z| \cdot (\frac{z}{|z|}) = 27\sqrt{2}(\frac{27}{27\sqrt{2}} - \frac{27}{27\sqrt{2}}i) = 27\sqrt{2}(\frac{1}{\sqrt{2}} - \frac{1}{\sqrt{2}}i) = 27\sqrt{2}(\overbrace{\sqrt{2}/2}^{\cos\theta} \ \overbrace{-\sqrt{2}/2}^{\operatorname{sen}\theta}\, i)$
- Se $\cos\theta = \frac{\sqrt{2}}{2}$ e $\operatorname{sen}\theta = -\frac{\sqrt{2}}{2}$, então $\theta = 2\pi - \frac{\pi}{4} = \frac{7\pi}{4}$
- Logo, $\sqrt[3]{z} = \sqrt[3]{|z|}(\cos\frac{\theta+2k\pi}{3} + i\operatorname{sen}\frac{\theta+2k\pi}{3})$, com $k = 0, 1, 2$.
- $k = 0 \Rightarrow \sqrt[3]{z} = \sqrt[3]{27\sqrt{2}}(\cos\frac{\frac{7\pi}{4}}{3} + i\operatorname{sen}\frac{\frac{7\pi}{4}}{3}) = 3\sqrt[6]{2}(\cos\frac{7\pi}{12} + i\operatorname{sen}\frac{7\pi}{12})$
- $k = 1 \Rightarrow \sqrt[3]{z} = \sqrt[3]{27\sqrt{2}}(\cos\frac{\frac{7\pi}{4}+2\pi}{12} + i\operatorname{sen}\frac{\frac{7\pi}{4}+2\pi}{3}) = 3\sqrt[6]{2}(\cos\frac{15\pi}{12} + i\operatorname{sen}\frac{15\pi}{12})$
- $k = 2 \Rightarrow \sqrt[3]{z} = \sqrt[3]{27\sqrt{2}}(\cos\frac{\frac{7\pi}{4}+4\pi}{12} + i\operatorname{sen}\frac{\frac{7\pi}{4}+4\pi}{3}) = 3\sqrt[6]{2}(\cos\frac{23\pi}{12} + i\operatorname{sen}\frac{23\pi}{12})$

Portanto, as três raízes cúbicas encontradas são:
$z_1 = 3\sqrt[6]{2}(\cos\frac{7\pi}{12}+i\operatorname{sen}\frac{7\pi}{12})$, $z_2 = 3\sqrt[6]{2}(\cos\frac{5\pi}{4}+i\operatorname{sen}\frac{5\pi}{4})$ e $z_3 = 3\sqrt[6]{2}(\cos\frac{23\pi}{12}+i\operatorname{sen}\frac{23\pi}{12})$.

R11) Determine todas as raízes complexas da equação $x^6 - 11x^3 + 10 = 0$.

Solução: Substituindo x^3 por y, obtemos a equação do segundo grau $y^2 - 11y + 10 = 0$ cujas raízes são $y = 1$ e $y = 10$.
Se $y = 1$, então $x^3 = 1$, o que implica $x = \sqrt[3]{1}$. Todo número real $r > 0$ tem forma polar dada por $r(\cos 0 + i\operatorname{sen} 0)$. Logo, $1 = 1(\cos 0 + i\operatorname{sen} 0)$, e daí $\sqrt[3]{1} = \sqrt[3]{1}(\cos\frac{0+2k\pi}{3} + i\operatorname{sen}\frac{0+2k\pi}{3})$, com $k = 0, 1, 2$. Isso significa que as três raízes cúbicas de 1 são $z_1 = 1(\cos 0+i\operatorname{sen} 0) = 1$, $z_2 = 1(\cos\frac{2\pi}{3}+i\operatorname{sen}\frac{2\pi}{3}) = -\frac{1}{2}+i\frac{\sqrt{3}}{2}$ e $z_3 = 1(\cos\frac{4\pi}{3}+i\operatorname{sen}\frac{4\pi}{3}) = -\frac{1}{2} - i\frac{\sqrt{3}}{2}$.

Se $y = 10$, então $x^3 = 10$, o que implica $x = \sqrt[3]{10}$. Como $10 = 10(\cos 0 + i \operatorname{sen} 0)$, temos $\sqrt[3]{10} = \sqrt[3]{10}(\cos \frac{0+2k\pi}{3} + i \operatorname{sen} \frac{0+2k\pi}{3})$, com $k = 0, 1, 2$. Isso significa que as três raízes cúbicas de 10 são $z_4 = \sqrt[3]{10}(\cos 0 + i \operatorname{sen} 0) = \sqrt[3]{10}$, $z_5 = \sqrt[3]{10}(\cos \frac{2\pi}{3} + i \operatorname{sen} \frac{2\pi}{3}) = \sqrt[3]{10}(-\frac{1}{2} + i\frac{\sqrt{3}}{2})$ e $z_6 = \sqrt[3]{10}(\cos \frac{4\pi}{3} + i \operatorname{sen} \frac{4\pi}{3}) = \sqrt[3]{10}(-\frac{1}{2} - i\frac{\sqrt{3}}{2})$. Portanto, as seis raízes da equação dada são z_1, z_2, z_3, z_4, z_5 e z_6 citados acima.

R12) Calcule as raízes quadradas de $-15 + 8i$.

Solução: O cálculo de raízes complexas normalmente é feito através da forma polar do número. No caso de $z = -15 + 8i$, a forma polar não é muito conveniente para realização de cálculos porque ela envolve uma função arco-tangente:

$$z = 17(\cos(\pi - \operatorname{arctg} \frac{8}{15}) + i \operatorname{sen}(\pi - \operatorname{arctg} \frac{8}{15})).$$

Logo, é melhor tentar outro caminho.
Se $z = a + bi$ for uma raiz quadrada de $-15 + 8i$, então $z^2 = -15 + 8i$. Como $z^2 = (a + bi)^2 = (a^2 - b^2) + 2abi$ temos que a e b são as soluções do sistema de equações $\begin{cases} a^2 - b^2 & = & -15 \\ 2ab & = & 8 \end{cases}$. Isolando o valor de b na segunda equação, obtemos $b = 4/a$ e daí, substituindo na primeira equação obtemos $a^2 - (4/a)^2 = -15$, ou seja, $a^4 + 15a^2 - 16 = 0$, que é uma equação biquadrada na variável a. Fazendo $a^2 = y$, obtemos a seguinte equação do segundo grau: $y^2 + 15y - 16 = 0$, cujas raízes são $y = 1$ e $y = -16$. Substituindo $y = a^2$, obtemos as equações $a^2 = 1$ e $a^2 = -16$. Como $a \in \mathbb{R}$, temos que a única equação que tem solução real é $a^2 = 1$, o que implica $a = 1$ ou $a = -1$. Substituindo $b = 4/a$, obtemos $b = 4$ ou $b = -4$. Finalmente, substituindo a e b em z, obtemos que as raízes quadradas de $-15 + 8i$ são $1 + 4i$ e $-1 - 4i$.

R13) Sendo $n > 1$ um número inteiro, mostre que:

$$(\sqrt{3} - i)^n = 2^n \left(\cos \frac{n\pi}{6} - i \operatorname{sen} \frac{n\pi}{6}\right)$$

Solução: Se $z = \sqrt{3} - i$, então o módulo de z é $|z| = \sqrt{(\sqrt{3})^2 + (-1)^2} = \sqrt{4} = 2$. A partir daí obtemos a sua forma polar:

$$z = |z| \cdot \frac{z}{|z|} = 2\left(\frac{\sqrt{3}}{2} - \frac{1}{2}i\right) = 2\left[\cos\left(-\frac{\pi}{6}\right) + i \operatorname{sen}\left(-\frac{\pi}{6}\right)\right].$$

Pela fórmula de De Moivre, temos que

$$z^n = (\sqrt{3} - i)^n = 2^n \left[\cos\left(-\frac{n\pi}{6}\right) + i\,\mathrm{sen}\left(-\frac{n\pi}{6}\right)\right] = 2^n \left(\cos\frac{n\pi}{6} - i\,\mathrm{sen}\,\frac{n\pi}{6}\right).$$

R14) A partir do desenvolvimento de $(\cos x + i\,\mathrm{sen}\,x)^5$, mostre que

$$\cos 5x = 16\cos^5 x - 20\cos^3 x + 5\cos x$$

e que

$$\frac{\mathrm{sen}\,5x}{\mathrm{sen}\,x} = 16\cos^4 x - 12\cos^2 x + 1,$$

se $x \neq k\pi,\ k \in \mathbb{Z}$.

Solução: Usando a fórmula do *binômio de Newton*

$$(a+b)^5 = a^5 + 5a^4b + 10a^3b^2 + 10a^2b^3 + 5ab^4 + b^5$$

temos que $(\cos x + i\,\mathrm{sen}\,x)^5$ é igual a

$$\cos^5 x + 5\cos^4 x\,\mathrm{sen}\,x i + 10\cos^3 x\,\mathrm{sen}^2\,x i^2 + 10\cos^2 x\,\mathrm{sen}^3\,x i^3 + 5\cos x\,\mathrm{sen}^4\,x i^4 + \mathrm{sen}^5\,x i^5$$

$$= \cos^5 x + 5i\cos^4 x\,\mathrm{sen}\,x - 10\cos^3 x\,\mathrm{sen}^2\,x - 10i\cos^2 x\,\mathrm{sen}^3\,x + 5\cos x\,\mathrm{sen}^4\,x + i\mathrm{sen}^5\,x.$$

Por outro lado, usando a fórmula de De Moivre, $(\cos x + i\,\mathrm{sen}\,x)^5 = \cos 5x + i\mathrm{sen}\,5x$. Logo, comparando-se as partes reais e imaginárias dessas expressões, obtemos:

$$\cos 5x = \cos^5 x - 10\cos^3 x\,\mathrm{sen}^2\,x + 5\cos x\,\mathrm{sen}^4\,x,$$

$$\mathrm{sen}\,5x = 5\cos^4 x\,\mathrm{sen}\,x - 10\cos^2 x\,\mathrm{sen}^3\,x + \mathrm{sen}^5\,x.$$

Por fim, substituindo $\mathrm{sen}^2\,x$ por $1 - \cos^2 x$, obtemos o resultado desejado:

$$\begin{aligned}\cos 5x &= \cos^5 x - 10\cos^3 x(1 - \cos^2 x) + 5\cos x(1 - \cos^2 x)^2 \\ &= 16\cos^5 x - 20\cos^3 x + 5\cos x,\end{aligned}$$

$$\begin{aligned}\mathrm{sen}\,5x &= 5\cos^4 x\,\mathrm{sen}\,x - 10\cos^2 x(1 - \cos^2 x)\,\mathrm{sen}\,x + (1 - \cos^2 x)^2\,\mathrm{sen}\,x \\ &= (16\cos^4 x - 12\cos^2 x + 1)\,\mathrm{sen}\,x.\end{aligned}$$

R15) Se z_1 e z_2 são dois números complexos, mostre que

$$|z_1\overline{z_2} + 1|^2 + |z_1 - z_2|^2 = (1 + |z_1|^2)(1 + |z_2|^2).$$

Solução: Sejam $z_1 = a + bi$ e $z_2 = c + di$ com $a, b, c, d \in \mathbb{R}$.

- $|z_1\overline{z_2} + 1|^2 + |z_1 - z_2|^2 = |(a + bi)(c - di) + 1|^2 + |a + bi - c - di|^2 = |(ac + bd + 1) + i(bc - ad)|^2 + |(a - c) + i(b - d)|^2 = (ac + bd + 1)^2 + (bc - ad)^2 + (a - c)^2 + (b - d)^2 = a^2c^2 + b^2d^2 + 1 + \cancel{2ac} + \cancel{2bd} + \cancel{2abcd} + b^2c^2 - \cancel{2abcd} + a^2d^2 + a^2 - \cancel{2ac} + c^2 + b^2 - \cancel{2bd} + d^2 = a^2c^2 + b^2d^2 + 1 + b^2c^2 + a^2d^2 + a^2 + c^2 + b^2 + d^2$
- $(1 + |z_1|^2)(1 + |z_2|^2) = (1 + a^2 + b^2)(1 + c^2 + d^2) = 1 + a^2 + b^2 + c^2 + a^2c^2 + b^2c^2 + d^2 + a^2d^2 + b^2d^2$

Concluímos assim que $|z_1\overline{z_2} + 1|^2 + |z_1 - z_2|^2 = (1 + |z_1|^2)(1 + |z_2|^2)$.

1.19 EXERCÍCIOS PROPOSTOS

P1) Sendo A e B subconjuntos de U, mostre que $A - \complement_U B = A \cap B$.
Resposta: mostre que $x \in A - \complement_U B \Leftrightarrow x \in A \cap B$

P2) Sendo A, B e C conjuntos quaisquer, mostre que $A \cap (B \cup C) = (A \cap B) \cup (A \cap C)$.
Resposta: mostre que $x \in A \cap (B \cup C) \Leftrightarrow x \in (A \cap B) \cup (A \cap C)$

P3) Mostre que, para quaisquer conjuntos A, B subconjuntos de um conjunto U, temos

$$\complement_U(A \cup B) = \complement_U A \cap \complement_U B.$$

Resposta: mostre que $x \in \complement_U(A \cup B) \Leftrightarrow x \in \complement_U A \cap \complement_U B$

P4) Escreva os seguintes números na forma algébrica $a + bi$, $a, b \in \mathbb{R}$.

a) $(-2i)^{11}$ b) $\dfrac{i^{2023} + 3i^{239}}{i^{101}}$ c) $\left(\dfrac{1+i}{1-i}\right)^{2024}$ d) $\dfrac{(1 + 2i)^2 - (\overline{1 + i})^3}{(3 + 2i)^3 - (\overline{2 - i})^2}$ e) $\dfrac{(\overline{1 - i})^{2021}}{(1 - i)^{2019}}$

Resposta: a) $2048i$; b) -4; c) 1; d) $\frac{78}{661} - \frac{11i}{1322}$; e) 2

P5) Se z_1 e z_2 são dois números complexos, mostre que

$$|z_1\overline{z_2} - 1|^2 - |z_1 - z_2|^2 = (|z_1|^2 - 1)(|z_2|^2 - 1).$$

Resposta: proceda como no exercício R15

P6) Se $z \in \mathbb{C}$, mostre que $|z| \leqslant |\operatorname{Re} z| + |\operatorname{Im} z| \leqslant \sqrt{2}|z|$.
Resposta: use que, se $z = a + bi$, então $|z| = \sqrt{a^2 + b^2}$, $|\operatorname{Re} z| = |a|$ e $|\operatorname{Im} z| = |b|$

P7) Mostre que $z = \dfrac{(5+i)^4(239-i)}{1+i}$ é um número real.
Resposta: $z = 114244$

Observação: Calculando-se os argumentos de todos os números envolvidos, podemos obter a seguinte fórmula, que é conhecida como *fórmula de Machin*:

$$\frac{\pi}{4} = 4 \operatorname{arctg} \frac{1}{5} - \operatorname{arctg} \frac{1}{239}.$$

Essa fórmula foi utilizada em 1706 para calcular pela primeira vez o valor de π com 100 casas decimais.

P8) Se $\theta \in \mathbb{R}$, mostre que

$$\frac{1 + \cos\theta + i \operatorname{sen}\theta}{1 + \cos\theta - i \operatorname{sen}\theta} = \cos\theta + i \operatorname{sen}\theta$$

e deduza que

$$\left(1 + \cos\frac{\pi}{5} + i \operatorname{sen}\frac{\pi}{5}\right)^5 + \left(1 + \cos\frac{\pi}{5} - i \operatorname{sen}\frac{\pi}{5}\right)^5 = 0.$$

Resposta: depois de simplificar a fração, eleve à quinta potência e faça $\theta = \frac{\pi}{5}$

Observação: Em geral, se $n \in \mathbb{N}$, $n > 1$, então

$$\left(1 + \cos\frac{\pi}{n} + i \operatorname{sen}\frac{\pi}{n}\right)^n + \left(1 + \cos\frac{\pi}{n} - i \operatorname{sen}\frac{\pi}{n}\right)^n = 0.$$

CAPÍTULO 2

Relações e funções

2.1 RELAÇÕES

2.1.1 Produto cartesiano

Definição: Dados dois conjuntos A e B não vazios, o **produto cartesiano** de A por B, denotado por $A \times B$, é o conjunto formado por todos os pares ordenados (x, y) nos quais $x \in A$ e $y \in B$.

$$\boxed{A \times B = \{(x, y) \mid x \in A \text{ e } y \in B\}}$$

Exemplo: Se $A = \{1, 2, 3\}$ e $B = \{4, 5\}$, então $A \times B$ e $B \times A$ são os seguintes conjuntos:

- $A \times B = \{(1, 4), (1, 5), (2, 4), (2, 5), (3, 4), (3, 5)\}$
- $B \times A = \{(4, 1), (4, 2), (4, 3), (5, 1), (5, 2), (5, 3)\}$

Observações:

- Note que o número de elementos de $A = n(A) = 3$, $n(B) = 2$ e $n(A \times B) = n(B \times A) = 6$ e que $6 = 3 \cdot 2$, ou seja, $n(A \times B) = n(A)n(B)$. Essa fórmula é sempre válida quando A e B forem conjuntos finitos.
- Em um par ordenado, a ordem dos elementos é importante e não deve ser mudada. Se $x \neq y$, então $(x, y) \neq (y, x)$.

2.1.2 Relação binária

Definição: Todo subconjunto de $A \times B$ é denominado **relação binária** de A em B, ou, simplesmente, **relação** de A em B.

$$\boxed{R \subset A \times B \iff R \text{ é relação de } A \text{ em } B}$$

Se $(a, b) \in R$, então dizemos que a está relacionado com b, segundo R, e denotamos isso por $a\,R\,b$. Por outro lado, $(a, b) \notin R$ é denotado por $a \not R\, b$.

Exemplo: Sejam $A = \{1, 2, 3, 4\}$ e $B = \{7, 8, 9\}$. Nesse caso, o produto cartesiano de A por B é dado por

$A{\times}B = \{(1, 7), (1, 8), (1, 9), (2, 7), (2, 8), (2, 9), (3, 7), (3, 8), (3, 9), (4, 7), (4, 8), (4, 9)\}.$

Os seguintes subconjuntos de $A \times B$ são exemplos de relações de A em B:

- $R_1 = \varnothing$
- $R_2 = \{(1, 7), (3, 9)\}$
- $R_3 = \{(2, 7), (2, 8), (2, 9)\}$
- $R_4 = \{(1, 8), (2, 7), (2, 9), (3, 8), (4, 7), (4, 8)\}$

2.1.3 Domínio e imagem

Definição: O **domínio** de uma relação R de A em B é denotado por $\text{Dom}(R)$ ou $D(R)$ e é formado por todos os elementos de A para os quais existe $y \in B$ tal que $x\,R\,y$.

$$\boxed{\text{Dom}(R) = \{x \in A \mid \exists y \in B, x\,R\,y\}}$$

ou seja, $\text{Dom}(R)$ é formado pelos primeiros elementos dos pares ordenados da relação.

Definição: A **imagem** de uma relação R é denotada por $\text{Im}(R)$ e é formada pelos $y \in B$ para os quais existe $x \in A$ tal que $x\,R\,y$.

$$\boxed{\text{Im}(R) = \{y \in B \mid \exists x \in A, x\,R\,y\}}$$

ou seja, $\text{Dom}(R)$ é formado pelos segundos elementos dos pares ordenados da relação.

Exemplo: Consideremos $A = \{0, 1, 2, 3, 4, 5, 6, 7, 9\}$ e $B = \{2, 4, 6, 8, 10\}$ e as seguintes relações

$$R_1 = \{(0, 2), (0, 4), (3, 4), (3, 6), (3, 8), (7, 8)\}$$
$$R_2 = \{(1, 4), (3, 6), (5, 4), (5, 6), (9, 4), (9, 6)\}$$

então temos que

- $\text{Dom}(R_1) = \{x \in A \mid \exists y \in B, x\, R_1\, y\} = \{0, 3, 7\}$
- $\text{Im}(R_1) = \{y \in B \mid \exists x \in A, x\, R_1\, y\} = \{2, 4, 6, 8\}$
- $\text{Dom}(R_2) = \{x \in A \mid \exists y \in B, x\, R_2\, y\} = \{1, 3, 5, 9\}$
- $\text{Im}(R_2) = \{y \in B \mid \exists x \in A, x\, R_2\, y\} = \{4, 6\}$

2.1.4 Representação de uma relação

O gráfico da relação R de A em B é formado pelo conjunto de pontos (x, y) do plano cartesiano que pertencem à relação. O domínio de R está contido no eixo dos x e a imagem, no eixo dos y.

Exemplo: Se $A = \{1, 2, 3\}$, $B = \{2, 3, 4\}$ e $R = \{(1, 2), (2, 2), (3, 3)\}$, o gráfico de R é

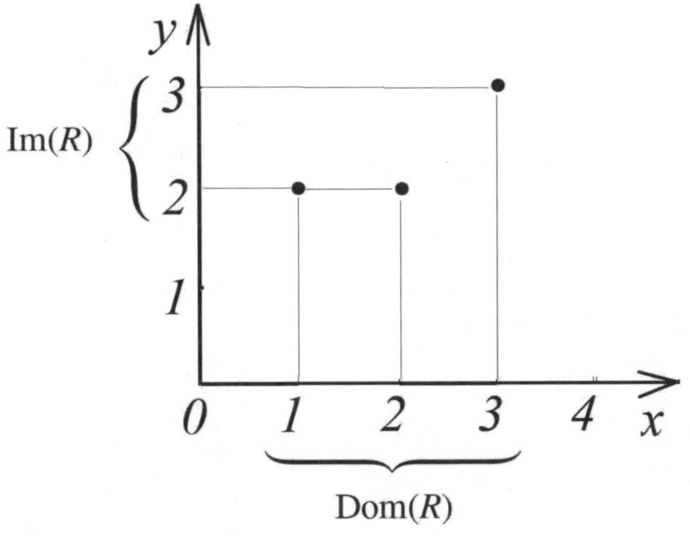

É muito comum representar A e B por diagramas de Venn e, se $x\, R\, y$, desenhar uma seta que vai de x para y.

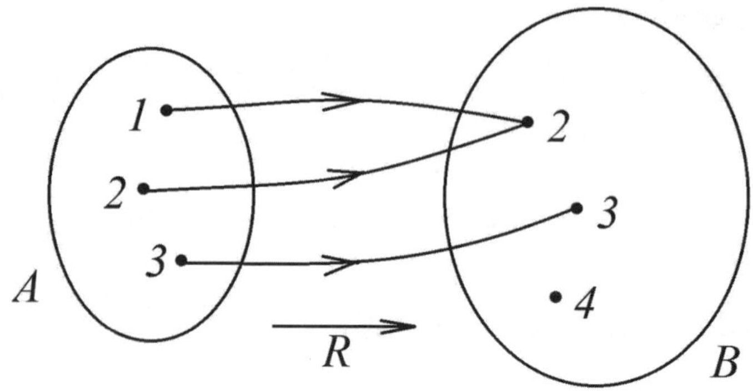

2.1.5 Inversa de uma relação

Definição: Se R é uma relação de A em B, então a **relação inversa** de R, denotada por R^{-1}, é a seguinte relação

$$R^{-1} = \{(y, x) \in B \times A \mid (x, y) \in A \times B$$

ou seja, R^{-1} é a relação que se obtém trocando-se a ordem de todos os pares ordenados de R.

Exemplo: Sejam $A = \{4, 5, 6\}$, $B = \{0, 1, 7\}$ e $R = \{(4, 0), (5, 7), (6, 1), (6, 0)\}$. Então $R^{-1} = \{(0, 4), (7, 5), (1, 6), (0, 6)\}$.

Propriedades:

- $\text{Dom}(R^{-1}) = \text{Im}(R)$
- $\text{Im}(R^{-1}) = \text{Dom}(R)$
- $(R^{-1})^{-1} = R$

2.2 FUNÇÕES

Definição: Uma relação f de A em B é denominada **função de** A **em** B (ou aplicação de A em B) quando todo elemento de A estiver relacionado com um único elemento de B.

Se f é função de A em B, então denotamos por $f : A \longrightarrow B$ e se $x \in A$ estiver relacionado com $y \in B$, ou seja, se $x\, f\, y$, então denotamos isso por $y = f(x)$ ou $x \longmapsto y$.

Em uma função $f : A \longrightarrow B$, A é o domínio da função e B é denominado contradomínio.

Duas funções f e g são iguais quando tiverem os mesmos domínios, mesmos contradomínios e $f(x) = g(x)$ para todo x do domínio das funções.

Exemplo: Sejam $A = \{1, 2, 3, 4\}$, $B = \{5, 6, 7, 8\}$ e as seguintes relações de A em B:

- $R_1 = \{(1, 6), (2, 7), (4, 5)\}$
- $R_2 = \{(1, 5), (1, 6), (2, 5), (3, 8), (4, 7)\}$
- $R_3 = \{(1, 8), (2, 7), (3, 6), (4, 5)\}$
- $R_4 = \{(1, 5), (2, 1), (3, 1), (4, 1)\}$

Temos que

- R_1 não é função de A em B porque $\text{Dom}(R_1) = \{1, 2, 4\} \neq A$.
- R_2 também não é função porque $1\, R_2\, 5$ e $1\, R_2\, 6$, ou seja, existe um elemento do domínio que está relacionado com dois elementos diferentes de B.
- R_3 e R_4 são funções de A em B porque $\text{Dom}(R_3) = \text{Dom}(R_4) = A$ e cada elemento de A está relacionado com um único elemento de B.

2.2.1 Imagem direta e imagem inversa

Definição: Seja $f : X \longrightarrow Y$ uma função e $A \subset X$. A **imagem direta** de A por f, denotada por $f(A)$, é o conjunto formado por todos os pontos $f(x)$ tais que $x \in A$.

$$\boxed{f(A) = \{f(x) \,|\, x \in A\}}$$

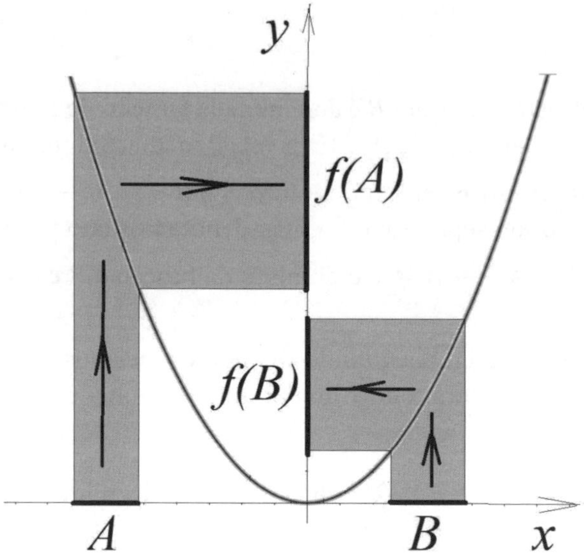

Definição: Se $A \subset Y$, então chamamos **imagem inversa** de A por f ao conjunto de todos os $x \in X$ tais que $f(x) \in A$. A imagem inversa de A por f é denotada por $f^{-1}(A)$.

$$f^{-1}(A) = \{x \in X \mid f(x) \in A\}$$

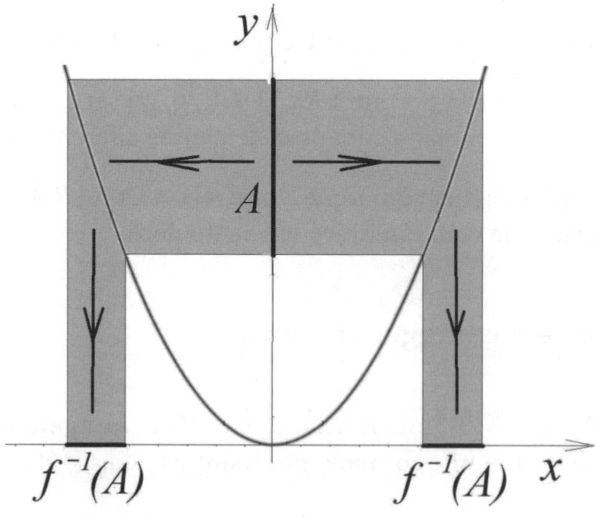

Exemplo: Consideremos $X = \{2, 4, 6, 8, 10\}$, $Y = \{3, 5, 7, 9, 11, 13, 15, 17\}$ e $f : X \longrightarrow Y$ definida por

$$f = \{(2,5), (4,7), (6,9), (8,11), (10,5)\}.$$

Então temos que

- $f(\{2,4\}) = \{f(2), f(4)\} = \{5,7\}$
- $f(\{4,8,10\}) = \{f(4), f(8), f(10)\} = \{7,11,5\}$
- $f^{-1}(\{5\}) = \{x \in X \mid f(x) \in \{5\}\} = \{2,10\}$
- $f^{-1}(\{9,11,13\}) = \{x \in X \mid f(x) \in \{9,11,13\}\} = \{6,8\}$
- $f^{-1}(\{13,15,17\}) = \{x \in X \mid f(x) \in \{13,15,17\}\} = \varnothing$
- $f^{-1}(\{11,15\}) = \{x \in X \mid f(x) \in \{11,15\}\} = \{8\}$
- $f^{-1}(\{9,11,13,17\}) = \{x \in X \mid f(x) \in \{9,11,13,17\}\} = \{6,8\}$

2.2.2 Função injetora e função sobrejetora

Definição: Dizemos que uma função $f : A \longrightarrow B$ é **injetora** quando dois elementos distintos em A têm imagens em B diferentes, ou seja,

$$x, y \in A, x \neq y \Rightarrow f(x) \neq f(y).$$

Note que essa implicação é logicamente equivalente a

$$x, y \in A, f(x) = f(y) \Rightarrow x = y.$$

Uma função não é injetora quando existirem pelo menos dois elementos $x \neq y$ do domínio que tenham a mesma imagem, ou seja, $f(x) = f(y)$.

Exemplo: Consideremos $A = \{-2, -1, 0, 1, 2, \}$ e $B = \{0, 1, 2, 3, 4\}$ e as funções f e g de A em B definidas por $f(x) = x + 2$ e $g(x) = x^2$, $\forall x \in A$. Então

$$f = \{(-2,0), (-1,1), (0,2), (1,3), (2,4)\}$$

é uma função injetora e, no entanto, $g = \{(-2,4), (-1,1), (0,0), (1,1), (2,4)\}$ não o é.

Definição: Dizemos que uma função $f : A \longrightarrow B$ é **sobrejetora** quando $\operatorname{Im} f = B$, ou seja, quando todo elemento do contradomínio for imagem por f de algum elemento $x \in A$ do domínio.

Uma função não é sobrejetora quando existir pelo menos um $y \in B$ que não seja imagem de algum elemento do domínio.

Exemplo: Ainda com relação ao exemplo anterior, em que $A = \{-2, -1, 0, 1, 2\}$, $B = \{0, 1, 2, 3, 4\}$ e f e g são funções de A em B definidas por $f(x) = x + 2$ e $g(x) = x^2$, temos que $\operatorname{Im}(f) = \{0, 1, 2, 3, 4\} = B$ e $\operatorname{Im}(g) = \{0, 1, 4\} \neq B$. Logo, f é sobrejetora, enquanto que g não o é.

Definição: Dizemos que uma função f é **bijetora** quando for simultaneamente injetora e sobrejetora. Por exemplo, a função f do exemplo anterior é bijetora, mas g não o é.

Exemplo: Seja $f : \mathbb{R} \longrightarrow \mathbb{R}$, definida por $f(x) = 5x + 4$.

- Se $x, y \in \mathbb{R}$ são tais que $f(x) = f(y)$, então $5x + 4 = 5y + 4$ e daí obtemos $x = y$. Logo, f é injetora.
- Dado $y \in \mathbb{R}$, vamos verificar se existe $x \in \mathbb{R}$ tal que $f(x) = y$. Para isso, tentamos encontrar o valor de x na equação $f(x) = y$:

$$f(x) = y \Rightarrow 5x + 4 = y \Rightarrow 5x = y - 4 \Rightarrow x = \frac{y-4}{5}.$$

  Sendo assim, dado $y \in \mathbb{R}$, fazendo $x = \frac{y-4}{5}$ temos que

$$f(x) = f\left(\frac{y-4}{5}\right) = \cancel{5}\left(\frac{y-4}{\cancel{5}}\right) + 4 = (y-4) + 4 = y,$$

  o que significa que f é sobrejetora.
- Concluímos assim que f é uma função bijetora de $\mathbb{R}$ em $\mathbb{R}$.

Exemplo:

Domínio	Contradomínio	Definição	Injetora	Sobrejetora	Bijetora
$\mathbb{Z}$	$\mathbb{N}$	$f_1(x) = x^2$	não	não	não
$\mathbb{N}$	$\mathbb{Z}$	$f_2(x) = x^2$	sim	não	não
$\mathbb{Q}$	$\mathbb{R}$	$f_3(x) = x^2$	não	não	não
$\mathbb{N}$	$\mathbb{Z}$	$f_4(x) = x + 2$	sim	não	não
$\mathbb{N}$	$\mathbb{N}$	$f_5(x) = x + 2$	sim	não	não
$\mathbb{R}$	$\mathbb{R}$	$f_6(x) = x + 2$	sim	sim	sim
$\mathbb{Z}$	$\mathbb{Q}$	$f_7(x) = x^3$	sim	não	não
$\mathbb{N}$	$\mathbb{N}$	$f_8(x) = x^3$	sim	não	não
$\mathbb{R}$	$\mathbb{R}$	$f_9(x) = x^3$	sim	sim	sim

Observações:

- A função $f_5 : \mathbb{N} \longrightarrow \mathbb{N}$, $f_5(x) = x + 2$ não é sobrejetora porque o elemento $1 \in \mathbb{N}$ no contradomínio não é imagem de elemento do domínio, ou seja, não existe $n \in \mathbb{N}$ tal que $f(n) = n + 2 = 1$.
- Para mostrar que $f_9 : \mathbb{R} \longrightarrow \mathbb{R}$, $f_9(x) = x^3$ é injetora, basta observar que se $x, y \in \mathbb{R}$ e $f(x) = f(y)$, então $x^3 = y^3$, que implica $x = y$.
- Para mostrar que essa mesma função é sobrejetora, basta observar que, dado $y \in \mathbb{R}$, podemos calcular sua raiz cúbica $\sqrt[3]{y}$, atribuir seu valor a $x \in \mathbb{R}$ e, ao calcular $f(x)$, obtemos $f(x) = f(\sqrt[3]{y}) = (\sqrt[3]{y})^3 = y$.
- As funções f_7 e f_8 não são sobrejetoras porque a raiz cúbica de um inteiro ou de um racional qualquer nem sempre é um número inteiro. Por exemplo, não existe $x \in \mathbb{Z}$ tal que $f_7(x) = x^3 = 2$

2.2.3 Função inversa

Definição: Seja $f : A \longrightarrow B$ uma função bijetora. Então a relação inversa $f^{-1} : B \longrightarrow A$ também é uma função e é denominada **função inversa** de f.

Observação: Para qualquer relação R, a relação inversa R^{-1} sempre existe. Agora, a função inversa só existe quando função é bijetora.

Exemplo: Consideremos $f : \mathbb{R} \longrightarrow \mathbb{R}$, $f(x) = 3x$. Como f é bijetora, então existe a função inversa $f^{-1} : \mathbb{R} \longrightarrow \mathbb{R}$. A partir de $f = \{(x, y) \mid y = 3x\}$, obtemos

$$f^{-1} = \{(y, x) \mid y = 3x\} = \{(y, x) | x = y/3\}$$

o que significa que $f^{-1}(y) = y/3$. Portanto, $f^{-1} : \mathbb{R} \longrightarrow \mathbb{R}$ é definida por $f^{-1}(y) = y/3$. Podemos usar qualquer outra letra no lugar de y, por exemplo: $f^{-1}(z) = z/3$ ou $f^{-1}(x) = x/3$ etc.

2.2.4 Função composta

Definição: Sejam $f : A \longrightarrow B$ e $g : B \longrightarrow C$ duas funções em que o contradomínio de uma coincide com o domínio da outra. A **função composta** de f e g, denotada por $g \circ f$, é definida como sendo uma função $g \circ f : A \longrightarrow C$ na qual

$$\boxed{(g \circ f)(x) = g(f(x)), \ \forall x \in A.}$$

Exemplo: Sejam $A = \{1, 2, 3, 4\}$, $B = \{5, 6, 7, 8, 9\}$, $C = \{10, 11, 12\}$ e as funções f e g definidas por

$$f = \{(1, 6), (2, 5), (3, 9), (4, 8)\},$$

$$g = \{(5, 10), (6, 10), (7, 11), (8, 11), (9, 12)\}.$$

Então a composta de f e g é a função $g \circ f : A \longrightarrow C$ definida por

- $(g \circ f)(1) = g(f(1)) = g(6) = 10$
- $(g \circ f)(2) = g(f(2)) = g(5) = 10$
- $(g \circ f)(3) = g(f(3)) = g(9) = 12$
- $(g \circ f)(4) = g(f(4)) = g(8) = 11$

Essas relações podem ser representadas no seguinte diagrama:

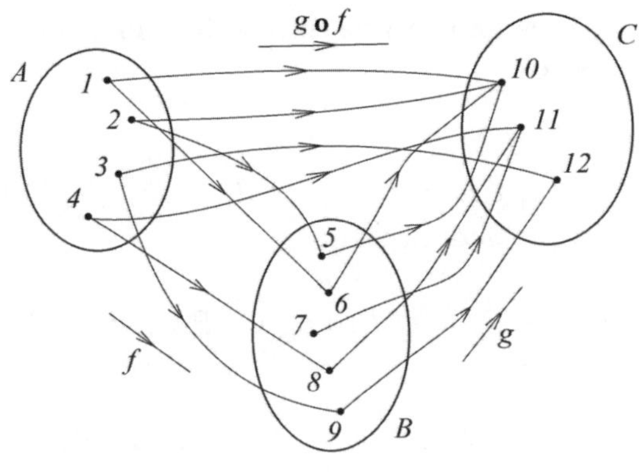

Portanto,

$$g \circ f = \{(1,10),(2,10),(3,12),(4,11)\}.$$

Exemplo: Sejam $f, g : \mathbb{R} \longrightarrow \mathbb{R}$ definidas por $f(x) = 3x + 4$ e $g(x) = x^2 + 1$. Então $f \circ g$ e $g \circ f$ são as funções de $\mathbb{R}$ em $\mathbb{R}$ definidas por

- $(f \circ g)(x) = f(g(x)) = f(x^2 + 1) = 3(x^2 + 1) + 4 = 3x^2 + 7$;
- $(g \circ f)(x) = g(f(x)) = g(3x + 4) = (3x + 4)^2 + 1 = 9x^2 + 12x + 17$.

Nesse caso, observe que $f \circ g \neq g \circ f$.

Definição: Se $A \neq \varnothing$, então a função $i_A : A \longrightarrow A$ definida por $i_A(x) = x$ é denominada **função identidade** de A.

Se $f : A \longrightarrow B$ for bijetora, então a inversa $f^{-1} : B \longrightarrow A$ existe e as compostas de f com f^{-1} sempre resultam na função identidade: $f \circ f^{-1} = i_B$ e $f^{-1} \circ f = i_A$.

2.3 RELAÇÃO DE EQUIVALÊNCIA

Definição: Uma relação R sobre um conjunto $A \neq \varnothing$ é denominada

- **reflexiva** se para todo $x \in A$ tivermos $x\,R\,x$;
- **simétrica** se $x\,R\,y$ implicar $y\,R\,x$, com $x, y \in A$;
- **transitiva** se $x\,R\,y$ e $y\,R\,z$ implicar $x\,R\,z$, com $x, y, z \in A$.

Dizemos também que R é uma **relação de equivalência** se ela for simultaneamente reflexiva, simétrica e transitiva.

Exemplo: Sejam $A = \{1, 2, 3\}$ e $R = \{(1, 1), (2, 2), (3, 3), (2, 3), (3, 2)\}$. Temos que R é uma relação de equivalência sobre A porque

- $(1, 1) \in R$, $(2, 2) \in 2$ e $(3, 3) \in R$. Logo, $x\,R\,x$ para todo $x \in A$, ou seja, R é reflexiva;
- para qualquer $(x, y) \in R$, temos $(y, x) \in R$, o que significa que R é simétrica;
- se $x, y, z \in A$ são tais que $x\,R\,y$ e $y\,R\,z$, então $x\,R\,z$. Logo, R é transitiva.

Exemplo: A relação de igualdade é relação de equivalência em $\mathbb{Z}$ porque

- $\forall x \in \mathbb{Z}, x = x$;
- $\forall x, y \in \mathbb{Z}, x = y \Rightarrow y = x$;
- $\forall x, y, z \in \mathbb{Z}, x = y$ e $y = z \Rightarrow x = z$.

Exemplo: A relação de paralelismo é relação de equivalência no conjunto das retas do espaço E porque

- $\forall r \in E, r \,//\, r$;
- $\forall r, s \in E, r \,//\, s \Rightarrow s \,//\, r$;
- $\forall r, s, t \in E, r \,//\, s$ e $s \,//\, t \Rightarrow r \,//\, t$.

2.3.1 Classe de equivalência

Seja R uma relação de equivalência sobre $A \neq \emptyset$. Chamamos **classe de equivalência** determinada por x, módulo R, o subconjunto denotado por $\bar{x}$ e constituído por todos os elementos de A relacionados com x.

$$\boxed{\bar{x} = \{a \in A \mid a\,R\,x\}}$$

Exemplo: Consideremos $A = \{1, 2, 3, 4, 5\}$ e a relação de equivalência definida por

$$R = \{(1,1), (2,2), (3,3), (4,4), (5,5), (1,4), (4,1), (2,5), (5,2), (3,5), (5,3), (2,3), (3,2)\}.$$

Temos que

- $\bar{1} = \{a \in A \mid a\,R\,1\} = \{1, 4\}$
- $\bar{2} = \{a \in A \mid a\,R\,2\} = \{2, 3, 5\}$
- $\bar{3} = \{a \in A \mid a\,R\,3\} = \{2, 3, 5\}$
- $\bar{4} = \{a \in A \mid a\,R\,4\} = \{1, 4\}$
- $\bar{5} = \{a \in A \mid a\,R\,5\} = \{2, 3, 5\}$

Note que as classes de equivalência coincidem ($\bar{1} = \bar{4}$ e $\bar{2} = \bar{3} = \bar{5}$) ou têm interseção vazia ($\bar{1} \cap \bar{2} = \varnothing$).

2.3.2 Conjunto-quociente de uma relação de equivalência

Sejam $A \neq \varnothing$ e R uma relação de equivalência em A. O conjunto de todas as classes de equivalência módulo R é denominado **conjunto-quociente** de A por R e é denotado por A/R.

$$A/R = \{\bar{a} \mid a \in A\}.$$

No exemplo anterior, temos $A/R = \{\{1, 4\}, \{2, 3, 5\}\}$.

2.3.3 Partição de um conjunto

Definição: Seja $A \neq \varnothing$. Dizemos que um conjunto $\mathcal{P}$ de subconjuntos não vazios de A é uma partição de A quando

- a união de todos os subconjuntos de $\mathcal{P}$ é igual a A;
- a interseção de dois subconjuntos distintos de $\mathcal{P}$ é vazia.

Se R é uma relação de equivalência sobre A, então A/R é uma partição de A.

Exemplo: Seja $A = \{0, 1, 2, 3, 4, 5, 6, 7\}$. Então são partições de A os seguintes conjuntos

- $\mathcal{P}_1 = \{\{0, 1, 2\}, \{3\}, \{4, 5\}, \{6, 7\}\}$
- $\mathcal{P}_2 = \{\{0, 3, 6\}, \{1, 2, 5\}, \{4, 7\}\}$

e não são partições de A os seguintes conjuntos

- $\mathcal{P}_3 = \{\{1, 2\}, \{4, 5\}, \{7\}\}$
- $\mathcal{P}_4 = \{\{0, 1\}, \{0, 1, 2\}, \{2, 3, 4\}, \{4, 5, 6, 7\}\}$

2.4 EXERCÍCIOS RESOLVIDOS

R16) Um conjunto A possui 3 elementos e um conjunto B possui 4.

a) Quantas são as relações de A em B?

b) Quantas são as funções de A em B?

Solução:

a) O número de elementos de um produto cartesiano de dois conjuntos finitos A e B é dado pela fórmula $n(A \times B) = n(A) \cdot n(B)$. Assim, se $n(A) = 3$ e $n(B) = 4$, $n(A \times B) = 3 \cdot 4 = 12$.
Outra fórmula conhecida é $n(\wp(E)) = 2^{n(E)}$. Daí, como $n(A \times B) = 12$, temos que $n(\wp(A \times B)) = 2^{12} = 4096$, ou seja, existem 4096 subconjuntos de $A \times B$ distintos. Esse é o número de relações de A em B.

b) Uma função de $A = \{a_1, a_2, a_3\}$ em B é um conjunto de pares ordenados da forma

$$F = \{(a_1, r),\ (a_2, s),\ (a_3, t)\},$$

onde $r, s, t \in B$. Como $n(B) = 4$, temos que existem 4 possibilidades para r, 4 possibilidades para s e 4 possibilidades para t. Logo, no total, existem $4 \cdot 4 \cdot 4 = 4^3 = 64$ funções de A em B.

R17) O produto $A \times A$ é formado por 25 pares ordenados. Três desses pares são $(2,3)$, $(4,8)$ e $(8,0)$. Determine os outros 22 pares.

Solução: Já que $n(A \times A) = 25$ e $n(A \times A) = n(A) \cdot n(A) = n(A)^2$, obtemos que $n(A) = \sqrt{25} = 5$, ou seja, o conjunto A possui 5 elementos. Observando as coordenadas dos pares $(2,3)$, $(4,8)$ e $(8,0)$, concluímos que $A = \{0,2,3,4,8\}$ e, a partir daí, obtemos os outros 22 pares do produto cartesiano $A \times A$:

$$(0,0),(0,2),(0,3),(0,4),(0,8),(2,0),(2,2),(2,4),(2,8),(3,0),(3,2),$$
$$(3,3),(3,4),(3,8),(4,0),(4,2),(4,3),(4,4),(8,2),(8,3),(8,4),(8,8)$$

R18) Em cada um dos seguintes casos, mostre que $\sim$ é uma relação de equivalência sobre A, descreva a classe de equivalência $\bar{x}$ e o conjunto-quociente $A/\!\sim$.

a) $A = \mathbb{R},\ a \sim b \Leftrightarrow a - b \in \mathbb{Q},\ x = \sqrt{2}$.

b) $A = \mathbb{R},\ a \sim b \Leftrightarrow a^2 = b^2,\ x = 3$.

Solução:

a)
- Para todo $a \in \mathbb{R}$, temos $a \sim a$ porque $a - a = 0 \in \mathbb{Q}$.
- Se $a, b \in \mathbb{R}$ são tais que $a \sim b$, então $a - b \in \mathbb{Q} \Rightarrow b - a \in \mathbb{Q} \Rightarrow b \sim a$.
- Se $a, b, c \in \mathbb{R}$, $a \sim b$ e $b \sim c$, então
  $a - b \in \mathbb{Q}$ e $b - c \in \mathbb{Q} \Rightarrow (a-b)+(b-c) \in \mathbb{Q} \Rightarrow a - c \in \mathbb{Q} \Rightarrow a \sim c$.
- Assim, fica mostrado que $\sim$ é reflexiva, simétrica e transitiva e daí concluímos que $\sim$ é uma relação de equivalência.
- $\bar{x} = \overline{\sqrt{2}} = \{s \in \mathbb{R} \mid s \sim \sqrt{2}\} = \{s \in \mathbb{R} \mid s - \sqrt{2} = q \in \mathbb{Q}\}$ $= \{s \in \mathbb{R} \mid s = q + \sqrt{2},\ q \in \mathbb{Q}\} = \{q + \sqrt{2} \mid q \in \mathbb{Q}\}$.
- De um modo geral, $\bar{x} = \{q + x \mid q \in \mathbb{Q}\}$, se x for irracional, e $\bar{x} = \mathbb{Q}$, se x for racional. Portanto, o conjunto-quociente dessa relação é dado por

$$\mathbb{R}/\!\sim\ =\ \{\mathbb{Q}\} \cup \{\{q + x \mid q \in \mathbb{Q}\}, x \in \mathbb{R} - \mathbb{Q}\}.$$

b)
- Para todo $a \in \mathbb{R}$, temos $a \sim a$ porque $a^2 = a^2$.
- Se $a, b \in \mathbb{R}$, $a \sim b$, então $a^2 = b^2 \Rightarrow b^2 = a^2 \Rightarrow b \sim a$.
- Se $a, b, c \in \mathbb{R}$, $a \sim b$ e $b \sim c$, então $a^2 = b^2$ e $b^2 = c^2 \Rightarrow a^2 = c^2 \Rightarrow a \sim c$.
- Nos três itens anteriores, foi mostrado que $\sim$ é uma relação de equivalência.
- $\bar{x} = \bar{3} = \{s \in \mathbb{R} \mid s^2 = 3^2\} = \{s \in \mathbb{R} \mid s^2 = 9\} = \{3, -3\}$
- De um modo geral, $\bar{x} = \{x, -x\}$. Logo, o conjunto-quociente dessa relação é dado por

$$\mathbb{R}/\sim \;=\; \{\{x, -x\},\ x \in \mathbb{R}\}.$$

R19) Em cada um dos seguintes casos, mostre que $\sim$ é uma relação de equivalência sobre A, descreva a classe de equivalência $\bar{P}$ e o conjunto-quociente $A/\sim$.

a) $A = \mathbb{R} \times \mathbb{R}$, $(a, b) \sim (c, d) \Leftrightarrow a + 2b = c + 2d$, $P = (1, 1)$.

b) $A = \mathbb{R} \times \mathbb{R}$, $(a, b) \sim (c, d) \Leftrightarrow a^2 + b^2 = c^2 + d^2$, $P = (1, 2)$.

c) $A = \mathbb{R} \times \mathbb{R}$, $(a, b) \sim (c, d) \Leftrightarrow a^2 - b = c^2 - d$, $P = (0, 2)$.

Solução:

a)
- Para todo $(a, b) \in \mathbb{R} \times \mathbb{R}$, temos $(a, b) \sim (a, b)$ porque $a + 2b = a + 2b$; logo, a relação $\sim$ é reflexiva.
- Se $(a, b), (c, d) \in \mathbb{R} \times \mathbb{R}$ e $(a, b) \sim (c, d)$, então $a + 2b = c + 2d \Rightarrow c + 2d = a + 2b \Rightarrow (c, d) \sim (a, b)$; logo, $\sim$ é simétrica.
- Se $(a, b), (c, d), (e, f) \in \mathbb{R} \times \mathbb{R}$, $(a, b) \sim (c, d)$ e $(c, d) \sim (e, f)$, então $a + 2b = c + 2d$ e $c + 2d = e + 2f \Rightarrow a + 2b = e + 2f \Rightarrow (a, b) \sim (e, f)$ e isso significa que $\sim$ é transitiva.
- Os três itens anteriores mostram que $\sim$ é uma relação de equivalência.
- Se $P = (1, 1)$, então

$$\bar{P} = \{(x, y) \in \mathbb{R} \times \mathbb{R} \mid (x, y) \sim (1, 1)\} = \{(x, y) \in \mathbb{R} \times \mathbb{R} \mid x + 2y = 3\}$$

que corresponde à reta no plano cartesiano $\mathbb{R} \times \mathbb{R}$ cuja equação é $x + 2y = 3$.

- De um modo geral,

$$\overline{(a,b)} = \{(x,y) \in \mathbb{R}\times\mathbb{R} \mid (x,y) \sim (a,b)\}$$
$$= \{(x,y) \in \mathbb{R}\times\mathbb{R} \mid x + 2y = \underbrace{a + 2b}_{k}\}$$

que corresponde à reta $x+2y = k$ no plano cartesiano $\mathbb{R}\times\mathbb{R}$, onde o valor de k depende de a e b. Consequentemente, o conjunto-quociente dessa relação é dado por

$$\mathbb{R}/\sim \;=\; \{\{(x,y) \in \mathbb{R}\times\mathbb{R} \mid x + 2y = k\}\; k \in \mathbb{R}\}.$$

que é o conjunto formado por todas as retas do plano que são paralelas a $x + 2y = 0$, representado no seguinte gráfico:

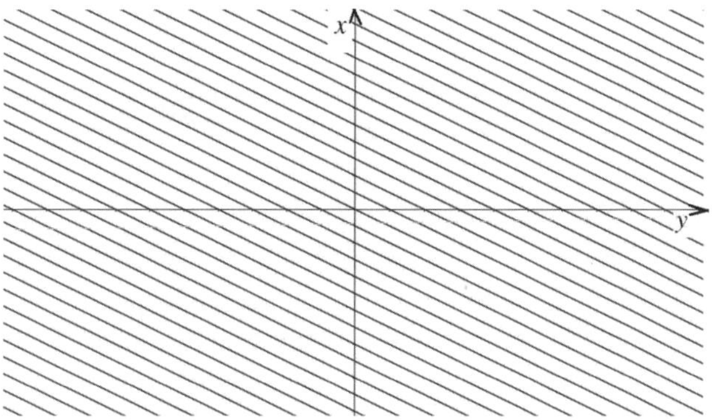

b)
- Para todo $(a,b) \in \mathbb{R}\times\mathbb{R}$, temos $(a,b) \sim (a,b)$ porque $a^2 + b^2 = a^2 + b^2$; logo, $\sim$ é reflexiva.
- Se $(a,b), (c,d) \in \mathbb{R}\times\mathbb{R}$ e $(a,b) \sim (c,d)$, então $a^2+b^2 = c^2+d^2 \Rightarrow c^2+d^2 = a^2 + b^2 \Rightarrow (c,d) \sim (a,b)$; logo, $\sim$ é simétrica.
- Se $(a,b), (c,d), (e,f) \in \mathbb{R}\times\mathbb{R}$, $(a,b) \sim (c,d)$ e $(c,d) \sim (e,f)$, então $a^2+b^2 = c^2+d^2$ e $c^2+d^2 = e^2+f^2 \Rightarrow a^2+b^2 = e^2+f^2 \Rightarrow (a,b) \sim (e,f)$ e isso significa que $\sim$ é transitiva.
- Os três itens anteriores mostram que $\sim$ é uma relação de equivalência.
- $\overline{(1,2)} = \{(x,y) \in \mathbb{R}\times\mathbb{R} \mid (x,y) \sim (1,2)\} = \{(x,y) \in \mathbb{R}\times\mathbb{R} \mid x^2 + y^2 = 5\}$ é uma circunferência do plano cartesiano $\mathbb{R}\times\mathbb{R}$ de centro na origem $(0,0)$ e raio igual a $\sqrt{5}$.

- Em geral,

$$\overline{(a,b)} = \{(x,y) \in \mathbb{R}\times\mathbb{R} \mid (x,y) \sim (a,b)\}$$
$$= \{(x,y) \in \mathbb{R}\times\mathbb{R} \mid x^2+y^2 = \underbrace{a^2+b^2}_{r}\}$$

que corresponde à circunferência $x^2 + y^2 = r$ no plano cartesiano $\mathbb{R}\times\mathbb{R}$. Consequentemente, o conjunto-quociente dessa relação é dado por

$$\mathbb{R}/\!\sim \; = \; \{\{(x,y) \in \mathbb{R}\times\mathbb{R} \mid x^2+y^2 = r\}\, r \in \mathbb{R}, r \geqslant 0\}.$$

que é o conjunto formado pela origem e por todas as circunferências do plano com centro na origem, representado no seguinte gráfico:

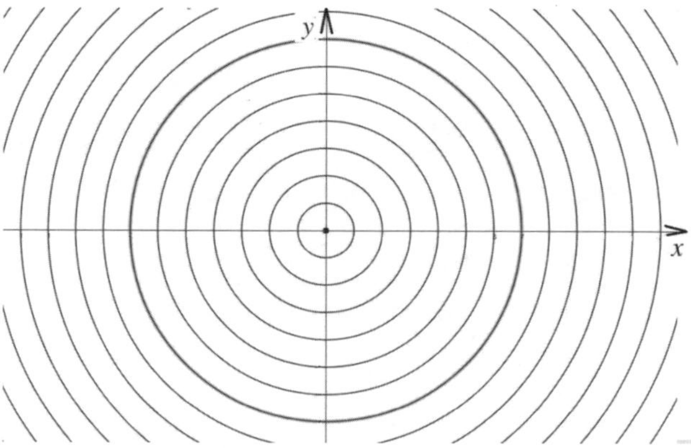

c)
- Para todo $(a,b) \in \mathbb{R}\times\mathbb{R}$, temos $(a,b) \sim (a,b)$ porque $a^2 - b = a^2 - b$; logo, a relação $\sim$ é reflexiva.
- Se $(a,b), (c,d) \in \mathbb{R}\times\mathbb{R}$ e $(a,b) \sim (c,d)$, então $a^2 - b = c^2 - d \Rightarrow c^2 - d = a^2 - b \Rightarrow (c,d) \sim (a,b) \Rightarrow \sim$ é simétrica.
- Se $(a,b), (c,d), (e,f) \in \mathbb{R}\times\mathbb{R}$, $(a,b) \sim (c,d)$ e $(c,d) \sim (e,f)$, então $a^2 - b = c^2 - d$ e $c^2 - d = e^2 - f \Rightarrow a^2 - b = e^2 - f \Rightarrow (a,b) \sim (e,f) \Rightarrow \sim$ é transitiva.
- Os três itens anteriores mostram que $\sim$ é uma relação de equivalência.
- $\overline{(0,2)} = \{(x,y) \in \mathbb{R}\times\mathbb{R} \mid (x,y) \sim (0,2)\} = \{(x,y) \in \mathbb{R}\times\mathbb{R} \mid x^2 - y = -4\}$ $= \{(x,y) \in \mathbb{R}\times\mathbb{R} \mid y = x^2 + 4\}$ que corresponde à parábola $y = x^2 + 4$ do plano cartesiano $\mathbb{R}\times\mathbb{R}$.

- Em geral,

$$\begin{aligned}\overline{(a,b)} &= \{(x,y) \in \mathbb{R}\times\mathbb{R} \mid (x,y) \sim (a,b)\}\\ &= \{(x,y) \in \mathbb{R}\times\mathbb{R} \mid x^2 - y = \underbrace{a^2 - b}_{k}\} = \{(x,y) \in \mathbb{R}\times\mathbb{R} \mid y = x^2 + k\}\end{aligned}$$

que corresponde à parábola $y = x^2 + k$ no plano cartesiano $\mathbb{R}\times\mathbb{R}$. Consequentemente, o conjunto-quociente dessa relação é dado por

$$\mathbb{R}/\sim \;=\; \{(x,y) \in \mathbb{R}\times\mathbb{R} \mid y = x^2 + k,\ k \in \mathbb{R}\}.$$

que é o conjunto todas as parábolas do plano que têm equação da forma $y = x^2 + k$, com $k \in \mathbb{R}$, representado no seguinte gráfico:

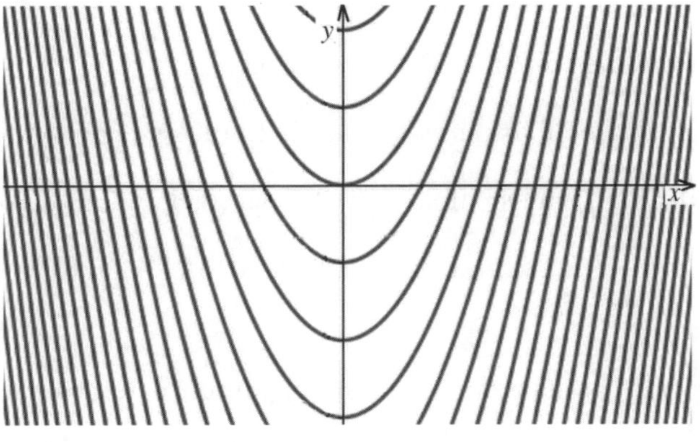

R20) Seja R uma relação sobre um conjunto A. Mostre que:

a) $R \cup R^{-1}$ é uma relação simétrica.

b) Se R for transitiva, então R^{-1} também é transitiva.

Solução:

a) Seja $(a,b) \in R \cup R^{-1}$. Então $(a,b) \in R$ ou $(a,b) \in R^{-1}$. Se $(a,b) \in R$, então $(b,a) \in R^{-1}$ que implica $(b,a) \in R \cup R^{-1}$. Se $(a,b) \in R^{-1}$, então $(b,a) \in R$ que também implica $(b,a) \in R \cup R^{-1}$. Assim, em qualquer situação, $(b,a) \in R \cup R^{-1}$. Logo, $R \cup R^{-1}$ é simétrica.

b) Suponhamos R transitiva. Se $(a, b), (b, c) \in R^{-1}$, então $(b, a), (c, b) \in R \Rightarrow (c, a) \in R$. Logo, $(a, c) \in R^{-1}$. Fica mostrado dessa forma que R^{-1} é uma relação transitiva.

R21) Dê exemplo de uma relação de equivalência R sobre um conjunto A cujo conjunto-quociente seja $A/R = \{\{0\}, \{1, 2\}, \{3, 4\}, \{5, 6, 7\}\}$.

Solução: Dada uma partição $\mathcal{P} = \{S \mid S \subset A\}$ de um conjunto A, a relação de equivalência R definida por

$$x, y \in A, x \mid y \Leftrightarrow \{x, y\} \subset S, \quad \text{para algum } S \in \mathcal{P}$$

tem conjunto-quociente A/R igual a $\mathcal{P}$. Aplicando esse resultado ao conjunto $\mathcal{P} = \{\{0\}, \{1, 2\}, \{3, 4\}, \{5, 6, 7\}\}$ do enunciado deste exercício, temos:

- $\{0\}$ contribui com o par $(0, 0)$ da relação;
- $\{1, 2\}$ contribui com os pares $(1, 1), (2, 2), (1, 2), (2, 1)$ da relação;
- $\{3, 4\}$ contribui com os pares $(3, 3), (4, 4), (3, 4), (4, 3)$ da relação;
- $\{5, 6, 7\}$ contribui com os pares $(5, 5), (6, 6), (7, 7), (5, 6), (6, 5), (5, 7), (7, 5), (6, 7), (7, 6)$ da relação.

Juntando todos esses pares ordenados em um conjunto, temos que a relação de equivalência procurada é

$$\begin{aligned} R = \{&(0, 0), (1, 1), (2, 2), (1, 2), (2, 1), (3, 3), (4, 4), (3, 4), (4, 3), \\ &(5, 5), (6, 6), (7, 7), (5, 6), (6, 5), (5, 7), (7, 5), (6, 7), (7, 6)\} \end{aligned}$$

R22) Sejam R_1 e R_2 duas relações simétricas em um conjunto A. Mostre que $R_1 \cup R_2$ também é uma relação simétrica em A.

Solução: Seja $(a, b) \in R_1 \cup R_2$. Então $(a, b) \in R_1$ ou $(a, b) \in R_2$ que implica $(b, a) \in R_1$ ou $(b, a) \in R_2$, porque R_1 e R_2 são simétricas. Daí, obtemos $(b, a) \in R_1 \cup R_2$ e concluímos que $R_1 \cup R_2$ é simétrica.

R23) Seja R uma relação de A em A. A relação R' de A em A definida por $R' = \complement_{A\times A}R$ denomina-se relação complementar de R. Sendo $A = \{-2,-1,0,1,2\}$ e $R = \{(x,y) \in A\times A \mid x^2 = y^2\}$, determine R'.

Solução:

$$\begin{aligned} A = \{-2,-1,0,1,2\} \Rightarrow A\times A = \{&(-2,-2),(-2,-1),(-2,0),(-2,1),(-2,2),\\ &(-1,-2),(-1,-1),(-1,0),(-1,1),(-1,2),(0,-2),(0,-1),(0,0),(0,1),(0,2),\\ &(1,-2),(1,-1),(1,0),(1,1),(1,2),(2,-2),(2,-1),(2,0),(2,1),(2,2)\} \end{aligned}$$

Listando por extenso os elementos de R, temos

$$R \;=\; \{(-2,-2),(-2,2),(2,-2),(2,2),(-1,-1),(-1,1),(1,-1),(1,1),(0,0)\}$$

e daí concluímos que

$$\begin{aligned} R' = (A\times A) - R = \{&(-2,-1),(-2,0),(-2,1),(-1,-2),(-1,0),(-1,2),\\ &(0,-2),(0,-1),(0,1),(0,2),(1,-2),(1,0),(1,2),(2,-1),(2,0),(2,1)\}. \end{aligned}$$

R24) Seja $f : \mathbb{R} \longrightarrow \mathbb{R}$ definida por $f(x) = x^2$. Determine $f([-2,\ 1])$, $f^{-1}([-2,\ 1])$, $f^{-1}(f([-1,\ 0]))$, $f^{-1}([2,4])$ e $f^{-1}(\{-5,-2,-1\})$ e

Solução:

- $f([-2,\ 1]) = [0,\ 4]$, conforme mostrado no gráfico:

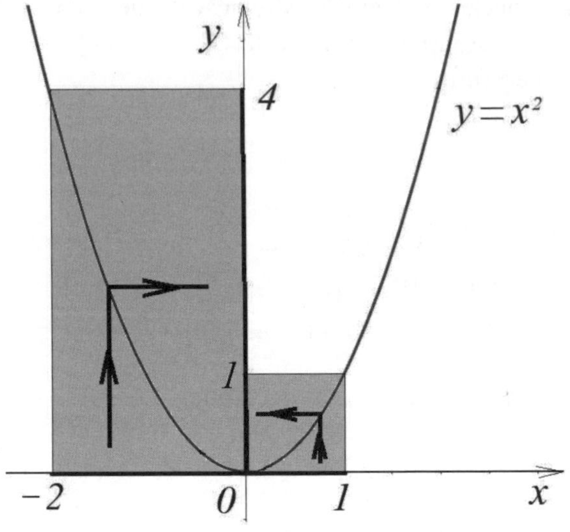

- $f^{-1}([-2, 1]) = [-1, 1]$, conforme mostrado no gráfico:

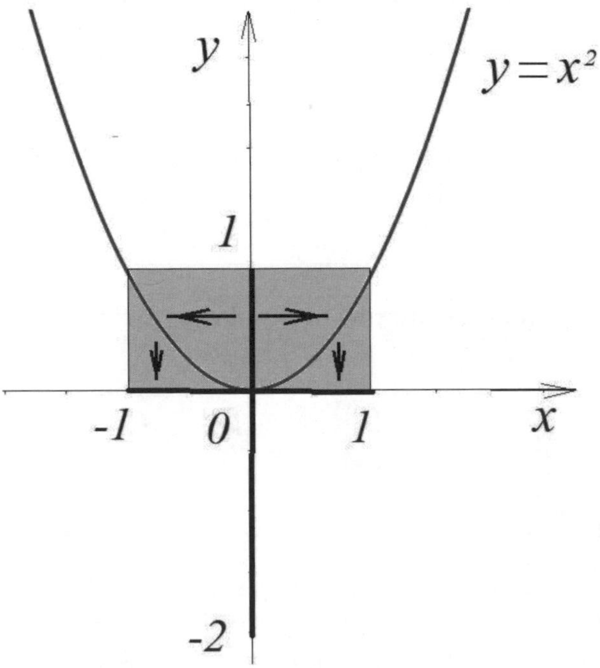

- $f^{-1}(f([-1, 0])) = f^{-1}([0, 1]) = [-1, 1]$

- $f^{-1}([2,4]) = [-2, -\sqrt{2}] \cup [\sqrt{2}, 2]$, conforme mostrado no gráfico:

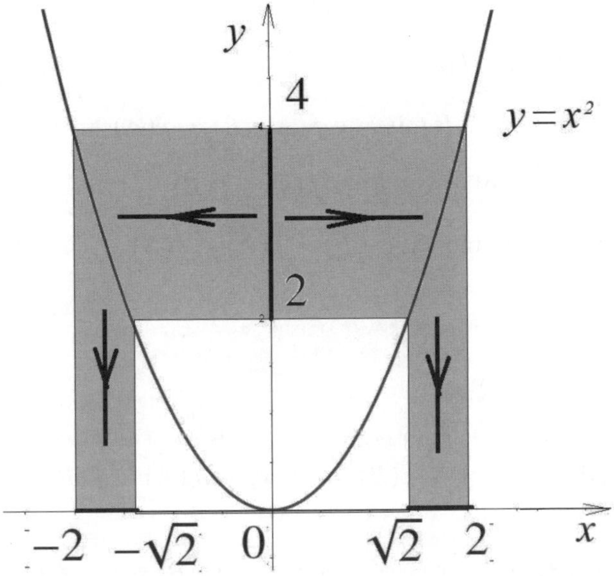

- $f^{-1}(\{-5,-2,-1\}) = \varnothing$, porque $-5 < 0$, $-2 < 0$, $-1 < 0$ e $f(x) \geqslant 0, \forall x \in \mathbb{R}$

R25) Sejam $f : X \longrightarrow Y$ uma função, $A, B \subset X$ e $M, N \subset Y$. Mostre que

a) $f(A \cup B) = f(A) \cup f(B)$

b) $f(A \cap B) \subset f(A) \cap f(B)$

c) Dê exemplo de f, A e B tais que $f(A \cap B) \neq f(A) \cap f(B)$

d) Se f for injetora, então $f(A \cap B) = f(A) \cap f(B)$

e) $f^{-1}(M \cup N) = f^{-1}(M) \cup f^{-1}(N)$

f) $f^{-1}(M \cap N) = f^{-1}(M) \cap f^{-1}(N)$

g) $f(f^{-1}(M)) \subset M$

h) Se f for sobrejetora, então $f(f^{-1}(M)) = M$

i) $A \subset f^{-1}(f(A))$

j) Se f for injetora, então $f^{-1}(f(A)) = A$

k) $f^{-1}(M - N) = f^{-1}(M) - f^{-1}(N)$

l) $f(A - B) \supset f(A) - f(B)$

m) Dê exemplo de f, A e B tais que $f(A - B) \neq f(A) - f(B)$

n) Se f for injetora, então $x \notin B \Rightarrow f(x) \notin f(B)$

o) Se f for injetora, então $f(A - B) = f(A) - f(B)$

Solução:

a) $y \in f(A \cup B) \Leftrightarrow y = f(x)$ com $x \in A \cup B \Leftrightarrow y = f(x)$ com $x \in A$ ou $x \in B \Leftrightarrow f(x) \in f(A)$ ou $f(x) \in f(B) \Leftrightarrow f(x) \in f(A) \cup f(B)$. Portanto, $f(A \cup B) = f(A) \cup f(B)$.

b) Se $y \in f(A \cap B)$, então $y = f(x)$ com $x \in A \cap B \Rightarrow x \in A$ e $x \in B \Rightarrow f(x) \in f(A)$ e $f(x) \in f(B) \Rightarrow f(x) \in f(A) \cap f(B)$. Portanto, $f(A \cap B) \subset f(A) \cap f(B)$.

c) Consideremos $f : \mathbb{R} \longrightarrow \mathbb{R}$, $f(x) = x^2$, $A = [-2, 0]$, $B = [0, 2]$. Então, $A \cap B = \{0\}$, $f(A \cap B) = f(\{0\}) = \{f(0)\} = \{0\}$, $f(A) = f([-2, 0]) = [0, 4]$, $f(B) = f([0, 2]) = [0, 4]$, $f(A) \cap f(B) = [0, 4] \neq f(A \cap B)$.

d) Se $y \in f(A) \cap f(B)$, então $y \in f(A)$ e $y \in f(B) \Rightarrow y = f(x_1), x_1 \in A$ e $y = f(x_2), x_2 \in B \Rightarrow f(x_1) = f(x_2)$. Como f é injetora, temos $x_1 = x_2 \Rightarrow x_1 \in A$ e $x_1 \in B \Rightarrow x_1 \in A \cap B \Rightarrow y = f(x_1) \in f(A \cap B)$. Logo, $f(A) \cap f(B) \subset f(A \cap B)$. Conforme mostrado no item (c), $f(A \cap B) \subset f(A) \cap f(B)$ de onde concluímos que $f(A \cap B) = f(A) \cap f(B)$.

e) $x \in f^{-1}(M \cap N) \Leftrightarrow f(x) \in M \cap N \Leftrightarrow f(x) \in M$ e $f(x) \in N \Leftrightarrow x \in f^{-1}(M)$ e $x \in f^{-1}(N) \Leftrightarrow x \in f^{-1}(M) \cap f^{-1}(N)$. Portanto, $f^{-1}(M \cap N) = f^{-1}(M) \cap f^{-1}(N)$.

f) $x \in f^{-1}(M \cup N) \Leftrightarrow f(x) \in M \cup N \Leftrightarrow f(x) \in M$ ou $f(x) \in N \Leftrightarrow x \in f^{-1}(M)$ ou $x \in f^{-1}(N) \Leftrightarrow x \in f^{-1}(M) \cup f^{-1}(N)$. Portanto, $f^{-1}(M \cup N) = f^{-1}(M) \cup f^{-1}(N)$.

g) $y \in f(f^{-1}(M)) \Rightarrow y = f(x)$ com $x \in f^{-1}(M) \Rightarrow f(x) \in M \Rightarrow y \in M$. Logo, $f(f^{-1}(M)) \subset M$.

h) Se $y \in M$, então, como f é sobrejetora, $y = f(x)$ com $x \in X$. Como $y \in M$ implica $x \in f^{-1}(M) \Rightarrow f(x) \in f(f^{-1}(M)) \Rightarrow y \in f(f^{-1}(M))$. Logo, $M \subset f(f^{-1}(M))$ No item (g) foi mostrado que $f(f^{-1}(M)) \subset M$ e daí concluímos que $f(f^{-1}(M)) = M$.

i) $x \in A \Rightarrow f(x) \in f(A) \Rightarrow x \in f^{-1}(f(A))$. Logo, $A \subset f^{-1}(f(A))$.

j) Suponhamos $x \in f^{-1}(f(A))$. Então, $y = f(x) \in f(A) \Rightarrow y = f(a)$ com $a \in A \Rightarrow f(x) = f(a)$. Como f é injetora, $x = a \in A \Rightarrow f^{-1}(f(A)) \subset A$. Conforme o que foi mostrado no item (g), $A \subset f^{-1}(f(A))$, concluímos que $f^{-1}(f(A)) = A$.

k) $x \in f^{-1}(M-N) \Leftrightarrow f(x) \in M-N \Leftrightarrow f(x) \in M$ e $f(x) \notin N \Leftrightarrow x \in f^{-1}(M)$ e $x \notin f^{-1}(N) \Leftrightarrow x \in f^{-1}(M) - f^{-1}(N)$. Portanto, $f^{-1}(M - N) = f^{-1}(M) - f^{-1}(N)$.

l) $y \in f(A-B) \Rightarrow y = f(x), x \in A-B \Rightarrow y = f(x), x \in A$ e $x \notin B \Rightarrow f(x) \in f(A)$ e $f(x) \notin f(B) \Rightarrow f(x) \in f(A) - f(B)$. Portanto, $f(A - B) \subset f(A) - f(B)$.

m) Consideremos $f : \mathbb{R} \longrightarrow \mathbb{R}$, $f(x) = x^2$, $A = \{1, 2, 3\}$, $B = \{-2, -1, 0\}$. Então, $A - B = A$, $f(A - B) = f(A) = \{1, 4, 9\}$, $f(B) = \{0, 1, 4\}$ e $f(A) - f(B) = \{9\}$. Logo, $f(A - B) \neq f(A) - f(B)$.

n) Suponhamos $f(x) \in f(B)$ com f injetora e $x \notin B$. Temos que existe $b \in B$ tal que $f(x) = f(b) \Rightarrow x = b \Rightarrow x \in B$ que é uma contradição. Logo, f injetora e $x \notin B \Rightarrow f(x) \notin f(B)$.

o) $y \in f(A) - f(B) \Rightarrow y \in f(A)$ e $y \notin f(B) \Rightarrow y = f(x), x \in A$ e também $x \notin B$, porque $f(x) \notin f(B)$ e f é injetora. Logo, $x \in A - B \Rightarrow y = f(x) \in f(A - B) \Rightarrow f(A) - f(B) \subset f(A - B)$. Conforme o item (l), $f(A - B) \subset f(A) - f(B)$ e daí concluímos que $f(A - B) = f(A) - f(B)$.

R26) Sejam $f : A \longrightarrow B$ e $g : B \longrightarrow A$ funções. Mostre que

a) se $g \circ f : A \longrightarrow A$ é injetora, então f é injetora;

b) se $f \circ g : B \longrightarrow B$ é sobrejetora, então f é sobrejetora.

Solução: a) Se $a, b \in A$ tais que $f(a) = f(b)$, então $g(f(a)) = g(f(b))$, ou seja, $(g \circ f)(a) = (g \circ f)(b)$. Como $g \circ f$ é injetora, temos $a = b$. Logo, f é injetora.
b) Dado $y \in B$, existe $x \in B$ tal que $(f \circ g)(x) = y$ porque $f \circ g$ é sobrejetora. Seja $a = g(x) \in A$. Temos que $f(a) = f(g(x)) = (f \circ g)(x) = y$. Logo, f é sobrejetora.

R27) Sejam $f : A \longrightarrow B$ e $g : B \longrightarrow C$ funções. Mostre que:

a) se f e g são injetoras, então $g \circ f : A \longrightarrow C$ é injetora;

b) se f e g são sobrejetoras, então $g \circ f : A \longrightarrow C$ é sobrejetora.

Solução: a) Sejam $a, b \in A$ tais que $(g \circ f)(a) = (g \circ f)(b)$. Então $g(f(a)) = g(f(b)) \Rightarrow f(a) = f(b)$, porque g é injetora. E, como f também é injetora, temos $f(a) = f(b) \Rightarrow a = b$. Assim, $(g \circ f)(a) = (g \circ f)(b) \Rightarrow a = b$, o que significa que $g \circ f$ é injetora.
b) Dado $c \in C$, existe $b \in B$ tal que $g(b) = c$, porque g é sobrejetora. Como f também é sobrejetora, temos que existe $a \in A$ tal que $f(a) = b$. Logo, $g(f(a)) = g(b) = c$, que é o mesmo que $(g \circ f)(a) = c$. Logo, $\forall c \in C$, $\exists a \in A \mid (g \circ f)(a) = c$ e isso significa que $g \circ f$ é sobrejetora.

R28) Mostre que a função $f : \mathbb{R} - \{5\} \longrightarrow \mathbb{R} - \{8\}$ definida por $f(x) = \dfrac{8x+3}{x-5}$ é bijetora e determine sua inversa.

Solução:

- Para mostrar que f é injetora, consideremos $a, b \in \mathrm{Dom}(f)$ tais que $f(a) = f(b)$. Então,

$$
\begin{aligned}
f(a) = f(b) &\Rightarrow \frac{8a+3}{a-5} = \frac{8b+3}{b-5} \Rightarrow (8a+3)(b-5) = (8b+3)(a-5) \\
&\Rightarrow \cancel{8ab} - 40a + 3b \cancel{-15} = \cancel{8ab} - 40b + 3a \cancel{-15} \Rightarrow 3b + 40b = 3a + 40a \\
&\Rightarrow 43a = 43b \Rightarrow a = b
\end{aligned}
$$

  Logo, f é injetora.

- Dado $y \in \mathbb{R} - \{8\}$, vamos determinar $x \in \mathbb{R} - \{5\}$ tal que $f(x) = y$. Assim, temos

$$
\begin{aligned}
f(x) = y &\Rightarrow \frac{8x+3}{x-5} = y \Rightarrow 8x + 3 = y(x-5) \Rightarrow 8x + 3 = xy - 5y \\
&\Rightarrow 8x - xy = -5y - 3 \Rightarrow x(8-y) = -5y - 3 \Rightarrow x = \frac{-5y-3}{8-y} = \frac{5y+3}{y-8}.
\end{aligned}
$$

Logo, dado $y \in \mathbb{R} - \{8\}$, existe $x \in \mathbb{R} - \{5\}$ definido por $x = \dfrac{5y+3}{y-8}$ que possui a propriedade

$$f(x) = f\left(\frac{5y+3}{y-8}\right) = \frac{8\left(\frac{5y+3}{y-8}\right)+3}{\left(\frac{5y+3}{y-8}\right)-5} = \frac{8(5y+3)+3(y-8)}{5y+3-5(y-8)}$$

$$= \frac{40y + \cancel{24} + 3y - \cancel{24}}{\cancel{5y} + 3 - \cancel{5y} + 40} = \frac{\cancel{43}y}{\cancel{43}} = y$$

e daí concluímos que f é sobrejetora.

- Como f é injetora e sobrejetora simultaneamente, então f é bijetora e, consequentemente, possui uma função inversa. Uma regra prática para determinar a função inversa em alguns casos é a seguinte: *"na igualdade $y = f(x)$ da definição de f, trocamos x por y e y por x e isolamos o valor de y".* O y assim encontrado é o $f^{-1}(x)$. No atual exemplo, temos que a regra que define a função f é $y = \dfrac{8x+3}{x-5}$. Trocando-se x por y e y por x, obtemos $x = \dfrac{8y+3}{y-5}$, ou seja,

$$x(y-5) = 8y+3 \Rightarrow xy - 5x = 8y + 3 \Rightarrow xy - 8y = 5x + 3 \to y = \frac{5x+3}{x-8}.$$

A partir daí, concluímos que a função inversa de f é

$$f^{-1} : \mathbb{R} - \{8\} \longrightarrow \mathbb{R} - \{5\}, \; f^{-1}(x) = \frac{5x+3}{x-8}.$$

R29) Mostre que a função $f :]-2, 2[\longrightarrow \mathbb{R}$ definida por $f(x) = \dfrac{5x}{4-x^2}$ é bijetora e determine sua inversa.

Solução:

- Sejam $a, b \in]-2, 2[$ tais que $f(a) = f(b)$. Então,

$$f(a) = f(b) \Rightarrow \frac{5a}{4-a^2} = \frac{5b}{4-b^2} \Rightarrow (5a)(4-b^2) = (5b)(4-a^2)$$

$$\Rightarrow 20a - 5ab^2 = 20b - 5a^2b \Rightarrow 20(a-b) + 5ab(a-b) = 0$$

$$\Rightarrow \underbrace{5(4+ab)}_{\neq 0}(a-b) = 0 \Rightarrow a - b = 0 \Rightarrow a = b$$

Logo, f é injetora. Note que

$$-2 < a < 2 \text{ e } -2 < b < 2 \Rightarrow -4 < ab < 4 \Rightarrow 0 < ab + 4 < 8 \Rightarrow 4 + ab \neq 0.$$

- Dado $y \in \mathbb{R}$, vamos determinar $x \in]-2, 2[$ tal que $f(x) = y$. Se $y = 0$, basta considerar $x = 0$ que obtemos $f(0) = 0$. Suponhamos então que $y \neq 0$.

$$f(x) = y \Rightarrow \frac{5x}{4 - x^2} = y \Rightarrow 5x = y(4 - x^2) \Rightarrow 5x = 4y - yx^2$$
$$\Rightarrow yx^2 + 5x - 4y = 0 \Rightarrow x = \frac{-5 \pm \sqrt{25 + 16y^2}}{2y} \Rightarrow x = \frac{-5 + \sqrt{25 + 16y^2}}{2y}.$$

A solução $x = \frac{-5-\sqrt{25+16y^2}}{2y}$ foi desprezada porque ela está fora do domínio da função. Logo, dado $y \in \mathbb{R} - \{0\}$, existe $x \in]-2, 2[$ definido por $x = \dfrac{-5 + \sqrt{25 + 16y^2}}{2y}$ cujo $f(x)$ está calculado a seguir:

$$f(x) = f\left(\frac{-5 + \sqrt{25 + 16y^2}}{2y}\right) = \frac{5\left(\frac{-5+\sqrt{25+16y^2}}{2y}\right)}{4 - \left(\frac{-5+\sqrt{25+16y^2}}{2y}\right)^2}$$
$$= \frac{5(-5 + \sqrt{25 + 16y^2})}{2y} \cdot \frac{4y^2}{\cancel{16y^2} - 25 + 10\sqrt{25 + 16y^2} - 25 - \cancel{16y^2}}$$
$$= 5\cancel{\left(-5 + \sqrt{25 + 16y^2}\right)} \cdot \frac{2y}{10\cancel{(-5 + \sqrt{25 + 16y^2})}} = \frac{\cancel{10}y}{\cancel{10}} = y.$$

Daí concluímos que f é sobrejetora.

- A função f é injetora e sobrejetora simultaneamente, então f é bijetora e, consequentemente, possui uma função inversa. Como $f(0) = 0$, temos $f^{-1}(0) = 0$. A equação que define a função f é $y = \dfrac{5x}{4 - x^2}$. Trocando-se x por y e y por x, obtemos $x = \dfrac{5y}{4 - y^2}$, ou seja,

$$x(4 - y^2) = 5y \Rightarrow xy^2 + 5y - 4x = 0 \Rightarrow y = \frac{-5 \pm \sqrt{25 + 16x^2}}{2x}, \quad \text{se } x \neq 0.$$

Como $\dfrac{-5 - \sqrt{25 + 16x^2}}{2x} \notin]-2, 2[$, temos que $y = \dfrac{-5 + \sqrt{25 + 16x^2}}{2x}$.

e daí concluímos que a função inversa de f é

$$f^{-1} : \mathbb{R} \longrightarrow]-2, 2[, \; f^{-1}(x) = \begin{cases} \dfrac{-5+\sqrt{25+16x^2}}{2x}, & \text{se} \quad x \neq 0 \\ 0, & \text{se} \quad x = 0 \end{cases}$$

Observação:

- Se $x > 0$, então $\sqrt{25+16x^2} > \sqrt{16x^2} = 4x \Rightarrow -\sqrt{25+16x^2} < -4x$ $\Rightarrow -5-\sqrt{25+16x^2} < -5-4x \Rightarrow \frac{5-\sqrt{25+16x^2}}{2x} < \frac{-5-4x}{2x} = -\frac{5}{2x} - 2 < -2$.
- Se $x < 0$, então $\sqrt{25+16x^2} > \sqrt{16x^2} = -4x \Rightarrow -\sqrt{25+16x^2} < 4x$ $\Rightarrow -5-\sqrt{25+16x^2} < -5+4x \Rightarrow \frac{5-\sqrt{25+16x^2}}{2x} > \frac{-5+4x}{2x} = -\frac{5}{2x} + 2 > 2$.
- Fica mostrado assim que se $x \neq 0$, então $\dfrac{5-\sqrt{25+16x^2}}{2x} \notin]-2, 2[$.

R30) Seja $T : \mathbb{R}\times\mathbb{R} \longrightarrow \mathbb{R}\times\mathbb{R}$ definida por $T(x, y) = (4x + y, 5x - 11y)$. Mostre que T é bijetora e determine T^{-1}.

Solução:

- Consideremos $A = (a_1, a_2)$ e $B = (b_1, b_2)$ dois elementos do $\text{Dom}(T)$ tais que $T(A) = T(B)$. Então,

$$\begin{aligned} T(A) = T(B) &\Rightarrow T(a_1, a_2) = T(b_1, b_2) \\ &\Rightarrow (4a_1 + a_2, \; 5a_1 - 11a_2) = (4b_1 + b_2, \; 5b_1 - 11b_2) \end{aligned}$$

$$\Rightarrow \begin{cases} 4a_1 + a_2 = 4b_1 + b_2 \\ 5a_1 - 11a_2 = 5b_1 - 11b_2 \end{cases} \Rightarrow \begin{cases} 4\overbrace{(a_1 - b_1)}^{X} + \overbrace{(a_2 - b_2)}^{Y} = 0 \\ 5\underbrace{(a_1 - b_1)}_{X} - 11\underbrace{(a_2 - b_2)}_{Y} = 0 \end{cases}$$

$$\Rightarrow \begin{cases} 4X + Y = 0 \\ 5X - 11Y = 0 \end{cases} \Rightarrow X = 0, \; Y = 0 \Rightarrow a_1 = a_2, \; b_1 = b_2 \Rightarrow A = B.$$

Logo, T é injetora.

- Dado $Y = (y_1, y_2) \in \mathbb{R}\times\mathbb{R}$, vamos determinar $X = (x_1, x_2) \in \mathbb{R}\times\mathbb{R}$ tal que $T(X) = Y$. Assim, temos

$$T(X) = Y \Rightarrow T(x_1,x_2) = (y_1,y_2) \Rightarrow (4x_1 + x_2,\ 5x_1 - 11x_2) = (y_1,y_2)$$
$$\Rightarrow \begin{cases} 4x_1 + x_2 = y_1 \\ 5x_1 - 11x_2 = y_2 \end{cases} \Rightarrow \begin{cases} 44x_1 + 11x_2 = 11y_1 \\ 5x_1 - 11x_2 = y_2 \end{cases}$$
$$\Rightarrow (44x_1 + \cancel{11x_2}) + (5x_1 \cancel{- 11x_2}) = 11y_1 + y_2 \Rightarrow 49x_1 = 11y_1 + y_2$$
$$\Rightarrow x_1 = \frac{11y_1 + y_2}{49} \Rightarrow x_2 = y_1 - 4x_1 = y_1 - 4\left(\frac{11y_1 + y_2}{49}\right) \Rightarrow x_2 = \frac{5y_1 - 4y_2}{49}$$

Logo, dado $Y = (y_1, y_2) \in \mathbb{R}\times\mathbb{R}$, existe $X \in \mathbb{R}\times\mathbb{R}$ definido por $X = \left(\frac{11y_1 + y_2}{49}, \frac{5y_1 - 4y_2}{49}\right)$ que possui a propriedade

$$T(X) = T\left(\frac{11y_1 + y_2}{49}, \frac{5y_1 - 4y_2}{49}\right)$$
$$= \left(4\left(\frac{11y_1 + y_2}{49}\right) + \left(\frac{5y_1 - 4y_2}{49}\right),\ 5\left(\frac{11y_1 + y_2}{49}\right) - 11\left(\frac{5y_1 - 4y_2}{49}\right)\right)$$
$$= \left(\frac{44y_1 + \cancel{4y_2} + 5y_1 \cancel{- 4y_2}}{49}, \frac{\cancel{55y_1} + 5y_2 \cancel{- 55y_1} + 44y_2}{49}\right) = (y_1, y_2) = Y$$

e daí concluímos que T é sobrejetora.

- Como T é injetora e sobrejetora simultaneamente, então T é bijetora e, consequentemente, possui uma função inversa. Para determinar essa inversa, devemos calcular $Y = (y_1,\ y_2)$ na equação $T(Y) = X = (x_1,\ x_2)$.

$$T(Y) = X \Rightarrow T(y_1,y_2) = (x_1,x_2) \Rightarrow (4y_1 + y_2,\ 5y_1 - 11y_2) = (x_1,x_2)$$
$$\Rightarrow \begin{cases} 4y_1 + y_2 = x_1 \\ 5y_1 - 11y_2 = x_2 \end{cases} \Rightarrow \begin{cases} 44y_1 + 11y_2 = 11x_1 \\ 5y_1 - 11y_2 = x_2 \end{cases}$$
$$\Rightarrow (44y_1 + \cancel{11y_2}) + (5y_1 \cancel{- 11y_2}) = 11x_1 + x_2 \Rightarrow 49y_1 = 11x_1 + x_2$$
$$\Rightarrow y_1 = \frac{11x_1 + x_2}{49} \Rightarrow y_2 = x_1 - 4y_1 = x_1 - 4\left(\frac{11x_1 + x_2}{49}\right) = \frac{5x_1 - 4x_2}{49}$$

Portanto a função inversa de T é dada por

$$T^{-1} : \mathbb{R}\times\mathbb{R} \longrightarrow \mathbb{R}\times\mathbb{R},\ T^{-1}(x_1,x_2) = \left(\frac{11x_1 + x_2}{49}, \frac{5x_1 - 4x_2}{49}\right)$$

que é o mesmo que

$$T^{-1} : \mathbb{R} \times \mathbb{R} \longrightarrow \mathbb{R} \times \mathbb{R},\ T^{-1}(x, y) = \left(\frac{11x + y}{49}, \frac{5x - 4y}{49} \right)$$

R31) Seja $f : \mathbb{N} \longrightarrow \mathbb{N}$ definida por $f(n) = \begin{cases} \dfrac{n}{2}, & \text{se} \quad n \text{ é par} \\ \dfrac{n+1}{2}, & \text{se} \quad n \text{ é ímpar} \end{cases}$

a) Verifique se f é injetora ou sobrejetora.

b) Dê exemplo de uma função $g : \mathbb{N} \longrightarrow \mathbb{N}$ tal $f \circ g = i_{\mathbb{N}}$.

Solução:

a) f não é injetora porque se k e $k + 1$ são dois inteiros consecutivos do domínio, com k ímpar, então $f(k) = f(k + 1) = \frac{k+1}{2}$. Por exemplo, $f(5) = f(6) = 3$.

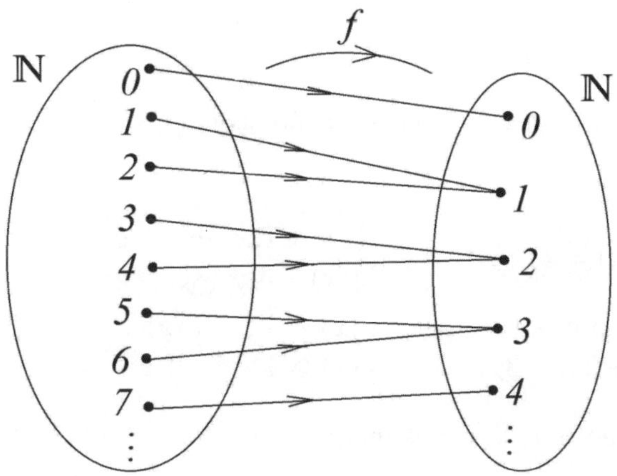

Por outro lado, dado $n \in \mathbb{N}$, então $2n \in \text{Dom}(f)$ é tal que $f(2n) = n$; logo, f é sobrejetora.

b) Seja $a > 0$ um inteiro positivo qualquer. Definindo $g : \mathbb{N} \longrightarrow \mathbb{N}$ da forma

$$g(n) = \begin{cases} 2n - 1, & \text{se} \quad n = a \\ 2n, & \text{se} \quad n \neq a \end{cases}$$

Temos que

$$(f \circ g)(n) = f(g(n)) = \begin{cases} f(2n-1), & \text{se} \quad n = a \\ f(2n), & \text{se} \quad n \neq a \end{cases}$$

Como $f(2n-1) = \frac{(2n-1)+1}{2} = n$ e $f(2n) = \frac{2n}{2} = n$, temos $(f \circ g)(n) = n, \ \forall n \in \mathbb{N}$.

Observação: Para cada valor de $a > 0$ escolhido, temos uma função g relacionada com esse valor. Assim, existe uma infinidade de funções desse tipo que satisfazem a igualdade $f \circ g = i_{\mathbb{N}}$.

R32) Sejam $f : \mathbb{R} \longrightarrow \mathbb{R}$ e $g : \mathbb{R} \longrightarrow \mathbb{R}$ são as funções definidas por

$$f(x) = \begin{cases} x^2+1, & \text{se} \quad x < 1 \\ 2x-3, & \text{se} \quad x \geqslant 1 \end{cases} \quad \text{e} \quad g(x) = x^2 + 2x.$$

Determine $f \circ g$ e $g \circ f$.

Solução:

- Para calcular $(f \circ g)(x)$, na definição de $f(x)$, substituímos todas as ocorrências de x por $g(x)$:

$$(f \circ g)(x) = f(g(x)) = \begin{cases} g(x)^2+1, & \text{se} \quad g(x) < 1 \\ 2g(x)-3, & \text{se} \quad g(x) \geqslant 1 \end{cases}$$

$$= \begin{cases} (x^2+2x)^2+1, & \text{se} \quad g(x) < 1 \\ 2(x^2+2x)-3, & \text{se} \quad g(x) \geqslant 1 \end{cases} = \begin{cases} x^4+4x^3+4x^2+1, & \text{se} \quad g(x) < 1 \\ 2x^2+4x-3, & \text{se} \quad g(x) \geqslant 1 \end{cases}$$

Devemos agora, resolver as inequações $g(x) < 1$ e $g(x) \geqslant 1$.

  - $g(x) < 1$ equivale a $x^2 + 2x < 1$, ou seja, $x^2 + 2x - 1 < 0$. As raízes de $x^2 + 2x - 1 = 0$ são $x = \frac{-2 \pm \sqrt{8}}{2} = -1 \pm \sqrt{2}$. Observando o gráfico de $y = x^2 + 2x - 1$, percebemos que a solução da inequação $x^2 + 2x - 1 < 0$ corresponde às abscissas dos pontos do gráfico que estão abaixo do eixo dos x. Portanto, a solução da inequação é o conjunto de todos os $x \in \mathbb{R}$ que satisfazem $-1 - \sqrt{2} < x < -1 + \sqrt{2}$.

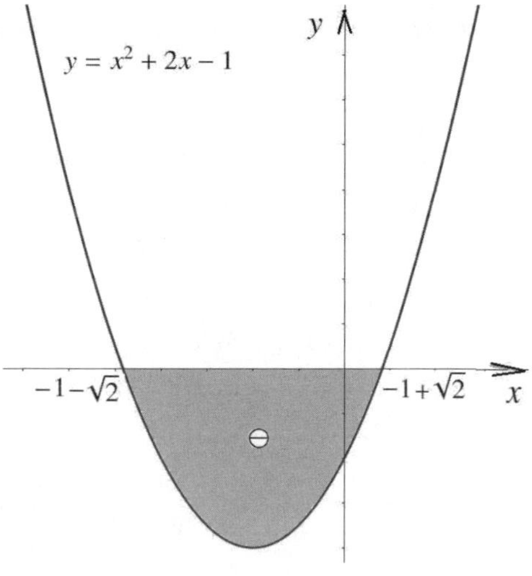

- $g(x) \geqslant 1$ equivale a $x^2 + 2x - 1 \geqslant 0$. Observando o gráfico de $y = x^2 + 2x - 1$, percebemos que a solução da inequação $x^2 + 2x - 1 \geqslant 0$ corresponde às abscissas dos pontos do gráfico que estão acima do eixo dos x, ou seja, é o conjunto de todos os $x \in \mathbb{R}$ que satisfazem $x \leqslant -1 - \sqrt{2}$ ou $x \geqslant -1 + \sqrt{2}$.

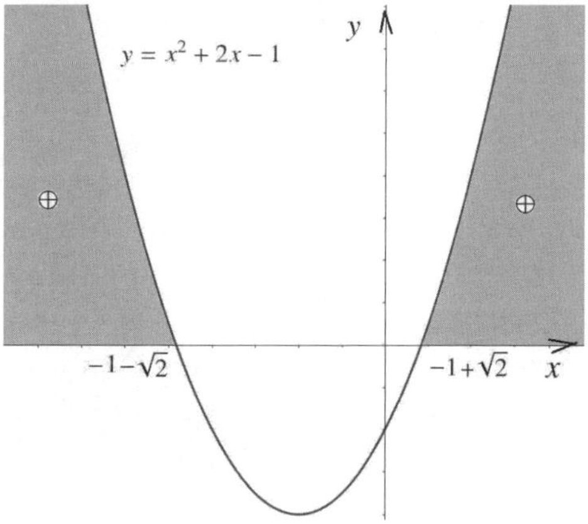

Portanto,

$$(f \circ g)(x) = \begin{cases} x^4 + 4x^3 + 4x^2 + 1, & \text{se} \quad -1 - \sqrt{2} < x < -1 + \sqrt{2} \\ 2x^2 + 4x - 3, & \text{se} \quad x \leqslant -1 - \sqrt{2} \text{ ou } x \geqslant -1 + \sqrt{2} \end{cases}.$$

- Para calcular $g(f(x))$, basta aplicar g nas expressões que definem $f(x)$:

$$(g \circ f)(x) = g(f(x)) = \begin{cases} g(x^2+1), & \text{se} \quad x < 1 \\ g(2x-3), & \text{se} \quad x \geqslant 1 \end{cases}$$

$$= \begin{cases} (x^2+1)^2 + 2(x^2+1), & \text{se} \quad x < 1 \\ (2x-3)^2 + 2(2x-3), & \text{se} \quad x \geqslant 1 \end{cases} = \begin{cases} x^4 + 4x^2 + 3, & \text{se} \quad x < 1 \\ 4x^2 - 8x + 3, & \text{se} \quad x \geqslant 1 \end{cases}$$

R33) Determine $f \circ g$ e $g \circ f$ sabendo que $f : \mathbb{R} \longrightarrow \mathbb{R}$ e $g : \mathbb{R} \longrightarrow \mathbb{R}$ são duas funções definidas por

$$f(x) = \begin{cases} -x, & \text{se} \quad x < -2 \\ -x+4, & \text{se} \quad x \geqslant 2 \end{cases} \quad \text{e} \quad g(x) = \begin{cases} x, & \text{se} \quad x \leqslant -1 \\ x+2, & \text{se} \quad x > -1 \end{cases}.$$

Solução:

- Para calcular $(f \circ g)(x)$, na definição de $f(x)$, substituímos todas as ocorrências de x por $g(x)$:

$$(f \circ g)(x) = f(g(x)) = \begin{cases} -g(x), & \text{se} \quad g(x) < 2 \\ -g(x)+4, & \text{se} \quad g(x) \geqslant 2 \end{cases}$$

Observando o gráfico de $y = g(x)$, temos que a solução da inequação $g(x) < 2$ é formada pelas abscissas dos pontos do gráfico que estão situados abaixo da reta $y = 2$; isso corresponde aos pontos em que $x < 0$. Devido à definição de g, devemos dividir essa solução em duas partes: uma parte com os valores de x tais que $x \leqslant -1$ e outra com os x que satisfazem $-1 < x < 0$. Por outro lado, a solução da inequação $g(x) \geqslant 2$ corresponde aos valores de x tais que $x \geqslant 0$.

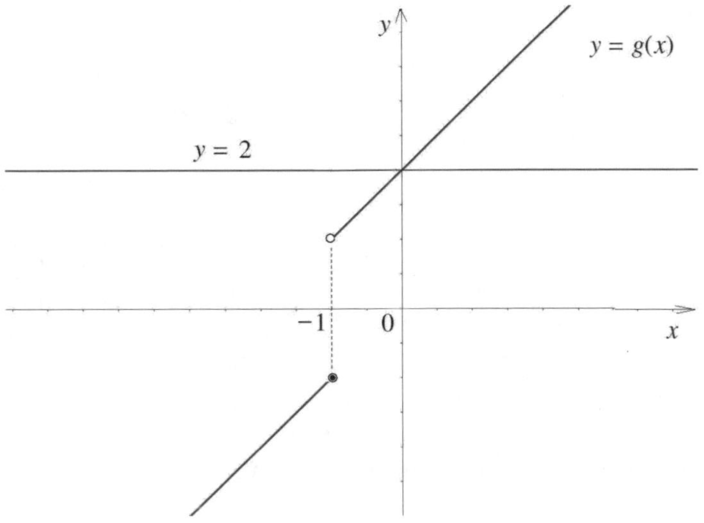

Baseando-se nessas observações, podemos calcular $f(g(x))$ nos diversos casos:

- Se $x \leqslant -1$, então $g(x) < 2$. De acordo com a definição de g, nesse caso temos $g(x) = x$. Daí, $f(g(x)) = -g(x) = -x$.
- Se $-1 < x < 0$, então $g(x) < 2$ e $g(x) = x+2$. Logo, $f(g(x)) = -g(x) - -x - 2$.
- Se $x \geqslant 0$, então $g(x) \geqslant 2$ e $g(x) = x + 2$. Logo, $f(g(x)) = -g(x) + 4 = -(x+2) + 4 = -x + 2$.

Concluímos assim que

$$(f \circ g)(x) = f(g(x)) = \begin{cases} -x, & \text{se} \quad x \leqslant -1 \\ -x-2, & \text{se} \quad -1 < x < 0 \\ -x+2, & \text{se} \quad x \geqslant 0 \end{cases}.$$

- Para calcular $(g \circ f)(x)$, substituímos todas as ocorrências de x por $f(x)$ na definição de $g(x)$:

$$(g \circ f)(x) = g(f(x)) = \begin{cases} f(x), & \text{se} \quad f(x) \leqslant -1 \\ f(x) + 2, & \text{se} \quad f(x) > -1 \end{cases}$$

Observando o gráfico de $f(x)$, temos que a solução da inequação $f(x) \leqslant -1$ corresponde às abscissas dos pontos do gráfico que estão abaixo da reta $y = -1$:

$$f(x) \leqslant -1 \iff 1 \leq x < 2 \text{ ou } x \geqslant 5.$$

Observando agora os pontos do gráfico que estão acima de $y = -1$, temos a solução de $f(x) > -1$:

$$f(x) > -1 \iff x < 1 \text{ ou } 2 \leqslant x < 5.$$

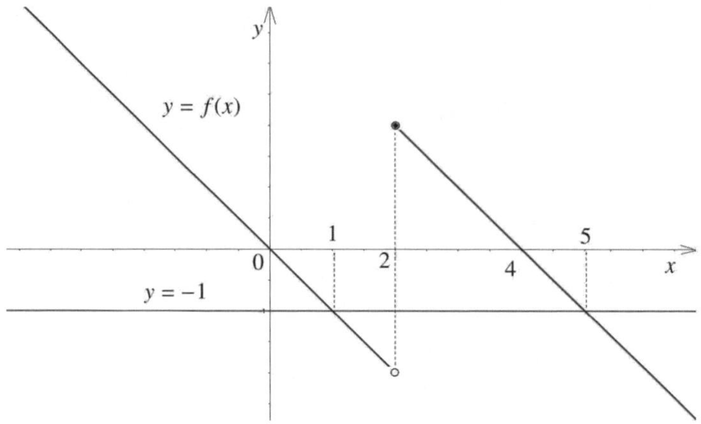

Para calcular $g(f(x))$, devemos considerar quatro casos:

- Se $x < 1$, então $f(x) > -1$ e $f(x) = -x \Rightarrow g(f(x)) = f(x) + 2 = -x + 2$.
- Se $1 \leqslant x < 2$, então $f(x) \leqslant -1$ e $f(x) = -x \Rightarrow g(f(x)) = f(x) = -x$.
- Se $2 \leqslant x < 5$, então $f(x) > -1$ e $f(x) = -x + 4 \Rightarrow g(f(x)) = f(x) + 2 = -x + 6$.
- Se $x \geqslant 5$, então $f(x) \leqslant -1$ e $f(x) = -x + 4 \Rightarrow g(f(x)) = f(x) = -x + 4$.

Concluímos assim que

$$(g \circ f)(x) = g(f(x)) = \begin{cases} -x + 2, & \text{se} \quad x < 1 \\ -x, & \text{se} \quad 1 \leqslant x < 2 \\ -x + 6, & \text{se} \quad 2 \leqslant x < 5 \\ -x + 4, & \text{se} \quad x \geqslant 5 \end{cases}.$$

R34) Determine a função inversa de $f : \mathbb{R} \longrightarrow \mathbb{R}$ definida por

$$f(x) = \begin{cases} x^2 + 4, & \text{se} \quad x < 0 \\ -5x + 4, & \text{se} \quad x \geqslant 0 \end{cases}.$$

Solução:

- Se $x < 0$, então $y = x^2 + 4$. Trocando x por y e y por x, temos $x = y^2 + 4$ se $y < 0$. Isolando o valor de y nessa equação, obtemos $y = \pm\sqrt{x - 4}$. Como $y < 0$, desprezamos a solução $y = \sqrt{x - 4}$ e ficamos só com $y = -\sqrt{x - 4}$. Devemos ver também que $y < 0$ e $x - 4 = y^2$ implicam $x - 4 > 0$, ou seja, $x > 4$.

- Se $x \geqslant 0$, então $y = -5x + 4$. Trocando x por y e y por x: se $y \geqslant 0$, $x = -5y + 4$ que implica $y = \frac{4-x}{5}$ e $\frac{4-x}{5} \geqslant 0 \Rightarrow 4 - x \geqslant 0 \Rightarrow x \leqslant 4$.

Concluímos dessa forma que $f^{-1} : \mathbb{R} \longrightarrow \mathbb{R}$ é dada por

$$f^{-1}(x) = \begin{cases} -\sqrt{x-4}, & \text{se} \quad x > 4 \\ \dfrac{4-x}{5}, & \text{se} \quad x \leqslant 4 \end{cases}.$$

2.5 EXERCÍCIOS PROPOSTOS

P9) Mostre que R definida a seguir é uma relação de equivalência em $A = \mathbb{R} \times \mathbb{R}$ e descreva seu conjunto-quociente A/R.

$$(a, b)\ R\ (c, d) \quad \Leftrightarrow \quad a^2 - b^2 = c^2 - d^2.$$

Resposta: A/R é o conjunto de todas as hipérboles do plano cartesiano cujas assíntotas são as retas $y = \pm x$, incluindo essas retas.

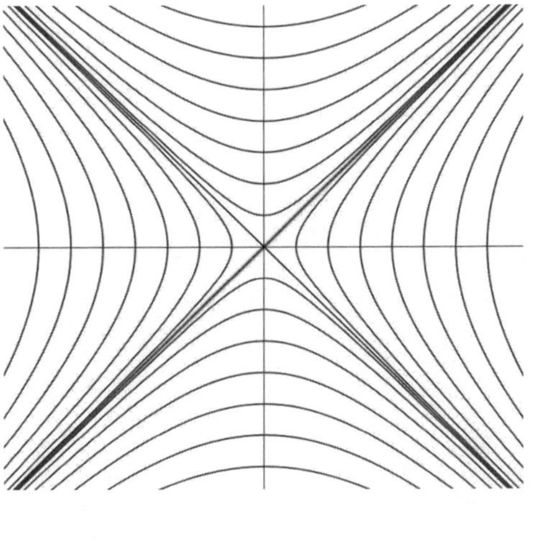

P10) Mostre que $f : \mathbb{R} \longrightarrow \mathbb{R}$ definida por $f(x) = \begin{cases} -x, & \text{se} \quad x \in \mathbb{Q} \\ \dfrac{1}{x}, & \text{se} \quad x \in \mathbb{R} - \mathbb{Q} \end{cases}$ é bijetora, calcule $f \circ f$ e sua inversa f^{-1}.

Resposta: $f \circ f = i_{\mathbb{R}}$ e $f^{-1} = f$

P11) Sejam $f_1 : \mathbb{Z} \longrightarrow \mathbb{Z}$, $f_1(x) = 3x + 2$ e $f_2 : \mathbb{Q} \longrightarrow \mathbb{Q}$, $f_2(x) = 3x + 2$. Verifique se f_1 e f_2 são injetoras ou sobrejetoras.

Resposta: ambas são injetoras, mas somente f_2 é sobrejetora

P12) Mostre que a função $f :]-5, 5[\longrightarrow \mathbb{R}$ definida por $f(x) = \dfrac{x}{x^2 - 25}$ é bijetora e determine sua inversa.

Resposta: $f : \mathbb{R} \longrightarrow]-5, 5[$, $f^{-1}(x) = \begin{cases} 0, & \text{se} \quad x = 0 \\ \dfrac{1 - \sqrt{1 + 100x^2}}{2x}, & \text{se} \quad x \neq 0 \end{cases}$

P13) Mostre que a função $f : \mathbb{R} - \{3\} \longrightarrow \mathbb{R} - \{1\}$ definida por $f(x) = \dfrac{2x + 5}{2x - 6}$ é bijetora e determine sua inversa.

Resposta: $f : \mathbb{R} - \{1\} \longrightarrow \mathbb{R} - \{3\}$, $f^{-1}(x) = \dfrac{6x + 5}{2x - 2}$

P14) Determine $f \circ g$ e $g \circ f$ sabendo que $f : \mathbb{R} \longrightarrow \mathbb{R}$ e $g : \mathbb{R} \longrightarrow \mathbb{R}$ são as funções

$$f(x) = \begin{cases} x^2 - 3x + 2, & \text{se} \quad x < 0 \\ 4x - 3, & \text{se} \quad x \geqslant 0 \end{cases} \quad \text{e} \quad g(x) = \begin{cases} -x^2 + 1, & \text{se} \quad x \leqslant 2 \\ x + 1, & \text{se} \quad x > 2 \end{cases}.$$

Resposta:

$$(f \circ g)(x) = \begin{cases} x^4 + x^2, & \text{se} \quad x < -1 \\ 4x^2 + 1, & \text{se} \quad -1 \leqslant x \leqslant 1 \\ x^2 - 3x + 2, & \text{se} \quad 1 < x \leqslant 2 \\ 4x + 1, & \text{se} \quad x > 2 \end{cases} \quad \text{e}$$

$$(g \circ f)(x) = \begin{cases} x^2 - 3x + 3, & \text{se} \quad x < 0 \\ -16x^2 + 24x - 8, & \text{se} \quad 0 \leqslant x < 5/4 \\ 4x - 2, & \text{se} \quad x \geqslant 5/4 \end{cases}$$

CAPÍTULO 3

Noções de aritmética e princípio de indução

3.1 NOÇÕES DE ARITMÉTICA

Definição: Dizemos que um número inteiro a é múltiplo de outro inteiro b quando existir $m \in \mathbb{Z}$ tal que $a = mb$. Nesse caso, dizemos também que b é um divisor de a e denotamos isso por $b \mid a$.

Por exemplo, 10 é múltiplo de 5 porque $10 = 2 \cdot 5$. É o mesmo que "5 *é divisor de* 10" e é denotado por $5 \mid 10$.

A relação de divisibilidade de inteiros possui as propriedades:

- $a \mid a,\ \forall a \in \mathbb{Z},\ a \neq 0$
- se $a, b \in \mathbb{Z}$, $a > 0, b > 0, a \mid b$ e $b \mid a$, então $a = b$
- se $a \mid b$ e $a \mid c$, então $a \mid (bx + cy), \forall x, y \in \mathbb{Z}$.

3.1.1 Algoritmo da divisão

Dados inteiros positivos a e b, existem dois inteiros positivos q e r tais que $a = qb + r$, com $0 \leqslant r < b$. Nesse caso, r é denominado **resto** da divisão de a por b e q é o **quociente** da divisão. Se $r = 0$, então a divisão de a por b é denominada **exata**.

É usual representar a divisão de a por b no seguinte diagrama:

$$\begin{array}{l|l} a & b \\ \cline{2-2} r & q \end{array}$$

O algoritmo da divisão também é conhecido como algoritmo euclidiano.

3.1.2 Máximo divisor comum

Definição: Sejam a e b dois inteiros positivos. Um inteiro $d > 0$ é chamado **máximo divisor comum** de a e b se as seguintes propriedades são verificadas:

- $d \mid a$ e $d \mid b$, ou seja, d é um divisor comum;
- se $d' > 0$ é outro inteiro tal que $d' \mid a$ e $d' \mid b$, então $d' \mid d$, ou seja, d é o maior divisor comum.

Denotamos isso por $d = \text{mdc}(a, b)$.

3.1.3 Método das divisões sucessivas

Um método eficiente para encontrar o máximo divisor comum de a e b é conhecido como método das divisões sucessivas e está descrito a seguir:

- dividimos a por b e obtemos quociente q_1 e resto r_1, com $0 \leqslant r_1 < b$;
- dividimos b por r_1 e obtemos quociente q_2 e resto r_2, com $0 \leqslant r_2 < r_1$;
- dividimos r_1 por r_2 e obtemos quociente q_3 e resto r_3, com $0 \leqslant r_3 < r_2$;
- $\vdots$
- como os restos vão diminuindo a cada divisão, em algum momento obtemos um resto $r_{n+1} = 0$. Quando isso ocorrer, encerramos o processo de divisões sucessivas, concluindo que o último resto positivo encontrado é o máximo divisor comum de a e b, ou seja, que $r_n = \text{mdc}(a, b)$.

Essas divisões costumam ser representadas no diagrama:

	q_1	q_2	q_3	$\cdots$	q_n	q_{n+1}
a	b	r_1	r_2	$\cdots$	r_{n-1}	$\boxed{r_n}$
r_1	r_2	r_3	r_4	$\cdots$	0	

Exemplo: Calcular $\text{mdc}(105, 36)$.

- Dividimos 105 por 36 e obtemos quociente 2 e resto 33;

- Dividimos 36 por 33 e obtemos quociente 1 e resto 3;
- Dividimos 33 por 3 e obtemos quociente 11 e resto 0;
- Encerramos o processo de divisões sucessivas concluindo que o máximo divisor comum procurado é igual a 3.

	2	1	11
105	36	33	$\boxed{3}$
33	3	0	

Uma propriedade importante do máximo divisor comum de dois inteiros é que se $d = \mathrm{mdc}(a, b)$, então existem $x, y \in \mathbb{Z}$ tais que $d = ax + by$.

3.1.4 Números primos entre si

Definição: Dois inteiros a e b são chamados **primos entre si** quando $\mathrm{mdc}(a, b) = 1$. Por exemplo, 4 e 27 são primos entre si porque $\mathrm{mdc}(4, 27) = 1$.

Propriedades:

- a e b são primos entre si se, e somente se, existem inteiros $x, y \in \mathbb{Z}$ tais que $ax + by = 1$.
- Se a, b, c são inteiros tais que a e b são primos entre si e $a \mid (bc)$, então $a \mid c$.
- Se a e b são primos entre si e $a \mid c$ e $b \mid c$, então $(ab) \mid c$.

3.1.5 Números primos

Definição: Um inteiro $p > 1$ é denominado **primo** se seus únicos divisores são 1 e p.

Por exemplo, $2, 3, 5, 7, 11, 13, 17, 19, 23, \ldots$ são exemplos de números primos.

Observação: Os conceitos de aritmética que envolvem inteiros positivos podem ser estendidos aos números negativos. Em geral, basta ignorar o sinal. Por exemplo, podemos definir número primo p como sendo um inteiro $p \neq 0$ e $p \neq \pm 1$ cujos únicos divisores são ± 1 e $\pm p$. Assim, $-2, -3, -5, -7, -11, -13, \ldots$ são exemplos de primos negativos.

Uma importante propriedade envolvendo números primos é:

Propriedade: Sejam a, b, p inteiros onde p é primo. Se $p \mid (ab)$, então $p \mid a$ ou $p \mid b$.

3.1.6 Teorema fundamental da aritmética

Seja $a > 1$ um inteiro. Então existem primos distintos $p_1, p_2, \ldots, p_r$ e inteiros $n_1, n_2, \ldots, n_r$ tais que

$$a = p_1^{n_1} p_2^{n_2} \cdots p_r^{n_r}.$$

Além disso, essa fatoração de a em potências de primos é única, a menos da ordem dos fatores.

3.1.7 Mínimo múltiplo comum

Definição: Dados inteiros positivos a e b, um inteiro $m \in \mathbb{N}$ é o **mínimo múltiplo comum** de a e b:

- se $a \mid m$ e $b \mid m$, ou seja, m é um múltiplo comum;
- se m' for outro inteiro tal que $a \mid m'$ e $b \mid m'$, então $m \mid m'$, ou seja, m é o menor múltiplo comum.

Nesse caso, denotamos o mínimo múltiplo comum de a e b por $\text{mmc}(a, b)$.

Se $a = p_1^{n_1} p_2^{n_2} \cdots p_r^{n_r}$ e $b = p_1^{m_1} p_2^{m_2} \cdots p_r^{m_r}$ onde os p_i's são primos e os n_j's e m_k's são inteiros (que podem ser nulos), então

- $\text{mdc}(a, b) = p_1^{\alpha_1} p_2^{\alpha_2} \cdots p_r^{\alpha_r}$, onde $\alpha_i = \min(m_i, n_i)$ com $i = 1, 2, \ldots, r$;
- $\text{mmc}(a, b) = p_1^{\beta_1} p_2^{\beta_2} \cdots p_r^{\beta_r}$, onde $\beta_i = \max(m_i, n_i)$ com $i = 1, 2, \ldots, r$.

Como $\min(m_i, n_i) + \max(m_i, n_i) = m_i + n_i$, temos que $\text{mdc}(a, b) \cdot \text{mmc}(a, b) = ab$.

Exemplo: Vamos calcular o máximo divisor comum e o mínimo múltiplo comum entre 400 e 108.

Escrevendo esses inteiros como produtos de potências de primos, obtemos:

- $400 = 2 \cdot 2 \cdot 2 \cdot 5 \cdot 5 = 2^3 \cdot 5^2$

- $108 = 2 \cdot 2 \cdot 3 \cdot 3 \cdot 3 = 2^2 \cdot 3^3$

Assim, obtivemos $400 = 2^3 \cdot 3^0 \cdot 5^2$ e $108 = 2^2 \cdot 3^3 \cdot 5^0$ e daí, escolhendo os maiores e os menores expoentes das potências dos fatores primos, obtemos os resultados:

- $\text{mdc}(400, 108) = 2^2 \cdot 3^0 \cdot 5^0 = 4$
- $\text{mmc}(400, 108) = 2^3 \cdot 3^3 \cdot 5^2 = 10800$

3.1.8 Congruências

Definição: Sejam $a, b \in \mathbb{Z}$ e $m > 0$ inteiros. Dizemos que a **é congruente a** b **módulo** m quando $m \mid (a - b)$, ou seja, quando $a - b$ for um múltiplo de m.

Por exemplo, $41 \equiv 21 \pmod 5$ porque $5 \mid (41 - 21)$.

Propriedades: Se a, b, c, d, m são inteiros com $m > 0$, são válidas as propriedades a seguir:

1) $a \equiv a \pmod m$
2) $a \equiv b \pmod m \;\Rightarrow\; b \equiv a \pmod m$
3) $a \equiv b \pmod m$ e $b \equiv c \pmod m \;\Rightarrow\; a \equiv c \pmod m$

As propriedades 1), 2) e 3) indicam que a congruência módulo m é uma relação de equivalência nos inteiros. Além disso, se $a \equiv b \pmod m$ e $c \equiv d \pmod m$, então:

4) $(a + c) \equiv (b + d) \pmod m$
5) $(na) \equiv (nb) \pmod m, \ \forall n \in \mathbb{Z}$
6) $(ac) \equiv (bd) \pmod m$
7) $a^n \equiv b^n \pmod m, \ \forall n \in \mathbb{N}$

Exemplo: Sejam $a = 10$, $b = 1$ e $m = 81$. Como $(a - b) \mid m$, ou seja, $9 \mid 81$, temos que $10 \equiv 1 \pmod{81}$. Daí, se elevarmos a qualquer potência $n \in \mathbb{N}$, obtemos uma sentença verdadeira: $10^n \equiv 1^n \pmod{81}$. Em particular, quando $n = 2024$, obtemos $10^{2024} \equiv 1 \pmod{81}$.

3.1.9 Critérios de divisibilidade

No sistema de numeração decimal, utilizamos 10 algarismos $0, 1, 2, \dots, 9$ que vamos representar aqui por $a_0, a_1, a_2, \dots$

Nesse sistema, todo inteiro $N = a_r a_{r-1} \cdots a_3 a_2 a_1 a_0$ pode ser escrito como uma soma de potências de base 10:

$$N = a_r a_{r-1} \cdots a_3 a_2 a_1 a_0 = a_r \cdot 10^r + a_{r-1} \cdot 10^{r-1} + \cdots + a_3 \cdot 10^3 + a_2 \cdot 10^2 + a_1 \cdot 10 + a_0$$

Nessa representação, a_0 é o algarismo das unidades, a_1 é o algarismo das dezenas, a_2 é o das centenas e assim por diante. Por exemplo, se $N = 35076$, então $a_4 = 3$, $a_3 = 5$, $a_2 = 0$, $a_1 = 7$ e $a_0 = 6$.

Assim, para descobrir um critério de divisibilidade por qualquer inteiro $m > 0$, basta avaliar as congruências módulo m de $1, 10, 100, 1000, 10000, \dots$, ou seja, das potências de 10.

Exemplo: Vamos verificar quais são as congruências módulo 3 das potências de 10:

- $1 \equiv 1 \pmod 3 \implies a_0 \equiv a_0 \pmod 3$
- $10 \equiv 1 \pmod 3 \implies a_1 \cdot 10 \equiv a_1 \pmod 3$
- $100 \equiv 1 \pmod 3 \implies a_2 \cdot 100 \equiv a_2 \pmod 3$
- $1000 \equiv 1 \pmod 3 \implies a_3 \cdot 1000 \equiv a_3 \pmod 3$
- $\vdots$
- $10^r \equiv 1 \pmod 3 \implies a_r \cdot 10^r \equiv a_r \pmod 3$

Somando-se todas as congruências anteriores, obtemos

$$a_0 + a_1 \cdot 10 + a_2 \cdot 100 + a_3 \cdot 1000 + \cdots + a_r \cdot 10^r \equiv a_0 + a_1 + a_2 + \cdots + a_r \pmod 3,$$

ou seja,

$$N \equiv a_0 + a_1 + a_2 + \cdots + a_r \pmod 3.$$

Obtemos assim o seguinte critério de divisibilidade por 3: "Se a soma de todos os algarismos de um inteiro N for divisível por 3, então N também o é".

Se $a \equiv b \pmod m$, então as divisões de a e b por m resultam no mesmo resto. Assim, o critério de divisibilidade enunciado anteriormente pode ser enunciado de um modo mais eficiente: *"Um número inteiro e a soma de seus algarismos deixam o mesmo resto quando são divididos por 3"*.

Por exemplo, consideremos $N = 2557416$. Como $2 + 5 + 5 + 7 + 4 + 1 + 6 = 30$, podemos concluir que N e 30 deixam o mesmo resto na divisão por 3. Como nesse caso a divisão de 30 por 3 é exata, temos que N é um múltiplo de 3.

3.2 PRINCÍPIO DE INDUÇÃO

Uma importante propriedade dos números naturais é conhecida pelo nome de *princípio de indução*, cujo enunciado é o seguinte:

> *Uma propriedade $P(n)$ envolvendo números naturais n é verdadeira para todo $n \in \mathbb{N}$, $n \geqslant n_0$, quando forem verificados os itens:*
>
> *(1) $P(n_0)$ é verdadeira, ou seja, $P(n)$ é válida para $n = n_0$.*
>
> *(2) Se $k \in \mathbb{N}$, $k \geqslant n_0$ e $P(k)$ é verdadeira, então $P(k+1)$ também é verdadeira.*

Esse princípio é utilizado em alguns casos de demonstração de propriedade envolvendo os números naturais. Também é conhecido como **princípio de indução finita** ou **princípio de indução matemática**.

Comparação: Uma analogia do princípio de indução é um conjunto de pedras de dominó próximas umas das outras. Cada pedra (na posição k) derruba a seguinte (na posição $k + 1$) e, se a primeira pedra ($k = 1$) cair, cairão todas as pedras.

Usando esse princípio vamos mostrar, por exemplo, que para todo $n \in \mathbb{N}^*$ temos:

$$1 + 3 + 5 + \cdots + (2n - 1) = n^2$$

- Verificamos, inicialmente, que $P(1)$ é verdadeira: basta substituir $n = 1$ nessa equação para obtermos $1 = 1^2$, o que é verdadeiro.
- Suponhamos $P(k)$ verdadeira, ou seja, $1+3+5+\cdots+(2k-1) = k^2$ e, daí, vamos provar que $P(k+1)$ é verdadeira, isto é, que $1+3+5+\cdots+[2(k+1)-1] = (k+1)^2$.
- Temos então que:

$$\begin{aligned} 1 + 3 + 5 + \cdots + [2(k+1) - 1] &= \underbrace{1 + 3 + 5 + \cdots + (2k - 1)}_{k^2} + (2k + 1) \\ &= k^2 + 2k + 1 = (k + 1)^2. \end{aligned}$$

3.3 EXERCÍCIOS RESOLVIDOS

R35) Determine os algarismos das unidades e das dezenas de 7^{2023}.

Solução: Para todo inteiro N, o resto da divisão desse número por 100 corresponde aos algarismos das unidades e das dezenas. Além disso, determinar o resto da divisão de N por 100 é o mesmo que determinar o menor inteiro positivo r para o qual $N \equiv r \pmod{100}$. Por exemplo, se $N = 15423$ então N dividido por 100 resulta em quociente igual a 154, resto 23 e por isso $N \equiv 23 \pmod{100}$.
Vamos investigar a sequência de congruências módulo 100 das potências de 7:

- $7^0 \equiv 1 \pmod{100}$
- $7^1 \equiv 7 \pmod{100}$
- $7^2 \equiv 49 \pmod{100}$
- $7^3 \equiv 43 \pmod{100}$
- $7^4 \equiv 1 \pmod{100}$

Quando aparece o resto 1 na sequência de congruências, os restos passam a se repetir, mantendo a ordem inicial: $1, 7, 49, 43, 1, 7, 49, 43, 1, 7, 49, 43, 1, \ldots$ Observamos assim que, para todo $k \in \mathbb{N}$,

- $7^{4k} \equiv 1 \pmod{100}$
- $7^{4k+1} \equiv 7 \pmod{100}$
- $7^{4k+2} \equiv 49 \pmod{100}$
- $7^{4k+3} \equiv 43 \pmod{100}$

Como $2023 = 2020 + 3 = \underbrace{4 \cdot 505 + 3}_{4k+3}$, temos $7^{2023} \equiv 43 \pmod{100}$. Portanto, os algarismos das dezenas e das unidades de 7^{2023} são 4 e 3, respectivamente.

$$7^{2023} = \ldots\ldots\ldots\ldots\ldots\ldots\ldots 43$$

R36) Determine os algarismos das unidades e das dezenas de 19^{3514}.

Solução: Determinamos os menores valores positivos que são congruentes módulo 100 a potências de 19:

- $19^0 \equiv 1 \pmod{100}$
- $19^1 \equiv 19 \pmod{100}$
- $19^2 \equiv 61 \pmod{100}$
- $19^3 \equiv 59 \pmod{100}$
- $19^4 \equiv 21 \pmod{100}$
- $19^5 \equiv 99 \pmod{100}$
- $19^6 \equiv 81 \pmod{100}$
- $19^7 \equiv 39 \pmod{100}$
- $19^8 \equiv 41 \pmod{100}$
- $19^9 \equiv 79 \pmod{100}$
- $19^{10} \equiv 1 \pmod{100}$

A partir daí, os valores se repetem: $19^{11} \equiv 19 \pmod{100}$, $19^{12} \equiv 61 \pmod{100}$ etc. Como $3514 = 351 \cdot 10 + 4$, temos que

$$19^{3514} \equiv 19^4 \pmod{100} \Rightarrow 19^{3514} \equiv 21 \pmod{100}.$$

Assim, concluímos que os algarismos das dezenas e das unidades de 19^{3514} são 2 e 1, respectivamente:

$$19^{3514} = \ldots\ldots\ldots\ldots\ldots\ldots\ldots 21$$

Observação: Podemos usar a propriedade $19^m \cdot 19^n = 19^{m+n}$ para descobrir os restos das divisões das potências de 19 por 100. Por exemplo, multiplicando-se os resultados que envolvem 19^3 e 19^4, obtemos o resultado que envolve 19^7:

$$\left.\begin{array}{l} 19^3 \equiv 59 \pmod{100} \\ 19^4 \equiv 21 \pmod{100} \end{array}\right\} \Rightarrow 19^3 \cdot 19^4 \equiv 59 \cdot 21 \pmod{100}$$

$$\Rightarrow 19^7 \equiv 1239 \pmod{100} \Rightarrow 19^7 \equiv 39 \pmod{100}.$$

R37) Determine o resto da divisão de 3^{2007}, 7^{5006} e $3^{2007} \cdot 7^{5006}$ por 5.

Solução:

- Vamos calcular as congruências módulo 5 das potências de 3, até encontrarmos uma potência 3^k, com $k > 0$, que seja congruente a 1:
  - $3^0 \equiv 1 \pmod 5$
  - $3^1 \equiv 3 \pmod 5$
  - $3^2 \equiv 4 \pmod 5$
  - $3^3 \equiv 2 \pmod 5$
  - $3^4 \equiv 1 \pmod 5$

  A partir daí, os restos se repetem de 4 em 4 na seguinte ordem 1, 3, 4, 2, 1, 3, 4, 2, 1, ... Como $2007 = 501 \cdot 4 + 3$, temos que

  $$3^{2007} \equiv 3^3 \pmod 5 \Rightarrow 3^{2007} \equiv 2 \pmod 5$$

  de onde chegamos à conclusão de que o resto da divisão de 3^{2007} por 5 é igual a 2.

- Agora, vamos calcular as congruências módulo 5 das potências de 7:
    - $7^0 \equiv 1 \pmod 5$
    - $7^1 \equiv 2 \pmod 5$
    - $7^2 \equiv 4 \pmod 5$
    - $7^3 \equiv 3 \pmod 5$
    - $7^4 \equiv 1 \pmod 5$

  A partir daí, os restos se repetem de 4 em 4: $1, 2, 4, 3, 1, 2, 4, 3, 1, \ldots$ Como $5006 = 1251 \cdot 4 + 2$, temos que

  $$7^{5006} \equiv 7^2 \pmod 5 \Rightarrow 7^{5006} \equiv 4 \pmod 5$$

  de onde obtemos que o resto da divisão de 7^{5006} por 5 é igual a 4.

- Multiplicando, membro a membro, as congruências obtidas anteriormente que envolvem 3^{2007} e 7^{5006}, temos:

  $$\left.\begin{array}{l} 3^{2007} \equiv 2 \pmod 5 \\ 7^{5006} \equiv 4 \pmod 5 \end{array}\right\} \Rightarrow 3^{2007} \cdot 7^{5006} \equiv 2 \cdot 4 \pmod 5$$

  $$\Rightarrow 3^{2007} \cdot 7^{5006} \equiv 8 \pmod 5 \Rightarrow 3^{2007} \cdot 7^{5006} \equiv 3 \pmod 5.$$

  Portanto, o resto da divisão de $3^{2007} \cdot 7^{5006}$ por 5 é igual a 3.

R38) Sejam $a = 385$ e $b = 300$. Calcule $d = \text{mdc}(a, b)$ usando o método das divisões sucessivas e determine $x, y \in \mathbb{Z}$ tais que $ax + by = d$.

Solução: Para encontrar o máximo divisor comum de a e b, efetuamos várias divisões até obtermos uma divisão exata. Representamos todas as divisões efetuadas no seguinte diagrama:

	1	3	1	1	8
385	300	85	45	40	$\boxed{5}$
85	45	40	5	0	

Descrevemos a seguir o processo de divisões sucessivas que foi utilizado para construir esse diagrama:

- Dividimos a por b e obtivemos quociente $q_1 = 1$ e resto $r_1 = 85$. Daí, obtemos a equação $a = bq_1 + r_1$. Substituindo o valor de q_1 obtemos $a = b + r_1$ e isolando r_1, obtemos o resto como combinação de a e b: $\boxed{r_1 = a - b}$

- Dividindo-se b por r_1 obtemos quociente $q_2 = 3$, resto $r_2 = 45$ e $b = q_2 r_1 + r_2$ $\Rightarrow b = 3r_1 + r_2 \Rightarrow b = 3\underbrace{(a-b)}_{r_1} + r_2 \Rightarrow \boxed{r_2 = -3a + 4b}$

- Dividindo-se r_1 por r_2 obtemos quociente $q_3 = 1$, resto $r_3 = 40$ e $r_1 = q_3 r_2 + r_3$ $\Rightarrow r_1 = r_2 + r_3 \Rightarrow \underbrace{a-b}_{r_1} = \underbrace{(-3a+4b)}_{r_2} + r_3 \Rightarrow \boxed{r_3 = 4a - 5b}$

- Dividindo-se r_2 por r_3 obtemos quociente $q_4 = 1$, resto $r_4 = 5$ e $r_2 = q_4 r_3 + r_4$ $\Rightarrow r_2 = r_3 + r_4 \Rightarrow \underbrace{-3a+4b}_{r_2} = \underbrace{(4a-5b)}_{r_3} + r_4 \Rightarrow \boxed{r_4 = -7a + 9b}$

- Dividindo-se r_3 por r_4 obtemos quociente $q_5 = 8$ e resto nulo. Logo, encerramos o processo de divisões sucessivas e concluímos que o máximo divisor comum entre a e b é $d = r_4 = 5$.

Usando a equação $r_4 = -7a + 9b$ obtida anteriormente, temos que $-7a + 9b = d$, ou seja,

$$\underbrace{385}_{a} \cdot \underbrace{(-7)}_{x} + \underbrace{300}_{b} \cdot \underbrace{(9)}_{y} = \underbrace{5}_{d}.$$

Comparando essa equação com $ax + by = d$, temos que os valores de x e y procurados podem ser $x = x_0 = -7$ e $y = y_0 = 9$.

Observações:

- Uma equação que envolve apenas números inteiros é chamada **equação diofantina**. Um exemplo desse tipo de equação é $ax + by = d$, onde $a, b, d, x, y \in \mathbb{Z}$.

- Se $d \mid a$ e $d \mid b$, então a equação $ax + by = d$ admite uma infinidade de soluções inteiras. Se $(x_0, y_0) \in \mathbb{Z} \times \mathbb{Z}$ é uma solução dessa equação, ou seja, se $ax_0 + by_0 = d$, então $(x_0 + bs, y_0 - as) \in \mathbb{Z} \times \mathbb{Z}$ é outra solução, $\forall s \in \mathbb{Z}$ porque

$$a(x_0 + bs) + b(y_0 - as) = \underbrace{(ax_0 + by_0)}_{0} + \underbrace{(\cancel{abs} - \cancel{abs})}_{0} = 0.$$

- No caso dessa equação, temos que $x = x_0 + bs = -7 + 300s$ e $y = y_0 - as = 9 - 385s$, $\forall s \in \mathbb{Z}$, também são soluções da mesma equação. Por exemplo, escolhendo-se $s = 10$, obtemos a seguinte solução: $x = 2993$ e $y = -3841$.

R39) Calcule $\text{mdc}(141, 73)$ pelo método das divisões sucessivas e determine inteiros $x, y \in \mathbb{Z}$ tais que $141x + 73y = 431$.

Solução: A partir de $a = 141$ e $b = 73$, vamos efetuar várias divisões com o objetivo de encontrar o máximo divisor comum entre eles.

- Dividindo-se a por b obtemos quociente $q_1 = 1$ e resto $r_1 = 68$. Obtemos assim inteiros que estão relacionados pela equação $a = bq_1 + r_1$. Daí, substituindo o valor de q_1 obtemos $a - b + r_1$, ou seja, $\boxed{r_1 = a - b}$
- Dividindo-se b por r_1 obtemos quociente $q_2 = 1$, resto $r_2 = 5$ e $b = q_2 r_1 + r_2$ $\Rightarrow b = r_1 + r_2 \Rightarrow b = \underbrace{(a - b)}_{r_1} + r_2 \Rightarrow \boxed{r_2 = 2b - a}$
- Dividindo-se r_1 por r_2 obtemos quociente $q_3 = 13$, resto $r_3 = 3$ e $r_1 = q_3 r_2 + r_3$ $\Rightarrow r_1 = 13r_2 + r_3 \Rightarrow \underbrace{a - b}_{r_1} = 13\underbrace{(2b - a)}_{r_2} + r_3 \Rightarrow \boxed{r_3 = 14a - 27b}$
- Dividindo-se r_2 por r_3 obtemos quociente $q_4 = 1$, resto $r_4 = 2$ e $r_2 = q_4 r_3 + r_4$ $\Rightarrow r_2 = r_3 + r_4 \Rightarrow 2b - a = (14a - 27b) + r_4 \Rightarrow \boxed{r_4 = -15a + 29b}$
- Dividindo-se r_3 por r_4 obtemos quociente $q_5 = 1$, resto $r_5 = 5$ e $r_3 = q_5 r_4 + r_5$ $\Rightarrow r_3 = r_4 + r_5 \Rightarrow 14a - 27b = (-15a + 29b) + r_5 \Rightarrow \boxed{r_5 = 29a - 56b}$
- Dividindo-se r_4 por r_5 obtemos quociente $q_6 = 2$, resto nulo, ou seja, divisão exata e o processo de divisões sucessivas se encerra.

Todas as divisões efetuadas podem ser representadas no seguinte diagrama:

	1	1	13	1	1	2
141	73	68	5	3	2	$\boxed{1}$
68	5	3	2	1	0	

Chegamos então à conclusão de que $d = \text{mdc}(a, b) = 1$ é o último resto não nulo r_5 no processo de divisões sucessivas anterior. Logo, $29a - 56b = 1$, ou seja,

$$141 \cdot 29 + 73 \cdot (-56) = 1.$$

Como a equação dada apresenta 431 no segundo membro da igualdade, multiplicamos os termos da equação anterior por 431 e obtemos

$$141 \cdot (29 \cdot 431) + 73 \cdot (-56 \cdot 431) = 431 \Rightarrow 141 \cdot \underbrace{12499}_{x} + 73 \cdot \underbrace{(-24136)}_{y} = 431$$

Portanto, os inteiros procurados são $x = x_0 = 12499$ e $y = y_0 = -24136$.

Observação: Outras soluções possíveis para essa equação são

$$x = x_0 + bs = 12499 + 73s$$

e

$$y = y_0 - as = -24136 - 141s,$$

onde $s \in \mathbb{Z}$ é qualquer inteiro. Por exemplo, escolhendo $s = -100$, obtemos a seguinte solução da equação: $x = 5199$ e $y = -10036$.

R40) Mostre que $\text{mdc}\left(2n + 1, \ \dfrac{n(n+1)}{2}\right) = 1, \ \forall n \in \mathbb{N}$.

Solução: Lembrando a propriedade

$$\text{mdc}(a, b) = 1 \text{ se, e somente se, } \exists x, y \in \mathbb{Z} \text{ tais que } ax + by = 1,$$

vamos tentar encontrar inteiros x e y tais que

$$x(2n + 1) + y\left[\frac{n(n+1)}{2}\right] = 1.$$

Observando que $2n + 1$ é do primeiro grau em n e $\frac{n(n+1)}{2}$ é do segundo grau, vamos procurar um x da forma $An+B$, com A e B inteiros. Desenvolvendo os produtos indicados na expressão, multiplicando tudo por 2 e agrupando os coeficientes de n^2 e de n, obtemos

$$(An + B)(2n + 1) + y\left[\frac{n(n+1)}{2}\right] = 1 \Rightarrow 2(2An^2 + An + 2Bn + B) + y(n^2 + 1) = 2$$

$$\Rightarrow \underbrace{(4A + y)}_{0} n^2 + \underbrace{(2A + 4B + y)}_{0} n + (2B) = 2$$

$$\Rightarrow 2B = 2 \Rightarrow B = 1.$$

Subtraindo, membro a membro, as equações $4A + y = 0$ e $2A + 4B + y = 0$, obtemos $(4a + y) - (2A + 4 + y) = 0 - 0 \Rightarrow 2A - 4 = 0 \Rightarrow A = 2$. Substituindo esse valor de A em uma das equações anteriores, obtemos $y = -8$. Concluímos assim que

$$\underbrace{(2n+1)}_{a}\underbrace{(2n+1)}_{x\in\mathbb{Z}} + \underbrace{\left[\frac{n(n+1)}{2}\right]}_{b} \cdot \underbrace{(-8)}_{y\in\mathbb{Z}} = 1$$

e que $\text{mdc}\left(2n+1,\ \dfrac{n(n+1)}{2}\right) = 1$.

R41) Mostre que $\text{mdc}(m,\ n) = \text{mdc}(m + np,\ m + n(p-1)),\ \forall m, n, p \in \mathbb{Z}$.

Solução: Vamos mostrar que os divisores de m e n são os mesmos de $m+np$ e $m+n(p-1)$ e que os divisores de $m + np$ e $m + n(p - 1)$ são os mesmos de m e n. Assim, o maior dos divisores de m e n coincidirá com o maior dos divisores de $m + np$ e $m + n(p - 1)$, ou seja, $\text{mdc}(m,\ n) = \text{mdc}(m + np,\ m + n(p - 1))$.

- Se d for divisor de m e n, então $m + np$ é soma de dois múltiplos de d e, consequentemente, d é divisor de $m + np$.
- Como $m+n(p-1)$ também é soma de múltiplos de d, então d também é divisor de $m+n(p-1)$. Assim, todo divisor de m e n também é divisor de $m+np$ e $m+n(p-1)$.
- Suponhamos agora que d seja um divisor de $m + np$ e de $m + n(p - 1)$. Então, d também é divisor de $\underbrace{(m+np)}_{\text{múltiplo de } d} - \underbrace{(m+n(p-1)}_{\text{múltiplo de } d} = \underbrace{\cancel{m} + \cancel{np} - \cancel{m} - \cancel{np} + n}_{\text{múltiplo de } d} = n$. Logo, d é divisor de n.
- Como $m = \underbrace{(m+np)}_{\text{múltiplo de } d} - \underbrace{np}_{\text{múltiplo de } d}$, temos que d também é divisor de m. Assim, d é divisor de m e n.

R42) a) Se a, b e c são inteiros tais que $\text{mdc}(a, b) = 1$, $a \mid c$ e $b \mid c$, então $(ab) \mid c$.
b) Dê exemplo de inteiros a, b e c em que $a \mid c$, $b \mid c$, mas $(ab) \nmid c$.

Solução:

a) Se $\text{mdc}(a, b) = 1$, então existem $x, y \in \mathbb{Z}$ tais que $ax + by = 1$. Multiplicando tudo por c, obtemos $\underbrace{a(cx)}_{\text{múltiplo de } ab} + \underbrace{b(cy)}_{\text{múltiplo de } ba} = c$ e concluímos a partir daí que c é múltiplo de ab, ou seja, que $(ab) \mid c$.

b) Considere, por exemplo, $a = 2$, $b = 4$ e $c = 12$. Nesse caso, temos $a \mid c$ e $b \mid c$, mas $ab = 8$ não é divisor de $c = 12$. Esse exemplo só é possível devido ao fato de que $\text{mdc}(a, b) \neq 1$.

R43) a) Mostre que se $n \in \mathbb{N}$ não for um número primo, então existe um divisor de n que é maior do que 1 e menor ou igual a $\sqrt{n}$;
b) Verifique se 1999 é primo.

Solução:

a) Se n não for primo, então existem inteiros $p > 1$ e $q > 1$ tais que $n = p \cdot q$. Supondo $p > \sqrt{n}$ e $q > \sqrt{n}$, temos

$$\underbrace{p.q}_{n} > \underbrace{\sqrt{n} \cdot \sqrt{n}}_{(\sqrt{n})^2 = n} \Rightarrow n > n$$

que é uma contradição. Assim, não podemos ter $p > \sqrt{n}$ e $q > \sqrt{n}$ e isso significa que $p \leqslant \sqrt{n}$ ou $q \leqslant \sqrt{n}$. Logo, se n não for primo, existe pelo menos um divisor de n que é maior do que 1 e menor ou igual a $\sqrt{n}$.

b) Como $\sqrt{1999}$ é aproximadamente $44,71$, se 1999 não for primo, então ele tem um divisor primo menor do que $44,71$. O conjunto dos primos positivos menores do que 44 é $\{2, 3, 5, 7, 11, 13, 17, 19, 23, 29, 31, 37, 41, 43\}$. Testando um por um, obtemos que nenhum desses é divisor de 1999. Portanto, 1999 é primo.

R44) a) Enuncie um critério de divisibilidade por 7.
b) Use o critério obtido para verificar se 56034027817 é divisível por 7.

Solução: Consideremos a representação decimal de N na forma

$$N = a_r \cdots a_4 a_3 a_2 a_1 a_0 = a_r \cdot 10^r + \cdots + a_4 \cdot 10^4 + a_3 \cdot 10^3 + a_2 \cdot 10^2 + a_1 \cdot 10 + a_0 .$$

Devemos investigar as congruências módulo 7 das potências de 10. Encerramos essa investigação quando encontramos alguma potência 10^k congruente a 1 porque, a partir daí, os restos das divisões dessas potências por 7 passam a se repetir.

- $1 \equiv 1 \pmod 7 \Rightarrow a_0 \equiv a_0 \pmod 7$
- $10 \equiv 3 \pmod 7 \Rightarrow 10a_1 \equiv 3a_1 \pmod 7$
- $10^2 \equiv 2 \pmod 7 \Rightarrow 10^2 a_2 \equiv 2a_2 \pmod 7$
- $10^3 \equiv -1 \pmod 7 \Rightarrow 10^3 a_3 \equiv -a_3 \pmod 7$
- $10^4 \equiv -3 \pmod 7 \Rightarrow 10^4 a_4 \equiv -3a_4 \pmod 7$
- $10^5 \equiv -2 \pmod 7 \Rightarrow 10^5 a_5 \equiv -2a_5 \pmod 7$
- $10^6 \equiv 1 \pmod 7 \Rightarrow 10^6 a_6 \equiv a_6 \pmod 7$

A partir daí os restos se repetem: $10^7 \equiv 3 \pmod 7$, $10^8 \equiv 2 \pmod 7$, $10^9 \equiv -1 \pmod 7$ etc. Somando-se, membro a membro, as congruências obtidas anteriormente, obtemos

$$a_0 + 10a_1 + 10^2 a_2 + 10^3 a_4 + \ldots \equiv a_0 + 3a_1 + 2a_2 - a_3 - 3a_4 - 2a_5 + a_6 + \ldots \pmod 7$$

que é o mesmo que

$$N \equiv (a_0+3a_1+2a_2)-(a_3+3a_4+2a_5)+(a_6+3a_7+2a_8)-(a_9+3a_{10}+2a_{11})+\ldots \pmod 7$$

Este é o critério de divisibilidade por 7 procurado:

> "$N = a_r \cdots a_4 a_3 a_2 a_1 a_0$ *e* $(a_0 + 3a_1 + 2a_2) - (a_3 + 3a_4 + 2a_5) + (a_6 + 3a_7 + 2a_8) - (a_9 + 3a_{10} + 2a_{11}) + \ldots$ *deixam o mesmo resto quando são divididos por 7"*

Vamos aplicar esse critério no caso em que $N = 56034027817$:

a_{10}	a_9	a_8	a_7	a_6	a_5	a_4	a_3	a_2	a_1	a_0
5	6	0	3	4	0	2	7	8	1	7
$\times(-3)$	$\times(-1)$	$\times 2$	$\times 3$	$\times 1$	$\times(-2)$	$\times(-3)$	$\times(-1)$	$\times 2$	$\times 3$	$\times 1$
−15	−6	0	9	4	0	−6	−7	16	3	7

Somando-se os elementos da última linha da tabela anterior:

$$S = -15 - 6 + 0 + 9 + 4 + 0 - 6 - 7 + 16 + 3 + 7 = 5.$$

Logo, N dividido por 7 deixa resto igual a 5.

Observações:

- Nas congruências que envolvem potências de 10, normalmente usamos valores cujos módulos sejam os menores possíveis, mesmo que sejam valores negativos. Por exemplo, $1000 \equiv 6 \pmod 7$ equivale a $1000 \equiv -1 \pmod 7$. Demos preferência ao -1 em vez de 6 porque ele é o menor, em módulo. De modo semelhante, preferimos $10000 \equiv -3 \pmod 7$ em vez de $10000 \equiv 4 \pmod 7$ e $100000 \equiv -2 \pmod 7$ em vez de $100000 \equiv 5 \pmod 7$.

- Um outro critério de divisibilidade de N por 7 poderia ser enunciado a partir da seguinte fórmula:

  $$N \equiv a_0+3a_1+2a_2+6a_3+4a_4+5a_5+a_6+3a_7+2a_8+6a_9+4a_{10}+5a_{11}+\ldots \pmod 7$$

  Se esse critério for aplicado a $N = 56034027817$, obtemos $N \equiv 145 \pmod 7$. Esse resultado é equivalente ao anterior porque $145 \equiv 5 \pmod 7$.

R45) a) Enuncie um critério de divisibilidade por 101.
b) Use o critério obtido para verificar se 2043278501 é divisível por 101.

Solução: Consideremos a representação decimal de N na forma

$$N = a_r \cdots a_4a_3a_2a_1a_0 = a_r \cdot 10^r + \cdots + a_4 \cdot 10^4 + a_3 \cdot 10^3 + a_2 \cdot 10^2 + a_1 \cdot 10 + a_0$$

e vamos investigar as congruências módulo 101 das potências de 10. Encerramos essa investigação quando encontramos alguma potência 10^k congruente a 1 .

- $1 \equiv 1 \pmod{101} \Rightarrow a_0 \equiv a_0 \pmod{101}$
- $10 \equiv 10 \pmod{101} \Rightarrow 10a_1 \equiv 10a_1 \pmod{101}$
- $10^2 \equiv -1 \pmod{101} \Rightarrow 10^2a_2 \equiv -a_2 \pmod{101}$
- $10^3 \equiv -10 \pmod{101} \Rightarrow 10^3a_3 \equiv -10a_3 \pmod{101}$
- $10^4 \equiv 1 \pmod{101} \Rightarrow 10^4a_4 \equiv a_4 \pmod{101}$

A partir daí os restos se repetem: $10^5 \equiv 10 \pmod{101}$, $10^6 \equiv -1 \pmod{101}$, $10^7 \equiv -10 \pmod{101}$ etc. Somando-se, membro a membro, as congruências obtidas anteriormente, obtemos

$$a_0 + 10a_1 + 10^2 a_2 + 10^3 a_4 + \ldots \equiv a_0 + 10a_1 - a_2 - 10a_3 + a_4 + 10a_5 - a_6 - \ldots \pmod{101}$$

que é o mesmo que

$$N \equiv a_0 + 10a_1 - a_2 - 10a_3 + a_4 + 10a_5 - a_6 - 10a_7 + a_8 + 10a_9 - a_{10} - 10a_{11} + \ldots \pmod{101}$$

Este é o critério de divisibilidade por 101 procurado:

> *"$N = a_r \cdots a_4 a_3 a_2 a_1 a_0$ e $a_0 + 10a_1 - a_2 - 10a_3 + a_4 + 10a_5 - a_6 - 10a_7 + a_8 + 10a_9 - a_{10} - 10a_{11} + \ldots$ deixam o mesmo resto quando são divididos por* 101*"*

Vamos aplicar esse critério no caso em que $N = 2043278501$:

a_9	a_8	a_7	a_6	a_5	a_4	a_3	a_2	a_1	a_0
2	0	4	3	2	7	8	5	0	1
$\times 10$	$\times 1$	$\times(-10)$	$\times(-1)$	$\times 10$	$\times 1$	$\times(-10)$	$\times(-1)$	$\times 10$	$\times 1$
20	0	−40	−3	20	7	−80	−5	0	1

Somando-se os elementos da última linha da tabela anterior:

$$S = 20 + 0 - 40 - 3 + 20 + 7 - 80 - 5 + 0 + 1 = -80.$$

Como $-80 \equiv 21 \pmod{101}$, temos que N dividido por 101 deixa resto igual a 21.

Observação: Um outro critério de divisibilidade de N por 101 poderia ser enunciado a partir da fórmula

$$N \equiv a_0 + 10a_1 + 100a_2 + 91a_3 + a_4 + 10a_5 + 100a_6 + 91a_7 + a_8 + 10a_9 + 100a_{10} + \ldots \pmod{100}$$

Se esse critério for aplicado a $N = 2043278501$, obtemos $N \equiv 1940 \pmod{101}$. Esse resultado é equivalente ao anterior porque $1940 \equiv 21 \pmod{101}$.

R46) Mostre que $\sqrt[3]{5}$ é irracional.

Solução: Suponhamos que $\sqrt[3]{5}$ seja racional. Então, nesse caso, existiriam inteiros positivos p e q tais que $\sqrt[3]{5} = \frac{p}{q}$. Toda fração pode ser simplificada até ficar na forma irredutível. Assim, podemos supor que $\frac{p}{q}$ é irredutível, ou seja, que p e q são primos entre si. Elevando ao cubo os dois membros da igualdade anterior, temos:

$$\sqrt[3]{5} = \frac{p}{q} \Rightarrow (\sqrt[3]{5})^3 = \left(\frac{p}{q}\right)^3 \Rightarrow 5 = \frac{p^3}{q^3} \Rightarrow p^3 = 5q^3 \Rightarrow p^3 \text{ é múltiplo de } 5$$

Como 5 é primo e é divisor de p^3, temos que 5 também é divisor de p. Daí, existe $n \in \mathbb{N}$ tal que $p = 5n$ e isso implica $p^3 = (5n)^3 = 5q^3$. Dividindo os dois membros dessa última igualdade por 5, obtemos $25n^3 = q^3$. Como $25n^3$ é um múltiplo de 5, temos também $5 \mid q^3$ e daí $5 \mid q$. Logo, 5 é um divisor comum de p e q e isso contradiz a hipótese feita no início de que p e q são primos entre si. Concluímos assim que não podem existir tais inteiros p e q e, consequentemente, $\sqrt[3]{5}$ é irracional.

Observações:

- Trocando-se 5 por a e 3 por k, essa solução pode ser adaptada para mostrar que, de um modo geral, $\sqrt[k]{a}$ é irracional se $a > 1$ for primo e $k > 1$ for um inteiro positivo.
- Na implicação $5 \mid p^3 \Rightarrow 5 \mid p$ utilizada no meio dessa solução é indispensável que 5 seja primo. Por exemplo, 4 não é primo e divide 2^3, mas 4 não é divisor de 2.

R47) O logaritmo de $a > 0$ na base $b > 0,\ b \neq 1$, denotado por $\log_b a$, é definido como sendo o número real x tal que $b^x = a$. Mostre que $\log_{10} 2$ é irracional.

Solução: Suponhamos que existam inteiros positivos p e q tais que $\log_{10} 2 = \frac{p}{q}$. Então,

$$10^{p/q} = 2 \Rightarrow (10^{p/q})^q = 2^q \Rightarrow 10^p = 2^q$$

e essa última igualdade é impossível: uma potência de 10 sempre tem algarismo das unidades igual a 0, enquanto que uma potência de 2 tem algarismo das unidades igual a 2, 4, 8 ou 6.

Observações:

- O teorema fundamental da aritmética também pode ser utilizado para justificar a impossibilidade da igualdade $10^p = 2^q$, com p e q inteiros positivos. A potência $n = 10^p$ pode ser fatorada como produto de potências de primos na seguinte forma: $n = 2^p 5^p$. Note que tem dois primos, 2 e 5, nessa fatoração e isso não ocorre em 2^q, onde só aparece uma única potência de número primo.

- Se a não é uma potência de 10, então pode ser mostrado de modo semelhante que $\log_{10} a$ é irracional.

R48) Mostrar que

$$1 + 3 + 5 + 7 + \cdots + (2n - 1) = n^2$$

para todo natural n, $n \geqslant 1$.

Solução:

1. Caso inicial: $n = 1$.
   Para $n = 1$, $2n - 1 = 2 \cdot 1 - 1 = 2 - 1 = 1$ e daí o primeiro membro da igualdade reduz-se apenas a 1. O segundo membro quando $n = 1$ é igual a $n^2 = 1^2 = 1$. Portanto, quando $n = 1$ a fórmula reduz-se a

   $$1 = 1$$

   que é uma sentença verdadeira.

2. Admitindo a fórmula válida para $n = k$, vamos mostrar que também vale para $n = k + 1$. Substituindo $n = k$ na fórmula dada obtemos a chamada *hipótese de indução:*

   $$1 + 3 + 5 + 7 + \cdots + (2k - 1) = k^2$$

3. Substituindo $n = k + 1$ na fórmula, obtemos:

   $$\underbrace{1 + 3 + 5 + 7 + \cdots + (2k - 1)}_{k^2} + (2k + 1) = (k + 1)^2$$

   que é equivalente a $k^2 + 2k + 1 = (k + 1)^2$, uma igualdade verdadeira.

4. Pelo princípio de indução, chegamos à conclusão de que a fórmula

   $$1 + 3 + 5 + 7 + \cdots + (2n - 1) = n^2$$

   é verdadeira para todo inteiro n, $n \geqslant 1$.

Observação: Ainda com relação à fórmula $1 + 3 + 5 + 7 + \cdots + (2n - 1) = n^2$, uma dúvida frequente é a sua interpretação para valores particulares de n.

- Por exemplo, para $n = 3$, temos $2n - 1 = 2 \cdot 3 - 1 = 6 - 1 = 5$ e a fórmula reduz-se a $1 + 3 + 5 = 3^2$.
- Outro exemplo, para $n = 6$, temos $2n - 1 = 12 - 1 = 11$ e a fórmula reduz-se a $1 + 3 + 5 + 7 + 9 + 11 = 6^2$.
- Para $n = k + 1$, temos $2n - 1 = 2(k + 1) - 1 = 2k + 1$ e a fórmula dada se escreve como sendo

$$\underbrace{\underbrace{1 + 3 + 5 + \cdots + (2k - 1)}_{n=k} + (2k + 1)}_{n=k+1} = (k + 1)^2.$$

- Ainda com relação a essa mesma fórmula, para $n = k + 2$, temos $2n - 1 = 2(k + 2) - 1 = 2k + 3$ e a fórmula fica

$$\underbrace{\underbrace{\underbrace{1 + 3 + 5 + 7 + \cdots + (2k - 1)}_{n=k} + (2k + 1)}_{n=k+1} + (2k + 3)}_{n=k+2} = (k + 2)^2$$

R49) Mostrar que para n inteiro tal que $n \geqslant 1$ temos:

$$\frac{1}{1 \cdot 3} + \frac{1}{3 \cdot 5} + \frac{1}{5 \cdot 7} + \cdots + \frac{1}{(2n - 1)(2n + 1)} = \frac{n}{2n + 1}.$$

Solução:

1. Caso inicial: para $n = 1$ a fórmula reduz-se a $\frac{1}{1 \cdot 3} = \frac{1}{2 \cdot 1 + 1}$ que é verdadeira.
2. Admitindo que $\frac{1}{1 \cdot 3} + \frac{1}{3 \cdot 5} + \cdots + \frac{1}{(2k-1)(2k+1)} = \frac{k}{2k+1}$ (caso $n = k$), vamos verificar o que acontece quando $n = k + 1$:

$$\underbrace{\tfrac{1}{1 \cdot 3} + \tfrac{1}{3 \cdot 5} + \cdots + \tfrac{1}{(2k-1)(2k+1)}}_{\frac{k}{2k+1}} + \frac{1}{(2(k + 1) - 1)(2(k + 1) + 1)} = \frac{k + 1}{2(k + 1) + 1}$$

$$\Rightarrow \frac{k}{2k + 1} + \frac{1}{(2k + 1)(2k + 3)} = \frac{k + 1}{2k + 3} \Rightarrow \frac{k(2k + 3) + 1}{(2k + 1)(2k + 3)} = \frac{k + 1}{2k + 3}$$

que é verdadeira (porque dividindo-se $2k^2 + 3k + 1$ por $2k + 1$, obtém-se $k + 1$).

3. Logo, por indução, a fórmula fica demonstrada.

R50) Mostrar que para n inteiro tal que $n \geqslant 1$ temos:

$$(1+1)\left(1+\frac{1}{2}\right)\left(1+\frac{1}{3}\right)\cdots\left(1+\frac{1}{n}\right)=n+1.$$

Solução:

1. Caso inicial: para $n = 1$ a fórmula reduz-se a $1 + 1 = 1 + 1$, que é verdadeira.
2. Admitindo que $(1 + 1)(1 + \frac{1}{2})(1 + \frac{1}{3}) \cdots (1 + \frac{1}{k}) = k + 1$ (caso $n = k$), vamos verificar o caso $n = k + 1$:

$$\underbrace{(1+1)\left(1+\frac{1}{2}\right)\left(1+\frac{1}{3}\right)\cdots\left(1+\frac{1}{k}\right)}_{k+1}\cdot\left(1+\frac{1}{k+1}\right)=(k+1)+1$$

$$\Rightarrow (k+1)\left(1+\frac{1}{k+1}\right)=k+2 \Rightarrow (k+1)\left(\frac{k+2}{k+1}\right)=k+2$$

que é verdadeira.

3. Logo, de acordo com o princípio de indução, a fórmula é verdadeira para todo inteiro $n \geqslant 1$.

R51) Para todo n natural, mostre que $n^3 + 2n$ é múltiplo de 3.

Solução:

1. Caso inicial: para $n = 0$ temos que $0^3 + 2 \cdot 0 = 0$ é múltiplo de 3 (verdadeiro).
2. Admitindo que $k^3 + 2k$ seja múltiplo de 3 (caso $n = k$), vamos verificar quando $n = k + 1$:

$$\begin{aligned}(k+1)^3+2(k+1) &= (k^3+3k^2+3k+1)+(2k+2)\\ &= (k^3+2k)+(3k^2+3k+3) = \underbrace{k^3+2k}_{\text{múltiplo de 3 (caso } n=k)} + \underbrace{3(k^2+k+1)}_{\text{múltiplo de 3}}\end{aligned}$$

que é uma soma de múltiplos de 3, logo, é um múltiplo de 3.

3. Logo, pelo princípio de indução, a propriedade fica demonstrada para todo natural $n \geqslant 0$.

R52) Mostre que $2^n > n$ para todo n natural.

Solução:

1. Caso inicial: para $n = 0$ temos que $2^0 > 0$, que é verdadeiro.
2. Admitindo o caso $n = k$, ou seja, que $2^k > k$, vamos verificar o que ocorre quando $n = k + 1$:

$$2^{k+1} = 2^k \cdot 2 = \underbrace{2^k}_{>k} + \underbrace{2^k}_{\geqslant 1} > k + 1 \Rightarrow 2^{k+1} > k + 1.$$

3. Logo, por indução, a propriedade fica demonstrada.

Observação:
Note que utilizamos duas comparações diferentes para a potência 2^k. Primeiramente, utilizamos a *hipótese de indução* $2^k > k$. Depois, utilizamos que $2^k \geqslant 1$ se $k \geqslant 0$.

R53) Mostre que $(1 + a)^n \geqslant 1 + na$, para todo n natural e todo $a \in \mathbb{R}$, $a \geqslant -1$.

Solução:

1. Caso inicial: para $n = 0$ temos que $(1 + a)^0 \geqslant 1 + 0 \Rightarrow 1 \geqslant 1$, que é verdadeiro.
2. Admitindo o caso $n = k$, ou seja, que $(1 + a)^k \geqslant 1 + ka$, vamos verificar o que ocorre quando $n = k + 1$:
$(1+a)^{k+1} = \underbrace{(1 + a)^k}_{\geqslant 1+ka} \cdot (1+a) \geqslant (1+ka)(1+a) = (1+ka+a+\underbrace{ka^2}_{\geqslant 0}) \geqslant 1+ka+ a+0 = 1 + (k + 1)a$.
3. Logo, por indução, a propriedade fica demonstrada.

Observação: Note que o valor $a \in \mathbb{R}$ é considerado um valor fixo. A indução é feita apenas com $n \in \mathbb{N}$.

R54) O conceito de derivada de uma função $f'(x) = \lim_{h\to 0} \frac{f(x+h) - f(x)}{h}$ é estudado em Cálculo 1 e possui várias propriedades tais como $(fg)' = f'g + fg'$. Usando o princípio de indução, mostre que se $f(x) = x^n$, então $f'(x) = nx^{n-1}$ para todo inteiro $n \geqslant 1$.

Solução:

- Para $n = 1$, temos $f(x) = x^1 = x$ e $f'(x) = \lim_{h\to 0} \frac{x+h-x}{h} = \lim_{h\to 0} \frac{h}{h} = \lim_{h\to 0} 1 = 1 = 1 \cdot x^0$.
- Suponhamos o resultado válido para $n = k$: $f(x) = x^k \Rightarrow f'(x) = kx^{k-1}$.
- Para $n = k+1$, $f(x) = x^{k+1} = x \cdot x^k$. Daí temos: $f'(x) = (x)' \cdot x^k + x \cdot (x^k)' = 1 \cdot x^k + x \cdot (kx^{k-1}) = x^k + kx^k = (k+1)x^k$.
- Assim, por indução, fica mostrada a validade do resultado.

R55) Demonstrações por indução ocorrem em todas as áreas da matemática. Neste exemplo, demonstramos uma conhecida propriedade da geometria:

> *A soma das medidas dos ângulos internos de um polígono convexo de n lados é $S_n = (n-2) \cdot 180°$.*

Solução:

1. Caso inicial: para $n = 3$ temos que $S_3 = (3-2) \cdot 180° = 180°$, o que é verdadeiro pois a soma das medidas dos ângulos internos de um triângulo é igual a 180°. Note que o caso inicial é $n = 3$ porque é a quantidade mínima de lados de um polígono convexo.
2. Supondo verdadeiro o caso $n = k$, ou seja, que $S_k = (k-2) \cdot 180°$, vamos verificar o que ocorre quando $n = k+1$.

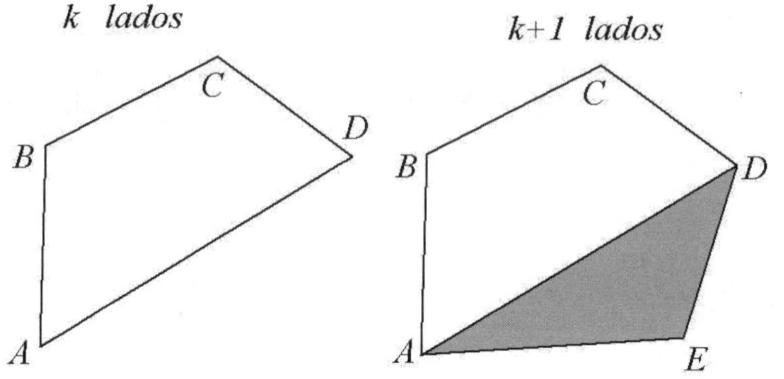

Quando passamos de um polígono com k lados para um polígono com $k+1$ lados, é como se acrescentássemos mais um triângulo (*veja figura anterior*). Assim, $S_{k+1} = S_k + 180°$, ou seja, $S_{k+1} = (k-2) \cdot 180° + 180° = (k-2+1) \cdot 180° = (k-1) \cdot 180°$, e esse resultado obtido corresponde a S_n quando substituímos n por $k+1$. Logo, por indução, a fórmula da soma das medidas dos ângulos internos fica demonstrada.

R56) Usando o princípio da indução, mostre que se n for um inteiro positivo qualquer A for um conjunto com n elementos, então $\wp(A)$ possui 2^n elementos.

Solução: Para $n = 1$ a propriedade é verdadeira: se $A = \{x_1\}$, então $\wp(A) = \{\emptyset, A\}$ possui $2 = 2^1$ elementos. Suponhamos $P(k)$ verdadeira, ou seja, que $\{x_1, x_2, \ldots, x_k\}$ possua 2^k subconjuntos (*hipótese de indução*). Se

$$A = \{x_1, x_2, \ldots, x_k, x_{k+1}\} = \{x_1, \ldots, x_k\} \cup \{x_{k+1}\}$$

possuir $k+1$ elementos, então os subconjuntos de A são:

- os subconjuntos de $\{x_1, \ldots, x_k\}$, que são em número de 2^k;
- os conjuntos da forma $X \cup \{x_{k+1}\}$ onde X é um subconjunto de $\{x_1, \ldots, x_k\}$. O número desses conjuntos é também igual a 2^k.

Portanto, no total, A possui $2^k + 2^k = 2^{k+1}$ subconjuntos, ou seja, $P(k+1)$ é verdadeira. Logo, pelo princípio de indução, a propriedade $P(n)$ é verdadeira para todo $n \in \mathbb{N}^*$.

R57) A sequência de Fibonacci é a sequência de inteiros

$$(a_n) = (0, 1, 1, 2, 3, 5, 8, 13, 21, 34, \ldots),$$

na qual $a_0 = 0$, $a_1 = 1$ e $a_n = a_{n-2} + a_{n-1}$ para todo inteiro $n \geqslant 2$. Usando o princípio de indução, mostre que

$$a_n = \frac{1}{\sqrt{5}}\left[\left(\frac{1+\sqrt{5}}{2}\right)^n - \left(\frac{1-\sqrt{5}}{2}\right)^n\right], \ \forall n \in \mathbb{N}.$$

Solução:

- Para $n = 0$, temos $a_0 = \frac{1}{\sqrt{5}}\left[\left(\frac{1+\sqrt{5}}{2}\right)^0 - \left(\frac{1-\sqrt{5}}{2}\right)^0\right] = \frac{1}{\sqrt{5}}(1-1) = 0$.
- Para $n = 1$, temos $a_1 = \frac{1}{\sqrt{5}}\left[\left(\frac{1+\sqrt{5}}{2}\right)^1 - \left(\frac{1-\sqrt{5}}{2}\right)^1\right] = \frac{1}{\sqrt{5}}\left(\frac{1+\sqrt{5}-(1-\sqrt{5})}{2}\right) = \frac{2\sqrt{5}}{2\sqrt{5}} = 1$.
- Supondo válido para $n = k$, vamos verificar a validade para $n = k+1$, ou seja, vamos verificar que $a_{k+1} = a_{k-1} + a_k$, que é o mesmo que $a_{k-1} + a_k = a_{k+1}$.

$$\begin{aligned}
a_{k-1} + a_k &= \frac{1}{\sqrt{5}}\left[\left(\frac{1+\sqrt{5}}{2}\right)^{k-1} - \left(\frac{1-\sqrt{5}}{2}\right)^{k-1}\right] + \frac{1}{\sqrt{5}}\left[\left(\frac{1+\sqrt{5}}{2}\right)^{k} - \left(\frac{1-\sqrt{5}}{2}\right)^{k}\right]\\
&= \frac{1}{\sqrt{5}}\left[\left(\frac{1+\sqrt{5}}{2}\right)^{k-1} + \left(\frac{1+\sqrt{5}}{2}\right)^{k}\right] - \frac{1}{\sqrt{5}}\left[\left(\frac{1-\sqrt{5}}{2}\right)^{k-1} + \left(\frac{1-\sqrt{5}}{2}\right)^{k}\right]\\
&= \frac{1}{\sqrt{5}}\left(\frac{1+\sqrt{5}}{2}\right)^{k-1}\left[1 + \left(\frac{1+\sqrt{5}}{2}\right)\right] - \frac{1}{\sqrt{5}}\left(\frac{1-\sqrt{5}}{2}\right)^{k-1}\left[1 + \left(\frac{1-\sqrt{5}}{2}\right)\right]\\
&= \frac{1}{\sqrt{5}}\left[\left(\frac{1+\sqrt{5}}{2}\right)^{k-1}\left(\frac{1+\sqrt{5}}{2}\right)^{2} - \left(\frac{1-\sqrt{5}}{2}\right)^{k-1}\left(\frac{1-\sqrt{5}}{2}\right)^{2}\right]\\
&= \frac{1}{\sqrt{5}}\left[\left(\frac{1+\sqrt{5}}{2}\right)^{k+1} - \left(\frac{1-\sqrt{5}}{2}\right)^{k+1}\right] = a_{k+1}.
\end{aligned}$$

Observação: Foi utilizado que

$$\left(\frac{1+\sqrt{5}}{2}\right)^2 = \frac{1+2\sqrt{5}+5}{4} = \frac{6+2\sqrt{5}}{4} = \frac{3+\sqrt{5}}{2} = \frac{2+1+\sqrt{5}}{2} = 1 + \frac{1+\sqrt{5}}{2}$$

e que

$$\left(\frac{1-\sqrt{5}}{2}\right)^2 = \frac{1-2\sqrt{5}+5}{4} = \frac{6-2\sqrt{5}}{4} = \frac{3-\sqrt{5}}{2} = \frac{2+1-\sqrt{5}}{2} = 1 + \frac{1-\sqrt{5}}{2}.$$

3.4 EXERCÍCIOS PROPOSTOS

P15) Calcule o resto da divisão de $\left(316+17^{39}\right)^{137}$ por 8.
Resposta: Resto igual a 5

P16) Determine o algarismo das unidades do número 13^{2023}.
Resposta: É igual a 7. As potências de 13 repetem o algarismo das unidades de 4 em 4.

P17) Calcule $d = \text{mdc}(p^3q^5r^2,\ p^2qr^4)$ e $m = \text{mmc}(p^3q^5r^2,\ p^2qr^4)$, sabendo que p, q e r são primos distintos entre si.
Resposta: $d = p^2qr^2,\ m = p^3q^5r^4$

P18) Mostre que $\text{mdc}(9n^2+6n,\ 3n+1) = 1, \forall n \in \mathbb{N}$.
Resposta: Observe que $(3n+1)^2 - (9n^2+6n) = 1$

P19) Enuncie um critério de divisibilidade de $N = a_r \ldots a_4a_3a_2a_1a_0$ por 11 e verifique se 208772134593 é divisível por 11.
Resposta: $N \equiv (a_0 - a_1 + a_2 - a_3 + a_4 - a_5 + a_6 - \ldots) \pmod{11}$; 208772134593 é divisível por 11

P20) Enuncie um critério de divisibilidade de $N = a_r \ldots a_4a_3a_2a_1a_0$ por 13 e verifique se 540120013585 é divisível por 13.
Resposta: $N \equiv (a_0 - 3a_1 - 4a_2 - a_3 + 3a_4 + 4a_5 + a_6 - \ldots) \pmod{13}$; 540120013585 deixa resto 9 na divisão.

P21) Sejam $a = 31$ e $b = 23$. Determine $d = \text{mdc}(a, b)$ e inteiros $x, y \in \mathbb{Z}$ tais que $d = ax + by$.
Resposta: $d = 1, x = 3, y = -4$; em geral, $x = 3 + 23s, y = -4 - 31s. \forall s \in \mathbb{Z}$

P22) Determine $x, y \in \mathbb{Z}$ tais que $8x + 21y = 17$.
Resposta: $x = 136$, $y = -51$; em geral, $x = 136 + 21s$, $y = -51 - 8s, \forall s \in \mathbb{Z}$

P23) Mostre que $3 \cdot 6^{2n-1} - 2^{n-1}$ é múltiplo de 17, $\forall n \geqslant 1$.

P24) Usando o princípio de indução, mostre que

$$x^n - y^n = (x - y)(x^{n-1} + x^{n-2}y + \cdots + xy^{n-2} + y^{n-1}), \ \forall n \geqslant 1.$$

P25) Usando o princípio de indução, mostre que em um polígono convexo com n lados o número de diagonais é dado por $d_n = \frac{n(n-3)}{2}$, $\forall n \geqslant 3$.
Resposta: Note que $d_{k+1} = d_k + 1 + (k - 2)$

CAPÍTULO 4

Operações binárias

O conceito de operação é dos mais básicos em matemática. Desde os primeiros anos de escola que ouvimos falar de operações de adição, multiplicação, divisão etc. A formalização desse conceito, bem como vários exemplos, está nas seções a seguir.

4.1 OPERAÇÕES BINÁRIAS

Uma **operação binária** $*$ (ou simplesmente uma **operação** $*$) sobre um conjunto $A \neq \varnothing$ é uma função de $A \times A$ em A que associa a cada par $(x, y) \in A \times A$ um único elemento de A que é denotado por $x * y$.

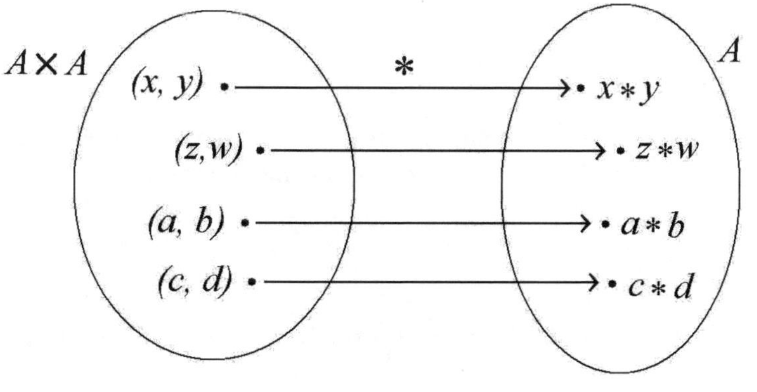

Comutatividade

Uma operação $*$ sobre A é **comutativa** quando

$$x * y = y * x, \ \forall x, y \in A$$

Exemplos

- A adição de inteiros é comutativa, ou seja, $x + y = y + x$, $\forall x, y \in \mathbb{Z}$.
- A multiplicação de inteiros também é comutativa, ou seja, $x \cdot y = y \cdot x$, $\forall x, y \in \mathbb{Z}$.
- A multiplicação de matrizes não é uma operação comutativa, isto é, existem matrizes A e B tais que $AB \neq BA$.
- A composição de funções também não é uma operação comutativa, isto é, existem funções f e g tais que $f \circ g \neq g \circ f$.

Associatividade

Uma operação $*$ sobre A é **associativa** quando

$$x * (y * z) = (x * y) * z, \ \forall x, y, z \in A$$

Exemplos

- A adição de números reais é associativa, ou seja, $x+(y+z) = (x+y)+z$, $\forall x, y, z \in \mathbb{R}$.
- A multiplicação de números reais é associativa, ou seja, $x \cdot (y \cdot z) = (x \cdot y) \cdot z$, $\forall x, y, z \in \mathbb{R}$.
- A subtração de números reais não é uma operação associativa. Por exemplo, $5 - (2-1) = 5-1 = 4$ e $(5-2)-1 = 3-1 = 2$, de onde temos que $5-(2-1) \neq (5-2)-1$.

Elemento neutro

Um elemento $e \in A$ é denominado **elemento neutro** para a operação $*$ sobre A quando

$$x * e = e * x = x, \ \forall x \in A$$

Exemplos

- O 0 (zero) é o elemento neutro da adição de inteiros.
- O 1 (um) é o elemento neutro da multiplicação de inteiros.
- A matriz identidade $n \times n$ é o elemento neutro da operação de multiplicação de matrizes $n \times n$.

- A operação de potenciação $x * y = x^y$ definida sobre os inteiros positivos não tem elemento neutro.

Elemento inverso

Se uma operação $*$ sobre A possuir elemento neutro e, então um elemento $x \in A$ é denominado **invertível** (ou simetrizável) quando existir $x^{-1} \in A$ tal que

$$x * x^{-1} = x^{-1} * x = e$$

Exemplos

- Todo $x \in \mathbb{Z}$ possui um inverso com relação à operação de adição de inteiros: é o inteiro $-x$. Por exemplo, o inverso (aditivo) de 3 é o -3.
- Na multiplicação usual dos números racionais, todo $x = \dfrac{p}{q} \in \mathbb{Q}$ possui um inverso (multiplicativo) que é o elemento $x^{-1} = \dfrac{q}{p}$, com exceção apenas do 0 (zero) que não tem inverso com relação à multiplicação.

Distributividade

Sejam $*$ e $\oplus$ duas operações definidas sobre um conjunto $A \neq \emptyset$. Dizemos que $*$ é **distributiva** com relação a $\oplus$ quando

$$x * (y \oplus z) = (x * y) \oplus (x * z), \ \forall x, y, z \in A$$

e

$$(x \oplus y) * z = (x * z) \oplus (y * z), \ \forall x, y, z \in A.$$

Exemplo

No conjunto dos números inteiros, a multiplicação é distributiva com relação à adição porque:

- $x \cdot (y + z) = x \cdot y + x \cdot z$
- $(x + y) \cdot z = x \cdot z + y \cdot z$

para quaisquer $x, y, z \in \mathbb{Z}$.

Parte fechada

Consideremos um conjunto $A \neq \emptyset$, um subconjunto $X \neq \emptyset$ de A e $*$ uma operação definida sobre A. Dizemos que X é **parte fechada** de A com relação à operação $*$ quando

$$\forall x, y \in X \Rightarrow x * y \in X.$$

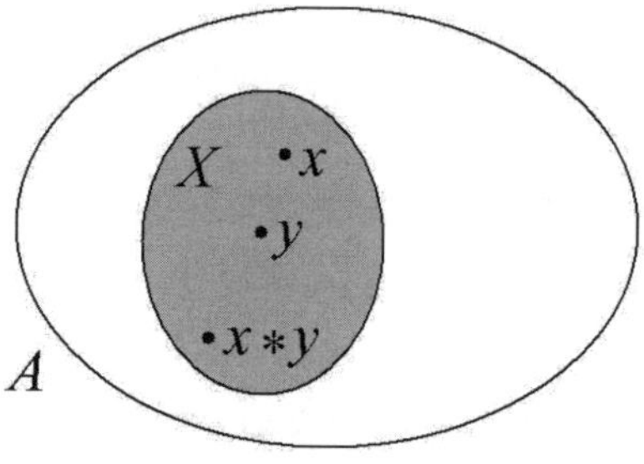

X é parte fechada para $*$

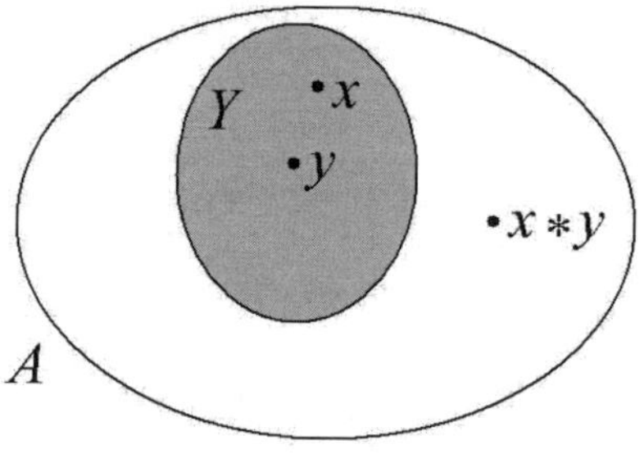

Y não é parte fechada para $*$

Tábua de uma operação

A **tábua** de uma operação $*$ definida sobre um conjunto finito $A = \{a_1, a_2, \cdots, a_n\}$ é uma tabela onde o resultado da operação $a_i * a_j$ é colocado na i-ésima linha e j-ésima coluna.

$*$	a_1	a_2	a_3	a_4	a_5
a_1	$a_1 * a_1$	$a_1 * a_2$	$a_1 * a_3$	$a_1 * a_4$	$a_1 * a_5$
a_2	$a_2 * a_1$	$a_2 * a_2$	$a_2 * a_3$	$a_2 * a_4$	$a_2 * a_5$
a_3	$a_3 * a_1$	$a_3 * a_2$	$a_3 * a_3$	$a_3 * a_4$	$a_3 * a_5$
a_4	$a_4 * a_1$	$a_4 * a_2$	$a_4 * a_3$	$a_4 * a_4$	$a_4 * a_5$
a_5	$a_5 * a_1$	$a_5 * a_2$	$a_5 * a_3$	$a_5 * a_4$	$a_5 * a_5$

Por exemplo, se $A = \{-1, 0, 1\}$, então a tábua de multiplicação sobre A é:

$\cdot$	-1	0	1
-1	1	0	-1
0	0	0	0
1	-1	0	1

4.2 EXERCÍCIOS RESOLVIDOS

R58) Seja $A = \{\{1\}, \{1,2\}, \{1,2,3\}, \{1,2,3,4\}\}$. Construa as tábuas das seguintes operações sobre A: $X * Y = X \cup Y$ e $X \Delta Y = X \cap Y$ e verifique se cada uma dessas operações tem elemento neutro.

Solução: A tábua da operação $*$ é

$*$	$\{1\}$	$\{1,2\}$	$\{1,2,3\}$	$\{1,2,3,4\}$
$\{1\}$	$\{1\}$	$\{1,2\}$	$\{1,2,3\}$	$\{1,2,3,4\}$
$\{1,2\}$	$\{1,2\}$	$\{1,2\}$	$\{1,2,3\}$	$\{1,2,3,4\}$
$\{1,2,3\}$	$\{1,2,3\}$	$\{1,2,3\}$	$\{1,2,3\}$	$\{1,2,3,4\}$
$\{1,2,3,4\}$	$\{1,2,3,4\}$	$\{1,2,3,4\}$	$\{1,2,3,4\}$	$\{1,2,3,4\}$

e a da operação Δ é

Δ	$\{1\}$	$\{1,2\}$	$\{1,2,3\}$	$\{1,2,3,4\}$
$\{1\}$	$\{1\}$	$\{1\}$	$\{1\}$	$\{1\}$
$\{1,2\}$	$\{1\}$	$\{1,2\}$	$\{1,2\}$	$\{1,2\}$
$\{1,2,3\}$	$\{1\}$	$\{1,2\}$	$\{1,2,3\}$	$\{1,2,3\}$
$\{1,2,3,4\}$	$\{1\}$	$\{1,2\}$	$\{1,2,3\}$	$\{1,2,3,4\}$

Pela observação dessas tábuas, chegamos à conclusão de que $*$ tem elemento neutro igual a $\{1\}$ e que Δ tem elemento neutro igual a $\{1,2,3,4\}$.

R59) Se $A = \{1,2,3,4,6,12\}$, construa as tábuas das operações $\text{mmc}(x,y)$, o *mínimo múltiplo comum de* x *e* y, e também $\text{mdc}(x,y)$, o *máximo divisor comum de* x *e* y.

Solução: A tábua da operação $\text{mmc}(x,y)$ é

mmc	1	2	3	4	6	12
1	1	2	3	4	6	12
2	2	2	6	4	6	12
3	3	6	3	12	6	12
4	4	4	12	4	12	12
6	6	6	6	12	6	12
12	12	12	12	12	12	12

e a da operação $\text{mdc}(x, y)$ é

mdc	1	2	3	4	6	12
1	1	1	1	1	1	1
2	1	2	1	2	2	2
3	1	1	3	1	3	3
4	1	2	1	4	2	4
6	1	2	3	2	6	6
12	1	2	3	4	6	12

Como $\text{mmc}(x, 1) = \text{mmc}(1, x) = x$, $\forall x \in A$, concluímos que o elemento neutro de $\text{mmc}(x, y)$ é 1 e, como $\text{mdc}(x, 12) = \text{mdc}(12, x) = x$, $\forall x \in A$, o elemento neutro de $\text{mdc}(x, y)$ é 12.

R60) Considere a operação $\boxdot$ definida sobre o conjunto $A = \{\heartsuit, \spadesuit, \diamondsuit, \clubsuit\}$ cuja tábua está mostrada a seguir:

$\boxdot$	$\heartsuit$	$\spadesuit$	$\diamondsuit$	$\clubsuit$
$\heartsuit$	$\diamondsuit$	$\clubsuit$	$\heartsuit$	$\spadesuit$
$\spadesuit$	$\clubsuit$	$\heartsuit$	$\spadesuit$	$\diamondsuit$
$\diamondsuit$	$\heartsuit$	$\spadesuit$	$\diamondsuit$	$\clubsuit$
$\clubsuit$	$\spadesuit$	$\diamondsuit$	$\clubsuit$	$\heartsuit$

Verifique:

a) se $\boxdot$ tem elemento neutro;

b) se $\boxdot$ é comutativa;

c) quais são os elementos de A que são invertíveis.

Solução:

a) Primeiramente, vamos verificar se a operação $\boxdot$ é comutativa. Para isso, verificamos que a parte da tábua que está acima da diagonal que vai do canto superior esquerdo ao inferior direito é simétrica com relação à parte que está abaixo da diagonal.

⊡	♡	♠	◇	♣
♡	◇	♣	♡	♠
♠	♣	♡	♠	◇
◇	♡	♠	◇	♣
♣	♠	◇	♣	♡

Como há uma simetria entre a parte que está acima e a que está abaixo da diagonal, concluímos que a operação é comutativa: ♡ ⊡ ◇ = ◇ ⊡ ♡, ♠ ⊡ ♡ = ♡ ⊡ ♠, ♣ ⊡ ◇ = ◇ ⊡ ♣, etc.

b) Agora, vamos verificar se a operação tem elemento neutro. Observamos a primeira linha da tábua (o cabeçalho) e verificamos se ela se repete em algum lugar. Ela se repete na linha do elemento ◇. Isso signifca que: ◇ ⊡ ♡ = ♡, ◇ ⊡ ♠ = ♠, ◇ ⊡ ◇ = ◇ e ◇ ⊡ ♣ = ♣. Logo, ◇ é um elemento neutro à esquerda para a operação ⊡.

⊡	♡	♠	◇	♣
♡	◇	♣	♡	♠
♠	♣	♡	♠	◇
→ ◇	♡	♠	◇	♣
♣	♠	◇	♣	♡

⊡	♡	♠	↓ ◇	♣
♡	◇	♣	♡	♠
♠	♣	♡	♠	◇
◇	♡	♠	◇	♣
♣	♠	◇	♣	♡

Observamos novamente a tábua para ver se a primeira coluna se repete em algum lugar. Verificamos que ela se repete no elemento ◇. Isso significa que ◇ é um elemento neutro à direita. Portanto, ◇ é o elemento neutro da operação ⊡.

c) Como ◇ é o elemento neutro da operação, verificamos na tábua quais são os pares de elementos (x, y) tais que x ⊡ y = ◇.

$\boxdot$	$\heartsuit$	$\spadesuit$	$\diamondsuit$	$\clubsuit$
$\heartsuit$	$\diamondsuit$	$\clubsuit$	$\heartsuit$	$\spadesuit$
$\spadesuit$	$\clubsuit$	$\heartsuit$	$\spadesuit$	$\circledcirc\diamondsuit$
$\diamondsuit$	$\heartsuit$	$\spadesuit$	$\diamondsuit$	$\clubsuit$
$\clubsuit$	$\spadesuit$	$\diamondsuit$	$\clubsuit$	$\heartsuit$

$\boxdot$	$\heartsuit$	$\spadesuit$	$\diamondsuit$	$\clubsuit$
$\heartsuit$	$\circledcirc\diamondsuit$	$\clubsuit$	$\heartsuit$	$\spadesuit$
$\spadesuit$	$\clubsuit$	$\heartsuit$	$\spadesuit$	$\diamondsuit$
$\diamondsuit$	$\heartsuit$	$\spadesuit$	$\diamondsuit$	$\clubsuit$
$\clubsuit$	$\spadesuit$	$\diamondsuit$	$\clubsuit$	$\heartsuit$

Temos os seguintes resultados: $\spadesuit \boxdot \clubsuit = \diamondsuit$, $\heartsuit \boxdot \heartsuit = \diamondsuit$ e $\diamondsuit \boxdot \diamondsuit = \diamondsuit$. Isso significa que $\spadesuit^{-1} = \clubsuit$, $\clubsuit^{-1} = \spadesuit$, $\heartsuit^{-1} = \heartsuit$ e $\diamondsuit^{-1} = \diamondsuit$, ou seja, todos os elementos de A são invertíveis.

R61) Considere a operação $\star$ (*"estrela"*) definida sobre o conjunto $B = \{1, 2, 3, 4, 5\}$ cuja tábua está mostrada a seguir:

$\star$	1	2	3	4	5
1	1	1	1	1	1
2	1	2	2	2	2
3	1	2	3	3	3
4	1	2	3	4	4
5	1	2	3	4	5

Verifique se $\star$ tem elemento neutro, se é comutativa e quais são os elementos de B que são invertíveis.

Solução:

- A primeira linha da tabela se repete na última linha, a linha que corresponde ao elemento 5. Note que a primeira coluna se repete também na coluna que corresponde ao elemento 5. Isso significa que o $e = 5$ é o único elemento neutro dessa operação.
- A tabela é simétrica com relação à diagonal que inicia na parte superior esquerda e termina na parte inferior direita. Logo, a operação é comutativa.

- O elemento neutro e aparece na tábua apenas uma única vez, como resultado da operação $5 \star 5 = 5 = e$. Isso significa que o 5 é o único elemento invertível e o inverso do 5 é igual a ele mesmo.

R62) Sejam $A = \{0, 1, 2, 3, 4\} \subset \mathbb{N}$ e as operações $\oplus$ e $\odot$ definidas por

- $x \odot y$ = resto da divisão de xy por 5;
- $x \oplus y$ = resto da divisão de $x + y$ por 5.

Construa a tábua dessas duas operações sobre o conjunto A.

Solução: Alguns exemplos:

- $3 \odot 4$ = resto da divisão de 12 por 5 = 2,
- $2 \odot 3$ = resto da divisão de 6 por 5 = 1,
- $4 \oplus 3$ = resto da divisão de 7 por 5 = 2 etc.

Prosseguindo dessa forma, obtemos as seguintes tabelas:

$\odot$	0	1	2	3	4
0	0	0	0	0	0
1	0	1	2	3	4
2	0	2	4	1	3
3	0	3	1	4	2
4	0	4	3	2	1

$\oplus$	0	1	2	3	4
0	0	1	2	3	4
1	1	2	3	4	0
2	2	3	4	0	1
3	3	4	0	1	2
4	4	0	1	2	3

R63) Seja $X = \{1, 2, 3\}$ e $\mathcal{F}$ o conjunto de todas as funções $f : X \longrightarrow X$ que são constantes. Construa a tábua da operação de composição de funções definida em $\mathcal{F}$ e verifique se tem elemento neutro.

Solução: Como X só tem 3 elementos, então só podem existir 3 funções constantes definidas de X em X:

- $f_1 : X \longrightarrow X$, $f_1(x) = 1$;
- $f_2 : X \longrightarrow X$, $f_2(x) = 2$;
- $f_3 : X \longrightarrow X$, $f_3(x) = 3$;

Agora, observe que $(f_1 \circ f_2)(x) = f_1(f_2(x)) = f_1(2) = 1 = f_1(x)$; logo, $f_1 \circ f_2 = f_1$. De modo análogo, obtemos: $f_1 \circ f_3 = f_1$, $f_2 \circ f_3 = f_2$, etc. Resumimos tudo isso na seguinte tabela:

$\circ$	f_1	f_2	f_3
f_1	f_1	f_1	f_1
f_2	f_2	f_2	f_2
f_3	f_3	f_3	f_3

Observando a tábua, vemos que a primeira linha da tábua (o cabeçalho) não se repete em lugar algum; logo, a operação **não tem elemento neutro à esquerda.** Por outro lado, note que a primeira coluna se repete 3 vezes na tábua; isso significa que **a operação tem 3 elementos neutros à direita:** f_1, f_2 e f_3. Concluímos então que a operação não tem elemento neutro.

R64) Considere a seguinte operação $*$ definida sobre o conjunto dos números racionais:

$$x * y = \frac{x+y}{2}.$$

Verifique se $*$ é comutativa, se é associativa, se tem elemento neutro e se existem elementos invertíveis.

Solução:

- Para quaisquer $x, y \in \mathbb{Q}$, temos $x * y = \frac{x+y}{2} = \frac{y+x}{2} = y * x$, logo, a operação é comutativa.
- $1 * (2 * 3) = 1 * \frac{2+3}{2} = 1 * \frac{5}{2} = \frac{1+\frac{5}{2}}{2} = \frac{7}{4}$ e $(1 * 2) * 3 = \frac{1+2}{2} * 3 = \frac{3}{2} * 3 = \frac{\frac{3}{2}+3}{2} = \frac{9}{4}$; logo, $1 * (2 * 3) \neq (1 * 2) * 3$ e daí concluímos que a operação não é associativa.
- Suponhamos que e seja o elemento neutro dessa operação. Então, por exemplo, $e * 0 = 0$ e $e * 1 = 1 \Longrightarrow \frac{e+0}{2} = 0$ e $\frac{e+1}{2} = 1$, ou seja, $e = 0$ e $e = 1$, o que é impossível. Logo, a operação não tem elemento neutro.

- Se a operação não tem elemento neutro, então não faz sentido a definição de elemento invertível.

R65) Considere a seguinte operação $\oplus$ definida sobre o conjunto dos números reais não negativos:

$$x \oplus y = \sqrt{x^2 + y^2}.$$

Verifique se $\oplus$ é comutativa, se é associativa, se tem elemento neutro e se existem elementos invertíveis.

Solução:

- Para quaisquer $x, y \in \mathbb{R}_+$ temos $x \oplus y = \sqrt{x^2 + y^2} = \sqrt{y^2 + x^2} = y \oplus x$. Logo, a operação é comutativa.

- Para quaisquer $x, y, z \in \mathbb{R}_+$ temos $x \oplus (y \oplus z) = x \oplus \sqrt{y^2 + z^2} = \sqrt{x^2 + \left(\sqrt{y^2 + z^2}\right)^2} = \sqrt{x^2 + y^2 + z^2}$ e $(x \oplus y) \oplus z = \sqrt{x^2 + y^2} \oplus z = \sqrt{\left(\sqrt{x^2 + y^2}\right)^2 + z^2} = \sqrt{x^2 + y^2 + z^2}$. Logo, $(x \oplus y) \oplus z = x \oplus (y \oplus z)$, o que significa que $\oplus$ é associativa.

- Supondo que e seja o elemento neutro, temos $e \oplus x = x$, ou seja, $\sqrt{e^2 + x^2} = x$ para todo x real não negativo. Elevando a última igualdade ao quadrado, obtemos: $e^2 + x^2 = x^2$ e, daí, chegamos a $e^2 = 0$, ou seja, $e = 0$. Assim, o zero é o elemento neutro da operação. Vejamos: $x \oplus 0 = \sqrt{x^2 + 0^2} = \sqrt{x^2} = x$ para todo x real não negativo.

- Dado um real não negativo a, seu inverso (simétrico) é o real não negativo b tal que $a \oplus b = 0 =$ elemento neutro. Daí, obtemos que $\sqrt{a^2 + b^2} = 0$, o que implica $a^2 + b^2 = 0$. A única possibilidade para a última equação é $a = 0$ e $b = 0$. Assim, o único elemento invertível é o zero e o inverso é ele mesmo.

R66) Considere a seguinte operação $*$ definida sobre o conjunto dos números reais:

$$x * y = 2^{x \cdot y}.$$

Verifique se $*$ é comutativa, se é associativa e se tem elemento neutro.

Solução:

- Para quaisquer $x, y \in \mathbb{R}$, temos $x * y = 2^{x \cdot y} = 2^{y \cdot x} = y * x$. Logo, $*$ é comutativa.
- $0 * (1 * 2) = 2^{0 \cdot (1 * 2)} = 2^0 = 1$ e $(0 * 1) * 2 = 2^{0 \cdot 1} * 2 = 2^0 * 2 = 1 * 2 = 2^{1 \cdot 2} = 2^2 = 4$. Logo, $0 * (1 * 2) \neq (0 * 1) * 2$, o que significa que $*$ não é associativa.
- Suponhamos que exista um elemento neutro e para essa operação. Então, devemos ter $e * x = x$ para todo $x \in \mathbb{R}$. Daí, temos $2^{ex} = x$. Escolhendo dois valores distintos para x, por exemplo, $x = 1$ e $x = 2$, substituindo na equação anterior, obtemos: $2^e = 1$ e $2^{2e} = 2$, que implicam em $e = 0$ e $2e = 1$, o que é um absurdo. Logo, não existe elemento neutro para essa operação.

R67) Sendo $a, b \in \mathbb{R}$, mostre com detalhes que $(a + b)^2 = a^2 + 2ab + b^2$ identificando todas as propriedades da adição ou multiplicação utilizadas. O quadrado de x, denotado por x^2, é definido como sendo igual a $x \cdot x$.

Solução:

- $(a + b)^2 = (a + b) \cdot (a + b)$ *(definição de quadrado)*
- $(a + b) \cdot \underbrace{(a + b)}_{z} = a \underbrace{(a + b)}_{z} + b \underbrace{(a + b)}_{z}$ *(distributividade à direita da multiplicação com relação à adição)*
- $a(a + b) + b(a + b) = (a \cdot a + a \cdot b) + (b \cdot a + b \cdot b)$ *(distributividade à esquerda da multiplicação com relação à adição)*
- $(a \cdot a + a \cdot b) + (b \cdot a + b \cdot b) = (a^2 + a \cdot b) + (a \cdot b + b^2)$ *(definição de quadrado e comutatividade da multiplicação)*
- $\underbrace{(a^2 + ab)}_{x} + (ab + b^2) = (\underbrace{(a^2 + ab)}_{x} + ab) + b^2$ *(associatividade da adição)*
- $((a^2 + ab) + ab) + b^2 = (a^2 + (ab + ab)) + b^2$ *(associatividade da adição)*
- $(a^2 + (ab + ab)) + b^2 = (a^2 + 2ab) + b^2$
- $(a^2 + 2ab) + b^2 = a^2 + 2ab + b^2$ *(associatividade da adição)*

Observação. O objetivo deste exercício é mostrar que várias propriedades da adição e da multiplicação estão "escondidas" em uma fórmula tão conhecida como essa do quadrado da soma. É essencial, por exemplo, a multiplicação ser comutativa para que a fórmula seja válida. Por exemplo, com matrizes quadradas A e B não é válida a fórmula $(A+B)^2 = A^2 + 2AB + B^2$ em geral.

R68) Quantas operações diferentes é possível definir em um conjunto A que tenha exatamente n elementos? Entre essas operações, quantas são comutativas?

Solução: Uma operação fica perfeitamente determinada se conhecermos sua tábua. Se o conjunto $A = \{a_1, a_2, \cdots, a_n\}$ tem n elementos, então definir a operação é atribuir um valor a cada $\bullet$ na seguinte tábua:

$*$	a_1	a_2	$\cdots$	a_n
a_1	$\bullet$	$\bullet$	$\cdots$	$\bullet$
a_2	$\bullet$	$\bullet$	$\cdots$	$\bullet$
$\vdots$	$\vdots$	$\vdots$	$\ddots$	$\vdots$
a_n	$\bullet$	$\bullet$	$\cdots$	$\bullet$

Como a quantidade total de $\bullet$ é n^2, e cada uma pode ser preenchida com n opções, então há um total de $\underbrace{n \cdot n \cdot n \ldots n}_{n^2 \text{ fatores}} = n^{(n^2)}$ possíveis operações.

Se a operação for comutativa, então ao preenchermos a diagonal e a parte acima da diagonal, a operação já fica determinada. A parte que está abaixo da diagonal fica determinada por simetria. O total de $\bullet$ que está na diagonal e acima dela é de $1 + 2 + 3 + \cdots + n$, ou seja, $\frac{n(n+1)}{2}$. Como cada $\bullet$ pode ser preenchida com n opções, temos que o total de operações comutativas é de $\underbrace{n \cdot n \cdot n \cdots n}_{\frac{n(n+1)}{2} \text{ fatores}} = n^{\frac{n(n+1)}{2}}$ operações.

Observação. A quantidade de operações é um número gigantesco, mesmo para valores pequenos de n. Por exemplo, quando $n = 4$ há um total de $n^{(n^2)} = 4^{16} = 4294967296$ (mais de 4 bilhões) operações que podem ser definidas; entre elas, um total de $n^{\frac{n(n+1)}{2}} = 4^{10} = 1048576$ (mais de 1 milhão) são comutativas.

R69) Determine $a, b, c \in \mathbb{R}$ para que a operação $*$ sobre $\mathbb{R}$ definida por $x * y = ax + by + cxy$ tenha elemento neutro.

Solução: Suponhamos que o elemento neutro dessa operação seja e. Então, por exemplo, temos que $e * 0 = 0$ e também $0 * e = 0$. Usando a definição de $*$, temos: $ae + b \cdot 0 + ce \cdot 0 = 0$ e $a \cdot 0 + be + ce \cdot 0 = 0$, ou seja, $ae = 0$ e $be = 0$. Como $e * e = e$, devemos ter também que $ae + be + ce^2 = e \Rightarrow ce^2 = e$.

- (1° caso) Suponhamos $e \neq 0$. Então a partir de $ae = 0$ e $be = 0$, obtemos $a = 0$ e $b = 0$. A partir de $ce^2 = e$, obtemos $ce = 1$, ou seja, $c \neq 0$ e $e = \frac{1}{c}$. Assim, neste caso, a operação fica definida como sendo $x * y = cxy$, onde c é qualquer número real não nulo.

- (2° caso) Suponhamos $e = 0$. A partir de 1 * 0 = 1 obtemos a + 0 + 0 = 1 e a partir de 0 * 1 = 1 obtemos 0 + b + 0 = 1. Portanto, devemos ter a = 1 e b = 1. Portanto, $x * y = x + y + cxy$.

Concluímos dessa forma que a operação $*$ tem elemento neutro quando $a = b = 0$ e $c \neq 0$ (neste caso, o elemento neutro é $\frac{1}{c}$) ou quando $a = b = 1$ e $c \in \mathbb{R}$ (neste caso, o elemento neutro é o zero).

R70) Verifique se a operação $*$ sobre $\mathbb{Z} \times \mathbb{Z}$ definida por

$$(a, b) * (c, d) = (ac, ad + bc)$$

é comutativa, se existe elemento neutro e determine todos os elementos invertíveis.

Solução:

- Para quaisquer (a, b) e (c, d) pertencentes a $\mathbb{Z} \times \mathbb{Z}$ temos $(a, b)*(c, d) = (ac, ad+bc) = (ca, cb+da) = (c, d)*(a, b)$, logo, $*$ é comutativa.

- Suponhamos que a operação tenha elemento neutro $e = (e_1, e_2)$. Então, se $x = (a, b)$ for um elemento genérico de $\mathbb{Z} \times \mathbb{Z}$, temos que $e * x = x$, isto é, $(e_1, e_2) * (a, b) = (a, b) \Rightarrow (e_1 a, e_1 b + e_2 a) = (a, b) \Rightarrow e_1 a = a, e_1 b + e_2 a = b$. Em particular, escolhendo $(a, b) = (1, 1)$, temos $e_1 = 1, e_1 + e_2 = 1$, o que implica em $e_2 = 0$. Logo, $e = (1, 0)$ é um "candidato" a elemento neutro da operação. Vejamos: $e * x = (1, 0) * (a, b) = (1 \cdot a, 1 \cdot b + 0 \cdot a) = (a, b)$. Logo, $(1, 0)$ é realmente o elemento neutro da operação.

- Dado $(a, b) \in \mathbb{Z} \times \mathbb{Z}$, se (x, y) for o elemento inverso de (a, b), então devemos ter $(a, b) * (x, y) = (1, 0) =$ elemento neutro $\Rightarrow (ax, ay + bx) = (1, 0)$

$\Rightarrow ax = 1, ay + bx = 0$. Como a e x são inteiros, então $ax = 1$ implica $a = 1, x = 1$ ou $a = -1, x = -1$.

- (1° caso:) Se $a = 1$ e $x = 1$, então $1 \cdot y + b \cdot 1 = 0 \Rightarrow y = -b$. Logo, o inverso de $(1, b)$ é o elemento $(1, -b)$.
- (2° caso:) Se $a = -1$ e $x = -1$, então $-1 \cdot y + b \cdot (-1) = 0 \Rightarrow y = -b$. Assim, o inverso de $(-1, b)$ é o elemento $(-1, -b)$.

Concluímos dessa forma que os elementos invertíveis são da forma $(1, b)$ ou $(-1, b)$, com $b \in \mathbb{Z}$ e seus inversos são dados por: $(1, b)^{-1} = (1, -b)$ e $(-1, b)^{-1} = (-1, -b)$.

R71) Seja E um conjunto com uma operação $*$ que admite elemento neutro. Mostre que $*$ é comutativa e associativa se, e somente se, $x*(y*z) = (x*z)*y$ para quaisquer $x, y, z \in E$.

Solução: $(\Rightarrow)$ Suponhamos $*$ comutativa e associativa. Então para quaisquer $x, y, z \in E$ temos

- $x * (y * z) = x * (z * y)$ *(porque $*$ é comutativa)*
- $x * (z * y) = (x * z) * y$ *(porque $*$ é associativa)*
- Logo, $x * (y * z) = (x * z) * y$.

$(\Leftarrow)$ Suponhamos $x * (y * z) = (x * z) * y$ para quaisquer $x, y, z \in E$. Em particular, escolhendo $x = e$ = elemento neutro, temos que $e*(y*z) = (e*z)*y$, ou seja, $y*z = z*y$ para quaisquer $y, z \in E$. Isso significa que a operação $*$ é comutativa. Como $x*(\underbrace{y * z}_{z*y}) = (x * z) * y \Rightarrow x * (z * y) = (x * z) * y$ para quaisquer $x, y, z \in E$. Logo, $*$ é associativa.

R72) Uma operação $*$ em um conjunto $E \neq \emptyset$ é denominada *totalmente não associativa* quando

$$(x * y) * z \neq x * (y * z),\ \forall x, y, z \in E.$$

a) Mostre que se $*$ é totalmente não associativa, então $*$ não é comutativa;

b) Mostre que a potenciação $a * b = a^b$ é totalmente não associativa em $E = \{n \in \mathbb{N} \mid n \geq 3\}$.

Solução:

a) Sejam $\alpha \in E$ e $\beta = \alpha * \alpha$. Como $*$ é totalmente não associativa, temos que $\underbrace{(\alpha * \alpha)}_{\beta} * \alpha \neq \alpha * \underbrace{(\alpha * \alpha)}_{\beta}$, ou seja, $\beta * \alpha \neq \alpha * \beta$, o que mostra que $*$ não é comutativa.

b) Suponhamos que existissem três inteiros a, b, c maiores ou iguais a 3 tais que $(a * b) * c = a * (b * c)$, ou seja, $(a^b)^c = a^{(b^c)}$ que é equivalente a $a^{(bc)} = a^{(b^c)}$. Daí, obtemos $bc = b^c$. Resta mostrar agora que essa última igualdade é impossível se b e c forem inteiros maiores ou iguais a 3. Consideremos, então, dois casos: $b < c$ e $b \geq c$.

   - Se $b < c$, multiplicando por c, obtemos: $bc < c^2 \Rightarrow b^c < c^2 \Rightarrow 3^c < c^2$, e essa desigualdade é impossível se $c \geq 3$.
   - Se $b \geq c$, então multiplicando por b, obtemos: $b^2 \geq bc \Rightarrow b^2 \geq b^c \Rightarrow 2 \geq c$, que também é impossível.

R73) Consideremos dois inteiros dados a e b e a operação $*$ sobre $\mathbb{Z}$ definida por $x * y = ax + by$ para quaisquer $x, y \in \mathbb{Z}$. Determine condições sobre a e b para que essa operação tenha a propriedade citada em cada um dos itens:

a) comutativa;

b) associativa;

c) comutativa e associativa;

d) tenha elemento neutro.

Solução:

a) Se a operação $*$ for comutativa, então $x * y = y * x \Rightarrow ax + by = ay + bx \Rightarrow ax + by - ay - bx = 0 \Rightarrow x(a - b) - y(a - b) = 0 \Rightarrow (a - b)(x - y) = 0, \forall x, y \in \mathbb{Z}$. Em particular, quando $x - y \neq 0$ temos que $(a - b)(x - y) = 0 \Rightarrow a - b = 0 \Rightarrow a = b$. Daí, concluímos que se $a = b$, então $x * y = ax + ay = ay + ax = y * x$, que implica na comutatividade da operação.

b) Se a operação for associativa, então $x * (y * z) = (x * y) * z, \forall x, y, z \in \mathbb{Z}$. Como $(x * y) * z = (ax + by) * z = a(ax + by) + bz = a^2x + aby + bz$ e $x * (y * z) = x * (ay + bz) = ax + b(ay + bz) = ax + aby + b^2z$, temos $(x * y) * z = x * (y * z) \Rightarrow a^2x + \cancel{aby} + bz = ax + \cancel{aby} + b^2z \Rightarrow a^2x + bz = ax + b^2z$. Em particular, se $a = 1$ e $z = 0$, então $a^2 = a \Rightarrow a = 1$ ou $a = 0$. Se $a = 0$ e $z = 1$, então $b = b^2 \Rightarrow b = 1$ ou $a = 0$. Temos assim quatro casos a considerar:

- Se $a = 1$ e $b = 1$, então a operação é $x * y = x + y$ (adição usual).
- Se $a = 1$ e $b = 0$, então a operação é $x * y = x$.
- Se $a = 0$ e $b = 1$, então a operação é $x * y = y$.
- Se $a = 0$ e $b = 0$, então a operação é $x * y = 0$.

Podemos verificar diretamente que a operação $*$ definida em cada caso é associativa.

c) Para a operação ser comutativa, devemos ter $a = b$ e, para ser associativa, devemos ter $a = 1$ ou $a = 0$; e $b = 1$ ou $b = 0$. Combinando os dois casos, temos que, para a operação ser comutativa e associativa, devemos ter $a = b = 1$ ou $a = b = 0$. Temos assim duas possíveis definições: $x * y = x + y$ ou $x * y = 0$.

d) Se e for o elemento neutro da operação, então devemos ter $x * e = e * x = x$, $\forall x \in \mathbb{Z}$. Em particular, para $x = 0$ temos: $0 * e = e * 0 = e \Rightarrow 0a + eb = ea + 0b = 0 \Rightarrow eb = ea = 0$. Para $x = 1$, obtemos $1 * e = e * 1 = 1 \Rightarrow a + \underbrace{eb}_{0} = \underbrace{ae}_{0} + b = 1 \Rightarrow a = b = 1$. Além disso, $a = 1$, $ea = 0$ implica $e = 0$. Assim, a operação tem elemento neutro apenas no caso em que $a = b = 1$, ou seja, quando $x * y = x + y$ e, nesse caso, o elemento neutro é igual a 0.

4.3 EXERCÍCIOS PROPOSTOS

P26) Mostre que a operação usual de subtração definida sobre o conjunto dos números inteiros não é comutativa, não é associativa, nem tem elemento neutro.

P27) Consideremos a operação binária $*$ definida em $E = \{a, b, c, d, e\}$ de acordo com a seguinte tábua:

$*$	a	b	c	d	e
a	a	b	c	b	d
b	b	c	a	e	c
c	c	a	b	b	a
d	b	e	b	e	d
e	d	b	a	d	c

a) Calcule $a * b$, $d * d$ e $[(c * a) * e] * a$ a partir da tábua.

b) Calcule $(a * b) * c$ e $a * (b * c)$ a partir da tábua. A partir desses resultados, é possível concluir se a operação é associativa?

c) Calcule $(b * d) * c$ e $b * (d * c)$ a partir da tábua. A partir desses resultados, é possível concluir se a operação é associativa?

Resposta: a) $a * b = b, d * d = e, [(c * a) * e] * a = a$; b) $a * (b * c) = a$, $(a * b) * c = a$, nada se pode concluir; c) $(b * d) * c = a$, $b * (d * c) = c$, pode-se concluir que $*$ não é associativa.

P28) Sejam $A = \{3, 4, 5, 6, 7, 8\}$ e $\oplus$ e $\ominus$ as operações sobre A definidas por $x \oplus y = \max(x, y)$ e $x \ominus y = \min(x, y)$. Construa as tábuas dessas operações, determine o elemento neutro de cada uma e seus elementos invertíveis.

Resposta:

$\oplus$	3	4	5	6	7	8
3	3	4	5	6	7	8
4	4	4	5	6	7	8
5	5	5	5	6	7	8
6	6	6	6	6	7	8
7	7	7	7	7	7	8
8	8	8	8	8	8	8

;

$\ominus$	3	4	5	6	7	8
3	3	3	3	3	3	3
4	3	4	4	4	4	4
5	3	4	5	5	5	5
6	3	4	5	6	6	6
7	3	4	5	6	7	7
8	3	4	5	6	7	8

; o elemento neutro de $\oplus$ é 3 e o de $\ominus$ é 8; o único elemento invertível de $\oplus$ é 3 (e $3^{-1} = 3$) e o único invertível de $\ominus$ é 8 (e $8^{-1} = 8$).

P29) Verifique, em cada caso a seguir, se $*$ definida sobre $\mathbb{R}$ é comutativa, associativa ou se tem elemento neutro:

a) $x * y = x + y + x^2y$

b) $x * y = x + y - 3$

c) $x * y = \sqrt[3]{x^3 + y^3}$

d) $x * y = |x||y|$

e) $x * y = \max(x, y)$

Resposta: a) não é comutativa, não é associativa, elemento neutro igual a 0
b) comutativa, associativa, elemento neutro igual a 3
c) comutativa, associativa, elemento neutro igual a 0
d) comutativa, associativa, não tem elemento neutro
e) comutativa, associativa, não tem elemento neutro

P30) Verifique, em cada caso a seguir, se $*$, definida sobre $\mathbb{R}_+^*$, o conjunto dos números reais positivos, é comutativa, associativa ou se tem elemento neutro:

a) $x * y = \dfrac{xy}{1 + xy}$

b) $x * y = \dfrac{x + y}{1 + xy}$

c) $x * y = \dfrac{x + y}{1 + x + y}$

Resposta: a) comutativa, não é associativa, não tem elemento neutro
b) comutativa, associativa, elemento neutro igual a 0
c) comutativa, não é associativa, não tem elemento neutro

CAPÍTULO 5

Grupos e subgrupos

Os grupos são conjuntos especiais que têm grande importância na matemática. São conjuntos que estão ligados a uma determinada operação que satisfaz várias propriedades: associatividade, existência do elemento neutro e do elemento inverso. Muitos conjuntos e operações familiares são considerados grupos. Por exemplo, o conjunto dos números inteiros, o conjunto dos números reais, o conjuntos das matrizes de determinada ordem, junto com a operação de adição usual definida em cada um desses conjuntos, podem ser considerados grupos.

5.1 GRUPOS

Um **grupo** é um conjunto $G \neq \emptyset$ no qual está definida uma operação $*$ que satisfaz às seguintes propriedades:

- $*$ é associativa, ou seja, $x * (y * z) = (x * y) * z, \forall x, y, z \in G$
- $*$ admite elemento neutro, ou seja, $\exists e \in G$ tal que $x * e = e * x = x, \forall x \in G$
- Para cada elemento $x \in G$, $\exists x^{-1} \in G$ tal que $x * x^{-1} = x^{-1} * x = e$

Além disso, se $*$ for comutativa, então o grupo G é denominado *comutativo* ou *abeliano*.

Observação. Quando a operação $*$ puder ficar subentendida, podemos dizer simplesmente que *"G é um grupo"* no lugar de *"$(G, *)$ é um grupo"* ou no lugar de *"G é um grupo com a operação $*$"*.

Observação. Se G for um grupo com relação à operação $*$, então ele deve ser fechado com relação a essa operação, ou seja, para quaisquer $x, y \in G$, devemos ter também que $x * y \in G$.

Observação. Quando a operação $*$ for uma *adição*, então diremos que G é um *grupo aditivo*; quando for uma *multiplicação*, diremos que é um *grupo multiplicativo*.

5.2 EXEMPLOS

Exemplo 5.1. Consideremos o conjunto dos números inteiros $\mathbb{Z}$ com a operação de adição de inteiros. Temos as seguintes propriedades:

- $x + (y + z) = (x + y) + z$, $\forall x, y, z \in \mathbb{Z}$, ou seja, a operação de adição de inteiros é associativa;
- $x + 0 = x$ e $0 + x = x$, $\forall x \in \mathbb{Z}$, ou seja, o 0 (zero) é o elemento neutro da adição de inteiros;
- $x + (-x) = 0$ e $(-x) + x = 0$, $\forall x \in \mathbb{Z}$, ou seja, todo elemento x de $\mathbb{Z}$ possui um simétrico (inverso aditivo) que é o $-x$.

Devido às três propriedades anteriores, dizemos que $\mathbb{Z}$ é um grupo com relação à adição de inteiros, que é o mesmo que afirmar que $(\mathbb{Z}, +)$ é um grupo.

Além das três propriedades anteriores, temos também uma quarta propriedade, que é a seguinte:

- $x + y = y + x$, $\forall x, y \in \mathbb{Z}$, ou seja, a adição é comutativa.

Por causa dessas quatro propriedades anteriores, dizemos que $(\mathbb{Z}, +)$ é um grupo abeliano ou um grupo comutativo.

Exemplo 5.2. Obtemos resultados análogos se trocarmos no exemplo anterior $\mathbb{Z}$ por $\mathbb{Q}$, $\mathbb{R}$ ou $\mathbb{C}$. Ou seja, $(\mathbb{Q}, +)$, $(\mathbb{R}, +)$ e $(\mathbb{C}, +)$ também são grupos abelianos com relação à adição definidos nesses conjuntos.

Note que o conjunto dos números naturais, $\mathbb{N}$, não é um grupo com relação à adição porque um natural positivo x não possui simétrico $-x$ que também pertença a esse conjunto.

Exemplo 5.3. Consideremos o conjunto dos racionais não nulos, $\mathbb{Q}^*$, com a operação de multiplicação. As seguintes propriedades são verificadas:

- $(x \cdot y) \cdot z = x \cdot (y \cdot z)$, $\forall x, y, z \in \mathbb{Q}^*$;
- $x \cdot 1 = x \cdot 1$, $\forall x \in \mathbb{Q}^*$;
- $x \cdot x^{-1} = x^{-1} \cdot x = 1$, $\forall x \in \mathbb{Q}^*$, onde $x^{-1} = \frac{1}{x}$.

Devido a essas propriedades, podemos afirmar que $(\mathbb{Q}^*, \cdot)$ é um grupo. Como a seguinte propriedade

- $x \cdot y = y \cdot x$, $\forall x, y \in \mathbb{Q}^*$

também é válida, temos que $(\mathbb{Q}^*, \cdot)$ é um grupo abeliano.

Note que é preciso que o 0 (zero) seja retirado do conjunto para poder ser válida a segunda propriedade anterior porque o 0 não tem inverso multiplicativo. Assim, $(\mathbb{Q}, \cdot)$ **não é** um grupo multiplicativo.

Exemplo 5.4. De modo semelhante ao exemplo anterior, temos que $(\mathbb{R}^*, \cdot)$ e $(\mathbb{C}^*, \cdot)$ também são grupos abelianos multiplicativos.

Note que $(\mathbb{Z}^*, \cdot)$ não é um grupo multiplicativo porque os únicos elementos invertíveis de $\mathbb{Z}^*$ são 1 e -1.

Exemplo 5.5. Vamos denotar por $M_{m\times n}(\mathbb{R})$ o conjunto de todas as matrizes de ordem $m \times n$ com elementos inteiros. Consideremos a operação de adição de matrizes definida por:

$$\begin{bmatrix} a_{11} & \dots & a_{1n} \\ \vdots & \ddots & \vdots \\ a_{m1} & \dots & a_{mn} \end{bmatrix} + \begin{bmatrix} b_{11} & \dots & b_{1n} \\ \vdots & \ddots & \vdots \\ b_{m1} & \dots & b_{mn} \end{bmatrix} = \begin{bmatrix} a_{11}+b_{11} & \dots & a_{1n}+b_{1n} \\ \vdots & \ddots & \vdots \\ a_{m1}+b_{m1} & \dots & a_{mn}+b_{mn} \end{bmatrix}$$

A operação de adição assim definida é associativa (ou seja,$(A + B) + C = A + (B + C)$ para quaisquer $A, B, C \in M_{m\times n}(\mathbb{R})$), possui elemento neutro que é a matriz nula

$$O = \begin{bmatrix} 0 & \dots & 0 \\ \vdots & \ddots & \vdots \\ 0 & \dots & 0 \end{bmatrix}$$

e toda matriz

$$X = \begin{bmatrix} a_{11} & \dots & a_{1n} \\ \vdots & \ddots & \vdots \\ a_{m1} & \dots & a_{mn} \end{bmatrix}$$

possui um inverso aditivo

$$-X = \begin{bmatrix} -a_{11} & \dots & -a_{1n} \\ \vdots & \ddots & \vdots \\ -a_{m1} & \dots & -a_{mn} \end{bmatrix}$$

que é tal que $X + (-X) = (-X) + X = O$. Portanto, $(M_{m\times n}(\mathbb{R}), +)$ é um grupo aditivo.

A adição de matrizes de $M_{m\times n}(\mathbb{R})$ é comutativa, ou seja $\forall X, Y \in M_{m\times n}(\mathbb{R})$, $X+Y = Y + X$ temos que o grupo $(M_{m\times n}(\mathbb{R}), +)$ é abeliano.

De modo análogo temos que $(M_{m\times n}(\mathbb{Z}), +)$, $(M_{m\times n}(\mathbb{Q}), +)$ e $(M_{m\times n}(\mathbb{C}), +)$ também são grupos abelianos.

Exemplo 5.6. Seja $GL(n, \mathbb{R})$ o conjunto de todas as matrizes quadradas $n \times n$ de elementos reais cujos determinantes são diferentes de 0, ou seja,

$$GL(n, \mathbb{R}) = \{X \in M_{n\times n}(\mathbb{R}) \mid \det(X) \neq 0\}.$$

Consideremos a multiplicação de matrizes definida por:

$$\begin{bmatrix} a_{11} & \dots & a_{1n} \\ \vdots & \ddots & \vdots \\ a_{m1} & \dots & a_{mn} \end{bmatrix} \cdot \begin{bmatrix} b_{11} & \dots & b_{1n} \\ \vdots & \ddots & \vdots \\ b_{m1} & \dots & b_{mn} \end{bmatrix} = \begin{bmatrix} c_{11} & \dots & c_{1n} \\ \vdots & \ddots & \vdots \\ c_{m1} & \dots & c_{mn} \end{bmatrix}$$

onde $c_{ij} = a_{i1}b_{1j} + a_{i2}b_{2j} + \cdots + a_{in}b_{nj} = \sum_{k=1}^{n} a_{ik}b_{kj}$ para quaisquer $i, j \in \{1, 2, \dots, n\}$. A operação de multiplicação assim definida é associativa (ou seja, $(A \cdot B) \cdot C = A \cdot (B \cdot C)$ para quaisquer $A, B, C \in M_{m\times n}(\mathbb{R})$), possui elemento neutro que é a matriz identidade

$$I = \begin{bmatrix} 1 & 0 & \dots & 0 \\ 0 & 1 & \dots & 0 \\ \vdots & \vdots & \ddots & \vdots \\ 0 & 0 & \dots & 1 \end{bmatrix}$$

e toda matriz $X \in GL(n, \mathbb{R})$ possui um inverso multiplicativo X^{-1} que é tal que $X \cdot X^{-1} = X^{-1} \cdot X = I$. Portanto, $(GL(n, \mathbb{R}), \cdot)$ é um grupo multiplicativo.

$GL(n, \mathbb{R})$ é denominado *grupo linear geral real de grau n* e não é um grupo abeliano se $n \geq 2$. Por exemplo, consideremos em $GL(2, \mathbb{R})$ os seguintes elementos: $X = \begin{bmatrix} 1 & 2 \\ 0 & 1 \end{bmatrix}$ e $Y = \begin{bmatrix} 0 & 1 \\ 3 & 4 \end{bmatrix}$. Temos que $X \cdot Y = \begin{bmatrix} 6 & 9 \\ 3 & 4 \end{bmatrix}$ e $Y \cdot X = \begin{bmatrix} 0 & 1 \\ 3 & 10 \end{bmatrix}$; logo, $X \cdot Y \neq Y \cdot X$.

De modo análogo, podem ser definidos o *grupo linear geral racional de grau n* $GL(n, \mathbb{Q})$ e o *grupo linear geral complexo de grau n* $GL(n, \mathbb{C})$ – ambos são grupos multiplicativos não abelianos.

Definição: Se $(G, *)$ for um grupo em que G é um conjunto finito com n elementos, então a *ordem de G* é definida como sendo o número de elementos distintos de G e é denotada por $|G|$ ou por $o(G)$. Se o conjunto G for infinito, então dizemos que, neste caso, a *ordem de G é infinita.*

Exemplo 5.7. Consideremos $A = \{1, -1\}$ e a operação de multiplicação definida nesse conjunto. A tábua de $(A, \cdot)$ é a tábua da sua multiplicação:

$\cdot$	1	-1
1	1	-1
-1	-1	1

Neste caso, $(A, \cdot)$ é um grupo abeliano de ordem 2, ou seja, $|A| = 2$.

Exemplo 5.8. Se V for um espaço vetorial, então $(V, +)$ é um grupo. Assim, todo exemplo de espaço vetorial também é um exemplo de grupo aditivo.

5.3 GRUPOS DE CLASSES DE RESTOS

Exemplo 5.9. Sendo $n > 1$ um inteiro, consideremos $\mathbb{Z}_n = \{\bar{0}, \bar{1}, \dots, \overline{n-1}\}$ o conjunto das *classes de restos módulo n* em que

$$\bar{a} = \{x \in \mathbb{Z} \mid x - a \text{ é múltiplo de } n\} = \{a + kn \mid k \in \mathbb{Z}\}.$$

Definimos em $\mathbb{Z}_n$ a seguinte operação de adição: $\forall \bar{x}, \bar{y} \in \mathbb{Z}_n, \bar{x} + \bar{y} = \overline{x + y}$. Essa operação assim definida possui as seguintes propriedades:

- $(\bar{x} + \bar{y}) + \bar{z} = \overline{x + y} + \bar{z} = \overline{(x + y) + z} = \overline{x + (y + z)} = \bar{x} + \overline{y + z} = \bar{x} + (\bar{y} + \bar{z})$ para quaisquer $\bar{x}, \bar{y}, \bar{z} \in \mathbb{Z}_n$; logo, a adição em $\mathbb{Z}_n$ é associativa.
- $\bar{x} + \bar{0} = \overline{x + 0} = \bar{x}$ e $\bar{0} + \bar{x} = \overline{0 + x} = \bar{x}$, para todo $\bar{x} \in \mathbb{Z}_n$; logo, a adição possui elemento neutro $\bar{0}$.
- $\bar{x} + \overline{n - x} = \overline{x + (n - x)} = \bar{n} = \bar{0}$ e $\overline{n - x} + \bar{x} = \overline{(n - x) + x} = \bar{n} = \bar{0}$ para todo $\bar{x} \in \mathbb{Z}_n$; logo, todo elemento $\bar{x} \in \mathbb{Z}_n$ possui inverso aditivo $\overline{n - x}$.
- $\bar{x} + \bar{y} = \overline{x + y} = \overline{y + x} = \bar{y} + \bar{x}$ para quaisquer $\bar{x}, \bar{y} \in \mathbb{Z}_n$; logo, a adição é comutativa.

Dessa forma, concluímos que $\mathbb{Z}_n$ é um grupo abeliano aditivo de ordem n que é denominado *grupo aditivo das classes de restos módulo n*.

Por exemplo, quando $n = 5$ temos $\mathbb{Z}_5 = \{\bar{0}, \bar{1}, \bar{2}, \bar{3}, \bar{4}\}$, onde

- $\bar{0} = \{5k \mid k \in \mathbb{Z}\} = \{\dots, -15, -10, -5, 0, 5, 10, 15, \dots\}$
- $\bar{1} = \{1 + 5k \mid k \in \mathbb{Z}\} = \{\dots, -14, -9, -4, 1, 6, 11, 16, \dots\}$
- $\bar{2} = \{2 + 5k \mid k \in \mathbb{Z}\} = \{\dots, -13, -8, -3, 2, 7, 12, 17, \dots\}$
- $\bar{3} = \{3 + 5k \mid k \in \mathbb{Z}\} = \{\dots, -12, -7, -2, 3, 8, 13, 18, \dots\}$
- $\bar{4} = \{4 + 5k \mid k \in \mathbb{Z}\} = \{\dots, -11, -6, -1, 4, 9, 14, 19, \dots\}$

Observe que, neste caso,

$$\bar{5} = \{5 + 5k \mid k \in \mathbb{Z}\} = \{5\underbrace{(k+1)}_{j} \mid k \in \mathbb{Z}\} = \{5j \mid j \in \mathbb{Z}\} = \bar{0}$$

e também que $\bar{6} = \bar{1}$, $\bar{7} = \bar{2}$, $\bar{8} = \bar{3}$ etc.

A tábua de operação do grupo aditivo $(\mathbb{Z}_5, +)$ é:

$+$	$\bar{0}$	$\bar{1}$	$\bar{2}$	$\bar{3}$	$\bar{4}$
$\bar{0}$	$\bar{0}$	$\bar{1}$	$\bar{2}$	$\bar{3}$	$\bar{4}$
$\bar{1}$	$\bar{1}$	$\bar{2}$	$\bar{3}$	$\bar{4}$	$\bar{0}$
$\bar{2}$	$\bar{2}$	$\bar{3}$	$\bar{4}$	$\bar{0}$	$\bar{1}$
$\bar{3}$	$\bar{3}$	$\bar{4}$	$\bar{0}$	$\bar{1}$	$\bar{2}$
$\bar{4}$	$\bar{4}$	$\bar{0}$	$\bar{1}$	$\bar{2}$	$\bar{3}$

Exemplo 5.10. Seja p um número primo e $\mathbb{Z}_p^* = \{\bar{1}, \bar{2}, \ldots, \overline{p-1}\}$. Consideremos nesse conjunto a seguinte multiplicação definida por $\bar{x} \cdot \bar{y} = \overline{x \cdot y}$, $\forall \bar{x}, \bar{y} \in \mathbb{Z}_p^*$. Essa operação possui as seguintes propriedades:

- $(\bar{x} \cdot \bar{y}) \cdot \bar{z} = \overline{x \cdot y} \cdot \bar{z} = \overline{(x \cdot y) \cdot z} = \overline{x \cdot (y \cdot z)} = \bar{x} \cdot \overline{y \cdot z} = \bar{x} \cdot (\bar{y} \cdot \bar{z})$ para quaisquer $\bar{x}, \bar{y}, \bar{z} \in \mathbb{Z}_p^*$; logo, a multiplicação em $\mathbb{Z}_p^*$ é associativa.

- $\bar{x} \cdot \bar{1} = \overline{x \cdot 1} = \bar{x}$ e $\bar{1} \cdot \bar{x} = \overline{1 \cdot x} = \bar{x}$, para todo $\bar{x} \in \mathbb{Z}_p^*$; logo, a multiplicação possui elemento neutro $\bar{1}$.

- $\bar{x} \cdot \bar{y} = \overline{x \cdot y} = \overline{y \cdot x} = \bar{y} \cdot \bar{x}$ para quaisquer $\bar{x}, \bar{y} \in \mathbb{Z}_p^*$; logo, a multiplicação é comutativa.

- Para todo $\bar{x} \in \mathbb{Z}_p^*$, como p é primo, $\text{mdc}(x, p) = 1$ e daí existem inteiros a e b tais que $a \cdot x + b \cdot p = 1$, o que implica em $\overline{a \cdot x + b \cdot p} = \overline{a \cdot x} + \overline{b \cdot p} = \bar{a} \cdot \bar{x} + \underbrace{\bar{b} \cdot \bar{p}}_{=\bar{0}} = \bar{1}$.

  Como, em $\mathbb{Z}_p$, $\bar{p} = \bar{0}$, temos que $\bar{a} \cdot \bar{x} = \bar{1} = \bar{x} \cdot \bar{a}$; logo, todo elemento $\bar{x} \in \mathbb{Z}_p^*$ possui inverso multiplicativo.

Dessa forma, fica mostrado que $\mathbb{Z}_p^*$ é um grupo multiplicativo abeliano de ordem $p - 1$, se p for primo.

Por exemplo, se $p = 7$, a tábua de operação do grupo multiplicativo $(\mathbb{Z}_7, \cdot)$ é:

$\cdot$	$\bar{1}$	$\bar{2}$	$\bar{3}$	$\bar{4}$	$\bar{5}$	$\bar{6}$
$\bar{1}$	$\bar{1}$	$\bar{2}$	$\bar{3}$	$\bar{4}$	$\bar{5}$	$\bar{6}$
$\bar{2}$	$\bar{2}$	$\bar{4}$	$\bar{6}$	$\bar{1}$	$\bar{3}$	$\bar{5}$
$\bar{3}$	$\bar{3}$	$\bar{6}$	$\bar{2}$	$\bar{5}$	$\bar{1}$	$\bar{4}$
$\bar{4}$	$\bar{4}$	$\bar{1}$	$\bar{5}$	$\bar{2}$	$\bar{6}$	$\bar{3}$
$\bar{5}$	$\bar{5}$	$\bar{3}$	$\bar{1}$	$\bar{6}$	$\bar{4}$	$\bar{2}$
$\bar{6}$	$\bar{6}$	$\bar{5}$	$\bar{4}$	$\bar{3}$	$\bar{2}$	$\bar{1}$

Observação: Se n não for primo, então $\mathbb{Z}_n^*$ não é um grupo com relação à multiplicação porque n pode ser fatorado na forma $n = r \cdot s$ e, daí, $\overline{r \cdot s} = \bar{r} \cdot \bar{s} = \bar{n} = \bar{0}$, e assim fica mostrado que existem elementos $\bar{r}, \bar{s} \in \mathbb{Z}_n^*$ tais que $\bar{r} \cdot \bar{s} \notin \mathbb{Z}_n^*$, ou seja, $\mathbb{Z}_n^*$ não é fechado com relação a essa operação.

5.4 GRUPOS DE PERMUTAÇÕES

Exemplo 5.11. Consideremos E um conjunto não vazio e S_E o conjunto de todas as funções bijetoras $f : E \longrightarrow E$. Em S_E pode ser definida uma operação que associa a cada $(f, g) \in E \times E$ a função composta $f \circ g$. Essa operação possui as seguintes propriedades:

- $\forall f, g, h \in S_E$, $(f \circ g) \circ h = f \circ (g \circ h)$, ou seja, a operação $\circ$ é associativa.
- A função identidade $I : E \longrightarrow E$, $I(x) = x$, é o elemento neutro da operação $\circ$ porque $I \circ f = f \circ I = f$ para toda $f \in S_E$.
- Toda função $f \in S_E$ é bijetora e possui uma função inversa $f^{-1} \in S_E$ tal que $f \circ f^{-1} = f^{-1} \circ f = I$.

Logo, S_E é um grupo com relação à operação $\circ$ de composição de funções que é conhecido pelo nome *grupo de permutações sobre E*.

Observação: Quando o conjunto E possuir pelo menos três elementos, então podemos verificar que S_E não é abeliano. Para isso, sejam $a_1, a_2, a_3 \in E$, dois a dois distintos, e definamos as seguintes bijeções:

- $f(a_1) = a_2$, $f(a_2) = a_3$, $f(a_3) = a_1$ e $f(x) = x$ se $x \in E - \{a_1, a_2, a_3\}$
- $g(a_1) = a_1$, $g(a_2) = a_3$, $g(a_3) = a_2$ e $g(x) = x$ se $x \in E - \{a_1, a_2, a_3\}$

Neste caso, temos que $f(g(a_1)) = f(a_1) = a_2$ e $g(f(a_1)) = g(a_2) = a_3$, de onde concluímos que $f \circ g \neq g \circ f$.

Exemplo 5.12. Se n for um inteiro maior do que 1 e $E = \{1, 2, \ldots, n\}$, então S_E passa a ser denotado por S_n e é denominado *grupo de permutações de grau n*. Um elemento $f \in S_n$ tal que $f(i) = a_i$ com $i \in E$ costuma ser denotado por

$$f = \begin{pmatrix} 1 & 2 & 3 & \cdots & n \\ a_1 & a_2 & a_3 & \cdots & a_n \end{pmatrix}$$

Com esse tipo de notação, a ordem das colunas não é importante, ou seja,

$$\begin{pmatrix} 1 & 2 & \cdots & n \\ a_1 & a_2 & \cdots & a_n \end{pmatrix} = \begin{pmatrix} 2 & 1 & \cdots & n \\ a_2 & a_1 & \cdots & a_n \end{pmatrix} = \begin{pmatrix} n & 2 & \cdots & 1 \\ a_n & a_2 & \cdots & a_1 \end{pmatrix} \text{etc.}$$

Se $f = \begin{pmatrix} 1 & 2 & \cdots & n \\ a_1 & a_2 & \cdots & a_n \end{pmatrix}$ e $g = \begin{pmatrix} 1 & 2 & \cdots & n \\ b_1 & b_2 & \cdots & b_n \end{pmatrix}$ então a composta $f \circ g$ pode ser calculada da seguinte forma: para cada $r \in \{1, 2, \cdots, n\}$, se $f : b_r \longmapsto a_{b_r}$, $g : r \longmapsto b_r$, então $f \circ g : r \longmapsto a_{b_r}$, ou seja,

$$f \circ g = \begin{pmatrix} 1 & \cdots & b_r & \cdots & n \\ a_1 & \cdots & a_{b_r} & \cdots & a_n \end{pmatrix} \circ \begin{pmatrix} 1 & \cdots & r & \cdots & n \\ b_1 & \cdots & b_r & \cdots & b_n \end{pmatrix} = \begin{pmatrix} \cdots & r & \cdots \\ \cdots & a_{b_r} & \cdots \end{pmatrix}$$

e, para calcular o inverso de um elemento, é só inverter as linhas:

$$f^{-1} = \begin{pmatrix} a_1 & a_2 & a_3 & \cdots & a_n \\ 1 & 2 & 3 & \cdots & n \end{pmatrix}$$

Por exemplo, em S_5, se $f = \begin{pmatrix} 1 & 2 & 3 & 4 & 5 \\ 3 & 2 & 4 & 5 & 1 \end{pmatrix}$ e $g = \begin{pmatrix} 1 & 2 & 3 & 4 & 5 \\ 4 & 5 & 1 & 3 & 2 \end{pmatrix}$, então:

- $f \circ g = \begin{pmatrix} 1 & 2 & 3 & 4 & 5 \\ 5 & 1 & 3 & 4 & 2 \end{pmatrix}$
- $g \circ f = \begin{pmatrix} 1 & 2 & 3 & 4 & 5 \\ 1 & 5 & 3 & 2 & 4 \end{pmatrix}$
- $f^{-1} = \begin{pmatrix} 3 & 2 & 4 & 5 & 1 \\ 1 & 2 & 3 & 4 & 5 \end{pmatrix} = \begin{pmatrix} 1 & 2 & 3 & 4 & 5 \\ 5 & 2 & 1 & 3 & 4 \end{pmatrix}$
- $g^{-1} = \begin{pmatrix} 4 & 5 & 1 & 3 & 2 \\ 1 & 2 & 3 & 4 & 5 \end{pmatrix} = \begin{pmatrix} 1 & 2 & 3 & 4 & 5 \\ 3 & 5 & 4 & 1 & 2 \end{pmatrix}$

Observação. Um elemento genérico de S_n é

$$f = \begin{pmatrix} 1 & 2 & 3 & \cdots & n \\ a_1 & a_2 & a_3 & \cdots & a_n \end{pmatrix}$$

onde $a_1, a_2, \cdots, a_n \in \{1, 2, \cdots, n\}$. O a_1 pode ser escolhido de n maneiras. Como não pode haver repetição dos a_i (porque f é uma função bijetora), o a_2 pode ser escolhido de $n-1$ maneiras, o a_3 de $n-2$ maneiras etc. Desse modo, pelo *princípio fundamental da contagem* existem $n(n-1)(n-2)\cdots 2 \cdot 1 = n!$ possibilidades para f. Logo, a ordem de S_n é igual a $n!$.

Exemplo 5.13. Sendo $S_3 = \{e, \sigma_1, \sigma_2, \sigma_3, \sigma_4, \sigma_5\}$, onde $e = \begin{pmatrix} 1 & 2 & 3 \\ 1 & 2 & 3 \end{pmatrix}$, $\sigma_1 = \begin{pmatrix} 1 & 2 & 3 \\ 1 & 3 & 2 \end{pmatrix}$, $\sigma_2 = \begin{pmatrix} 1 & 2 & 3 \\ 2 & 1 & 3 \end{pmatrix}$, $\sigma_3 = \begin{pmatrix} 1 & 2 & 3 \\ 2 & 3 & 1 \end{pmatrix}$, $\sigma_4 = \begin{pmatrix} 1 & 2 & 3 \\ 3 & 1 & 2 \end{pmatrix}$ e $\sigma_5 = \begin{pmatrix} 1 & 2 & 3 \\ 3 & 2 & 1 \end{pmatrix}$.

A tábua de S_3 é:

$\circ$	e	σ_1	σ_2	σ_3	σ_4	σ_5
e	e	σ_1	σ_2	σ_3	σ_4	σ_5
σ_1	σ_1	e	σ_4	σ_5	σ_2	σ_3
σ_2	σ_2	σ_3	e	σ_1	σ_5	σ_4
σ_3	σ_3	σ_2	σ_5	σ_4	e	σ_1
σ_4	σ_4	σ_5	σ_1	e	σ_3	σ_2
σ_5	σ_5	σ_4	σ_3	σ_2	σ_1	e

Note que a ordem de S_3 é igual a $3! = 6$.

5.5 PROPRIEDADES

As seguintes propriedades são consequências diretas das definições de um grupo $(G, *)$.

- O elemento neutro e de G é único.
- Para todo $x \in G$, existe um único inverso $x^{-1} \in G$.
- Para todo $x \in G$, $(x^{-1})^{-1} = x$.
- Se $x, y \in G$, então $(x \cdot y)^{-1} = y^{-1} \cdot x^{-1}$.
- É válida a *lei do corte*: para quaisquer $a, b, x \in G$ temos que

$$a * x = b * x \Longrightarrow a = b$$

$$x * a = x * b \Longrightarrow a = b$$

- Se $a, b \in G$, a equação $a * x = b$ possui uma única solução $x \in G$, que é $x = a^{-1} * b$.

5.6 SUBGRUPOS

Definição 5.1. Seja $(G, *)$ um grupo. Um subconjunto não vazio $H \subset G$ que seja fechado com relação à operação $*$ é denominado um *subgrupo* de G quando $(H, *)$ também for um grupo.

Exemplo 5.14. Sejam $G = (\mathbb{R}, +)$ e $H = (\mathbb{Z}, +)$; com a operação de adição, ambos são grupos. Como H é fechado com relação à adição (porque a soma de dois números inteiros sempre dá como resultado um número inteiro), podemos dizer, neste caso, que H é um subgrupo de G, ou seja, que $\mathbb{Z}$ é um subgrupo de $\mathbb{R}$ com relação à adição usual.

Exemplo 5.15. Todo grupo G admite pelo menos dois subgrupos: $H_1 = G$ e $H_2 = \{e\}$, onde e é o elemento neutro de G. Esses são denominados *subgrupos triviais* de G.

Um resultado importante e útil para mostrar que H é subgrupo de G:

> *"Sendo $(G, *)$ um grupo, um subconjunto não vazio $H \subset G$ é um subgrupo de G se, e somente se, $x * y^{-1} \in H,\ \forall x, y \in H$."*

Ver exercício R17 para mais informações.

Exemplo 5.16. Sejam $G = (\mathbb{Q}^*, \cdot)$ o grupo multiplicativo dos racionais não nulos e $H \subset G$ o conjunto de todas as potências de expoente inteiro de 3:

$$H = \{3^t \mid t \in \mathbb{Z}\} = \{\cdots, \frac{1}{27}, \frac{1}{9}, \frac{1}{3}, 1, 3, 9, 27, 81, \cdots\}$$

Sejam x e y dois elementos genéricos de H. Então, x e y são potências de 3, ou seja, $x = 3^m$ e $y = 3^n$ com $m, n \in \mathbb{Z}$. Daí, $x \cdot y^{-1} = (3^m) \cdot (3^n)^{-1} = 3^m \cdot 3^{-n} = 3^{m-n}$. Como $m - n \in \mathbb{Z}$, temos $3^{m-n} \in H$, de onde concluímos que H é subgrupo de G.

Exemplo 5.17. Seja $G = (\mathbb{Z}, +)$ o grupo aditivo dos inteiros e $H = \mathbb{P} \subset G$ o conjunto de todos os inteiros pares. Dados $x, y \in \mathbb{P}$, então $x = 2m$ e $y = 2n$ com $m, n \in \mathbb{Z}$. Daí, $\underbrace{x + (-y)}_{x*y^{-1}} = 2m - 2n = 2\underbrace{(m - n)}_{\in \mathbb{Z}} \in \mathbb{P}$. Concluímos assim que $\mathbb{P}$ é um subgrupo de G.

5.7 EXERCÍCIOS RESOLVIDOS

R74) Consideremos o conjunto $\mathbb{R}$ com a operação $\oplus$ definida por $x \oplus y = x + y - 5$ para quaisquer $x, y \in \mathbb{R}$. Mostre que $G = (\mathbb{R}, \oplus)$ é um grupo abeliano.

Solução: Inicialmente, vamos mostrar que a operação $\oplus$ é associativa, tem elemento neutro e todo elemento de G tem inverso.

- Para quaisquer $x, y, z \in G$, temos:
  - $x \oplus (y \oplus z) = x \oplus (y + z - 5) = x + (y + z - 5) - 5 = x + y + z - 10$
  - $(x \oplus y) \oplus z = (x + y - 5) \oplus z = (x + y - 5) + z - 5 = x + y + z - 10$

  Logo, $x \oplus (y \oplus z) = (x \oplus y) \oplus z$.

- Suponhamos que $\oplus$ tenha elemento neutro e. Então $e \oplus x = x$ para todo $x \in \mathbb{R}$, o que implica em $e + x - 5 = x$, de onde obtemos $e = 5$. (*Podemos agora comprovar que* $e = 5$ *é realmente o elemento neutro dessa operação:* $e \oplus x = 5 \oplus x = 5 + x - 5 = x$ *e* $x \oplus e = x + 5 - 5 = x$ *para todo* $x \in \mathbb{R}$.)

- Dado $x \in \mathbb{R}$, vamos determinar $y = x^{-1}$. Por definição, temos $x \oplus y = e$, ou seja, $x + y - 5 = 5$. Daí, obtemos que $y = -x + 10$, isto é, $x^{-1} = -x + 10$. (*Comprovando:* $x \oplus x^{-1} = x \oplus (-x + 10) = x + (-x + 10) - 5 = 5 = e$ *e* $x^{-1} \oplus x = (-x + 10) \oplus x = (-x + 10) + x - 5 = 5 = 5$. *Logo,* $(-x + 10)$ *é realmente o inverso de* x *com relação à operação* $\oplus$.)

Agora, vamos mostrar que $\oplus$ é comutativa:

- $x \oplus y = x + y - 5 = y + x - 5 = y \oplus x$ para quaisquer $x, y \in G$.

Fica mostrado assim que $(G, \oplus)$ é um grupo abeliano.

R75) Consideremos o conjunto $A = \{a + b\sqrt{3} \in \mathbb{R}^* \mid a, b \in \mathbb{Q}\}$.

a) Dê exemplo de elementos desse conjunto.

b) Verifique se ele é fechado com relação à operação de multiplicação usual dos números reais.

c) Verifique se A é um grupo multiplicativo abeliano.

Solução:

a) Todo racional não nulo como $1, -1, \frac{1}{2}, -\frac{3}{7}$ pertence ao conjunto A. Além desses, qualquer combinação do tipo $a + b\sqrt{3} \neq 0$ com $a, b \in \mathbb{Q}$ como $1 + 2\sqrt{3}$, $-\sqrt{3}$, $5\sqrt{3}$, $-8 - 4\sqrt{3}$, $\frac{1}{3} + \frac{11}{9}\sqrt{3}$ também pertence a A.

b) Sejam $x = a + b\sqrt{3}$ e $y = c + d\sqrt{3}$ dois elementos de A. Vamos verificar se o produto xy também pertence a A. Usando as diversas propriedades da adição e da multiplicação usuais em $\mathbb{R}$, podemos desenvolver o produto xy da seguinte forma: $xy = (a + b\sqrt{3})(c + d\sqrt{3}) = ac + ad\sqrt{3} + bc\sqrt{3} + bd(\sqrt{3})^2 = \underbrace{(ac + 3bd)}_{\in \mathbb{Q}} + \underbrace{(ad + bc)}_{\in \mathbb{Q}}\sqrt{3} \in A$. Logo, A é fechado com relação à multiplicação.

c)
- Como a multiplicação é associativa em $\mathbb{R}$, ou seja, $x \cdot (y \cdot z) = (x \cdot y) \cdot z$ para quaisquer $x, y, z \in \mathbb{R}$, temos que, em particular, a multiplicação é associativa em $A \subset \mathbb{R}$, ou seja, $x \cdot (y \cdot z) = (x \cdot y) \cdot z$ para quaisquer $x, y, z \in A$.
- O elemento neutro da multiplicação em A é o $1 \in A$.
- Dado $x = a + b\sqrt{3} \in A$, vamos verificar se existe $y \in A$ tal que $x \cdot y = y \cdot x = 1$. Para verificar se $y = \frac{1}{x} = \frac{1}{a+b\sqrt{3}} \in A$, racionalizamos o denominador de y, multiplicando numerador e denominador por $(a - b\sqrt{3})$:

$$y = \frac{1 \cdot (a - b\sqrt{3})}{(a + b\sqrt{3})(a - b\sqrt{3})} = \frac{a - b\sqrt{3}}{a^2 - 3b^2} = \underbrace{\frac{a}{a^2 - 3b^2}}_{\in \mathbb{Q}} + \underbrace{\frac{(-b)}{a^2 - 3b^2}}_{\in \mathbb{Q}} \sqrt{3} \in A.$$

- Como a multiplicação é comutativa em $\mathbb{R}$, então, em particular, também é comutativa em A, ou seja, $x \cdot y = y \cdot x$ para quaisquer $x, y \in A$.

Portanto, fica mostrado assim que $(A, \cdot)$ é um grupo abeliano.

R76) Seja $\mathcal{F} = \{f : \mathbb{R} \longrightarrow \mathbb{R} \mid f(x) = ax + b, a, b \in \mathbb{R}, a \neq 0\}$. Mostre que $\mathcal{F}$ é um grupo não abeliano com relação à composição de funções.

Solução:

- Para quaisquer funções f, g, h de $\mathbb{R}$ em $\mathbb{R}$, temos que $f \circ (g \circ h) = (f \circ g) \circ h$. Logo, em particular, a composição de funções é associativa sobre o conjunto $\mathcal{F}$.
- Quando $a = 1$ e $b = 0$ temos que $f(x) = x \in \mathcal{F}$ é o elemento neutro da composição de funções.
- Dada $f(x) = ax + b$ com $a, b \in \mathbb{R}$ e $a \neq 0$, a função inversa de f é a função $f^{-1} : \mathbb{R} \longrightarrow \mathbb{R}$ definida por $f^{-1}(x) = \frac{1}{a}x - \frac{b}{a}$ que é um elemento de $\mathcal{F}$.
- Dadas $f, g \in \mathcal{F}$ definidas por $f(x) = ax+b$ e $g(x) = cx+d$, temos que $(f \circ g)(x) = f(g(x)) = f(cx+d) = a(cx+d)+b = (ac)x+(ad+b)$ e $(g \circ f)(x) = g(f(x)) = g(ax+b) = c(ax+b)+d = (ac)x+(bc+d)$, de onde percebemos que, em geral, $f \circ g \neq g \circ f$. Portanto, a operação $\circ$ não é comutativa sobre $\mathcal{F}$.
  Outra opção seria escolher um contraexemplo para mostrar que $\circ$ não é comutativa, por exemplo, $f(x) = 2x+1$ e $g(x) = 3x-4$ temos $(f \circ g)(x) = 6x-7$ e $(g \circ f)(x) = 6x-1$.

R77) Dê exemplo de um grupo G e elementos $x, y \in G$ tais que $(xy)^{-1} \neq x^{-1}y^{-1}$.

Solução: No grupo $G = GL(2, \mathbb{R})$ escolhamos dois elementos como, por exemplo, $x = \begin{bmatrix} 2 & 1 \\ 3 & 0 \end{bmatrix}$ e $y = \begin{bmatrix} 0 & 1 \\ 5 & 7 \end{bmatrix}$. Então $x^{-1} = \begin{bmatrix} 0 & \frac{1}{3} \\ 1 & -\frac{2}{3} \end{bmatrix}$, $y^{-1} = \begin{bmatrix} -\frac{7}{5} & \frac{1}{5} \\ 1 & 0 \end{bmatrix}$, $x^{-1}y^{-1} = \begin{bmatrix} \frac{1}{3} & 0 \\ -\frac{31}{15} & \frac{1}{5} \end{bmatrix}$, $xy = \begin{bmatrix} 5 & 9 \\ 0 & 3 \end{bmatrix}$, $(xy)^{-1} = \begin{bmatrix} \frac{1}{5} & -\frac{3}{5} \\ 0 & \frac{1}{3} \end{bmatrix}$. Logo, $(xy)^{-1} \neq x^{-1}y^{-1}$.

Observação. Se $M = \begin{bmatrix} a & b \\ c & d \end{bmatrix} \in GL(2, \mathbb{R})$, então $M^{-1} = \frac{1}{\det(M)} \begin{bmatrix} d & -b \\ -c & a \end{bmatrix}$ $= \begin{bmatrix} \frac{d}{ad-bc} & \frac{-b}{ad-bc} \\ \frac{-c}{ad-bc} & \frac{a}{ad-bc} \end{bmatrix}$.

Observação. Como $(xy)^{-1} \neq x^{-1}y^{-1} \Rightarrow y^{-1}x^{-1} \neq x^{-1}y^{-1}$, temos que esse tipo de exemplo só é possível com grupos não abelianos.

R78) Sejam a, b, c elementos de um grupo $(G, *)$ com elemento neutro e. Determine as soluções $x \in G$ das seguintes equações:

a) $c^{-1} * x * c = e$ b) $b * x * b^{-1} = b$

c) $c * x * a * c = b$ d) $a * b^{-1} * x * b * a^{-1} = a * b$

Solução:

a) Multiplicando por c à esquerda e por c^{-1} à direita, obtemos: $c^{-1} * x * c = e$ $\Rightarrow \underbrace{c * c^{-1}}_{=e} * x * \underbrace{c * c^{-1}}_{=e} = \underbrace{c * e * c^{-1}}_{=e} \Rightarrow x = e$. Neste caso, o uso de parênteses pode ser eliminado porque a operação $*$ é associativa.

b) Multiplicando por b^{-1} à esquerda e por b à direita, obtemos: $b * x * b^{-1} = b$ $\Rightarrow \underbrace{b^{-1} * b}_{=e} * x * \underbrace{b^{-1} * b}_{=e} = \underbrace{b^{-1} * b}_{=e} * b \Rightarrow x = b$.

c) Multiplicando por c^{-1} à esquerda e à direita, obtemos: $c * x * a * c = b \Rightarrow$ $\underbrace{c^{-1} * c}_{=e} * x * a * \underbrace{c * c^{-1}}_{=e} = c^{-1} * b * c^{-1} \Rightarrow x * a = c^{-1} * b * c^{-1}$. Multiplicando por a^{-1} à direita, obtemos $x * \underbrace{a * a^{-1}}_{=e} = c^{-1} * b * c^{-1} * a^{-1} \Rightarrow x = c^{-1} * b * c^{-1} * a^{-1}$ é a única solução da equação.

d) Multiplicando por a^{-1} à esquerda e por a à direita, obtemos: $a * b^{-1} * x * b * a^{-1} =$ $a * b \Rightarrow \underbrace{a^{-1} * a}_{=e} * b^{-1} * x * b * \underbrace{a^{-1} * a}_{=e} = \underbrace{a^{-1} * a}_{=e} * b * a^{-1} \Rightarrow b^{-1} * x * b = b * a^{-1}$. Multiplicando por b à esquerda e por b^{-1} à direita, obtemos: $\underbrace{b * b^{-1}}_{=e} * x * \underbrace{b * b^{-1}}_{=e} =$ $b * b * a^{-1} * b^{-1} \Rightarrow x = b * b * a^{-1} * b^{-1}$. Denotando $b * b$ por b^2 temos que a solução dessa equação também pode ser escrita na forma $x = b^2 * a^{-1} * b^{-1}$.

Observação. Não podemos mudar a ordem dos fatores em cada caso porque não sabemos se a operação é comutativa. Dessa forma, não é correto escrever a solução da última equação como sendo $x = b * a^{-1}$ depois do "cancelamento" errado de b^2 com b^{-1}.

R79) Determine $x \in S_5$ que seja solução da equação $a^2xb^{-1} = c$, onde $a = \begin{pmatrix} 1 & 2 & 3 & 4 & 5 \\ 4 & 5 & 1 & 2 & 3 \end{pmatrix}$, $b = \begin{pmatrix} 1 & 2 & 3 & 4 & 5 \\ 1 & 2 & 4 & 3 & 5 \end{pmatrix}$ e $c = \begin{pmatrix} 1 & 2 & 3 & 4 & 5 \\ 5 & 4 & 3 & 1 & 2 \end{pmatrix}$.

Solução: A equação dada é $aaxb^{-1} = c$. Multiplicando por $a^{-1}a^{-1}$ à esquerda e por b à direita, obtemos: $a^{-1} \underbrace{a^{-1}a}_{=e} ax \underbrace{b^{-1}b}_{=e} = a^{-1}a^{-1}cb \Rightarrow \underbrace{a^{-1}a}_{=e} x = a^{-1}a^{-1}cb \Rightarrow x = a^{-1}a^{-1}cb$. Para calcular a^{-1}, basta trocar as linhas e, depois, reordenar as colunas: $a^{-1} = \begin{pmatrix} 4 & 5 & 1 & 2 & 3 \\ 1 & 2 & 3 & 4 & 5 \end{pmatrix} = \begin{pmatrix} 1 & 2 & 3 & 4 & 5 \\ 3 & 4 & 5 & 1 & 2 \end{pmatrix}$. Assim, podemos agora calcular o valor de x:

$$x = \begin{pmatrix} 1 & \boxed{2} & 3 & 4 & 5 \\ 3 & \textcircled{4} & 5 & 1 & 2 \end{pmatrix} \begin{pmatrix} 1 & 2 & 3 & 4 & \boxed{5} \\ 3 & 4 & 5 & 1 & \boxed{2} \end{pmatrix} \begin{pmatrix} \boxed{1} & 2 & 3 & 4 & 5 \\ \boxed{5} & 4 & 3 & 1 & 2 \end{pmatrix} \begin{pmatrix} \textcircled{1} & 2 & 3 & 4 & 5 \\ \boxed{1} & 2 & 4 & 3 & 5 \end{pmatrix}$$

Seguimos os seguintes "caminhos", começando sempre na permutação mais à direita e terminando na que estiver mais à esquerda:

- $1 \mapsto 1, 1 \longrightarrow 5, 5 \longrightarrow 2, 2 \longrightarrow 4$; logo, $x : 1 \mapsto 4$.
- $2 \mapsto 2, 2 \longrightarrow 4, 4 \longrightarrow 1, 1 \longrightarrow 3$; logo, $x : 2 \mapsto 3$.
- $3 \mapsto 4, 4 \longrightarrow 1, 1 \longrightarrow 3, 3 \longrightarrow 5$; logo, $x : 3 \mapsto 5$.
- $4 \mapsto 3, 3 \longrightarrow 3, 3 \longrightarrow 5, 5 \longrightarrow 2$; logo, $x : 4 \mapsto 2$.
- $5 \mapsto 5, 5 \longrightarrow 2, 2 \longrightarrow 4, 4 \longrightarrow 1$; logo, $x : 5 \mapsto 1$.

Portanto,

$$x = \begin{pmatrix} 1 & 2 & 3 & 4 & 5 \\ 4 & 3 & 5 & 2 & 1 \end{pmatrix}.$$

R80) Sejam $a = \begin{pmatrix} 1 & 2 & 3 & 4 \\ 4 & 3 & 1 & 2 \end{pmatrix}$, $b = \begin{pmatrix} 1 & 2 & 3 & 4 \\ 3 & 1 & 4 & 2 \end{pmatrix}$ e $c = \begin{pmatrix} 1 & 2 & 3 & 4 \\ 2 & 1 & 4 & 3 \end{pmatrix}$ três elementos de S_4. Determinar a solução $x \in S_4$ da equação $a^{-1}xb = c$.

Solução:

- Na equação, vamos isolar o x no primeiro membro. Para isso, inicialmente, multiplicamos à esquerda por a nos dois membros: $aa^{-1}xb = ac$. Como aa^{-1} dá igual ao elemento neutro (permutação identidade), temos que a equação dada é equivalente a $xb = ac$. Multiplicando à direita por b^{-1}, obtemos: $xbb^{-1} = acb^{-1}$. Como bb^{-1} é igual ao elemento neutro, temos finalmente a solução da equação:

$$x = acb^{-1}.$$

- Vamos calcular b^{-1}. Para isso, basta trocar a ordem das linhas de b e, depois, reordenar as colunas:

$$b^{-1} = \begin{pmatrix} 3 & 1 & 4 & 2 \\ 1 & 2 & 3 & 4 \end{pmatrix} = \begin{pmatrix} 1 & 2 & 3 & 4 \\ 2 & 4 & 1 & 3 \end{pmatrix}$$

- Colocamos as permutações envolvidas no produto uma ao lado da outra:

$$acb^{-1} = \begin{pmatrix} 1 & 2 & 3 & 4 \\ 4 & 3 & 1 & 2 \end{pmatrix}\begin{pmatrix} 1 & 2 & 3 & 4 \\ 2 & 1 & 4 & 3 \end{pmatrix}\begin{pmatrix} 1 & 2 & 3 & 4 \\ 2 & 4 & 1 & 3 \end{pmatrix} = \begin{pmatrix} 1 & 2 & 3 & 4 \\ & & & \end{pmatrix}$$

- $b^{-1} : 1 \mapsto 2$, $c : 2 \mapsto 1$, $a : 1 \mapsto 4$. Logo, $acb^{-1} : 1 \mapsto 4$
- $b^{-1} : 2 \mapsto 4$, $c : 4 \mapsto 3$, $a : 3 \mapsto 1$. Logo, $acb^{-1} : 2 \mapsto 1$
- $b^{-1} : 3 \mapsto 1$, $c : 1 \mapsto 2$, $a : 2 \mapsto 3$. Logo, $acb^{-1} : 3 \mapsto 3$
- $b^{-1} : 4 \mapsto 3$, $c : 3 \mapsto 4$, $a : 4 \mapsto 2$. Logo, $acb^{-1} : 4 \mapsto 2$.

Portanto,

$$x = acb^{-1} = \begin{pmatrix} 1 & 2 & 3 & 4 \\ 4 & 1 & 3 & 2 \end{pmatrix}.$$

R81) Seja $(G, *)$ um grupo para o qual $(x * y)^2 = x^2 * y^2$, $\forall x, y \in G$. Mostre que G é abeliano. *Observação: Se $a \in G$, então a^2 é o mesmo que $a * a$.*

Solução: Para quaisquer $x, y \in G$, a igualdade dada é equivalente a $x*y*x*y = x*x*y*y$. Multiplicando por x^{-1} à esquerda e por y^{-1} à direita, obtemos: $\underbrace{x^{-1} * x}_{=e} * y * x * \underbrace{y * y^{-1}}_{=e} = \underbrace{x^{-1} * x}_{=e} * x * y * \underbrace{y * y^{-1}}_{=e} \Rightarrow y * x = x * y$. Como x e y são dois elementos genéricos, concluímos que o grupo é abeliano.

R82) Seja $(G, *)$ um grupo com elemento neutro e para o qual $x^2 = e$, $\forall x \in G$. Mostre que G é abeliano.

Solução: Sejam x, y dois elementos genéricos de G. Por hipótese, neste grupo, todo elemento elevado ao quadrado é igual ao elemento neutro, logo, $x^2 = e$, $y^2 = e$ e $(x*y)^2 = e$. Como $(x * y)^2 = e$ é o mesmo que $x * y * x * y = e$, multiplicando por x à esquerda e por y à direita, obtemos $\underbrace{x * x}_{=e} * y * x * \underbrace{y * y}_{=e} = x * e * y \Rightarrow y * x = x * y$. Logo, G é abeliano.

R83) Em cada caso, verifique se H é subgrupo de G.

a) $H = \{x \in \mathbb{Q} \mid x > 0\}$, $G = (\mathbb{R}^*, \cdot)$

b) $H = \{x \in \mathbb{Q} \mid x < 0\}$, $G = (\mathbb{R}^*, \cdot)$

c) $H = \{7k \mid k \in \mathbb{Z}\}$, $G = (\mathbb{Z}, +)$

d) $H = \{a + b\sqrt{2} \in \mathbb{R}^* \mid a, b \in \mathbb{Q}\}$, $G = (\mathbb{R}^*, \cdot)$

e) $H = \{a + b\sqrt[3]{2} \in \mathbb{R}^* \mid a, b \in \mathbb{Q}\}$, $G = (\mathbb{R}^*, \cdot)$

f) $H = \{a + b\sqrt[3]{2} \in \mathbb{R} \mid a, b \in \mathbb{Q}\}$, $G = (\mathbb{R}, +)$

Solução: Se H não for um subgrupo de G, então apresentamos um contraexemplo como justificativa. Se H for subgrupo de G, então mostramos que ele não é vazio e que $a, b \in H \Rightarrow a * b^{-1} \in H$.

a) $H \neq \emptyset$ porque, por exemplo, $1 \in H$. Sejam $a = \frac{p}{q}$ e $b = \frac{r}{s}$ dois elementos genéricos de H com $p, q, r, s \in \mathbb{Z}^*$. Então $a \cdot b^{-1} = (\frac{p}{q}) \cdot (\frac{r}{s})^{-1} = \frac{p}{q} \cdot \frac{s}{r} = \frac{ps}{qr} \in H$. Logo, H é subgrupo de G.

b) H não é fechado com relação à multiplicação usual dos números reais. Por exemplo, $-2 \in H$ e $-5 \in H$, mas $(-2) \cdot (-5) = 10 \notin H$. Logo, H não é subgrupo de G.

c) H é o conjunto de todos os múltiplos de 7. $H \neq \emptyset$, porque, por exemplo, $14 \in H$. Sejam $a, b \in H$. Então $a = 7m$ e $b = 7n$ onde $m, n \in \mathbb{Z}$. Daí, temos que $a + (-b) = a - b = 7m - 7n = 7(m - n)$ também é um múltiplo de 7, ou seja, $a - b \in H$. Logo, H é um subgrupo de G.

d) Escolhendo, por exemplo, $a = 1$ e $b = 2$, obtemos que $1 + 2\sqrt{2} \in H$. Logo, $H \neq \emptyset$. Sejam $\alpha = a + b\sqrt{2}$ e $\beta = c + d\sqrt{2}$ dois elementos genéricos de H, com $a, b, c, d \in \mathbb{Q}$. Então, $\alpha \cdot \beta^{-1} = \dfrac{\alpha}{\beta} = \dfrac{a + b\sqrt{2}}{c + d\sqrt{2}} = \dfrac{(a + b\sqrt{2})(c - d\sqrt{2})}{(c + d\sqrt{2})(c - d\sqrt{2})} = \dfrac{(ac - 2bd) + (bc - ad)\sqrt{2}}{c^2 - 2d^2} = \underbrace{\dfrac{ac - 2bd}{c^2 - 2d^2}}_{\in \mathbb{Q}} + \underbrace{\dfrac{bc - ad}{c^2 - 2d^2}}_{\in \mathbb{Q}} \sqrt{2} \in H$. Logo, H é subgrupo de G. Note que para mostrar que $\alpha \cdot \beta^{-1} \in H$ é indispensável usar a *racionalização* do denominador da fração.

e) H não é fechado com relação à multiplicação usual dos números reais. Por exemplo, $\sqrt[3]{2} \in H$ e $2\sqrt[3]{2} \in H$, mas $(\sqrt[3]{2}) \cdot (2\sqrt[3]{2}) = 2\sqrt[3]{4} \notin H$. Logo, H não é subgrupo de G.

f) $H \neq \emptyset$ porque, por exemplo, $4 - 5\sqrt[3]{2} \in H$. Sejam $\alpha = a + b\sqrt[3]{2}$ e $\beta = c + d\sqrt{2}$ dois elementos de H, onde $a, b, c, d \in \mathbb{Q}$. Temos que $\alpha + (-\beta) = \alpha - \beta = (a + b\sqrt[3]{2}) - (c + d\sqrt[3]{2}) = \underbrace{(a - c)}_{\in \mathbb{Q}} + \underbrace{(b - d)}_{\in \mathbb{Q}} \sqrt[3]{2} \in H$. Logo, H é subgrupo de G.

R84) Uma função $f : \mathbb{R} \longrightarrow \mathbb{R}$ chama-se *par* quando $f(-x) = f(x)$, $\forall x \in \mathbb{R}$. Verifique se o conjunto $\mathcal{P}$ de todas as funções pares de $\mathbb{R}$ em $\mathbb{R}$ é um subgrupo de $(\mathbb{R}^{\mathbb{R}}, +)$.

Solução: Considerando $f(x) = x^2$, temos que $\mathcal{P} \neq \emptyset$. Sejam $f, g \in \mathcal{P}$. Vamos verificar se $f + (-g) = f - g \in \mathcal{P}$. Como f e g são pares, temos $f(-x) = f(x)$ e $g(-x) = g(x)$. Daí, temos que $(f - g)(-x) = f(-x) - g(-x) = f(x) - g(x) = (f - g)(x)$, $\forall x \in \mathbb{R}$. Logo, $f - g \in \mathcal{P}$ e concluímos que $\mathcal{P}$ é um subgrupo de $(\mathbb{R}^{\mathbb{R}}, +)$.

Observação. De modo análogo, temos também que o conjunto das *funções ímpares* ($f(-x) = -f(x), \forall x \in \mathbb{R}$) é um subgrupo de $(\mathbb{R}^{\mathbb{R}}, +)$.

R85) Seja E o conjunto dos números reais não negativos e $*$ a operação sobre E definida por:

$$x * y = \frac{x+y}{1+xy}.$$

a) Verifique se a operação $*$ é associativa.

b) Verifique se $(E, *)$ é um grupo.

Solução:

a) Sejam $a, b, c \in E = \mathbb{R}_+$. Temos que:

- $a * (b * c) = \frac{a+(b*c)}{1+a\cdot(b*c)} = \frac{a+\frac{b+c}{1+bc}}{1+a\cdot\frac{b+c}{1+bc}} = \frac{a+abc+b+c}{1+bc+ab+ac}$
- $(a * b) * c = \frac{(a*b)+c}{1+(a*b)\cdot c} = \frac{\frac{a+b}{1+ab}+c}{1+c\cdot\frac{a+b}{1+ab}} = \frac{a+b+c+abc}{1+ab+ac+bc}$

Logo, a operação $*$ é associativa sobre o conjunto E.

b) Como a operação $*$ é associativa, para $(E, *)$ ser um grupo, $*$ precisa ter elemento neutro e todo elemento deve ser invertível.

- Seja $x \in E$. Temos que $x * 0 = \frac{x+0}{1+x\cdot 0} = x$ e $0 * x = \frac{0+x}{1+0\cdot x} = x$. Logo, o zero é o elemento neutro de $*$.
- Dado $x \in E$, suponhamos que exista $y = x^{-1} \in E$ tal que $x * y = 0 =$ elemento neutro de $*$. Então $\frac{x+y}{1+xy} = 0 \Rightarrow x + y = 0 \Rightarrow y = -x$. A única possibilidade de se ter $x \in \mathbb{R}_+$ e $y \in \mathbb{R}_+$ é quando $x = y = 0$. Isso significa que o único elemento invertível é o zero.

Logo, E não é um grupo com a operação $*$.

R86) Sejam H_1 e H_2 subgrupos de um grupo G. Mostre que a interseção $H_1 \cap H_2$ também é um subgrupo de G.

Solução:

- Como H_1 e H_2 são subgrupos de G, cada um deles deve conter o elemento neutro $e \in G$, ou seja, $e \in H_1$ e $e \in H_2$. Logo, $e \in H_1 \cap H_2$, o que mostra que $H_1 \cap H_2 \neq \emptyset$.
- Sejam $a, b \in H_1 \cap H_2$. Então, $a, b \in H_1$ e $a, b \in H_2$. Como H_1 é subgrupo de G, $a, b \in H_1 \Rightarrow a * b^{-1} \in H_1$. De modo análogo, $a, b \in H_2 \Rightarrow a * b^{-1} \in H_2$. Portanto, $a * b^{-1} \in H_1 \cap H_2$.

Fica mostrado dessa forma que $H_1 \cap H_2$ é um subgrupo de G.

R87) Dê exemplo de dois subgrupos H_1 e H_2 de um grupo G e tais que a união $H_1 \cup H_2$ não seja subgrupo de G.

Solução: Seja $G = (\mathbb{Z}, +)$ o grupo aditivo dos inteiros. Para todo $n \in \mathbb{Z}$ fixado, o conjunto dos múltiplos de n é um subgrupo de $\mathbb{Z}$. Escolhamos H_1 como sendo o conjunto dos múltiplos de 3 e H_2 como sendo os múltiplos de 5. $H_1 \cup H_2$ é o conjunto dos inteiros que são múltiplos de 3 ou de 5:

$$H_1 \cup H_2 = \{0, \pm 3, \pm 5, \pm 6, \pm 9, \pm 10, \pm 12, \pm 15, \pm 18, \pm 20, \cdots\}$$

O conjunto $H_1 \cup H_2$ não é fechado com relação à soma (por exemplo, $3 \in H_1 \cup H_2$ e $5 \in H_1 \cup H_2$, mas $3 + 5 = 8 \notin H_1 \cup H_2$) e, consequentemente, não é um subgrupo de G.

R88) Verifique se $\mathcal{R}$, o conjunto das matrizes da forma $\begin{bmatrix} \cos(\theta) & \operatorname{sen}(\theta) \\ -\operatorname{sen}(\theta) & \cos(\theta) \end{bmatrix}$ com $\theta \in \mathbb{R}$, é um subgrupo do grupo multiplicativo $GL_2(\mathbb{R})$.

Solução: É claro que $\mathcal{R} \neq \emptyset$ porque basta escolher qualquer valor para θ para obtermos um elemento de $\mathcal{R}$. Por exemplo, escolhendo $\theta = 0$, obtemos $\begin{bmatrix} \cos 0 & \operatorname{sen} 0 \\ -\operatorname{sen} 0 & \cos 0 \end{bmatrix}$

$= \begin{bmatrix} 1 & 0 \\ 0 & 1 \end{bmatrix} \in \mathcal{R}.$

Sejam $A = \begin{bmatrix} \cos(\alpha) & \text{sen}(\alpha) \\ -\text{sen}(\alpha) & \cos(\alpha) \end{bmatrix}$ e $B = \begin{bmatrix} \cos(\beta) & \text{sen}(\beta) \\ -\text{sen}(\beta) & \cos(\beta) \end{bmatrix}$ dois elementos de $\mathcal{R}$. Então $B^{-1} = \begin{bmatrix} \cos(\beta) & -\text{sen}(\beta) \\ \text{sen}(\beta) & \cos(\beta) \end{bmatrix}$ e $AB^{-1} = \begin{bmatrix} \cos(\alpha) & \text{sen}(\alpha) \\ -\text{sen}(\alpha) & \cos(\alpha) \end{bmatrix} \begin{bmatrix} \cos(\beta) & -\text{sen}(\beta) \\ \text{sen}(\beta) & \cos(\beta) \end{bmatrix}$, ou seja, $AB^{-1} = \begin{bmatrix} \cos(\alpha)\cos(\beta) + \text{sen}(\alpha)\,\text{sen}(\beta) & \text{sen}(\alpha)\cos(\beta) - \cos(\alpha)\,\text{sen}(\beta) \\ \cos(\alpha)\,\text{sen}(\beta) - \text{sen}(\alpha)\cos(\beta) & \cos(\alpha)\cos(\beta) + \text{sen}(\alpha)\,\text{sen}(\beta) \end{bmatrix}$ que é equivalente a $AB^{-1} = \begin{bmatrix} \cos(\alpha-\beta) & \text{sen}(\alpha-\beta) \\ -\text{sen}(\alpha-\beta) & \cos(\alpha-\beta) \end{bmatrix}$. Como $\alpha - \beta \in \mathbb{R}$, temos que $AB^{-1} \in \mathcal{R}$. Portanto, $\mathcal{R}$ é um subgrupo de $GL(2, \mathbb{R})$.

Observação. Essas matrizes que formam o conjunto $\mathcal{R}$ são conhecidas pelo nome de *matrizes de rotação*, porque, ao multiplicarmos um ponto $P = (x, y)$ do plano por $M = \begin{bmatrix} \cos(\theta) & -\text{sen}(\theta) \\ \text{sen}(\theta) & \cos(\theta) \end{bmatrix}$, o resultado corresponde a um ponto $P' = P \cdot M$, que é igual ao ponto P rotacionado de θ radianos em torno da origem.

R89) Identifique todos os elementos invertíveis de $\mathbb{Z}_{12}$ com relação à multiplicação $\bar{x} \cdot \bar{y} = \overline{xy}$.

Solução: Suponhamos que $\bar{a} \in \mathbb{Z}_{12}$ seja invertível e seja $\bar{b}$ o seu inverso multiplicativo. Então $\bar{a} \cdot \bar{b} = \bar{1}$ = elemento neutro de $\mathbb{Z}_{12}$, temos que $\overline{ab} = \bar{1} \Rightarrow ab - 1 = 12k$, onde $k \in \mathbb{Z} \Rightarrow ab - 12k = 1$. Conseguimos assim uma combinação linear dos inteiros a e 12 dando 1 como resultado. Portanto, $\text{mdc}(a, 12) = 1$.
Por outro lado, se $\text{mdc}(a, 12) = 1$, então existem $x, y \in \mathbb{Z}$ tais que $ax + 12y = 1 \Rightarrow \overline{ax + 12y} = \bar{1} \Rightarrow \bar{a}\bar{x} + \underbrace{\overline{12}\bar{y}}_{=\bar{0}} = \bar{1} \Rightarrow \bar{a}\bar{x} = \bar{1}$, ou seja, $\bar{a}$ é invertível.

Assim, mostramos que $\bar{a} \in \mathbb{Z}_{12}$ é invertível se, e somente se, $\text{mdc}(a, 12) = 1$. Concluímos então que os elementos invertíveis de $\mathbb{Z}_{12}$ são $\bar{1}, \bar{5}, \bar{7}$ e $\overline{11}$. Como $\bar{1} \cdot \bar{1} = \bar{1}$, $\bar{5} \cdot \bar{5} = \bar{1}$ e $\bar{7} \cdot \overline{11} = \bar{1}$ temos que $(\bar{1})^{-1} = \bar{1}$, $(\bar{5})^{-1} = \bar{5}$, $(\bar{7})^{-1} = \overline{11}$ e $(\overline{11})^{-1} = \bar{7}$.

Observação. Seja $\bar{a} \in \mathbb{Z}_{12}$ tal que $\text{mdc}(a, 12) > 1$, por exemplo, $a = 3$. Então, dividindo 12 por $\text{mdc}(a, 12)$ obtemos 4 como quociente, ou seja, $3 \cdot 4 = 12$. Daí, $\overline{3 \cdot 4} = \overline{12}$, isto é, $\bar{3} \cdot \bar{4} = \bar{0}$. Se $\bar{3}$ fosse invertível em $\mathbb{Z}_{12}$, obteríamos $(\bar{3})^{-1} \cdot (\bar{3} \cdot \bar{4}) = (\bar{3})^{-1} \cdot \bar{0} \Rightarrow$

$\underbrace{((\bar{3})^{-1} \cdot \bar{3})}_{=\bar{1}} \cdot \bar{4} = \bar{0} \Rightarrow \bar{4} = \bar{0}$ o que é absurdo. Fica mostrado assim que $\bar{4}$ não é invertível.

Da mesma forma, poderia ser mostrado também que $\bar{2}$, $\bar{3}$, $\bar{6}$, $\bar{8}$, $\bar{9}$ e $\overline{10}$ não são invertíveis.

Observação. Este exercício pode ser generalizado: um elemento $\bar{a} \in \mathbb{Z}_n$ é invertível se, e somente se, $\text{mdc}(a, n) = 1$.

R90) Sendo $(G, *)$ um grupo e H um subconjunto não vazio de G. Mostre que H é um subgrupo de G se, e somente se, $x * y^{-1} \in H, \ \forall x, y \in H$.

Solução:

- Suponhamos G e H grupos com relação à operação $*$ e sejam e_G e e_H os elementos neutros de G e H, respectivamente. Como e_H é o elemento neutro de H, temos $e_H * e_H = e_H$ e, como e_G é o elemento neutro de G, temos que $e_H * e_G = e_H$. Portanto, $e_H = e_H * e_H = e_H * e_G$ e daí, pela *"lei do corte"*, temos $e_H = e_G$, ou seja, os elementos neutros de G e de H coincidem.

- Seja $y \in H$ e sejam y_H^{-1} e y_G^{-1} os inversos de y em G e em H, respectivamente. Então, $y * y_H^{-1} = e_H$ e $y * y_G^{-1} = e_G$. Como $e_H = e_G$, temos $y * y_G^{-1} = y * y_H^{-1}$ e, daí, $y_G^{-1} = y_H^{-1}$, ou seja, os inversos de y em G e em H coincidem.
Assim, se $x, y \in H$, então $y_H^{-1} = y^{-1} \in H$ e daí $x * y^{-1} \in H$.

- Suponhamos agora que $\forall x, y \in H \Rightarrow x * y^{-1} \in H$. Como H não é vazio, existe algum $h \in H$. Por hipótese, tomando $x = h$ e $y = h$, temos que $h * h^{-1} \in H$, ou seja, $e \in H$. Daí, H possui elemento neutro.

- Usando a hipótese com $x = e$, temos que para todo $y \in H$, $e * y^{-1} \in H$, ou seja, $y^{-1} \in H$. Usando novamente a hipótese, $x, y^{-1} \in H \Rightarrow x * (y^{-1})^{-1} \in H$, isto é, $x * y \in H$.

- Para quaisquer $x, y, z \in H$, temos $x, y, z \in G$ e, como G é um grupo, $x * (y * z) = (x * y) * z$. Logo, a operação $*$ em H é associativa e, junto com as propriedades observadas anteriormente, fica mostrado que H é um grupo e, portanto, é um subgrupo de G.

R91) Suponhamos H um subgrupo do grupo aditivo $\mathbb{Z}$. Mostre que existe $n \in \mathbb{N}$ tal que $H = \{kn \mid k \in \mathbb{Z}\}$, isto é, existe um número natural n tal que H é formado por todos os múltiplos de n.

Solução:

- Se $H = \{0\}$, então basta considerar $n = 0$: neste caso, todo elemento de H é múltiplo de 0.
- Suponhamos $H \neq \{0\}$. Seja r um elemento não nulo de H. Como H é um grupo, $x \in H \Leftrightarrow -x \in H$. Assim, H contém inteiros positivos. Seja n o menor inteiro positivo de H. Se h for um elemento positivo de H, então, dividindo h por n obtemos um quociente q e um resto r tal que $0 \leq r < n$, ou seja, $h = nq + r$. Daí, obtemos que $r = h - nq$. Como $h \in H$ e $nq \in H$, temos que $r \in H$. Não podemos ter $r > 0$ porque assim r seria um elemento positivo menor do que n (não pode porque n é o menor elemento elemento positivo de H). Concluímos então que $r = 0$, ou seja, que $h = nq$. Isso mostra que h é múltiplo de n.
- Se h fosse negativo, então $-h > 0$ e daí $-h$ seria um múltiplo de n, o que implica que h também é múltiplo de n.

Se h for um elemento genérico de H, ficou mostrado que em qualquer situação h é múltiplo de um número natural n. Isso significa que $H = \{kn \mid k \in \mathbb{Z}\}$.

5.8 EXERCÍCIOS PROPOSTOS

P31) Seja G um grupo multiplicativo e $x, y, z \in G$.
a) Mostre que $(x \cdot y \cdot z)^{-1} = z^{-1} \cdot y^{-1} \cdot x^{-1}$
b) Determine $g \in G$ tal que $z \cdot y \cdot g \cdot x = y \cdot z$.
Resposta: a) calcule $(x \cdot y \cdot z) \cdot (z^{-1} \cdot y^{-1} \cdot x^{-1})$ e $(z^{-1} \cdot y^{-1} \cdot x^{-1}) \cdot (\cdot x \cdot y \cdot z)$; b) $g = y^{-1} \cdot z^{-1} \cdot y \cdot z \cdot x^{-1}$

P32) Dê exemplos de dois elementos $x \neq y$ do grupo de permutações S_6 que sejam diferentes do elemento neutro e calcule xy, yx, x^{-1}, y^{-1} e suas ordens $o(x)$ e $o(y)$.

P33) Considere as permutações $\sigma_1 = \begin{pmatrix} 1 & 2 & 3 & 4 & 5 \\ 3 & 5 & 1 & 2 & 4 \end{pmatrix}$ e $\sigma_2 = \begin{pmatrix} 1 & 2 & 3 & 4 & 5 \\ 1 & 4 & 2 & 5 & 3 \end{pmatrix}$ do grupo S_5. Determine uma solução $x \in S_5$ da equação

$$\sigma_1^{-1} x \sigma_1 = \sigma_2.$$

Resposta: $x = \sigma_1 \sigma_2 \sigma_1^{-1} = \begin{pmatrix} 1 & 2 & 3 & 4 & 5 \\ 5 & 4 & 3 & 1 & 2 \end{pmatrix}$

P34) Dê exemplos de dois subgrupos H_1 e H_2 de um grupo G de tal forma que $H_1 \cup H_2$ não seja um subgrupo de G.

Resposta: $H_1 = 5\mathbb{Z}$ e $H_2 = 7\mathbb{Z}$; $5 \in H_1$ e $7 \in H_2$, mas $5 + 7 \notin H_1 \cup H_2$

P35) Considere $G = \mathbb{Q} - \{1\}$ com a operação $*$ definida por

$$x * y = x + y - xy, \ \forall x, y \in G.$$

Mostre que $(G, *)$ é um grupo e verifique se $H = 2\mathbb{Z} = \{\cdots, -4, -2, 0, 2, 4, 6, \cdots\}$ é um subgrupo de G.

Resposta: o elemento neutro de G é 0 e $x^{-1} = \frac{x}{x-1}$ e os elementos de H não são invertíveis.

CAPÍTULO 6

Homomorfismos, isomorfismos, grupos cíclicos

Neste capítulo, introduzimos conceitos que permitem comparar dois grupos com relação às suas propriedades em comum. Descrevemos também os grupos cíclicos, que são aqueles cujos elementos podem ser obtidos a partir de um elemento específico do grupo.

6.1 HOMOMORFISMOS DE GRUPOS

Definição 6.1. Dados dois grupos $(G, *)$ e $(J, \triangle)$ uma função $f : G \longrightarrow J$ é denominada um *homomorfismo de G em J* quando

$$f(x * y) = f(x) \triangle f(y)$$

para quaisquer $x, y \in G$.

Exemplo 6.1. Sejam $G = (\mathbb{R}, +)$ e $J = (\mathbb{R}^*, \cdot)$. A função exponencial de base 2 definida por $f : G \longrightarrow J$, $f(x) = 2^x$, é um homomorfismo de G em J porque para quaisquer $x, y \in G$ temos

$$\underbrace{f(x+y)}_{f(x*y)} = 2^{x+y} = 2^x \cdot 2^y = \underbrace{f(x) \cdot f(y)}_{f(x)\triangle f(y)}.$$

Exemplo 6.2. Sejam $G = \mathbb{R}^2 = \mathbb{R} \times \mathbb{R}$ com a operação de adição $(a, b) + (c, d) = (a+c, b+d)$ e $J = (\mathbb{R}, +)$. Consideremos $T : G \longrightarrow J$, $T(x, y) = 5x - 4y$. Para quaisquer $X = (x_1, y_1)$ e $Y = (x_2, y_2)$ pertencentes a G temos que

$$\begin{aligned} T(X+Y) &= T((x_1, y_1) + (x_2, y_2)) = T(x_1 + x_2, y_1 + y_2) = 5(x_1 + x_2) - 4(y_1 + y_2) = \\ &(5x_1 - 4y_1) + (5x_2 - 4y_2) = T(x_1, y_1) + T(x_2, y_2) = T(X) + T(Y) \end{aligned}$$

Portanto, concluímos que T é um homomorfismo de G em J.

Proposição 6.1. *Sejam $(G, *)$ e $(J, \triangle)$ grupos, e_G o elemento neutro de G, e_J o elemento neutro de J e $f : G \longrightarrow J$ um homomorfismo de G em J. Temos as seguintes propriedades:*

a) $f(e_G) = e_J$

b) $\forall x \in G, f(x^{-1}) = [f(x)]^{-1}$

c) Se H *é subgrupo de* G*, então* $f(H)$ *é subgrupo de* J

Demonstração. a) $f(e_G)\triangle f(e_G) = f(e_G * e_G) = f(e_G) = f(e_G)\triangle e_J$. Usando a *"lei do corte"* em $f(e_G)\triangle f(e_G) = f(e_G)\triangle e_J$, obtemos $f(e_G) = e_J$.

b) Para todo $x \in G$ temos que $f(x)\triangle f(x^{-1}) = f(x * x^{-1}) = f(e_G) = e_J$ e também que $f(x^{-1})\triangle f(x) = f(x^{-1} * x) = f(e_G) = e_J$. Logo, o inverso de $f(x)$ é $f(x^{-1})$, ou seja, $[f(x)]^{-1} = f(x^{-1})$.

c) Como $e_G \in H$ e $f(e_G) = e_J$ temos que $f(H)$ não é vazio porque contém pelo menos o elemento e_J. Sejam $x, y \in f(H)$; então, $x = f(a)$ e $y = f(b)$ com $a, b \in H$. Daí, $x\triangle y^{-1} = f(a)\triangle[f(b)]^{-1} = f(a)\triangle f(b^{-1}) = f(a * b^{-1})$. Como $a, b \in H$, temos $a * b^{-1} \in H$ e assim $f(a * b^{-1}) \in f(H)$, de onde concluímos que $x\triangle y^{-1} \in f(H)$. Fica mostrado dessa forma que $f(H)$ é subgrupo de J.

□

Observação. A partir do item (c) da proposição anterior, usando $H = G$, concluímos que se $f : G \longrightarrow J$ é um homomorfismo de grupos, então a imagem $\text{Im}(f) = f(G)$ é um subgrupo de J

Proposição 6.2. *Consideremos* $(G, *)$, $(J, \triangle)$ *e* $(L, \odot)$ *grupos. Se* $f : G \longrightarrow J$ *e* $g : J \longrightarrow L$ *são homomorfismos de grupos, então a composta* $g \circ f : G \longrightarrow L$ *também é um homomorfismo de grupos.*

Demonstração. Sejam $x, y \in G$. Então,

$$(g \circ f)(x * y) = g(f(x * y)) = g(f(x)\triangle f(y)) = g(f(x)) \odot g(f(y)) = (g \circ f)(x) \odot (g \circ f)(y)$$

de onde concluímos que $g \circ f$ é um homomorfismo de G em L. □

6.2 NÚCLEO DE UM HOMOMORFISMO

Definição 6.2. Sejam $(G, *)$ e $(J, \triangle)$ grupos, e_J o elemento neutro de J e $f : G \longrightarrow J$ um homomorfismo. O *núcleo de f*, denotado por $N(f)$ ou $\ker(f)$, é definido como sendo o conjunto de todos os elementos de G cuja imagem pela função f é igual ao elemento neutro de J.

$$N(f) = \{x \in G \mid f(x) = e_J\}$$

Exemplo 6.3. Sejam $G = (\mathbb{R}, +)$, $J = (\mathbb{R}^*, \cdot)$ e $f : G \longrightarrow J$ tal que $f(x) = 2^x$. O elemento neutro de J é igual a 1, e daí, para determinarmos o núcleo de f, precisamos resolver a equação $f(x) = 1$, ou seja, $2^x = 1 = 2^0$. A única solução dessa equação é $x = 0$. Portanto, $N(f) = \{0\}$

Exemplo 6.4. Sejam $G = (\mathbb{R}^2, +)$, $J = (\mathbb{R}, +)$ e $f : G \longrightarrow J$ tal que $f(x, y) = 5x - 4y$. Como o elemento neutro de J é 0, se um elemento (x, y) pertencer ao núcleo de f, devemos ter $f(x, y) = 0$, ou seja, $5x-4y = 0$, o que implica $y = \frac{5}{4}x$. Logo, o núcleo de f é:

$$N(f) = \{(x, y) \in \mathbb{R}^2 \mid y = \frac{5}{4}x\} = \{(x, \frac{5}{4}x) \mid x \in \mathbb{R}\}.$$

Observação. Muitas vezes, por questão de simplicidade de notação, vamos denotar a operação do grupo em estudo por um "ponto" $\cdot$. Assim, usaremos com bastante frequência um ponto $\cdot$ no lugar de outros símbolos como $*$, $\triangle$, $\odot$, $\otimes$, $\star$ etc.

Proposição 6.3. *Seja $f : G \longrightarrow J$ um homomorfismo de grupos e e_G o elemento neutro de G.*

a) O núcleo de f, $N(f)$, é um subgrupo de G.

b) A função f é injetora se, e somente se, $N(f) = \{e_G\}$.

Demonstração. a) Pelo que vimos anteriormente, $f(e_G) = u$, onde e_G e u são os elementos neutros de G e J, respectivamente. Logo, $e_G \in N(f)$ o que implica em $N(f) \neq \emptyset$.

Sejam $x, y \in N(f)$. Daí, temos que $f(x) = u$ e $f(y) = u$ e aplicando-se f a $x \cdot y^{-1}$, obtemos $f(x \cdot y^{-1}) = f(x) \cdot f(y^{-1}) = f(x) \cdot f(y)^{-1} = u \cdot u^{-1} = u$. Concluímos assim que $x \cdot y^{-1} \in N(f)$ e, consequentemente, que $N(f)$ é um subgrupo de G.

b) ($\Rightarrow$) Suponhamos que f seja injetora. Seja x um elemento qualquer do domínio de f tal que $f(x) = u$. Como $f(e_G) = u$, temos $f(x) = f(e_G)$, e, como f é injetora, temos $x = e_G$. Logo, $N(f) = \{e_G\}$.

($\Leftarrow$) Suponhamos agora $N(f) = \{e\}$ e que $f(x) = f(y)$ onde x e y são elementos genéricos do domínio de f. Então, $f(x) \cdot [f(y)]^{-1} = f(x) \cdot [f(x)]^{-1} = u$, o que implica $f(x) \cdot f(y^{-1}) = f(x \cdot y^{-1}) = u$. Logo, $x \cdot y^{-1} \in N(f) = \{e\}$, ou seja, $x \cdot y^{-1} = e \Rightarrow (x \cdot y^{-1}) \cdot y = e \cdot y \Rightarrow x = y$ e, daí, temos que f é injetora.

□

Exemplo 6.5. Pelo que mostramos nos exemplos 6.3 e 6.4 anteriores, usando a proposição 6.2, temos que $f : \mathbb{R} \longrightarrow \mathbb{R}$, $f(x) = 2^x$ é injetora (porque $N(f) = \{0\}$). Por outro lado, $f : \mathbb{R}^2 \longrightarrow \mathbb{R}$, $f(x, y) = 5x - 4y$ não é injetora porque o $N(f)$ contém outros elementos além do elemento neutro $(0, 0)$ de $\mathbb{R}^2$.

6.3 ISOMORFISMOS DE GRUPOS

Definição 6.3. Sejam G e J grupos. Um *isomorfismo* $f : G \longrightarrow J$ é um homomorfismo de grupos que é também uma função bijetora.

Definição 6.4. Quando existir um isomorfismo de grupos $f : G \longrightarrow J$, diremos que G é *isomorfo* a J e denotamos por $G \simeq J$.

Definição 6.5. Quando G coincidir com J, um isomorfismo $f : G \longrightarrow G$ também é chamado de *automorfismo* de G.

Exemplo 6.6. Sejam $G = (\mathbb{R}_+^*, \cdot)$ o grupo multiplicativo dos números reais positivos e $J = (\mathbb{R}, +)$ o grupo aditivo dos números reais. A função $f : G \longrightarrow J$, $f(x) = \log(x)$ é um isomorfismo de grupos porque:

- f é bijetora;
- f é um homomorfismo: $f(x \cdot y) = \log(x \cdot y) = \log(x) + \log(y) = f(x) + f(y)$.

Portanto $(\mathbb{R}_+^*, \cdot) \simeq (\mathbb{R}, +)$.

Observação. Quando dois grupos G e J são isomorfos, então eles têm as mesmas propriedades. Por exemplo, se um deles for abeliano, então o outro também será abeliano; se um deles for finito e de ordem n, então o outro também será finito e de ordem n etc. As tábuas das operações de grupos isomorfos são muito parecidas uma com a outra.

Proposição 6.4. *Se $f : G \longrightarrow J$ for um isomorfismo de grupos, então $f^{-1} : J \longrightarrow G$ também é um isomorfismo.*

Demonstração. A inversa de uma função bijetora f também é bijetora. Dessa forma, resta mostrar aqui apenas que a inversa de um homomorfismo também é um homomorfismo. Sejam $y, z \in J$ dois elementos quaisquer do domínio de f^{-1} e $a, b \in G$ tais que $y = f(a)$, $z = f(b)$. Daí, temos que $a = f^{-1}(y)$, $b = f^{-1}(z)$. Como $f(a \cdot b) = f(a) \cdot f(b) = y \cdot z$, temos que $a \cdot b = f^{-1}(y \cdot z)$, ou seja, $f^{-1}(y) \cdot f^{-1}(z) = f^{-1}(y \cdot z)$. Isso mostra que f^{-1} é um homomorfismo de grupos e, consequentemente, é um isomorfismo. □

Observação. Pelo que foi mostrado na proposição anterior, temos que se $G \simeq J$, então $J \simeq G$.

Proposição 6.5. *Se $f : G \longrightarrow J$ e $g : J \longrightarrow L$ são isomorfismos, então $g \circ f : G \longrightarrow L$ também é um isomorfismo.*

A demonstração é imediata: basta usar a proposição 6.2 e o fato de que a composição de duas funções bijetoras resulta em uma função bijetora.

Observação. A proposição anterior significa que $G \simeq J$ e $J \simeq L$ implicam em $G \simeq L$.

6.4 POTÊNCIAS E MÚLTIPLOS

Definição 6.6. Consideremos um grupo multiplicativo G com elemento neutro e, x um elemento de G e m um inteiro qualquer. A *m-ésima potência de x* é definida por:

$$x^m = \begin{cases} e & \text{se} \quad m = 0 \\ x^{m-1} \cdot x & \text{se} \quad m \geq 1 \\ (x^{-1})^{-m} & \text{se} \quad m < 0 \end{cases}$$

Exemplo 6.7. No grupo $(\mathbb{Z}_7^*, \cdot)$, escolhendo-se $x = \bar{2}$, temos:

- $x^0 = \bar{1}$;
- $x^1 = x^{1-1} \cdot x = x^0 \cdot x = \bar{1} \cdot \bar{2} = \bar{2}$;
- $x^2 = x^{-1} \cdot x = x^1 \cdot x = x \cdot x = \bar{2} \cdot 2 = \bar{4}$;
- $x^3 = x^{3-1} \cdot x = x^2 \cdot x = \bar{4} \cdot \bar{2} = \bar{8} = \bar{1}$;
- $x^4 = x^{4-1} \cdot x = x^3 \cdot x = \bar{1} \cdot \bar{2} = \bar{2}$;
- $x^{-1} = \bar{2}^{-1} = \bar{4}$;
- $x^{-2} = (x^{-1})^2 = \bar{4}^2 = \bar{2}$;
- $x^{-3} = (x^{-1})^3 = \bar{4}^3 = \bar{4}^2 \cdot \bar{4} = \bar{2} \cdot \bar{4} = \bar{1}$.

Exemplo 6.8. Sendo G o grupo multiplicativo $GL_2(\mathbb{R})$ e escolhendo o elemento $x = \begin{pmatrix} 5 & 4 \\ -1 & -1 \end{pmatrix} \in G$, temos os seguintes exemplos de potências de x:

- $x^0 = \begin{pmatrix} 1 & 0 \\ 0 & 1 \end{pmatrix}$
- $x^1 = x^{1-1} \cdot x = x^0 \cdot x = \begin{pmatrix} 1 & 0 \\ 0 & 1 \end{pmatrix} \cdot \begin{pmatrix} 5 & 4 \\ -1 & -1 \end{pmatrix} = \begin{pmatrix} 5 & 4 \\ -1 & -1 \end{pmatrix}$
- $x^2 = x^{2-1} \cdot x = x^1 \cdot x = x \cdot x = \begin{pmatrix} 5 & 4 \\ -1 & -1 \end{pmatrix} \cdot \begin{pmatrix} 5 & 4 \\ -1 & -1 \end{pmatrix} = \begin{pmatrix} 21 & 16 \\ -4 & -3 \end{pmatrix}$
- $x^3 = x^{3-1} \cdot x = x^2 \cdot x = \begin{pmatrix} 21 & 16 \\ -4 & -3 \end{pmatrix} \cdot \begin{pmatrix} 5 & 4 \\ -1 & -1 \end{pmatrix} = \begin{pmatrix} 109 & 68 \\ -17 & -13 \end{pmatrix}$
- $x^{-1} = \text{matriz inversa de } x = \begin{pmatrix} 1 & 4 \\ -1 & -5 \end{pmatrix}$

- $x^{-2} = (x^{-1})^{-(-2)} = (x^{-1})^2 = x^{-1} \cdot x^{-1} = \begin{pmatrix} 1 & 4 \\ -1 & -5 \end{pmatrix} \cdot \begin{pmatrix} 1 & 4 \\ -1 & -5 \end{pmatrix} = \begin{pmatrix} -3 & -16 \\ 4 & 21 \end{pmatrix}$

São consequências imediatas da definição as seguintes propriedades de potências de elemento em um grupo G :

1) $\forall x \in G, \forall m, n \in \mathbb{Z},\ x^m \cdot x^n = x^{m+n}$

2) $\forall x \in G, \forall m, n \in \mathbb{Z},\ (x^m)^n = x^{mn}$

3) $\forall x \in G, \forall m \in \mathbb{Z},\ x^{-m} = (x^m)^{-1} = (x^{-1})^m$

A definição de potência de um elemento é usada em grupos multiplicativos. Se o grupo for aditivo, então, no lugar de potências, usamos o conceito de múltiplo de um elemento cuja definição está dada a seguir.

Definição 6.7. Consideremos um grupo aditivo G com elemento neutro e, x um elemento de G e m um inteiro qualquer. O *m-ésimo múltiplo de* x é definido por:

$$mx = \begin{cases} e & \text{se} \quad m = 0 \\ (m-1)x + x & \text{se} \quad m \geq 1 \\ (-m)(-x) & \text{se} \quad m < 0 \end{cases}$$

Exemplo 6.9. No grupo aditivo $\mathbb{Z}_5$, tomando-se $x = \bar{2}$ temos que:

- $0 \cdot \bar{2} = \bar{0}$;
- $1 \cdot \bar{2} = (1-1) \cdot \bar{2} + \bar{2} = \bar{0} + \bar{2} = \bar{2}$;
- $2 \cdot \bar{2} = (2-1) \cdot \bar{2} + \bar{2} = 1 \cdot \bar{2} + \bar{2} = \bar{2} + \bar{2} = \bar{4}$;
- $3 \cdot \bar{2} = (3-1) \cdot \bar{2} + \bar{2} = 2 \cdot \bar{2} + \bar{2} = \bar{4} + \bar{2} = \bar{1}$;
- $4 \cdot \bar{2} = (4-1) \cdot \bar{2} + \bar{2} = 3 \cdot \bar{2} + \bar{2} = \bar{1} + \bar{2} = \bar{3}$;
- $5 \cdot \bar{2} = (5-1) \cdot \bar{2} + \bar{2} = 4 \cdot \bar{2} + \bar{2} = \bar{3} + \bar{2} = \bar{0}$.

6.5 GRUPOS CÍCLICOS

Definição 6.8. Um grupo multiplicativo G é denominado *cíclico* quando existir um elemento $x \in G$ tal que todo elemento de G seja igual a alguma potência de x, ou seja, $G = \{x^k \mid k \in \mathbb{Z}\}$; neste caso, o elemento x é denominado um *gerador* de G. Notação: $G = [x]$ ou $G = \langle x \rangle$.

Exemplo 6.10. Seja $G = \left\{\dots, \frac{1}{4}, \frac{1}{2}, 1, 2, 4, 8, \dots\right\}$ o grupo multiplicativo das potências de 2. Neste caso, G é um grupo cíclico cujo gerador é o 2, ou seja, $G = [2]$. Note que neste caso temos que $\frac{1}{2}$ também é gerador de G, ou seja, $G = [\frac{1}{2}]$.

Exemplo 6.11. O grupo multiplicativo dos números reais positivos $G = (\mathbb{R}_+^*, \cdot)$ não é cíclico porque não é possível encontrarmos um número real positivo cujas potências deem origem a todo o G.

Observação. Se G for um grupo aditivo, então usamos o conceito de múltiplo no lugar de potência de um elemento do grupo. Neste caso, G é cíclico quando existir $x \in G$ tal que $G = \{kx \mid k \in \mathbb{Z}\} = [x]$. Por exemplo, o grupo $(\mathbb{Z}, +)$ é cíclico e $\mathbb{Z} = [1]$.

Proposição 6.6. *Todo grupo cíclico é abeliano.*

Demonstração. Seja G um grupo multiplicativo cíclico. Então, existe $a \in G$ tal que todo elemento de G é igual a uma potência de a. Sejam $x, y \in G$. Existem $m, n \in \mathbb{Z}$ tais que $x = a^m$ e $y = a^n$ e daí: $x \cdot y = a^m \cdot a^n = a^{m+n} = a^{n+m} = a^n \cdot a^m = y \cdot x$. Logo, G é abeliano. □

Definição 6.9. Dado um elemento x de um grupo multiplicativo G, se existir um menor número inteiro positivo n tal que

$$x^n = e = \text{ elemento neutro de } G$$

então n é denominado a *ordem* (ou o *período*) do elemento x. Se não existir tal menor inteiro positivo tal que $x^n = e$, então dizemos que x tem *ordem zero*. A ordem de um elemento x é denotada por $o(x)$.

Exemplo 6.12. No exemplo 6.7 vimos que $\bar{2}^1 = \bar{2}$, $\bar{2}^2 = \bar{4}$, $\bar{2}^3 = \bar{1}$ = elemento neutro de $G = \mathbb{Z}_7^*$. Portanto, $o(\bar{2}) = 3$. Note que, neste caso, as potências de $\bar{2}$ se repetem de 3 em 3 ($\bar{2}^4 = \bar{2}^1, \bar{2}^5 = \bar{2}^2, \bar{2}^6 = \bar{2}^3$, etc.)

Exemplo 6.13. No grupo multiplicativo das potências de 2 no exemplo 6.10, observe que $2^1 = 2$, $2^2 = 4$, $2^3 = 8$, $2^4 = 16, \dots$ e as potências não se repetem. Não existe um menor inteiro positivo n tal que $2^n = 1$; logo, neste caso, temos $o(2) = 0$.

Proposição 6.7. *Seja x um elemento de um grupo multiplicativo G cuja ordem é $n > 0$. Então $[a] = \{e, a, a^2, \cdots, a^{n-1}\}$ é um grupo cíclico de ordem n.*

Demonstração. Suponhamos que no conjunto $\{e, a, a^2, \cdots, a^{n-1}\}$ haja repetição de elementos, ou seja, suponhamos $a^i = a^j$ com $0 \leq i < j < n$. Então, isso implica em $a^i \cdot a^{-j} = a^j \cdot a^{-j} = e$, isto é, $a^{i-j} = e \Rightarrow (a^{i-j})^{-1} = a^{j-i} = e^{-1} = e$, o que é um absurdo porque $0 < j - i < n$ e a ordem de a é igual a n. Logo, não existem potências de a repetidas nesse conjunto, o que significa que ele tem examente n elementos.

Se m for um inteiro qualquer, dividindo-se m por n obtemos um quociente $q \in \mathbb{Z}$ e um resto $r \in \mathbb{Z}$ tal que $0 \leq r < n$. Logo, $m = nq+r \Longrightarrow a^m = a^{nq+r} = (a^n)^q \cdot a^r = e \cdot a^r = a^r$, ou seja, qualquer potência de a coincide com alguma potência a^r com $0 \leq r < n$.

Fica mostrado dessa forma que se $o(a) = n$ então existe um total de n potências distintas de a, ou seja, que a ordem do grupo $[a]$ também é igual a n. □

Proposição 6.8. *Se G for um grupo cíclico infinito, então ele é isomorfo ao grupo aditivo dos inteiros $\mathbb{Z}$.*

Demonstração. Seja a um gerador de G, ou seja, $G = [a] = \{a^s \mid s \in \mathbb{Z}\}$. Consideremos $f : \mathbb{Z} \longrightarrow G$ a função definida por $f(s) = a^s$.

$$\begin{array}{lllllll} \mathbb{Z} = & \{\cdots, & -2, & -1, & 0, & 1, & 2, & \cdots\} \\ \downarrow f & & \downarrow & \downarrow & \downarrow & \downarrow & \downarrow & \\ G = & \{\cdots, & a^{-2}, & a^{-1}, & e, & a, & a^2, & \cdots\} \end{array}$$

- Para quaisquer $m, n \in \mathbb{Z}$ temos $f(m+n) = a^{m+n} = a^m \cdot a^n = f(m) \cdot f(n)$, logo, f é um homomorfismo de grupos.
- Dado $y \in G$, temos $y = a^s$ para algum $s \in \mathbb{Z}$. Daí, $f(s) = a^s = y$, de onde concluímos que f é sobrejetora.
- Seja $x \in \mathbb{Z}$ tal que $f(x) = e$ = elemento neutro de G. Temos que $a^x = e$, o que implica $x = 0$ (porque se fosse $x \neq 0$ então $o(a)$ seria um número finito não nulo e daí G seria finito, o que contraria a hipótese). Fica mostrado assim que o núcleo de f é igual a $N(f) = \{0\}$, de onde concluímos que f é injetora (veja proposição 6.3).

Pelo que foi visto, temos que f é um isomorfismo de $\mathbb{Z}$ em G, ou seja, $G \simeq \mathbb{Z}$. □

Proposição 6.9. *Seja G um grupo cíclico finito de ordem n. Então, G é isomorfo ao grupo aditivo $\mathbb{Z}_n$.*

Demonstração. Seja a um gerador de G. Então, $G = \{e, a^2, a^3, \cdots, a^{n-1}\}$. Consideremos agora a seguinte função $f : \mathbb{Z}_n \longrightarrow G$ definida por $f(\bar{x}) = a^x$.

$$\begin{array}{llllll} \mathbb{Z}_n = & \{\bar{0}, & \bar{1}, & \bar{2}, & \cdots, & \overline{n-1}\} \\ \downarrow f & \downarrow & \downarrow & \downarrow & \downarrow & \downarrow \\ G = & \{e, & a, & a^2, & \cdots, & a^{n-1}\} \end{array}$$

A função f é claramente sobrejetora. Dados $\bar{x}, \bar{y} \in \mathbb{Z}_n$, temos que $\bar{x} = \bar{y} \Leftrightarrow x \equiv y \pmod{n} \Leftrightarrow x - y = nk, k \in \mathbb{Z} \Leftrightarrow a^{x-y} = a^{nk} = (a^n)^k = e \Leftrightarrow a^x = a^y$, logo, f também é injetora. Além disso, $f(\bar{x} + \bar{y}) = f(\overline{x+y}) = a^{x+y} = a^x \cdot a^y = f(\bar{x}) \cdot f(\bar{y})$ e daí fica mostrado que f é um homomorfismo de grupos. Como f é bijetora, é também um isomorfismo de G em $\mathbb{Z}_n$. □

As duas proposições anteriores mostram que sempre que tivermos um grupo cíclico, se ele for finito, então ele pode ser pensado como se fosse um grupo aditivo de classes de restos; se ele for infinito, então pode ser pensado como se fosse o grupo aditivo dos números inteiros.

6.6 EXERCÍCIOS RESOLVIDOS

R92) Em cada caso, verifique se $f : G \longrightarrow J$ é um homomorfismo.

a) $G = (\mathbb{Z}, +)$, $J = (\mathbb{Z}, +)$, $f(x) = 7x$

b) $G = (\mathbb{Z}, +)$, $J = (\mathbb{Z}, +)$, $f(x) = 7x + 1$

c) $G = (\mathbb{Z}, +)$, $J = (\mathbb{Z}, +)$, $f(x) = 7x^2$

d) $G = (\mathbb{R}, +)$, $J = (\mathbb{R}, +)$, $f(x) = |x|$

e) $G = (\mathbb{R}, \cdot)$, $J = (\mathbb{R}, \cdot)$, $f(x) = |x|$

f) $G = (\mathbb{R}, +)$, $J = (\mathbb{R} \times \mathbb{R}, +)$, $f(x) = (2x, 3x)$

g) $G = (\mathbb{R} \times \mathbb{R}, +)$, $J = (\mathbb{R}, +)$, $f(x, y) = 4x - 5y$

h) $G = (GL(2, \mathbb{Z}), +)$, $J = (Z, +)$, $f(X) = \text{tr}(X)$ = traço de X

A operação de adição em $\mathbb{R} \times \mathbb{R}$ dos itens f) e g) é definida da seguinte forma: $(a, b) + (c, d) = (a + c, b + d)$ para quaisquer $a, b, c, d \in \mathbb{R}$.

Solução: Se f for um homomorfismo, devemos mostrar que $f(x * y) = f(x)\Delta f(y)$, $\forall x, y \in G$. Se f não for homomorfismo, devemos mostrar um contraexemplo, ou seja, escolher valores particulares de $a, b \in G$ tais que $f(a * b) \neq f(a)\Delta f(b)$. Aqui, $*$ representa a operação de G e Δ é a operação de J.

a) Para quaisquer $x, y \in \mathbb{Z}$, temos: $f(x + y) = 7(x + y) = 7x + 7y = f(x) + f(y)$. Logo, f é um homomorfismo de $\mathbb{Z}$ em $\mathbb{Z}$.

b) Neste caso, temos, por exemplo, que $f(1) = 8$, $f(2) = 15$, $f(1+2) = f(3) = 22$ e $f(1) + f(2) = 23$. Logo, $f(1+2) \neq f(1) + f(2)$. Logo, f não é homomorfismo.

c) Por exemplo, $f(1) = 7$, $f(3) = 63$, $f(1+3) = f(4) = 112$ e $f(1) + f(3) = 70$. Logo, $f(1+3) \neq f(1) + f(3)$ e daí temos que f não é homomorfismo de grupos.

d) Por exemplo, $f(-2) = 2$, $f(2) = 2$, $f(-2+2) = f(0) = 0$, $f(-2) + f(2) = 2+2 = 4$. Logo, $f(-2+2) \neq f(-2) + f(2) \Rightarrow f$ não é homomorfismo.

e) Para quaisquer $x, y \in \mathbb{R}$, temos $f(x \cdot y) = |x \cdot y| = |x| \cdot |y| = f(x) \cdot f(y)$. Logo, f é um homomorfismo de G em J.

f) Sejam $x, y \in \mathbb{R}$. Temos que: $f(x+y) = (2(x+y), 3(x+y)) = (2x+2y, 3x+3y)$. Por outro lado, $f(x) + f(y) = (2x, 3x) + (2y, 3y) = (2x+2y, 3x+3y)$. Logo, $f(x+y) = f(x) + f(y)$, de onde concluímos que f é um homomorfismo de grupos.

g) Sejam (a, b) e (c, d) dois elementos genéricos de $\mathbb{R} \times \mathbb{R}$. Temos: $f(a, b) + f(c, d) = (4a - 5b) + (4c - 5d) = 4a + 4c - 5b - 5d$. Por outro lado, $f((a, b) + (c, d)) = f(a+c, b+d) = 4(a+c) - 5(b+d) = 4a + 4c - 5b - 5d$. Logo, $f((a, b) + (c, d)) = f(a, b) + f(c, d) \Rightarrow f$ é homomorfismo de G em J.

h) Para quaisquer $X = \begin{bmatrix} a & b \\ c & d \end{bmatrix} \in G$ e $Y = \begin{bmatrix} r & s \\ t & u \end{bmatrix} \in G$, temos: $X + Y = \begin{bmatrix} a+r & b+s \\ c+t & d+u \end{bmatrix}$ e $f(X) + f(Y) = \text{tr}(X) + \text{tr}(Y) = (a+d) + (r+u) = a+d+r+u$. Por outro lado, $f(X+Y) = \text{tr}(X+Y) = (a+r) + (d+u) = a+r+d+u$. Logo, $f(X+Y) = f(X)+f(Y) \Rightarrow f$ é um homomorfismo de grupos. (*OBS.: O traço de uma matriz quadrada é definido como sendo a soma dos elementos da diagonal principal*).

R93) Considere $G = \mathbb{Z} \times \mathbb{Z}$ com a seguinte operação de adição: $(a, b) + (c, d) = (a+c, b+d)$. Mostre que $f : G \longrightarrow G$, $f(x, y) = (0, 3x + 5y)$ é um homomorfismo, determine seu núcleo e dê alguns exemplos de elementos de $N(f)$.

Solução: Sejam $(a, b), (c, d) \in G$. Temos: $f((a, b) + (c, d)) = f(a+c, b+d) = (0, 3(a+c) + 5(b+d)) = (0, 3a + 3c + 5b + 5d) = (0, (3a+5b) + (3c+5d)) = (0, 3a+5b) + (0, 3c+5d) = f(a, b) + f(c, d)$. Logo, f é um homomorfismo.
Se $(x, y) \in N(f)$, então $f(x, y) = (0, 0) =$ elemento neutro do contradomínio de f $\Rightarrow (0, 3x+5y) = (0, 0) \Rightarrow 3x + 5y = 0$, de onde concluímos que

$$N(f) = \{(x, y) \in \mathbb{R} \times \mathbb{R} \mid 3x + 5y = 0\}.$$

Por exemplo, $(0,0), (5,-3), (-5,3), (-10,6) \in N(f)$.

R94) Sejam $G = (GL(3,\mathbb{R}),\cdot)$, $J = (\mathbb{R},\cdot)$ e $f : G \longrightarrow J$ definida por $f(X) = \det(X) =$ determinante de X.

a) Mostre que f é um homomorfismo.

b) Determine $N(f)$ e dê exemplo de elementos do núcleo de f.

Solução: a) Sejam $X, Y \in G$. Temos: $f(XY) = \det(XY) = \det(X)\det(Y) = f(X)f(Y)$. Fica mostrado dessa forma que f é um homomorfismo de grupos.
b) Seja A um elemento genérico do núcleo de f. Então, A é uma matriz quadrada 3×3 tal que $f(A) = \det(A) = 1 =$ elemento neutro de J. Portanto,

$$N(f) = \{A \in GL(3,\mathbb{R}) \mid \det(A) = 1\}.$$

Assim, qualquer matriz 3×3 de elementos reais cujo determinante seja igual a 1 pertencem ao núcleo de f. Por exemplo, $\begin{bmatrix} 1 & 0 & 0 \\ 0 & 1 & 0 \\ 0 & 0 & 1 \end{bmatrix}$, $\begin{bmatrix} 2 & 0 & 0 \\ 7 & 3 & 0 \\ 5 & -4 & \frac{1}{6} \end{bmatrix}$ e $\begin{bmatrix} -1 & 0 & 0 \\ 0 & 9 & 10 \\ 0 & 1 & 1 \end{bmatrix}$ pertencem a $N(f)$.

R95) Sejam $G = \{2^m 3^n \mid m, n \in \mathbb{Z}\}$ e $J = \left\{ \begin{bmatrix} m & n \\ -n & m \end{bmatrix} \mid m, n \in \mathbb{Z} \right\}$.

a) Mostre que $(G,\cdot)$ é um subgrupo de $(\mathbb{R}_+^*,\cdot)$.

b) Mostre que $(J,+)$ é subgrupo de $(M_{2\times 2}(\mathbb{R}),+)$.

a) Mostre que G é isomorfo a J.

Solução:

a) Escolhendo $m = n = 1$, obtemos $6 = 2^1 \cdot 3^1 \in G$, o que implica que G não é um conjunto vazio. Sejam $x, y \in G$. Existem $m, n, r, s \in \mathbb{Z}$ tais que $x = 2^m 3^n$ e $y = 2^r 3^s \Rightarrow x \cdot y^{-1} = 2^m 3^n 2^{-r} 3^{-s} = 2^{m-r} 3^{n-s}$. Como $m - r \in \mathbb{Z}$ e $n - s \in \mathbb{Z}$, temos $x \cdot y^{-1} \in G$, de onde concluímos que G é um subgrupo de $(\mathbb{R}_+^*,\cdot)$.

b) Escolhendo $m = 2$ e $n = 0$ obtemos $\begin{bmatrix} 2 & 0 \\ 0 & 2 \end{bmatrix} \in J \Rightarrow J \neq \emptyset$. Sejam $X, Y \in J$. Existem $m, n, r, s \in \mathbb{Z}$ tais que $X = \begin{bmatrix} m & n \\ -n & m \end{bmatrix}$ e $Y = \begin{bmatrix} r & s \\ -s & r \end{bmatrix} \Rightarrow X + (-Y) = X - Y = \begin{bmatrix} m & n \\ -n & m \end{bmatrix} - \begin{bmatrix} r & s \\ -s & r \end{bmatrix} = \begin{bmatrix} m-r & n-s \\ -n+s & m-r \end{bmatrix}$. Como $m-r \in \mathbb{Z}, n-s \in \mathbb{Z}$ e $-n+s = -(n-s)$ temos que $X - Y \in J$. Logo, J é um subgrupo de $(M_{2\times 2}(\mathbb{R}), +)$.

c) Para mostrar que existe isomorfismo entre G e J, devemos ser capazes de encontrar uma função $f : G \longrightarrow J$ que seja bijetora e homomorfismo de grupos. Seja $f : G \longrightarrow J$ definida por $f(2^m 3^n) = \begin{bmatrix} m & n \\ -n & m \end{bmatrix}$.

  ◦ Sejam $m, n, r, s \in \mathbb{Z}$ tais que $f(2^m 3^n) = f(2^r 3^s)$. Daí, temos $\begin{bmatrix} m & n \\ -n & m \end{bmatrix} = \begin{bmatrix} r & s \\ -s & r \end{bmatrix} \Rightarrow m = r$ e $n = s \Rightarrow 2^m 3^n = 2^r 3^s$. Isso mostra que f é uma função injetora.

  ◦ Dado um elemento genérico $Y \in J$, temos que Y é da forma $\begin{bmatrix} a & b \\ -b & a \end{bmatrix}$, onde $a, b \in \mathbb{Z}$. Escolhendo $x = 2^a 3^b \in G$ temos que $f(x) = f(2^a 3^b) = \begin{bmatrix} a & b \\ -b & a \end{bmatrix} = Y$. Logo, f é uma função sobrejetora.

  ◦ Sejam $x, y \in G$. Existem $m, n, r, s \in \mathbb{Z}$ tais que $x = 2^m 3^n$ e $y = 2^r 3^s$. Temos: $f(x \cdot y) = f(2^m 3^n 2^r 3^s) = f(2^{m+r} 3^{n+s}) = \begin{bmatrix} m+r & n+s \\ -n-s & m+r \end{bmatrix} = \begin{bmatrix} m & n \\ -n & m \end{bmatrix} + \begin{bmatrix} r & s \\ -s & r \end{bmatrix} = f(2^m 3^n) + f(2^r 3^s) = f(x) + f(y)$. Logo, f é um homomorfismo de grupos.

Como f é injetora, sobrejetora e é um homomorfismo, temos que f é um isomorfismo de G em J, ou seja, $G \simeq J$.

R96) Descreva os seguintes grupos cíclicos:

- $H = [-3]$ em $(\mathbb{Z}, +)$
- $J = [-3]$ em $(\mathbb{Q}^*, \cdot)$
- $K = [\bar{3}]$ em $(\mathbb{Z}_7{}^*, \cdot)$

Solução: Se o grupo for multiplicativo, então o grupo cíciclo gerado por x é o conjunto de todas as potências de expoente inteiro de x; se o grupo for aditivo, então o grupo gerado por x é o conjunto de todos os múltiplos de x. Sendo assim, temos:

- $H = [-3]$ = múltiplos de $-3 = \{-3k \mid k \in \mathbb{Z}\} = \{\dots, -9, -6, -3, 0, 3, 6, 9, \dots\}$
- $J = [-3]$ = potências de $-3 = \{(-3)^k \mid k \in \mathbb{Z}\} = \{\dots, 1/9, -1/3, 1, -3, 9, \dots\}$
- $K = [\bar{3}]$ = potências de $\bar{3}$ em $\mathbb{Z}_7{}^*$. Como $\bar{3}^0 = \bar{1}$, $\bar{3}^1 = \bar{3}$, $\bar{3}^2 = \bar{9} = \bar{2}$, $\bar{3}^3 = \overline{27} = \bar{6}$, $\bar{3}^4 = \bar{3}^3 \cdot \bar{3} = \overline{18} = \bar{4}$, $\bar{3}^5 = \bar{3}^4 \cdot \bar{3} = \overline{12} = \bar{5}$, $\bar{3}^6 = \bar{3}^5 \cdot \bar{3} = \overline{15} = \bar{1}$ = elemento neutro de $(\mathbb{Z}_7^*, \cdot)$. Logo, $K = \{\bar{1}, \bar{2}, \bar{3}, \bar{4}, \bar{5}, \bar{6}\} = \mathbb{Z}_7{}^*$.

R97) Verifique se os grupos G e J são isomorfos em cada um dos seguintes casos:

a) $G = (\mathbb{Z}_3, +)$, $J = (\mathbb{Z}_6, +)$

b) $G = (S_3, \circ)$, $J = (\mathbb{Z}_6, +)$

c) $G = (\mathbb{R}^*, \cdot)$, $J = (\mathbb{R}, +)$

d) $G = (\mathbb{Z}, +)$, $J = (\mathbb{R}, +)$

Solução: Quando dois grupos são isomorfos, eles têm muitas propriedades em comum. Por exemplo, se um deles tiver n elementos, então o outro também tem que ter n elementos; se um for abeliano, o outro também é abeliano; se determinado tipo de equação tem solução em um deles, então uma equação equivalente também tem solução no outro. Desse modo, para mostrar que dois grupos não podem ser isomorfos, basta detectar alguma propriedade algébrica que um tenha e que o outro não tenha.

a) $\mathbb{Z}_3$ tem 3 elementos, enquanto que $\mathbb{Z}_6$ tem 6 elementos. Logo, não pode existir bijeção entre eles e, daí, G não é isomorfo a J.

b) S_3 é um grupo não abeliano com 6 elementos e $\mathbb{Z}_6$ é abeliano com 6 elementos. Logo, não podem ser isomorfos.

c) Em J, a equação $x + x = -1$ tem solução $x = -1/2 \in J$. Em G, uma equação equivalente a essa seria $x \cdot x = -1$, que não tem solução em $\mathbb{R}^*$. Logo, G não é isomorfo a J.

d) $\mathbb{Z}$ é um conjunto enumerável, enquanto que $\mathbb{R}$ é não enumerável. Logo, não pode existir bijeção entre eles e, daí, concluímos que os grupos G e J não são isomorfos.

R98) a) Dê exemplo de um isomorfismo do grupo $G = (\mathbb{R}, +)$ em $J = (\mathbb{R}_+^*, \cdot)$.
b) Mostre que não existe isomorfismo do grupo $G = (\mathbb{Q}, +)$ em $J = (\mathbb{Q}_+^*, \cdot)$.
(*Sugestão: Supondo* $f : G \longrightarrow J$ *isomorfismo e* $x \in G$ *tal que* $f(x) = 2$, *calcule* $f(\frac{x}{2} + \frac{x}{2})$).

Solução:

a) Considere a função exponencial $f : \mathbb{R} \longrightarrow \mathbb{R}_+^*$, $f(x) = e^x$. Temos que f é bijetora e $f(x + y) = e^{x+y} = e^x \cdot e^y = f(x) \cdot f(y)$. Logo, f é um isomorfismo de G em J.

b) Suponhamos que exista um isomorfismo $f : \mathbb{Q} \longrightarrow \mathbb{Q}_+^*$. Como f é bijetora $\Rightarrow f$ sobrejetora, escolhendo $2 \in J$ temos que existe $x \in G = \mathbb{Q}$ tal que $f(x) = 2$. Como $x = \frac{x}{2} + \frac{x}{2}$ temos que $f(x) = f(\frac{x}{2} + \frac{x}{2}) = f(\frac{x}{2}) \cdot f(\frac{x}{2}) = f(\frac{x}{2})^2 \Rightarrow f(\frac{x}{2})^2 = 2$, o que é um absurdo porque $f(\frac{x}{2}) \in \mathbb{Q}_+^*$ e não existe número racional positivo que elevado ao quadrado dê um resultado igual a 2. Logo, não pode existir o isomorfismo de G em J.

R99) Considere os elementos $x = \begin{bmatrix} 0 & -1 \\ 1 & 0 \end{bmatrix}$ e $y = \begin{bmatrix} 0 & 1 \\ -1 & -1 \end{bmatrix}$ pertencentes ao grupo multiplicativo $GL(2, \mathbb{Q})$. Calcule $o(x)$, $o(y)$ e $o(xy)$.

Solução: Temos que $xy = \begin{bmatrix} 0 & -1 \\ 1 & 0 \end{bmatrix}\begin{bmatrix} 0 & 1 \\ -1 & -1 \end{bmatrix} = \begin{bmatrix} 1 & 1 \\ 0 & 1 \end{bmatrix}$. Para calcular as ordens de x, y e xy devemos calcular suas potências de expoentes inteiros e observar se existe alguma potência que dê igual à matriz identidade.

- $x = \begin{bmatrix} 0 & -1 \\ 1 & 0 \end{bmatrix} \Rightarrow x^2 = x \cdot x = \begin{bmatrix} 0 & -1 \\ 1 & 0 \end{bmatrix}\begin{bmatrix} 0 & -1 \\ 1 & 0 \end{bmatrix} = \begin{bmatrix} -1 & 0 \\ 0 & -1 \end{bmatrix}$
$\Rightarrow x^3 = x^2 \cdot x = \begin{bmatrix} -1 & 0 \\ 0 & -1 \end{bmatrix}\begin{bmatrix} 0 & -1 \\ 1 & 0 \end{bmatrix} = \begin{bmatrix} 0 & 1 \\ -1 & 0 \end{bmatrix}$
$\Rightarrow x^4 = x^3 \cdot x = \begin{bmatrix} 0 & 1 \\ -1 & 0 \end{bmatrix}\begin{bmatrix} 0 & -1 \\ 1 & 0 \end{bmatrix} = \begin{bmatrix} 1 & 0 \\ 0 & 1 \end{bmatrix}$. Assim, 4 é o menor expoente positivo n para o qual x^n = elemento neutro, logo, $o(x) = 4$.

- $y = \begin{bmatrix} 0 & 1 \\ -1 & -1 \end{bmatrix} \Rightarrow y^2 = y \cdot y = \begin{bmatrix} 0 & 1 \\ -1 & -1 \end{bmatrix}\begin{bmatrix} 0 & 1 \\ -1 & -1 \end{bmatrix} = \begin{bmatrix} -1 & -1 \\ 1 & 0 \end{bmatrix}$
$\Rightarrow y^3 = y^2 \cdot y = \begin{bmatrix} -1 & -1 \\ 1 & 0 \end{bmatrix}\begin{bmatrix} 0 & 1 \\ -1 & -1 \end{bmatrix} = \begin{bmatrix} 1 & 0 \\ 0 & 1 \end{bmatrix}$. Assim, 3 é o menor expoente positivo m para o qual y^m = elemento neutro, logo, $o(y) = 3$.

- $xy = \begin{bmatrix} 1 & 1 \\ 0 & 1 \end{bmatrix} \Rightarrow (xy)^2 = (xy)(xy) = \begin{bmatrix} 1 & 1 \\ 0 & 1 \end{bmatrix}\begin{bmatrix} 1 & 1 \\ 0 & 1 \end{bmatrix} = \begin{bmatrix} 1 & 2 \\ 0 & 1 \end{bmatrix} \Rightarrow$ $(xy)^3 = (xy)^2(xy) = \begin{bmatrix} 1 & 2 \\ 0 & 1 \end{bmatrix}\begin{bmatrix} 1 & 1 \\ 0 & 1 \end{bmatrix} = \begin{bmatrix} 1 & 3 \\ 0 & 1 \end{bmatrix} \Rightarrow (xy)^4 = (xy)^3(xy) =$ $\begin{bmatrix} 1 & 3 \\ 0 & 1 \end{bmatrix}\begin{bmatrix} 1 & 1 \\ 0 & 1 \end{bmatrix} = \begin{bmatrix} 1 & 4 \\ 0 & 1 \end{bmatrix} \Rightarrow (xy)^5 = (xy)^4(xy) = \begin{bmatrix} 1 & 4 \\ 0 & 1 \end{bmatrix}\begin{bmatrix} 1 & 1 \\ 0 & 1 \end{bmatrix} =$ $\begin{bmatrix} 1 & 5 \\ 0 & 1 \end{bmatrix}$. E, assim, as potências de x não se repetem nem coincidem com a matriz identidade. Logo, $o(x) = 0$.

Observação. Casos como esse só ocorrem em grupos não abelianos. Pode-se mostrar que se G for abeliano e $x, y \in G$, então $o(xy) = \text{mmc}(o(x), o(y))$.

Observação. Observando-se o desenvolvimento do terceiro item, podemos chegar à conclusão de que $(xy)^n = \begin{bmatrix} 1 & n \\ 0 & 1 \end{bmatrix}$. Essa é uma igualdade verdadeira, mas para demonstrá-la é preciso usar o princípio de indução finita.

R100) Mostre que todo grupo cíclico infinito possui exatamente dois elementos geradores.

Solução: Suponhamos que G seja um grupo multiplicativo cíclico infinito.

- Existe $x \in G$ tal que todo elemento de G é da forma x^n para algum $n \in \mathbb{Z}$, ou seja, $G = [x] = \{x^n \mid n \in \mathbb{Z}\}$.

- Como $x^n = (x^{-1})^{-n}$ temos que todo elemento de G também é potência de x^{-1}, ou seja, $G = [x^{-1}]$.

- Neste caso, não podemos ter $x = x^{-1}$ porque isso implicaria $x \cdot x = x \cdot x^{-1} \Rightarrow x^2 = e$ $\Rightarrow G = \{e, x\}$, o que seria um absurdo porque G é infinito. Logo, $x \neq x^{-1}$, o que significa que G tem pelo menos dois geradores: x e x^{-1}.

- Se G possuir outro gerador, digamos $G = [y]$, então x deve ser igual a alguma potência de y e também y deve ser igual a alguma potência de x, ou seja, $y = x^r$ e $x = y^s$ onde $r, s \in \mathbb{Z} \Rightarrow x = y^s = (x^r)^s = x^{rs} \Rightarrow x^{rs} \cdot x^{-1} = x \cdot x^{-1} \Rightarrow x^{rs-1} = e$.

- Se $rs - 1 \neq 0$, então teríamos uma potência de x com expoente inteiro dando igual ao elemento neutro; isso limitaria a quantidade de elementos de G, o que seria um absurdo porque G é infinito.

- Temos $rs - 1 = 0$. Como r e s são inteiros, temos $r = s = 1$ ou $r = s = -1$. Em um caso, temos $y = x$ e no outro caso temos $y = x^{-1}$. Portanto, y sendo um gerador de G, y deve coincidir com x ou com x^{-1}.

Fica mostrado dessa forma que G sendo cíclico infinito tem exatamente dois geradores: x e x^{-1}.

Observação. Se tivéssemos usado a notação aditiva, então teríamos usado múltiplos de x no lugar de potências de x. No final, chegaríamos à mesma conclusão: que G tem exatamente dois geradores, x e $-x$.

R101) Seja σ a seguinte permutação de S_{10}:

$$\sigma = \begin{pmatrix} 1 & 2 & 3 & 4 & 5 & 6 & 7 & 8 & 9 & 10 \\ 8 & 7 & 5 & 9 & 4 & 10 & 2 & 6 & 3 & 1 \end{pmatrix}.$$

Calcule a ordem de σ e a potência σ^{2010}.

Solução: Para calcular a ordem de σ,devemos calcular suas potências de expoentes inteiros e verificar se alguma coincide com a identidade.

$$\sigma^2 = \sigma\sigma = \begin{pmatrix} 1 & 2 & 3 & 4 & 5 & 6 & 7 & 8 & 9 & 10 \\ 8 & 7 & 5 & 9 & 4 & 10 & 2 & 6 & 3 & 1 \end{pmatrix}\begin{pmatrix} 1 & 2 & 3 & 4 & 5 & 6 & 7 & 8 & 9 & 10 \\ 8 & 7 & 5 & 9 & 4 & 10 & 2 & 6 & 3 & 1 \end{pmatrix}$$
$$= \begin{pmatrix} 1 & 2 & 3 & 4 & 5 & 6 & 7 & 8 & 9 & 10 \\ 6 & 2 & 4 & 3 & 9 & 1 & 7 & 10 & 5 & 8 \end{pmatrix},$$

As composições utilizadas no cálculo de $\sigma^2 = \sigma\sigma$ foram as seguintes:

- $1 \longrightarrow 8$ e $8 \longrightarrow 6$; logo, $1 \longrightarrow 6$ (ou seja: *"o 1 é levado por σ para o 8, depois o 8 é levado para o 6; logo, o 1 é levado na composição $\sigma\sigma$ para o 6"*)
- $2 \longrightarrow 7$ e $7 \longrightarrow 2$; logo, $2 \longrightarrow 2$
- $3 \longrightarrow 5$ e $5 \longrightarrow 4$; logo, $3 \longrightarrow 4$
- $4 \longrightarrow 9$ e $9 \longrightarrow 3$; logo, $4 \longrightarrow 3$
- etc.

$$\sigma^3 = \sigma^2\sigma = \begin{pmatrix} 1 & 2 & 3 & 4 & 5 & 6 & 7 & 8 & 9 & 10 \\ 6 & 2 & 4 & 3 & 9 & 1 & 7 & 10 & 5 & 8 \end{pmatrix}\begin{pmatrix} 1 & 2 & 3 & 4 & 5 & 6 & 7 & 8 & 9 & 10 \\ 8 & 7 & 5 & 9 & 4 & 10 & 2 & 6 & 3 & 1 \end{pmatrix}$$
$$= \begin{pmatrix} 1 & 2 & 3 & 4 & 5 & 6 & 7 & 8 & 9 & 10 \\ 10 & 7 & 9 & 5 & 3 & 8 & 2 & 1 & 4 & 6 \end{pmatrix},$$

$$\sigma^4 = \sigma^3\sigma = \begin{pmatrix} 1 & 2 & 3 & 4 & 5 & 6 & 7 & 8 & 9 & 10 \\ 10 & 7 & 9 & 5 & 3 & 8 & 2 & 1 & 4 & 6 \end{pmatrix}\begin{pmatrix} 1 & 2 & 3 & 4 & 5 & 6 & 7 & 8 & 9 & 10 \\ 8 & 7 & 5 & 9 & 4 & 10 & 2 & 6 & 3 & 1 \end{pmatrix}$$

$$= \begin{pmatrix} 1 & 2 & 3 & 4 & 5 & 6 & 7 & 8 & 9 & 10 \\ 1 & 2 & 3 & 4 & 5 & 6 & 7 & 8 & 9 & 10 \end{pmatrix} = e = \text{identidade.}$$

Logo, $o(\sigma) = 4$. Isso significa que as potências de expoentes inteiros se repetem de 4 em 4: $\sigma^5 = \sigma^4\sigma = e\sigma = \sigma$, $\sigma^6 = \sigma^4\sigma^2 = e\sigma^2 = \sigma^2$, $\sigma^7 = \sigma^4\sigma^3 = e\sigma^3 = \sigma^3$, $\sigma^8 = \sigma^4\sigma^4 = ee = e$ etc. Se o expoente r for múltiplo de 4, então $\sigma^r = e$. Dividindo-se 2010 por 4, obtemos quociente 502 e resto igual a 2, ou seja, $2010 = 4 \times 502 + 2$. Daí,

$$\sigma^{2010} = \sigma^{4\times 502+2} = \underbrace{(\sigma^4)}_{=e}{}^{502}\sigma^2 = e\sigma^2 = \sigma^2 = \begin{pmatrix} 1 & 2 & 3 & 4 & 5 & 6 & 7 & 8 & 9 & 10 \\ 6 & 2 & 4 & 3 & 9 & 1 & 7 & 10 & 5 & 8 \end{pmatrix}.$$

R102) Seja G um grupo multiplicativo com elemento neutro e. Sendo $a, b \in G$ diferentes do elemento neutro tais que $a^5 = e$ e $aba^{-1} = b^2$, calcule $o(b)$.

Solução: Para calcularmos a ordem de b, devemos de algum modo saber quais são suas potências de expoentes inteiros positivos.

- $b^2 \cdot b^2 = (aba^{-1})(aba^{-1}) = ab(a^{-1}a)ba^{-1} = abeba^{-1} = a\underbrace{b^2}_{aba^{-1}}a^{-1} =$ $a(aba^{-1})a^{-1} = a^2ba^{-2}$, ou seja, $b^4 = a^2ba^{-2}$.
- Temos também que $b^4{\cdot}b^4 = (a^2ba^{-2})(a^2ba^{-2}) = a^2b(a^{-2}a^2)ba^{-2} = a^2beba^{-2} =$ $a^2\underbrace{b^2}_{aba^{-1}}a^{-2} = a^2(aba^{-1})a^{-2} = a^3ba^{-3}$, ou seja, $b^8 = a^3ba^{-3}$.
- De modo semelhante, calculamos $b^{16} = b^8 \cdot b^8$ e $b^{32} = b^{16} \cdot b^{16}$ e obtemos os seguintes resultados: $b^{16} = a^4ba^{-4}$ e $b^{32} = a^5ba^{-5}$. Como $a^5 = e$, obtemos finalmente que $b^{32} = ebe^{-1} \Rightarrow b^{32} = b$, que, multiplicando-se por b^{-1}, fornece: $b^{-1}b^{32} = b^{-1}b$, ou seja $b^{31} = e$.

Temos daí que a ordem de b é um divisor de 31. Como b não é o elemento neutro e 31 é primo, temos finalmente que $o(b) = 31$.

R103) Mostre que $f : (\mathbb{R}, +) \longrightarrow (GL(2, \mathbb{R}), \cdot)$, $f(x) = \begin{bmatrix} \cos x & \operatorname{sen} x \\ -\operatorname{sen} x & \cos x \end{bmatrix}$ é um homomorfismo de grupos e calcule seu núcleo.

Solução: Sejam $a, b \in \mathbb{R}$. Temos que

$$\begin{aligned} f(a+b) &= \begin{bmatrix} \cos(a+b) & \operatorname{sen}(a+b) \\ -\operatorname{sen}(a+b) & \cos(a+b) \end{bmatrix} \\ &= \begin{bmatrix} \cos a \cos b - \operatorname{sen} a \operatorname{sen} b & \operatorname{sen} a \cos b + \operatorname{sen} b \cos a \\ -\operatorname{sen} a \operatorname{sen} b - \cos a \cos b & \cos a \cos b - \operatorname{sen} a \operatorname{sen} b \end{bmatrix} \\ &= \begin{bmatrix} \cos a & \operatorname{sen} a \\ -\operatorname{sen} a & \cos a \end{bmatrix} \begin{bmatrix} \cos b & \operatorname{sen} b \\ -\operatorname{sen} b & \cos b \end{bmatrix} = f(a)f(b), \end{aligned}$$

o que mostra que f é um homomorfismo de grupos.

Se $x \in N(f)$, então $f(x) =$ elemento neutro de $SL(2, \mathbb{R}) = \begin{bmatrix} 1 & 0 \\ 0 & 1 \end{bmatrix}$

$$\Rightarrow \begin{bmatrix} \cos x & \operatorname{sen} x \\ -\operatorname{sen} x & \cos x \end{bmatrix} = \begin{bmatrix} 1 & 0 \\ 0 & 1 \end{bmatrix} \Rightarrow \cos x = 1, \operatorname{sen} x = 0 \Rightarrow x = 2k\pi, \quad \text{com } k \in \mathbb{Z}.$$

Portanto,

$$N(f) = \{2k\pi \mid k \in \mathbb{Z}\} = \{0, \pm 2\pi, \pm 4\pi, \pm 6\pi, \pm 8\pi, \dots\}.$$

R104) Mostre que G é um grupo abeliano se, e somente se, $f : G \longrightarrow G$, $f(x) = x^{-1}$ é um homomorfismo.

Solução:

- Suponhamos G abeliano e $a, b \in G$. Então $f(ab) = (ab)^{-1} = b^{-1}a^{-1} = a^{-1}b^{-1} = f(a)f(b)$. Logo, f é um homomorfismo.

- Suponhamos f homomorfismo e $a, b \in G$. Então $f(ab) = f(a)f(b) \Rightarrow (ab)^{-1} = a^{-1}b^{-1} \Rightarrow ((ab)^{-1})^{-1} = (a^{-1}b^{-1})^{-1} \Rightarrow ab = (b^{-1})^{-1}(a^{-1})^{-1} = ba$. Logo, G é abeliano.

Observação: Para todo grupo G é válida a propriedade: $(xy)^{-1} = y^{-1}x^{-1}, \forall x, y \in G$.

R105) Quantos homomorfismos sobrejetores de $\mathbb{Z}_{20}$ em $\mathbb{Z}_{10}$ existem?

Solução: Se o domínio de um homomorfismo f for um grupo cíclico, então f fica totalmente definido pelo seu valor em um gerador do grupo. Se $f(\bar{1}) = \bar{k}$, então

- $f(\bar{2}) = f(\bar{1} + \bar{1}) = f(\bar{1}) + f(\bar{1}) = \bar{k} + \bar{k} = 2\bar{k}$;
- $f(\bar{3}) = f(\bar{2} + \bar{1}) = f(\bar{2}) + f(\bar{1}) = 2\bar{k} + \bar{k} = 3\bar{k}$;
- $f(\bar{4}) = f(\bar{3} + \bar{1}) = f(\bar{3}) + f(\bar{1}) = 3\bar{k} + \bar{k} = 4\bar{k}$;
- $\vdots$
- Em geral, $f(\bar{n}) = n\bar{k}$, ou seja, as imagens são múltiplos de $\bar{k}$.

Para que f seja sobrejetora, $\bar{k}$ precisa ser um gerador do grupo do contradomínio. Assim, o cálculo dos múltiplos de $\bar{k}$ resulta em todo o contradomínio. Como $\mathbb{Z}_{10}$ tem 4 geradores, $\bar{1}$, $\bar{3}$, $\bar{7}$ e $\bar{9}$, concluímos que existe um total de 4 homomorfismos sobrejetores de $\mathbb{Z}_{20}$ em $\mathbb{Z}_{10}$: $f_1(\bar{n}) = n\bar{1}$, $f_2(\bar{n}) = n\bar{3}$, $f_3(\bar{n}) = n\bar{7}$ e $f_4(\bar{n}) = n\bar{9}$.

R106) Sendo G um grupo e $g \in G$, mostre que $f_g : G \longrightarrow G$ definida por $f_g(x) = gxg^{-1}$ é um isomorfismo de G em G (e, por isso, é um automorfismo de G).

Solução:

- Se $a, b \in G$, então

  $$f_g(a) = f_g(b) \Rightarrow gag^{-1} = gbg^{-1} \Rightarrow g^{-1}gag^{-1}g = \underbrace{g^{-1}g}_{e}\, b\, \underbrace{g^{-1}g}_{e} \Rightarrow a = b.$$

  Logo, f_g é injetora.

- Dado $y \in G$, considerando $x = g^{-1}yg \in G$ temos que

  $$f_g(x) = gxg^{-1} = \underbrace{gg^{-1}}_{e}\, y\, \underbrace{gg^{-1}}_{e} = y.$$

  Logo, f_g é sobrejetora.

- $f_g(ab) = gabg^{-1} = ga\, \underbrace{g^{-1}g}_{e}\, bg^{-1} = f_g(a)f_g(b)$; logo, f_g é um homomorfismo de grupos.

Assim, fica mostrado que f_g é um isomorfismo de G em G, ou seja, f_g é um automorfismo de G.

R107) Seja G um grupo. Mostre que o conjunto de todos os possíveis automorfismos de G em G, denotado por $\text{aut}\, G$, é um grupo com a operação de composição de funções.

Solução:

- É claro que a função identidade $i_G : G \longrightarrow G$, $i_G(x) = x$ é bijetora e é um homomorfismo de G em G, logo é um automorfismo $\Longrightarrow i_G \in \text{aut}\, G \Longrightarrow \text{aut}\, G \neq \varnothing$.
- Se $f, g \in \text{aut}\, G$, então $f : G \longrightarrow G$ e $g : G \longrightarrow G$ são bijetoras e são homomorfismos.
- A função inversa de uma função bijetora g homomorfismo também é um homomorfismo bijetor. Logo, $f^{-1} \in \text{aut}\, G$.
- A função composta de funções bijetoras f e g homomorfismos também é um homomorfismo bijetor. Logo, $f \circ g \in \text{aut}\, G$.

Assim, mostramos que $\text{aut}\, G$ é um subgrupo do grupo dos isomorfismos de G em G e, consequentemente, é um grupo com a operação de composição de funções.

6.7 EXERCÍCIOS PROPOSTOS

P36) Sejam $G = (\mathbb{R}, +)$ e $J = (\{x \in \mathbb{R} \,|\, x > 0\}, \cdot)$. Mostre que a função exponencial $f(x) = e^x$ é um isomorfismo de G em J.
Resposta: basta mostrar que f é bijetora e que $e^{x+y} = e^x e^y, \forall x, y \in \mathbb{R}$

P37) Seja $f : (\mathbb{Z} \times \mathbb{Z}, +) \longrightarrow (\mathbb{R}, +)$ um homomorfismo de grupos tal que $f(2, 1) = 2$ e $f(3, 2) = 5$. Calcule $f(7, 8)$.
Resposta: $f(7, 8) = 25$

P38) Determine todos os homomorfismos $f_k : \mathbb{Z}_4 \longrightarrow \mathbb{Z}_2 \times \mathbb{Z}_2$.
Resposta: são quatro possibilidades: $f_1(x) = (x, x)$, $f_2(x) = (0, 0)$, $f_3(x) = (x, 0)$ e $f_4(x) = (0, x)$,

P39) Se $n > 0$ é um inteiro, quantos homomorfismos $f : \mathbb{Z}_n \longrightarrow \mathbb{Z}_n$ existem?
Resposta: existem n possibilidades de homomorfismos: $f(\bar{1}) \in \{\bar{0}, \bar{1}, \ldots, \overline{n-1}\}$

P40) Considere o grupo $G = \mathbb{Z} \times \mathbb{Z}$ com a operação

$$(a, b) + (c, d) = (a + c, b + d).$$

Mostre que $f : G \longrightarrow G$, $f(x, y) = (y - 3x, 0)$ é um homomorfismo e calcule o seu núcleo.
Resposta: o núcleo de f é a reta do plano cartesiano cuja equação é $y = 3x$.

CAPÍTULO 7

Classes laterais, subgrupos normais, grupos-quocientes

7.1 CLASSES LATERAIS

Definição 7.1. Sejam H um subgrupo de um grupo $(G, *)$ e $x \in G$ um elemento qualquer. A *classe lateral à esquerda, módulo H, definida por x*, denotada por $x * H$, é definida como sendo o seguinte subconjunto de G:

$$x * H = \{x * h \mid h \in H\}$$

Para calcularmos uma classe lateral à esquerda definida por x, basta multiplicarmos x por todos os elementos de H.

Definição 7.2. A *classe lateral à direita, módulo H, definida por x*, denotada por H, é definida como sendo o seguinte subconjunto de G:

$$H * x = \{h * x \mid h \in H\}$$

Observação. Se o grupo G for abeliano (comutativo), então é claro que os conceitos de classes laterais à esquerda e à direita coincidem, ou seja, $x * H = H * x$.

Exemplo 7.1. Sejam $G = (\mathbb{Z}_6, +)$ e um subgrupo $H = \{\bar{0}, \bar{3}\}$. As classes laterais à esquerda, módulo H, definidas pelos elementos $\bar{1}$, $\bar{2}$ e $\bar{3}$ são:

$$\bar{1} + H = \{\bar{1} + \bar{0}, \bar{1} + \bar{3}\} = \{\bar{1}, \bar{4}\},$$

$$\bar{2} + H = \{\bar{2} + \bar{0}, \bar{2} + \bar{3}\} = \{\bar{2}, \bar{5}\},$$

$$\bar{3} + H = \{\bar{3} + \bar{0}, \bar{3} + \bar{3}\} = \{\bar{3}, \bar{0}\}.$$

Como G é abeliano, as classes laterais à direita coincidem com as classes à esquerda: $H + \bar{1} = \bar{1} + H$, $H + \bar{2} = \bar{2} + H$, $H + \bar{3} = \bar{3} + H$ etc.

Observação. Em um grupo multiplicativo, é comum denotarmos as classes laterais por xH ou Hx no lugar de $x \cdot H$ ou $H \cdot x$.

Nas proposições a seguir, consideremos G um grupo multiplicativo e H um dos seus subgrupos.

Proposição 7.1. *A união de todas as classes laterais módulo H é igual a G.*

Demonstração. Basta observar que um elemento genérico $x \in G$ pertence à classe xH. Isso é verdade porque H contém o elemento neutro e e, daí, $x = x \cdot e \in xH$. □

Proposição 7.2. *Para quaisquer $x, y \in G$, $xH = yH$ se, e somente se, $x^{-1} \cdot y \in H$.*

Demonstração. ($\Rightarrow$) Suponhamos $xH = yH$. Como $y \in yH$, temos $y \in xH$. Logo, existe $h \in H$ tal que $y = x \cdot h \Rightarrow x^{-1} \cdot y = h \in H$.

($\Leftarrow$) Suponhamos $x^{-1} \cdot y \in H$. Logo, existe $h_1 \in H$ tal que $x^{-1} \cdot y = h_1 \Rightarrow y = x \cdot h_1 \Rightarrow x = y \cdot h_1^{-1}$. Daí, temos que $a \in xH \Rightarrow a = x \cdot h_2 = (y \cdot h_1^{-1}) \cdot h_2 = y \cdot \underbrace{(h_1^{-1} \cdot h_2)}_{\in H} \in yH$, logo, $xH \subset yH$. De modo análogo, podemos mostrar que $yH \subset xH$, de onde concluímos que $xH = yH$. □

Proposição 7.3. *Se xH e yH são duas classes laterais módulo H, então elas são iguais ou disjuntas, ou seja, $xH = yH$ ou $xH \cap yH = \emptyset$.*

Demonstração.

- Se não existir a que seja comum às classes xH e yH, então $xH \cap yH = \emptyset$.
- Se existir a comum às classes xH e yH, então $a \in xH \cap yH$, e daí existem $h_1, h_2 \in H$ tais que $a = x \cdot h_1 = y \cdot h_2$ que equivale a $x^{-1} \cdot y = h_1 \cdot h_2^{-1} \in H$. Pela proposição 7.2, temos $xH = yH$.

□

Proposição 7.4. *Toda classe lateral xH tem a mesma quantidade de elementos que H, isto é, existe uma função bijetora de H em xH.*

Demonstração. Seja $f : H \longrightarrow xH$ definida por $f(h) = x \cdot h$. Temos que:

- Se $f(h_1) = f(h_2)$, então $x \cdot h_1 = x \cdot h_2 \Rightarrow x^{-1} \cdot x \cdot h_1 = x^{-1} \cdot x \cdot h_2 \Rightarrow h_1 = h_2$. Logo, f é injetora.
- Se $y \in xH$, então existe $h_1 \in H$ tal que $y = x \cdot h_1$ e daí $f(h_1) = x \cdot h_1 = y$. Logo, f é sobrejetora.

Portanto, f definida do modo acima é uma função bijetora. □

Observação. De modo análogo, também existe uma função bijetora de H em Hx.

Definição 7.3. Sendo G um grupo finito e H um subgrupo de G, o *índice de H em G* é o número de classes laterais distintas módulo H em G e é denotado por $(G : H)$.

Exemplo 7.2. Sejam $G = (\mathbb{Z}_9, +)$ e $H = \{\bar{0}, \bar{3}, \bar{6}\}$. As classes laterais módulo H são: $\bar{0} + H = \{\bar{0}, \bar{3}, \bar{6}\}$, $\bar{1} + H = \{\bar{1}, \bar{4}, \bar{7}\}$ e $\bar{2} + H = \{\bar{2}, \bar{5}, \bar{8}\}$. As outras classes laterais ($\bar{3} + H$, $\bar{4} + H$, etc.) coincidem com alguma das anteriores. Logo, existem apenas 3 classes laterais distintas e, por causa disso, $(G : H) = 3$.

Teorema 7.1 (Teorema de Lagrange). *Se G for um grupo finito e H for um subgrupo de G, então a ordem de H é um divisor da ordem de G e $o(G) = o(H)(G : H)$.*

Demonstração. Pelo que foi mostrado nas proposições 7.1, 7.3 e 7.4, temos

$$G = x_1H \cup x_2H \cup \cdots \cup x_nH$$

onde classes laterais distintas não têm elemento em comum e todas as classes têm a mesma quantidade de elementos de H e, daí,

- $(G : H) = n$
- $o(x_kH) = o(H)$ para todo $k \in \{1, 2, \cdots, n\}$
- $o(G) = o(x_1H) + \cdots + o(x_nH) = \underbrace{o(H) + \cdots + o(H)}_{n \text{ vezes}} = o(H) \cdot n$

Portanto, $o(G) = o(H)(G : H)$ que é equivalente a $(G : H) = \frac{o(G)}{o(H)}$. □

Corolário 7.1. *Se $x \in G$ e $H = [x]$, então $o(x)|o(G)$.*

Demonstração. Basta observar que $o(H) = o(x)$ e que, pelo teorema de Lagrange, temos $o(H)|o(G)$. □

Corolário 7.2. *Se $x \in G$, então $x^{o(G)} = e$.*

Demonstração. Seja $H = [x]$. Então $o(H) = o(x)$ e, como $o(G) = o(H)(G : H)$, temos $o(G) = o(x)(G : H) \Rightarrow x^{o(G)} = x^{o(x)(G:H)} = (x^{o(x)})^{(G:H)} = e^{(G:H)} = e$. □

Corolário 7.3. *Todo grupo finito G de ordem prima é cíclico e seus únicos subgrupos são $\{e\}$ e G.*

Demonstração. Suponhamos $o(G) = p$ primo e H um subgrupo de G. Como $o(H)$ é um divisor de $o(G)$, temos $o(H) = 1$ ou $o(H) = p$. Se $o(H) = 1$, então $H = \{e\}$; se $o(H) = p$, então $H = G$. Logo, os únicos subgrupos de G são os subgrupos triviais $\{e\}$ e G.

Se $G = \{e\} = [e]$, então G é cíclico e é gerado por e; se G contiver algum elemento $x \neq e$, então $H = [x] \Rightarrow H \neq \{e\} \Rightarrow H = G$, ou seja $G = [x]$ é gerado por x. Em qualquer caso, G é cíclico. □

7.2 SUBGRUPOS NORMAIS

Sendo G um grupo, um subgrupo N de G é denominado *normal* quando $xN = Nx$ para todo $x \in G$. Neste caso, *N subgrupo normal de G* é denotado por $N \lhd G$.

Exemplo 7.3. É claro que se G for abeliano, então todo subgrupo de G é normal porque as classes laterais à esquerda e à direita coincidem. Por exemplo, se $G = (\mathbb{R}, +)$ e $H = (\mathbb{Z}, +)$, então $H \lhd G$.

Exemplo 7.4. Sejam $G = S_3 = \{e, \sigma_1, \sigma_2, \sigma_3, \sigma_4, \sigma_5\}$ (veja Exemplo 5.13) e $H = [\sigma_3] = \{e, \sigma_3, \sigma_4\}$. Podemos verificar que $eH = He$, $\sigma_1 H = H\sigma_1$, $\sigma_2 H = H\sigma_2$, $\sigma_3 H = H\sigma_3$, $\sigma_4 H = H\sigma_4$ e $\sigma_5 H = H\sigma_5$. Logo, $H \lhd G$.

Proposição 7.5. *Se $f : G \longrightarrow J$ for um homomorfismo de grupos, então N = núcleo de $f = N(f)$ é um subgrupo normal de G.*

Demonstração. Já vimos anteriormente que N é um subgrupo de G (veja proposição 6.3). Falta mostrar apenas que $xN = Nx$ para todo $x \in G$.

Se $a \in xN$, então $a = x \cdot n$ com $n \in N$. Mas, $x \cdot n$ é o mesmo que $(x \cdot n \cdot x^{-1}) \cdot x$. Daí, $f(x \cdot n \cdot x^{-1}) = f(x) \cdot f(n) \cdot f(x^{-1})$. Como $n \in N$ temos $f(n) = e$ = elemento neutro de J. Logo, $f(x \cdot n \cdot x^{-1}) = f(x)e[f(x)]^{-1} = e$, de onde temos que $x \cdot n \cdot x^{-1} \in N$. Portanto, $a = \underbrace{(x \cdot n \cdot x^{-1})}_{\in N} \cdot x \in Nx$ e fica mostrado assim que $xN \subset Nx$. De modo análogo, podemos mostrar também que $Nx \subset xN$ e, portanto, $xN = Nx \Rightarrow N \lhd G$. □

Definição 7.4. Sejam N um subgrupo normal de um grupo G e xN e yN duas classes laterais módulo N quaisquer. Definimos uma operação de *multiplicação sobre o conjunto de todas as classes laterais módulo N* do seguinte modo:

$$(xN)(yN) = (xy)N$$

Observação. Pode-se mostrar que para a definição anterior fazer sentido, ou seja, para que a multiplicação de classes laterais dê como resultado uma outra classe lateral, é preciso que $N \lhd G$.

7.3 GRUPOS QUOCIENTES

Definição 7.5. Consideremos $N \lhd G$. O conjunto de todas as classes laterais módulo N com a operação definida em 7.4 é denominado *grupo quociente* de G por N e é denotado por G/N:

$$G/N = \{xN \mid x \in G\}, \quad (aN)(bN) = (ab)N.$$

Note que $(G/N, \cdot)$ é realmente um grupo com essa operação porque:

- $\forall a, b, c \in G$, $(aN)[(bN)(cN)] = (aN)[(bc)N] = a(bc)N = (ab)cN = [(ab)N](cN) = [(aN)(bN)](cN)$; logo, a multiplicação de classes é associativa.
- Para todo $a \in G$, $(eN)(aN) = (ea)N = aN$ e $(aN)(eN) = (ae)N = aN$; logo, eN é o elemento neutro de G/N.
- Para todo $a \in G$, $(aN)(a^{-1}N) = (aa^{-1})N = eN$ e $(a^{-1}N)(aN) = (a^{-1}a)N = eN$; logo, o elemento inverso de (aN) é o elemento $(a^{-1}N)$.

Se G for um grupo finito, então, pelo teorema de Lagrange, temos que

$$o(G/N) = (G : N) = \frac{o(G)}{o(N)}.$$

Exemplo 7.5. Consideremos o grupo aditivo $G = (\mathbb{Z}_6, +)$ e $N = \{\bar{0}, \bar{3}\}$ um subgrupo de G. Como G é abeliano, temos $N \lhd G$, logo, faz sentido a definição de G/N neste caso. Sendo o grupo aditivo, então as classes laterais são denotadas por $x + N$ (em vez de xN).

Calculando-se as classes laterais de N em G, observamos que tem apenas 3 classes distintas: $\bar{0} + N$, $\bar{1} + N$ e $\bar{2} + N$. As outras classes $\bar{3} + N$, $\bar{4} + N$ etc. coincidem com alguma dessas anteriores. Logo,

$$G/N = \{\bar{0} + N, \bar{1} + N, \bar{2} + N\}.$$

Lembrando que a operação de classes neste caso é definida por

$$(\bar{x} + N) + (\bar{y} + N) = (\bar{x} + \bar{y}) + N,$$

temos a seguinte tábua para a operação de adição em G/N:

$+$	$\bar{0} + N$	$\bar{1} + N$	$\bar{2} + N$
$\bar{0} + N$	$\bar{0} + N$	$\bar{1} + N$	$\bar{2} + N$
$\bar{1} + N$	$\bar{1} + N$	$\bar{2} + N$	$\bar{0} + N$
$\bar{2} + N$	$\bar{2} + N$	$\bar{0} + N$	$\bar{1} + N$

Note que $\bar{0} + N$ é o mesmo que N.

Teorema 7.2. (Teorema do homomorfismo) *Seja $f : G \longrightarrow J$ um homomorfismo sobrejetor do grupo G no grupo J. Se N for o núcleo de f, então $G/N \simeq J$.*

Demonstração. Seja $\varphi : G/N \longrightarrow J$ definida por $\varphi(xN) = f(x)$. Temos as seguintes propriedades a respeito da função φ:

- $\forall a, b \in G$, $aN = bN \Leftrightarrow a^{-1}b \in N \Leftrightarrow f(a^{-1}b) = e =$ elemento neutro de $J \Leftrightarrow f(a)^{-1}f(b) = e \Leftrightarrow f(a) = f(b) \Leftrightarrow \varphi(aN) = \varphi(bN)$. Logo, φ está bem definida e é uma função injetora.
- $\forall a, b \in G$, $\varphi((aN)(bN)) = \varphi((ab)N) = f(ab) = f(a)f(b) = \varphi(aN)\varphi(bN)$. Logo, φ é um homomorfismo de grupos.
- $\forall y \in J$ temos que existe $a \in G$ tal que $f(a) = y$ (porque f é sobrejetora). Daí, o elemento $aN \in G/N$ é tal que $\varphi(aN) = f(a) = y$. Logo, φ também é sobrejetora.

Desse modo, fica mostrado que a função φ é um isomorfismo de grupos, ou seja, que $G/N \simeq J$. □

Observação. O teorema do homomorfismo também pode ser enunciado de forma mais resumida: "*Se $f : G \longrightarrow J$ for um homomorfismo de grupos, então $G/N(f) \simeq Im(f)$*", onde $Im(f)$ significa a imagem de f.

7.4 EXERCÍCIOS RESOLVIDOS

R108) Seja $H = [a]$ um subgrupo de $G = GL(2, \mathbb{R})$, onde $a = \begin{bmatrix} 0 & -2 \\ \frac{1}{2} & 0 \end{bmatrix}$, e seja $x = \begin{bmatrix} 1 & 2 \\ 0 & 3 \end{bmatrix}$. Calcule as classes laterais xH e Hx e verifique se $H \lhd G$.

Solução: As potências de expoente inteiro de a são:

- $a^2 = a \cdot a = \begin{bmatrix} 0 & -2 \\ \frac{1}{2} & 0 \end{bmatrix} \begin{bmatrix} 0 & -2 \\ \frac{1}{2} & 0 \end{bmatrix} = \begin{bmatrix} -1 & 0 \\ 0 & -1 \end{bmatrix}$
- $a^3 = a^2 \cdot a = \begin{bmatrix} -1 & 0 \\ 0 & 1 \end{bmatrix} \begin{bmatrix} 0 & -2 \\ \frac{1}{2} & 0 \end{bmatrix} = \begin{bmatrix} 0 & 2 \\ -\frac{1}{2} & 0 \end{bmatrix}$

- $a^4 = a^3 \cdot a = \begin{bmatrix} 0 & 2 \\ -\frac{1}{2} & 0 \end{bmatrix} \begin{bmatrix} 0 & -2 \\ \frac{1}{2} & 0 \end{bmatrix} = \begin{bmatrix} 1 & 0 \\ 0 & 1 \end{bmatrix} = e =$ elemento neutro de $GL(2, \mathbb{R})$.

Portanto, $o(a) = 4$ e $H = \{e, a, a^2, a^3\}$ e, daí, temos que $xH = \{x, xa, xa^2, xa^3\} \Rightarrow$

$$xH = \left\{ \begin{bmatrix} 1 & 2 \\ 0 & 3 \end{bmatrix}, \begin{bmatrix} 1 & -2 \\ \frac{3}{2} & 0 \end{bmatrix}, \begin{bmatrix} -1 & -2 \\ 0 & -3 \end{bmatrix}, \begin{bmatrix} -1 & 2 \\ -\frac{3}{2} & 0 \end{bmatrix} \right\}$$

e $Hx = \{x, ax, a^2x, a^3x\} \Rightarrow$

$$Hx = \left\{ \begin{bmatrix} 1 & 2 \\ 0 & 3 \end{bmatrix}, \begin{bmatrix} 0 & -6 \\ \frac{1}{2} & 1 \end{bmatrix}, \begin{bmatrix} -1 & -2 \\ 0 & -3 \end{bmatrix}, \begin{bmatrix} 0 & 6 \\ -\frac{1}{2} & -1 \end{bmatrix} \right\}.$$

Como $xH \neq Hx$, concluímos que H não é um subgrupo normal de G.

R109) Sejam G um grupo finito, H um subgrupo de G e K um subgrupo de H. Mostre que $(G : K) = (G : H)(H : K)$.

Solução: Usando três vezes o teorema de Lagrange, temos:

- H subgrupo de $G \Rightarrow o(G) = (G : H)o(H)$
- K subgrupo de $H \Rightarrow o(H) = (H : K)o(K)$
- K subgrupo de $G \Rightarrow o(G) = (G : K)o(K)$

Substituindo o $o(H)$ da segunda equação e o $o(G)$ da terceira equação na primeira, temos: $(G : K)o(K) = (G : H)(H : K)o(K)$ o que implica $(G : K) = (G : H)(H : K)$.

R110) Sejam $G = (\mathbb{Z}_{12}, +)$ e $H = \{\bar{0}, \bar{4}, \bar{8}\}$ um subgrupo de G. Construa a tábua do grupo-quociente $(G/H, +)$, identifique seu elemento neutro e os inversos (aditivos) de $\bar{1} + H$ e $\bar{2} + H$.

Solução: As classes laterais à esquerda módulo H são:

- $\bar{0} + H = \{\bar{0} + \bar{0}, \bar{0} + \bar{4}, \bar{0} + \bar{8}\} = \{\bar{0}, \bar{4}, \bar{8}\} = H$

- $\bar{1}+H=\{\bar{1}+\bar{0},\bar{1}+\bar{4},\bar{1}+\bar{8}\}=\{\bar{1},\bar{5},\bar{9}\}$
- $\bar{2}+H=\{\bar{2}+\bar{0},\bar{2}+\bar{4},\bar{2}+\bar{8}\}=\{\bar{2},\bar{6},\overline{10}\}$
- $\bar{3}+H=\{\bar{3}+\bar{0},\bar{3}+\bar{4},\bar{3}+\bar{8}\}=\{\bar{3},\bar{7},\overline{11}\}$
- $\bar{4}+H=\{\bar{4}+\bar{0},\bar{4}+\bar{4},\bar{4}+\bar{8}\}=\{\bar{4},\bar{8},\bar{0}\}=H$ e, a partir daqui, todas as classes laterais são repetições das anteriores: $\bar{5}+H=\bar{1}+H$, $\bar{6}+H=\bar{2}+H$, etc.

Logo, $G/H=\{H,\bar{1}+H,\bar{2}+H,\bar{3}+H\}$. Lembrando que a adição em G/H é definida por $(\bar{a}+H)+(\bar{b}+H)=(\bar{a}+\bar{b})+H$, a sua tábua é:

$+$	H	$\bar{1}+H$	$\bar{2}+H$	$\bar{3}+H$
H	H	$\bar{1}+H$	$\bar{2}+H$	$\bar{3}+H$
$\bar{1}+H$	$\bar{1}+H$	$\bar{2}+H$	$\bar{3}+H$	H
$\bar{2}+H$	$\bar{2}+H$	$\bar{3}+H$	H	$\bar{1}+H$
$\bar{3}+H$	$\bar{3}+H$	H	$\bar{1}+H$	$\bar{2}+H$

O elemento neutro do grupo-quociente G/H é o H. Como $(\bar{1}+H)+(\bar{3}+H)=H$ temos que o inverso aditivo de $\bar{1}+H$ é o $\bar{3}+H$. Como $(\bar{2}+H)+(\bar{2}+H)=H$ temos que o inverso de $\bar{2}+H$ é o próprio $\bar{2}+H$.

R111) Sejam $G=([x],\cdot)$ e $H=([x^2],\cdot)$ onde x é um elemento de um grupo $(J,\cdot)$ tal que $o(x)=8$.

a) H é normal em G?

b) Descreva G/H e calcule sua ordem $o(G/H)$.

c) Construa a tábua de G/H e calcule $(x^3H)^{-1}$ e $(x^5H)^2$.

Solução:

a) O grupo G é cíclico, logo, é abeliano. Sendo assim, qualquer subgrupo é normal em G.

b) A partir de $G=[x]$ com $o(x)=8$, obtemos $G=\{e,x,x^2,x^3,x^4,x^5,x^6,x^7\}$ onde e é o elemento neutro, e, a partir de $H=[x^2]$, obtemos $H=\{e,x^2,x^4,x^6\}$. Como $o(G)=8$ e $o(H)=4$, temos $o(G/H)=(G:H)=o(G)/o(H)=8/4=2$. As possíveis classes laterais à esquerda módulo H são $eH=H$ e $xH=\{x,x^3,x^5,x^7\}$. Logo, $G/H=\{H,xH\}$.

c) Temos que $H \cdot H = eH \cdot eH = (e \cdot e)H = eH = H$, $H \cdot xH = eH \cdot xH = (e \cdot x)H = xH$, $xH \cdot H = xH \cdot eH = (x \cdot e)H = xH$, $xH \cdot xH = (x \cdot x)H = x^2H = H$, porque $x^2 \in H$. Logo, a tábua de G/H é:

$\cdot$	H	xH
H	H	xH
xH	xH	H

O elemento neutro de G/H é a classe $eH = H$. Como $(x^3H) \cdot (xH) = x^4H = H$, temos que $(x^3H)^{-1} = xH$. Temos também que $(x^5H)^2 = (x^5H)(x^5H) = (x^5 \cdot x^5)H = x^{10}H = x^2H = H$.

R112) Sejam G um grupo e H um subgrupo de G tal que $(G : H) = 2$. Mostre que $H \triangleleft G$.

Solução: Sejam x um elemento de G e e o elemento neutro. Se $x \in H$, então $xH = Hx = H$. Suponhamos $x \notin H$. Como só existem duas classes laterais (porque $(G : H) = 2$) temos que as classes laterais à esquerda são eH e xH e as classes laterais à direita são He e Hx. Sendo e o elemento neutro, temos $eH = He = H$. Daí, $G = H \cup Hx = H \cup xH$.

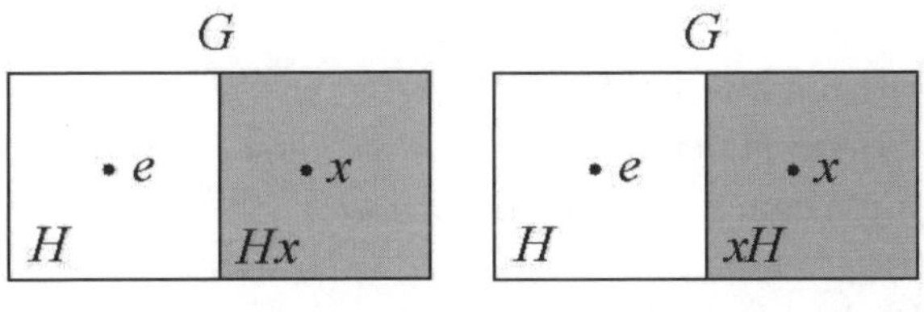

Como $H \cap Hx = \emptyset$ e $H \cap xH = \emptyset$, concluímos que $Hx = xH$. Portanto, $H \triangleleft G$.

R113) Seja H um subgrupo de G e sejam x e y dois elementos quaisquer de G. Mostre que se $xH = yH$, então $Hx^{-1} = Hy^{-1}$.

Solução: $(\Rightarrow)$ Suponhamos $xH = yH$.

- Seja $a \in Hx^{-1}$. Então $a = hx^{-1}, h \in H \Rightarrow a^{-1} = xh^{-1} \Rightarrow a^{-1} \in xH = yH \Rightarrow a^{-1} = yh_2 \Rightarrow a = h_2^{-1}y^{-1} \Rightarrow a \in Hy^{-1}$. Logo, $Hx^{-1} \subset Hy^{-1}$.

- Seja $b \in Hy^{-1}$. Então existe $h \in H$ tal que $b = hy^{-1} \Rightarrow b^{-1} = yh^{-1} \in yH = xH$ $\Rightarrow b^{-1} = xh_2$, onde $h_2 \in H \Rightarrow b = h_2^{-1}x^{-1} \in Hx^{-1}$. Logo, $Hy^{-1} \subset Hx^{-1}$.

Fica mostrado então que $Hx^{-1} = Hy^{-1}$.

Observação. Analogamente, pode-se mostrar que $Hx^{-1} = Hy^{-1} \Rightarrow xH = yH$.

R114) Seja G um grupo e H um subgrupo de G. Mostre que $H \lhd G$ se, e somente se, $x^{-1}Hx = H, \forall x \in G$, onde $x^{-1}Hx = \{x^{-1}hx \mid h \in H\}$.

Solução: ($\Rightarrow$) Suponhamos $H \lhd G$.

- Então, $Hx = xH$ e também $Hx^{-1} = x^{-1}H, \forall x \in G$.
- Se $y \in x^{-1}Hx$, então existe $h \in H$ tal que $y = x^{-1}hx \Rightarrow xy = xx^{-1}hx = hx \in Hx = xH \Rightarrow xy = xh_2$, com $h_2 \in H$, de onde obtemos que $y = h_2 \in H$. Logo, $x^{-1}Hx \subset H$.
- Se $y \in H$, então $yx^{-1} \in Hx^{-1} = x^{-1}H$. Então, existe $h_3 \in H$ tal que $yx^{-1} = x^{-1}h_3 \Rightarrow y = x^{-1}h_3x \in x^{-1}Hx$. Logo, $H \subset x^{-1}Hx$.

Fica mostrado dessa forma que $x^{-1}Hx \subset H$ e $H \subset x^{-1}Hx$, o que implica $x^{-1}Hx = H$. ($\Leftarrow$) Suponhamos $x^{-1}Hx = H, \forall x \in G$. Como a igualdade anterior é válida para todo $x \in G$, então também é válida com x^{-1} no lugar do x: $(x^{-1})^{-1}Hx^{-1} = H$, ou seja, $xHx^{-1} = H$.

- Seja $y \in xH$. Existe $h \in H$ tal que $y = xh \Rightarrow x^{-1}y = h \Rightarrow x^{-1}y \in x^{-1}Hx \Rightarrow x^{-1}y = x^{-1}h_2x$, onde $h_2 \in H, \Rightarrow y = h_2x \Rightarrow y \in Hx$. Logo, $xH \subset Hx$.
- Seja $y \in Hx$. Existe $h_3 \in H$ tal que $y = h_3x \Rightarrow yx^{-1} = h_3 \in H \Rightarrow yx^{-1} \in xHx^{-1} \Rightarrow yx^{-1} = xh_4x^{-1}$, onde $h_4 \in H \Rightarrow y = xh_4 \Rightarrow y \in xH$. Logo, $Hx \subset xH$.

Fica mostrado então que $xH \subset Hx$ e $Hx \subset xH \Rightarrow xH = Hx, \forall x \in G \Rightarrow H \lhd G$.

R115) Sejam M e N subgrupos normais em um grupo G tais que $M \cap N = \{e\}$. Mostre que $xy = yx, \forall x \in M$ e $\forall y \in N$.

Solução: Em um grupo multiplicativo, mostrar que dois elementos a e b são iguais é o mesmo que mostrar que ab^{-1} é igual ao elemento neutro. Vamos calcular quanto é $(xy)(yx)^{-1} = (xy)(x^{-1}y^{-1})$.

- Como $M \lhd G$, temos $yMy^{-1} = M$ (ver ex. B1), o que implica $(y \underbrace{x^{-1}}_{\in M} y^{-1}) \in M$
- Como $N \lhd G$, temos $xNx^{-1} = N$, o que implica $(x \underbrace{y}_{\in N} x^{-1}) \in N$
- $(\underbrace{x}_{\in M} \underbrace{yx^{-1}y^{-1}}_{\in M}) \in M$ e $(\underbrace{xyx^{-1}}_{\in N} \underbrace{y^{-1}}_{\in N}) \in N \Rightarrow xyx^{-1}y^{-1} \in M \cap N = \{e\} \Rightarrow$ $xyx^{-1}y^{-1} = e$

Fica mostrado dessa forma que $(xy)(yx)^{-1} = e$, ou seja, $xy = yx$, $\forall x \in M, \forall y \in N$.

R116) Sejam H um subgrupo normal em um grupo G e $N \lhd G$. Mostre que $N \lhd H$ e $H/N \lhd G/N$.

Solução:

- Suponhamos $N \lhd G$. Então, $xN = Nx, \forall x \in G$ e, em particular, $xN = Nx, \forall x \in H$. Logo, $N \lhd H$.
- Seja hN um elemento qualquer de H/N e gN um elemento qualquer de G/N. Temos que $(gN)^{-1}(hN)(gN) = (g^{-1}N)(hN)(gN) = (\underbrace{g^{-1}hg}_{\in H \text{ porque } H \lhd G})N \in H/N$.

  Isso mostra que $(gN)^{-1}(G/N)(gN) \subset G/N$ e, pelo exercício B2, temos que $H/N \lhd G/N$.

R117) Suponhamos N subgrupo de H e H subgrupo de G. Mostre que se $N \lhd G$, então $\dfrac{G/N}{H/N} \simeq G/H$. (*Sugestão: considere o homomorfismo* $\varphi : G/N \longrightarrow G/H$ *definido por* $\varphi(xN) = xH$).

Solução: Seja $\varphi : G/N \longrightarrow G/H$, $\varphi(xN) = xH$. Temos:

- Para quaisquer aN, $bN \in G/N$, $\varphi((aN)(bN)) = \varphi((ab)N) = (ab)H = (aH)(bH) = \varphi(aN)\varphi(bN)$. Logo, φ é um homomorfismo de grupos.
- Vamos calcular o núcleo de φ. Se $aN \in G/N$ for tal que $\varphi(aN) = H =$ elemento neutro de $G/H \Rightarrow aH = H \Rightarrow a \in H$. Logo, $N(\varphi) = \{aN \mid a \in H\} = H/N$.
- Dado $aH \in G/H =$ contradomínio de φ, considerando $aN \in G/N =$ domínio de φ, temos que $\varphi(aN) = aH$. Logo, φ é uma função sobrejetora.

Usando o teorema do homomorfismo para a função φ, temos que $\frac{G/N}{N(\varphi)} \simeq \text{Im}(\varphi)$, o que implica

$$\frac{G/N}{H/N} \simeq G/H.$$

Observação. O grupo-quociente G/N também pode ser denotado na forma $\frac{G}{N}$.

R118) Sejam $(GL(n,\mathbb{R}),\cdot)$ o **grupo linear geral** formado pelas matrizes invertíveis de ordem $n \times n$, com elementos reais e produto usual de matrizes, e $(SL(n,\mathbb{R}),\cdot)$ o **grupo linear especial** formado pelas matrizes reais de ordem $n \times n$ cujos determinantes são iguais a 1.

a) Mostre que $f : (GL(n,\mathbb{R}),\cdot) \longrightarrow (\mathbb{R} - \{0\},\cdot)$, $f(A) = \det A$ é um homomorfismo de grupos.

b) Verifique se f é injetora ou sobrejetora.

c) Mostre que $GL(n,\mathbb{R})/SL(n,\mathbb{R}) \simeq (\mathbb{R} - \{0\},\cdot)$.

Solução:

a) Sejam $A, B \in GL(n,\mathbb{R})$. Então $f(A \cdot B) = \det(A \cdot B) = \det A \cdot \det B = f(A) \cdot f(B)$. Logo, f é um homomorfismo de grupos.

b) Para verificar se f é injetora, podemos calcular seu núcleo:

$$N(f) = \{M \in GL(n,\mathbb{R}) \mid f(M) = 1\} = \{M \in GL(n,\mathbb{R}) \mid \det M = 1\} = SL(n,\mathbb{R}).$$

Como $N(f)$ não é formado só pela matriz identidade de ordem $n \times n$, temos que f não é injetora.
Se $a \in \mathbb{R} - \{0\}$, então consideramos a matriz

$$M = \begin{bmatrix} a & 0 & 0 & \cdots & 0 \\ 0 & 1 & 0 & \cdots & 0 \\ 0 & 0 & 1 & \cdots & 0 \\ \vdots & \vdots & \vdots & \ddots & \vdots \\ 0 & 1 & 0 & \cdots & 1 \end{bmatrix}.$$

Temos que $\det M = a \cdot 1 \cdot 1 \cdots 1 = a$. Logo, f é sobrejetora, ou seja, $\operatorname{Im}(f) = \mathbb{R} - \{0\}$.

c) Usando agora o teorema do homomorfismo, temos $GL(n, \mathbb{R})/N(f) \simeq \operatorname{Im}(f)$, que é o mesmo que

$$GL(n, \mathbb{R})/SL(n, \mathbb{R}) \simeq (\mathbb{R} - \{0\}, \cdot)$$

R119) Seja G um grupo e H um subgrupo de G.

a) O **centro** de G, denotado por $Z(G)$, é definido por

$$Z(G) = \{a \in G \mid ax = xa, \forall x \in G\}.$$

Mostre que $Z(G)$ é um subgrupo abeliano de G.

b) O **normalizador** de H em G, denotado por $N_G(H)$, é definido por

$$N_H(G) = \{g \in G \mid H^g = H\} = \{g \in G \mid gH = Hg\}.$$

Mostre que $N_G(H)$ é um subgrupo de G contendo H e $Z(G)$.

c) O **centralizador** de H em G, denotado por $C_G(H)$, é definido por

$$C_H(G) = \{g \in G \mid gh = hg, \forall h \in H\}.$$

Mostre que $C_G(H)$ é um subgrupo de G contendo $Z(G)$ e contido em $N_G(H)$.

d) Denotando por $\operatorname{aut}(H)$ o grupo de todos os automorfismos de H, mostre que a seguinte F é um homomorfismo de grupos: $F : N_G(H) \longrightarrow \operatorname{aut}(H), x \mapsto f_g$, onde $f_g : H \longrightarrow H$ é definida por $f_g(x) = gxg^{-1}$.

e) Calcule $N(F)$, o núcleo de F.

f) Mostre que $C_G(H) \lhd N_H(G)$.

g) Mostre que $N_H(G)/C_G(H)$ é isomorfo a um subgrupo de $\text{aut}(H)$.

Solução:

a) Se e for o elemento neutro de G, então $ex = xe, \forall x \in G \Rightarrow e \in Z(G) \neq \varnothing$.
Se $a, b \in Z(G)$, então $ax = xa$ e $xb = bx$, $\forall x \in G$.

- Multiplicando à direita por b^{-1}: $x \underbrace{bb^{-1}}_{e} = bxb^{-1} \Rightarrow x = bxb^{-1}$
- Multiplicando à esquerda por b^{-1}: $b^{-1}x = \underbrace{b^{-1}b}_{e} xb^{-1} \Rightarrow b^{-1}x = xb^{-1}$
- Multiplicando à esquerda por a: $ab^{-1}x = axb^{-1}$
- Como $ax = xa$, temos: $ab^{-1}x = xab^{-1}$. Logo, $ab^{-1} \in Z(G) \Rightarrow Z(G)$ é um subgrupo de G.

Se $a, b \in Z(G)$, então $ax = xa$, $\forall x \in G$. Em particular, para $x = b$ temos $ab = ba$. Logo, $Z(G)$ é abeliano.

b)
- Se $a \in Z(G)$, então $ax = xa, \forall x \in G$. Em particular, $ah = ha$, $\forall h \in H$ $\Rightarrow aH = Ha \Rightarrow a \in N_G(H)$. Logo, $Z(G) \subset N_G(H)$. Como $Z(G) \neq \varnothing$, temos também $N_G(H) \neq \varnothing$.
- Se $x, h \in H$, então $xh \in H$. Isso implica $xH \subset H$. Por outro lado, se $h \in H$ e e for o elemento neutro de H, então, $h = he \in hH$ e daí, $H \subset hH$. Portanto, $H = hH$. Por um motivo semelhante, temos também $H = Hh$. Logo, $hH = Hh \Rightarrow h \in N_G(H) \Rightarrow H \subset N_G(H)$.
- $a, b \in N_G(H) \Rightarrow aH = Ha$ e $bH = Hb$.
  - $bH = Hb \Rightarrow bHb^{-1} = H \underbrace{bb^{-1}}_{e} \Rightarrow bHb^{-1} = H \Rightarrow \underbrace{b^{-1}b}_{e} Hb^{-1} = b^{-1}H$
    $\Rightarrow Hb^{-1} = b^{-1}H$
  - $aH = Ha \Rightarrow a \underbrace{Hb^{-1}}_{b^{-1}H} = Hab^{-1} \Rightarrow ab^{-1}H = Hab^{-1} \Rightarrow ab^{-1} \in N_G(H)$

  Logo, $N_G(H)$ é um subgrupo de G.

c) Se e for o elemento neutro de H, então $eh = he, \forall h \in H \Rightarrow e \in C_G(H)$ $\Rightarrow C_G(H) \neq \varnothing$.

Se $x, y \in C_G(H)$, então $xh = hx$ e $yh = hy$, $\forall h \in H$.

- $yh = hy \Rightarrow yhy^{-1} = h\underbrace{yy^{-1}}_{e} \Rightarrow yhy^{-1} = h \Rightarrow \underbrace{y^{-1}y}_{e}hy^{-1} = y^{-1}h$ $\Rightarrow hy^{-1} = y^{-1}h$
- $xy^{-1}h = \underbrace{xh}_{hx}y^{-1} = hxy^{-1} \Rightarrow xy^{-1} \in C_G(H)$. Concluímos dessa forma que $C_G(H)$ é um subgrupo de G.

- $x \in Z(G) \Rightarrow ax = xa, \forall a \in G \Rightarrow ax = xa, \forall a \in H \Rightarrow x \in C_G(H)$. Logo, $Z(G) \subset C_G(H)$.

- $x \in C_G(H) \Rightarrow xh = hx, \forall h \in H \Rightarrow xH = Hx \Rightarrow x \in N_G(H)$. Logo, $C_G(H) \subset N_G(H)$.

d) $F(g_1g_2) = f_{g_1g_2}$, onde $f_{g_1g_2} : H \longrightarrow H$ é tal que

$$f_{g_1g_2}(x) = (g_1g_2)x(g_1g_2)^{-1} = (g_1g_2)x(g_2^{-1}g_1^{-1}) = g_1\underbrace{(g_2xg_2^{-1})}_{f_{g_2}(x)}g_1^{-1} = g_1(f_{g_2}(x))g_1^{-1}$$

$$= f_{g_1}(f_{g_2}(x)) = (f_{g_1} \circ f_{g_2})(x) \Rightarrow F(g_1g_2) = f_{g_1} \circ f_{g_2}.$$

Logo, F é um homomorfismo de grupos.

e) $a \in N(F) \Rightarrow F(a) = f_a$, onde $f_a(x) = x, \forall x \in H$ é a função identidade de H. Como $f_a(x) = axa^{-1} = x$, temos $ax\underbrace{a^{-1}a}_{e} = xa \Rightarrow ax = xa, \forall x \in H \Rightarrow a \in C_G(H)$. Portanto, $N(F) = C_G(H)$.

f) Como $C_G(H)$ é o núcleo de um homormismo de $N_G(H)$ em aut H, temos que $C_G(H) \triangleleft N_G(H)$.

g) $\mathrm{Im}(F) = \{F(h) \mid h \in H\} = \{f_h : H \longrightarrow H \mid f_h(x) = hxh^{-1}, x \in H\}$ é um subgrupo de aut H. (ver exercício R10). Pelo teorema do homomorfismo, temos $N_G(H)/C_G(H) \simeq \mathrm{Im}(F)$.

R120) Se H é subgrupo de G e $N \lhd G$, então sabe-se que

$$HN = \{hn \mid h \in H \text{ e } n \in N\}$$

é um subgrupo de G. Mostre que $f : H \longrightarrow HN/N$, $f(h) = hN$ é um homomorfismo de grupos e que

$$H/(H \cap N) \simeq HN/N.$$

Solução:

- Se $a, b \in H$, então $f(ab) = abN = (aN)(bN) = f(a)f(b)$; logo, f é um homomorfismo de grupos.
- Se $y \in HN/N$, então $y = xN$ com $x = hn \in HN$. Daí, $f(h) = hN = h(nN) = (hn)N = xN = y$. Concluímos assim que f é sobrejetora.
- O núcleo de f é

$$N(f) = \{x \in H \mid f(x) = N\} = \{x \in H \mid xN = eN\} = \{x \in H \mid x \in N\} = H \cap N.$$

- Pelo teorema do homomorfismo, temos

$$H/N(f) \simeq \text{Im}(f) \Rightarrow H/(H \cap N) \simeq HN/N.$$

Observação: Foi utilizado acima que o elemento neutro do grupo-quociente é $eN = N$, que $xN = eN \Leftrightarrow xe^{-1} \in N$ e a definição de produto de classes laterais: $(aN)(bN) = (ab)N$.

R121) Seja $\mathcal{A} = \{f : [0, 1] \longrightarrow \mathbb{R} \mid \text{f é uma função contínua}\}$ com a operação de soma de funções definida por $(f + g)(x) = f(x) + g(x)$. Mostre que $F : (\mathcal{A}, +) \longrightarrow (\mathbb{R}, +)$, $F(f) = \int_0^1 f(x)\mathrm{d}x$ é um homomorfismo de grupos e calcule seu núcleo.

Solução:

- Sejam $f, g \in \mathcal{A}$. Então $F(f + g) = \int_0^1 (f + g)(x)\mathrm{d}x = \int_0^1 (f(x) + g(x))\mathrm{d}x = \int_0^1 f(x)\mathrm{d}x + \int_0^1 g(x)\mathrm{d}x = F(f) + F(g)$. Logo, F é um homomorfismo de $\mathcal{A}$ em $\mathbb{R}$.

- Se $f \in N(F)$, então $F(f) = 0 \Rightarrow \int_0^1 f(x)\mathrm{d}x = 0$. Assim, o núcleo de F é formado por todas as funções contínuas definidas no intervalo $[0,\ 1]$ cuja integral nesse intervalo é nula.

Observação: A função nula $f(x) = 0$ pertence ao núcleo de F, bem como a função $g(x) = x - \frac{1}{2}$ porque $\int_0^1 \left(x - \frac{1}{2}\right) \mathrm{d}x = \left[\frac{x^2}{2} - \frac{x}{2}\right]_0^1 = 0$.

7.5 EXERCÍCIOS PROPOSTOS

P41) Calcule $f(\bar{5})$ sabendo que $f : \mathbb{Z}_8 \longrightarrow \mathbb{Z}_{11}$ é um homomorfismo de grupos.
Resposta: $f(\bar{5}) = \bar{0}$; note que $o(f(\mathbb{Z}_8))$ é um divisor de 11.

P42) Considere os grupos dos inteiros $\mathbb{Z}$ e dos racionais $\mathbb{Q}$ com a operação de adição usual.

a) Mostre que $\mathbb{Z} \lhd \mathbb{Q}$.

b) Mostre que todo elemento de $\mathbb{Q}/\mathbb{Z}$ tem ordem finita.

c) Mostre que $\mathbb{Q}/\mathbb{Z}$ não é isomorfo a $\mathbb{Z}$ nem a $\mathbb{Q}$.

Resposta: b) se $\bar{x} \in \mathbb{Q}/\mathbb{Z}$, então $\bar{x} = \frac{p}{q} + \mathbb{Z}$ e daí $\underbrace{\bar{x} + \bar{x} + \cdots + \bar{x}}_{q \text{ vezes}} = p + \mathbb{Z} = \mathbb{Z}$

P43) Considere os seguintes grupos com uma operação de multiplicação definida em cada um deles:

- $G = \mathbb{C} - \{0\}$;
- $H = \{z \in \mathbb{C} \mid |z| = 1\}$;
- $J =]0, +\infty[= \{x \in \mathbb{R} \mid x > 0\}$.

Mostre que $G/H \simeq J$.
Resposta: considere $f : G \longrightarrow J$, $f(z) = |z|$.

P44) Sejam $G = \mathbb{Z}_8$ e $H = \{\bar{0}, \bar{4}\}$. Construa a tábua do grupo-quociente $(G/H, +)$, identifique seu elemento neutro e os inversos (aditivos) de $\bar{1} + H$ e $\bar{4} + H$.

Resposta: $G/H = \{H, \bar{1}+H, \bar{2}+H, \bar{3}+H\}$, o elemento neutro é $H = \bar{0}+H = \bar{4}+H$ e os inversos de $\bar{1} + H$ e $\bar{4} + H$ são $\bar{3} + H$ e H, respectivamente.

P45) Sejam $G = S_5$, $e = \begin{pmatrix} 1 & 2 & 3 & 4 & 5 \\ 1 & 2 & 3 & 4 & 5 \end{pmatrix}$, $x = \begin{pmatrix} 1 & 2 & 3 & 4 & 5 \\ 1 & 4 & 5 & 2 & 3 \end{pmatrix}$, $y = \begin{pmatrix} 1 & 2 & 3 & 4 & 5 \\ 3 & 5 & 2 & 1 & 4 \end{pmatrix}$, $H = \{e, x\}$. Calcule as classes laterais à esquerda e à direita módulo H definidas por y e verifique se $H \lhd G$.

Resposta: $yH = \left\{y, \begin{pmatrix} 1 & 2 & 3 & 4 & 5 \\ 3 & 1 & 4 & 5 & 2 \end{pmatrix}\right\}$, $Hy = \left\{y, \begin{pmatrix} 1 & 2 & 3 & 4 & 5 \\ 5 & 3 & 4 & 1 & 2 \end{pmatrix}\right\}$, H não é normal em G.

CAPÍTULO 8

Anéis, subanéis, anéis de integridade, corpos

8.1 INTRODUÇÃO

Um anel é um conjunto no qual estão definidas duas operações, normalmente denominadas de adição e multiplicação. Para um conjunto ser um anel, a adição e a multiplicação têm que satisfazer várias propriedades: comutatividade da adição, associatividade da adição, existência de elemento neutro e elemento inverso na adição, associatividade da multiplicação e uma propriedade envolvendo as duas operações denominada distributividade. Um dos exemplos mais familiares de anéis é o conjunto dos números inteiros com as operações de adição e multiplicação de inteiros. Os anéis ocorrem em várias áreas da matemática e suas aplicações e, por causa disso, são considerados importantes estruturas algébricas.

8.2 DEFINIÇÃO E EXEMPLOS

Definição 8.1. Consideremos um conjunto $A \neq \emptyset$ no qual estão definidas duas operações: uma adição ($+$) e uma multiplicação ($\cdot$). Dizemos que $(A, +, \cdot)$ *é um anel* (ou simplesmente que A *é um anel*) quando forem verificadas as seguintes propriedades:

- A é um grupo abeliano com relação à adição, isto é:
    - $\forall x, y, z \in A, x + (y + z) = (x + y) + z$
    - $\forall x, y \in A, x + y = y + x$
    - Existe $0 \in A$ tal que $x + 0 = x, \forall x \in A$
    - Para todo $x \in A$, existe $(-x) \in A$ tal que $x + (-x) = 0$
- A multiplicação é associativa, isto é: $\forall x, y, z, (x \cdot y) \cdot z = x \cdot (y \cdot z)$
- A multiplicação é distributiva com relação à adição, ou seja, $\forall x, y, z \in A, x \cdot (y + z) = x \cdot y + x \cdot z$ e $(x + y) \cdot z = x \cdot z + y \cdot z$.

Exemplo 8.1. O conjunto dos números inteiros $\mathbb{Z}$ é um anel com relação às operações de adição e multiplicação de inteiros usuais. Também são anéis os seguintes: $(\mathbb{Q}, +, \cdot)$, $(\mathbb{R}, +, \cdot)$ e $(\mathbb{C}, +, \cdot)$. Esses são considerados os exemplos clássicos de anéis.

Exemplo 8.2. Seja n um inteiro positivo qualquer. O conjunto dos múltiplos de n, denotado por $n\mathbb{Z}$, é o conjunto $n\mathbb{Z} = \{nk \mid k \in \mathbb{Z}\}$. Como a soma ou o produto de dois múltiplos de n dá como resultado um múltiplo de n, temos que o conjunto $n\mathbb{Z}$ é fechado com relação a essas operações. É imediato observar que as seis propriedades da definição de anel se verificam para $n\mathbb{Z}$. Logo, $(n\mathbb{Z}, +, \cdot)$ é um anel para todo $n > 0$ inteiro.

Exemplo 8.3. Dado n um inteiro positivo, o conjunto das classes de restos módulo n, $\mathbb{Z}_n = \{\bar{0}, \bar{1}, \cdots, \overline{n-1}\}$, é um anel com relação às operações de adição e multiplicação definidas da seguinte forma: $\bar{x} + \bar{y} = \overline{x+y}$ e $\bar{x} \cdot \bar{y} = \overline{x \cdot y}$, $\forall \bar{x}, \bar{y} \in \mathbb{Z}_n$.

Exemplo 8.4. Dado $n > 1$ um inteiro, o conjunto $M_{n\times n}(\mathbb{Z})$ das matrizes quadradas $n \times n$ com elementos em $\mathbb{Z}$ é um anel com relação à adição e à multiplicação de matrizes definidas de forma usual. Também são anéis os seguintes conjuntos de matrizes: $(M_{n\times n}(\mathbb{Q}), +, \cdot)$, $(M_{n\times n}(\mathbb{R}), +, \cdot)$, $(M_{n\times n}(\mathbb{C}), +, \cdot)$ e $(M_{n\times n}(\mathbb{Z}_m), +, \cdot)$.

Exemplo 8.5. Dados dois anéis A e B, o produto cartesiano $A \times B$ também é um anel se forem definidas nele as seguintes operações:

- Adição em $A \times B$: $(x_1, y_1) + (x_2, y_2) = (x_1 + x_2, y_1 + y_2)$
- Multiplicação em $A \times B$: $(x_1, y_1) \cdot (x_2, y_2) = (x_1 \cdot x_2, y_1 \cdot y_2)$

O anel assim construído é denominado *produto direto* de A por B. Por exemplo, quando $A = B = \mathbb{Z}$, então o produto direto é o anel $\mathbb{Z} \times \mathbb{Z}$. O zero de $\mathbb{Z} \times \mathbb{Z}$ é o $O = (0, 0)$, o inverso aditivo de um elemento $(a, b) \in \mathbb{Z} \times \mathbb{Z}$ é o elemento $(-a, -b)$. Considerando agora os elementos particulares $X = (-1, 2)$ e $Y = (4, 5)$ de $\mathbb{Z} \times \mathbb{Z}$, temos os seguintes exemplos de operações com esses elementos: $X + Y = (-1 + 4, 2 + 5) = (3, 7)$ e $X \cdot Y = (-1 \cdot 4, 2 \cdot 5) = (-4, 10)$.

Exemplo 8.6. Consideremos o conjunto de todas as funções de $\mathbb{Z}$ em $\mathbb{Z}$, denotado por $\mathbb{Z}^{\mathbb{Z}}$:

$$A = \mathbb{Z}^{\mathbb{Z}} = \{f \mid f : \mathbb{Z} \longrightarrow \mathbb{Z}\}$$

no qual a soma $f + g$ e o produto $f \cdot g$ de duas funções $f, g \in A$ quaisquer são definidos da seguinte forma:

- $f + g : \mathbb{Z} \longrightarrow \mathbb{Z}$, $(f + g)(x) = f(x) + g(x)$
- $f \cdot g : \mathbb{Z} \longrightarrow \mathbb{Z}$, $(f \cdot g)(x) = f(x) \cdot g(x)$

A adição e a multiplicação de funções assim definidas satisfazem às seguintes propriedades:

1) $[(f+g)+h](x) = (f+g)(x)+h(x) = [f(x)+g(x)]+h(x) = f(x)+[g(x)+h(x)] = f(x) + (g+h)(x) = [f+(g+h)](x), \forall f, g, h \in A$

2) $(f+g)(x) = f(x) + g(x) = g(x) + f(x) = (g+f)(x), \forall f, g \in A$

3) Sendo O a função nula $O : \mathbb{Z} \longrightarrow \mathbb{Z}$, $O(x) = 0$, temos: $(f+O)(x) = f(x)+O(x) = f(x) + 0 = f(x), \forall f \in A$

4) Dada $f \in A$, a função $(-f) \in A$ definida por $(-f)(x) = -f(x)$ é tal que $[f + (-f)](x) = f(x) + (-f)(x) = f(x) - f(x) = 0 = O(x)$

5) $[(f \cdot g) \cdot h](x) = (f \cdot g)(x) \cdot h(x) = [f(x) \cdot g(x)] \cdot h(x) = f(x) \cdot [g(x) \cdot h(x)] = f(x) \cdot (g \cdot h)(x) = [f \cdot (g \cdot h)](x), \forall f, g, h \in A$

6) $[f \cdot (g+h)](x) = f(x) \cdot (g+h)(x) = f(x) \cdot [g(x) + h(x)] = f(x) \cdot g(x) + f(x) \cdot h(x) = (f \cdot g)(x) + (f \cdot h)(x) = (f \cdot g + f \cdot h)(x), \forall f, g, h \in A$. De modo análogo: $(f+g) \cdot h = f \cdot h + g \cdot h$.

Concluímos assim que $(A, +, \cdot)$ é um anel de funções de $\mathbb{Z}$ em $\mathbb{Z}$ com as operações de adição e multiplicação de funções. Por motivos semelhantes, temos que $(\mathbb{Q}^{\mathbb{Q}}, +, \cdot)$, $(\mathbb{R}^{\mathbb{R}}, +, \cdot)$ e $(\mathbb{C}^{\mathbb{C}}, +, \cdot)$ também são anéis de funções.

Definição 8.2. Em um anel A, a *diferença* entre dois elementos x e y de A é denotada por $x - y$ e é definida por $x - y = x + (-y)$.

Definição 8.3. Se n for um inteiro positivo, a *n-ésima potência* de um elemento x de um anel A pode ser definida do seguinte modo: $x^1 = x$ e $x^n = x^{n-1} \cdot x$ se $n > 1$.

Observação. Definimos apenas potência de expoente inteiro positivo porque, em geral, em um anel qualquer A pode não fazer sentido calcular x^0, nem x^{-1}. Por exemplo, se A for o anel $2\mathbb{Z}$ dos inteiros múltiplos de 2, então não se calculam nesse anel 2^0, nem 2^{-1}.

8.3 PROPRIEDADES

Seja $(A, +, \cdot)$ um anel com relação a uma adição $+$ e uma multiplicação $\cdot$.

- Com relação à adição, $(A, +)$ é um grupo abeliano. Logo:
  - O zero 0 é único.
  - Para cada $x \in A$, existe um único $(-x) \in A$ tal que $x + (-x) = 0$.
  - $-(x+y) = (-x) + (-y), \forall x, y \in A$;
  - $-(-x) = x, \forall x \in A$.

- $x + a = x + b \Rightarrow a = b, \forall a, b, x \in A$.

- $x \cdot 0 = 0 \cdot x = 0, \forall x \in A$
Demonstração: $x \cdot 0 = x \cdot (0 + 0) = x \cdot 0 + x \cdot 0 \Rightarrow \underbrace{x \cdot 0 + (-x \cdot 0)}_{=0} = (x \cdot 0 + x \cdot 0) + (-x \cdot 0) \Rightarrow 0 = x \cdot 0 + \underbrace{(x \cdot 0 + (-x \cdot 0))}_{=0} = x \cdot 0 + 0 = x \cdot 0$. Logo, $x \cdot 0 = 0$.
Analogamente, $0 \cdot x = 0$.

- $(-x) \cdot y = x \cdot (-y) = -(x \cdot y), \forall x, y \in A$
Demonstração: $(-x) \cdot y + x \cdot y = [(-x) + x] \cdot y = 0 \cdot y = 0$, daí, $(-x) \cdot y$ é o inverso aditivo de $x \cdot y$, ou seja, $(-x) \cdot y = -(x \cdot y)$. De modo análogo se mostra que $x \cdot (-y) = -(x \cdot y)$.

- $(-x) \cdot (-y) = x \cdot y, \forall x, y \in A$
Demonstração: usando a propriedade anterior, temos que $(-x) \cdot (-y) = x \cdot (-(-y)) = x \cdot y$.

- $x \cdot (y - z) = x \cdot y - x \cdot z, \forall x, y, z \in A$
Demonstração: $x \cdot (y - z) = x \cdot (y + (-z)) = x \cdot y + x \cdot (-z) = x \cdot y + [-(x \cdot z)] = x \cdot y - x \cdot z$.

8.4 SUBANÉIS

Definição 8.4. Seja $(A, +, \cdot)$ um anel e $S \neq \emptyset$ um subconjunto de A. Dizemos que S é um *subanel* de A quando $(S, +, \cdot)$ também for um anel com as operações de A restritas ao conjunto S.

Observação. Se S for um subanel de A, então S é fechado para as operações de A, ou seja, $x + y \in S$ e $x \cdot y \in S$ para quaisquer $x, y \in S$.

Exemplo 8.7. O conjunto dos múltiplos de 2, $2\mathbb{Z}$, é um subanel de $\mathbb{Z}$ com as operações de adição e multiplicação de inteiros usuais. Em geral, $(n\mathbb{Z}, +, \cdot)$ é um subanel de $(\mathbb{Z}, +, \cdot)$ para qualquer inteiro positivo n.

Exemplo 8.8. O conjunto das matrizes quadradas $n \times n$ de elementos inteiros $M_{n\times n}(\mathbb{Z})$ é um subanel do conjunto das matrizes quadradas $n \times n$ de elementos racionais $M_{n\times n}(\mathbb{Q})$ com as operações de adição e multiplicação de matrizes usuais. Temos também que $M_{n\times n}(\mathbb{Q}), +, \cdot)$ é um subanel de $M_{n\times n}(\mathbb{R}), +, \cdot)$ e que $M_{n\times n}(\mathbb{R}), +, \cdot)$ é subanel de $M_{n\times n}(\mathbb{C}), +, \cdot)$.

A proposição a seguir fornece um critério bastante útil para determinar se um conjunto é subanel de um anel.

Proposição 8.1. *Sejam* $(A, +, \cdot)$ *e* $S \neq \emptyset$ *um subconjunto de* A*. Então,* S *é um subanel de* A *se, e somente se,* S *for fechado com relação à subtração e à multiplicação de* A*, ou seja, se, e somente se,* $x - y \in S$ *e* $x \cdot y \in S$ *para quaisquer* $x, y \in S$*.*

Demonstração. ($\Longrightarrow$) Suponhamos S subanel de A. Como $(S, +)$ é um grupo, temos $x - y \in S$ para quaisquer $x, y \in S$, ou seja, S é fechado com relação à subtração. Como S é subanel de A, ele é fechado com relação à multiplicação. Isso demonstra a primeira parte da proposição.

($\Longleftarrow$) Suponhamos agora que S seja fechado com relação à subtração e à multiplicação.

- Sendo S fechado com relação à subtração, $(S, +)$ é um subgrupo de $(A, +)$ (veja Proposição ??). Como $(A, +)$ é abeliano, $(S, +)$ também é abeliano.
- Como $x \cdot (y \cdot z) = (x \cdot y) \cdot z$ é válida para quaisquer $x, y, z \in A$, temos que, em particular, também é válida para quaisquer $x, y, z \in S$.
- Como $x \cdot (y + z) = x \cdot y + x \cdot z$ e $(x + y) \cdot z = x \cdot z + y \cdot z$ são válidas para quaisquer $x, y, z \in A$, temos que, em particular, também são válidas para quaisquer $x, y, z \in S$.

Logo, S é subanel de A, o que demonstra a segunda parte da proposição. □

Observação. Se tivéssemos trocado a subtração da proposição anterior pela adição, obteríamos uma propriedade que, em geral, não seria verdadeira. Por exemplo, considerando os números naturais $\mathbb{N}$ com as operações de adição e multiplicação de inteiros, temos que ele é fechado com relação a essas operações, mas não é um subanel de $(\mathbb{Z}, +, \cdot)$.

Exemplo 8.9. Consideremos no anel $A = (M_{2\times 2}(\mathbb{R})), +, \cdot)$ o conjunto $S = \left\{ \begin{bmatrix} x & 0 \\ y & 0 \end{bmatrix} \mid x, y \in \mathbb{Q} \right\}$. É claro que $S \neq \emptyset$ porque, por exemplo, $\begin{bmatrix} 1 & 0 \\ 2 & 0 \end{bmatrix} \in S$. Além disso, dados dois elementos quaisquer de S, $M = \begin{bmatrix} x & 0 \\ y & 0 \end{bmatrix}$ e $N = \begin{bmatrix} z & 0 \\ t & 0 \end{bmatrix}$, temos que $M - N = \begin{bmatrix} x - z & 0 \\ y - t & 0 \end{bmatrix} \in S$ e $M \cdot N = \begin{bmatrix} x \cdot z & 0 \\ y \cdot z & 0 \end{bmatrix} \in S$. Usando a Proposição 8.1, concluímos que S é um subanel de A.

8.5 ANÉIS COMUTATIVOS

Definição 8.5. Um anel $(A, +, \cdot)$ é denominado *comutativo* se a sua multiplicação for comutativa, ou seja, se $x \cdot y = y \cdot x$, $\forall x, y \in A$.

Exemplo 8.10. O anel dos inteiros $(\mathbb{Z}, +, \cdot)$ é um anel comutativo porque $x \cdot y = y \cdot x$, $\forall x, y \in \mathbb{Z}$. Também são comutativos os seguintes anéis: $\mathbb{Q}$, $\mathbb{R}$, $\mathbb{C}$, $\mathbb{Z}_m$ e $\mathbb{R}^{\mathbb{R}}$ com as operações usuais de adição e multiplicação definidas em cada um desses conjuntos.

Exemplo 8.11. Consideremos o anel $A = (M_{2\times 2}(\mathbb{Z}), +, \cdot)$ das matrizes quadradas 2×2 com elementos inteiros. Sejam $X = \begin{bmatrix} 1 & 1 \\ 2 & 0 \end{bmatrix}$ e $Y = \begin{bmatrix} 1 & 0 \\ 4 & 1 \end{bmatrix}$ dois elementos desse anel. Como $X \cdot Y = \begin{bmatrix} 5 & 1 \\ 2 & 0 \end{bmatrix}$ e $Y \cdot X = \begin{bmatrix} 1 & 1 \\ 6 & 4 \end{bmatrix}$, temos $X \cdot Y \neq Y \cdot X$. Assim, chegamos à conclusão de que A não é um anel comutativo. Em geral, $M_{n\times n}(\mathbb{Z})$, $M_{n\times n}(\mathbb{Q})$ $M_{n\times n}(\mathbb{R})$ e $M_{n\times n}(\mathbb{C})$ não são anéis comutativos se $n \geq 2$.

8.6 ANÉIS COM UNIDADE

Definição 8.6. Um *anel com unidade* é um anel A cuja multiplicação possui elemento neutro, denotado por 1_A ou simplesmente por 1, e denominado a *unidade* do anel.

Exemplo 8.12. O número 1 é a unidade dos anéis $(\mathbb{Z}, +, \cdot)$, $(\mathbb{Q}, +, \cdot)$,$(\mathbb{R}, +, \cdot)$ e $(\mathbb{C}, +, \cdot)$. Logo, esses são exemplos de anéis com unidade.

Exemplo 8.13. Dado $m \geq 2$ inteiro, $(\mathbb{Z}_m, +, \cdot)$ é um anel com unidade. Neste caso, a unidade é a classe $\bar{1}$.

Exemplo 8.14. O anel $A = (M_{2\times 2}(\mathbb{Z}), +, \cdot)$ é um anel com unidade que é a matriz identidade $I = \begin{bmatrix} 1 & 0 \\ 0 & 1 \end{bmatrix}$. Em geral, $M_{n\times n}(\mathbb{Z})$, $M_{n\times n}(\mathbb{Q})$ $M_{n\times n}(\mathbb{R})$ e $M_{n\times n}(\mathbb{C})$ também são anéis com unidade que é a matriz identidade de ordem $n \times n$.

Exemplo 8.15. Se S é um subanel de A, então são possíveis vários casos:

- ambos podem ter unidades e essas unidades podem coincidir ou não;
- um pode ter unidade e o outro não ter;
- nenhum dos dois tem unidade.

Por exemplo, $\mathbb{Z}$ é subanel de $\mathbb{R}$, ambos têm como unidade o número 1. Por outro lado, $2\mathbb{Z}$ é subanel de $\mathbb{Z}$, mas $2\mathbb{Z}$ não tem unidade.

Exemplo 8.16. Sejam $A = (M_{2\times 2}(\mathbb{R})), +, \cdot)$ e $S = \left\{ \begin{bmatrix} x & 0 \\ 0 & 0 \end{bmatrix} \mid x \in \mathbb{R} \right\}$. Então, S é um subanel de A, a unidade de A é a matriz $I_A = \begin{bmatrix} 1 & 0 \\ 0 & 1 \end{bmatrix}$, enquanto que a unidade de S é a matriz $I_S = \begin{bmatrix} 1 & 0 \\ 0 & 0 \end{bmatrix}$. Portanto, neste caso temos que A e S são anéis com unidade, S é subanel de A, mas $I_S \neq I_A$.

8.7 ANÉIS DE INTEGRIDADE E CORPOS

Definição 8.7. Um anel comutativo com unidade A é denominado *anel de integridade* quando

$$\forall x, y \in A,\ x \cdot y = 0 \Rightarrow x = 0 \text{ ou } y = 0.$$

Definição 8.8. Dizemos que $x \neq 0$ e $y \neq 0$ em um anel A são *divisores próprios de zero* quando $x \cdot y = 0$.

Observação. De acordo com as definições anteriores, um anel de integridade é um anel comutativo com unidade que não tem divisores próprios do zero.

Exemplo 8.17. No anel dos inteiros $\mathbb{Z}$, se $x, y \in \mathbb{Z}$ são tais que $x \cdot y = 0$, então temos que $x = 0$ ou $y = 0$. Logo, $\mathbb{Z}$ é um anel de integridade. Também são anéis de integridade: $\mathbb{Q}$, $\mathbb{R}$ e $\mathbb{C}$.

Exemplo 8.18. Em $\mathbb{Z}_8$, os elementos $\bar{2}$ e $\bar{4}$ são diferentes de $\bar{0}$, mas $\bar{2} \cdot \bar{4} = \bar{8} = \bar{0}$. Logo, $\bar{2}$ e $\bar{4}$ são divisores próprios do zero em $\mathbb{Z}_8$ e, consequentemente, $\mathbb{Z}_8$ não é anel de integridade. Em geral, $\mathbb{Z}_m$ é anel de integridade se, e somente se, m for primo.

Exemplo 8.19. Em $A = M_{2\times 2}(\mathbb{Z})$ consideremos os elementos $X = \begin{bmatrix} 0 & 2 \\ 0 & 0 \end{bmatrix}$ e $Y = \begin{bmatrix} 0 & 3 \\ 0 & 0 \end{bmatrix}$. X e Y não são matrizes nulas, no entanto $X \cdot Y = \begin{bmatrix} 0 & 0 \\ 0 & 0 \end{bmatrix}$. Logo, X e Y são divisores próprios do zero e A não é anel de integridade.

Exemplo 8.20. Em $\mathbb{R}^{\mathbb{R}} = \{f \mid f : \mathbb{R} \longrightarrow \mathbb{R}\}$ consideremos $g : \mathbb{R} \longrightarrow \mathbb{R}$ definida por

$$g(x) = \begin{cases} 0 & \text{se} \quad x < 0 \\ x & \text{se} \quad x \geq 0 \end{cases}$$

e $h : \mathbb{R} \longrightarrow \mathbb{R}$ definida por

$$h(x) = \begin{cases} -x & \text{se} \quad x < 0 \\ 0 & \text{se} \quad x \geq 0 \end{cases}$$

É claro que g e h são funções não nulas e, no entanto, seu produto $g \cdot h$ é a função nula porque se $x < 0$, então $(g \cdot h)(x) = g(x) \cdot h(x) = 0 \cdot (-x) = 0$ e, se $x \geq 0$, então $(g \cdot h)(x) = g(x) \cdot h(x) = x \cdot 0 = 0$. Logo, g e h são divisores próprios do zero no anel $\mathbb{R}^{\mathbb{R}}$.

Definição 8.9. Um anel comutativo com unidade K é denominado um *corpo* se todo elemento não nulo de K possuir inverso multiplicativo, ou seja, $\forall x \in K, x \neq 0 \Longrightarrow \exists x^{-1} \in K$ tal que $x \cdot x^{-1} = 1$.

Exemplo 8.21. Os anéis $\mathbb{Q}$, $\mathbb{R}$ e $\mathbb{C}$ são exemplos de corpos. No entanto, $\mathbb{Z}$ não é um corpo, porque nem todo elemento de $\mathbb{Z}$ possui inverso multiplicativo (por exemplo, $2 \in \mathbb{Z}$ e não existe $y \in \mathbb{Z}$ tal que $2 \cdot y = 1$)

Exemplo 8.22. Sejam p um inteiro primo positivo e $A = \mathbb{Z}_p$. Como A é um anel comutativo com unidade $\bar{1}$, para A ser um corpo, basta que todo elemento não nulo de A tenha um inverso multiplicativo. Seja $\bar{x} \in \mathbb{Z}_p$ tal que $\bar{x} \neq \bar{0}$. Então, podemos considerar que $1 \leq x \leq p-1$. Como p é primo, $\text{mdc}(x, p) = 1$ e, daí, existem inteiros a, b tais que $a \cdot x + b \cdot p = 1 \Longrightarrow \overline{a \cdot x + b \cdot p} = \bar{1} \Longrightarrow \bar{a} \cdot \bar{x} + \bar{b} \cdot \underbrace{\bar{p}}_{=\bar{0}} = \bar{1} \Longrightarrow \bar{a} \cdot \bar{x} = \bar{1}$. Logo, $(\bar{x})^{-1} = \bar{a}$ de onde podemos concluir que $\mathbb{Z}_p$ é um corpo.

Proposição 8.2. *Todo corpo é um anel de integridade.*

Demonstração. Seja K um corpo e $x, y \in K$ tais que $x \cdot y = 0$. Suponhamos que um deles, digamos y, seja diferente de 0. Como K é um corpo, existe $y^{-1} \in K$ tal que $y \cdot y^{-1} = 1$. Daí, $x \cdot y = 0 \Longrightarrow (x \cdot y) \cdot y^{-1} = 0 \cdot y^{-1} \Longrightarrow x \cdot \underbrace{(y \cdot y^{-1})}_{=1} = 0 \Longrightarrow x = 0$. Logo, K não tem divisores próprios de zero, o que implica que ele é um anel de integridade. □

Observação. A recíproca da proposição anterior não é válida, ou seja, nem todo anel de integridade é um corpo. O exemplo mais conhecido dessa situação é o anel dos inteiros $\mathbb{Z}$.

Exemplo 8.23. O anel das funções $\mathbb{R}^{\mathbb{R}}$ não é um corpo porque não é anel de integridade (veja Exemplo 8.20).

Proposição 8.3. *Todo anel de integridade finito é um corpo.*

Demonstração. Seja $A = \{a_1, a_2, \cdots, a_n\}$ um anel de integridade com n elementos e seja $k \in A$ tal que $k \neq 0$. Consideremos $f : A \longrightarrow A$ definida por $f(x) = k \cdot x$. Se $a, b \in A$ são tais que $f(a) = f(b)$, então $k \cdot a = k \cdot b \Longrightarrow k \cdot a - k \cdot b = 0 \Longrightarrow k \cdot (a - b) = 0$. Como $k \neq 0$ e A é anel de integridade, temos $a - b = 0$, ou seja, $a = b$. Logo, f de A em A é injetora. Como A é finito, temos que f também é sobrejetora. Se $a_1 = 1$ for a unidade de A, então existe $x \in A$ tal que $f(x) = 1$, ou seja, $k \cdot x = 1$, o que significa que $k^{-1} = x$. Logo, todo elemento não nulo $k \in A$ possui um inverso multiplicativo e, consequentemente, A é um corpo. □

8.8 EXERCÍCIOS RESOLVIDOS

R122) Sejam $A = \mathbb{Z}\times\mathbb{Z}$, $(a,b)\oplus(c,d) = (a+c, b+d)$, $(a,b)\otimes(c,d) = (ac-bd, ad+bc)$, onde $a, b, c, d \in \mathbb{Z}$. Mostre que $(A, \oplus, \otimes)$ é um anel, verifique se é comutativo e se tem unidade.

Solução: Sejam $(a,b), (c,d), (e,f)$ três elementos genéricos de A. Temos que:

- $(a,b)\oplus(c,d) = (a+c, b+d) = (c+a, d+b) = (c,d)\oplus(a,b)$; logo, $\oplus$ é comutativa.
- $[(a,b) \oplus (c,d)] \oplus (e,f) = (a+c, b+d) \oplus (e,f) = ((a+c)+e, (b+d)+f) = (a+(c+e), b+(d+f)) = (a,b) \oplus (c+e, d+f) = (a,b) \oplus [(c,d) \oplus (e,f)]$; logo, $\oplus$ é associativa.
- $(a,b) \oplus (0,0) = (a+0, b+0) = (a,b)$; logo, $\oplus$ tem elemento neutro $(0,0)$.
- $(a,b) \oplus (-a,-b) = (a+(-a), b+(-b)) = (0,0)$; logo, todo elemento (a,b) possui um inverso aditivo $(-a,-b)$.
- $[(a,b) \otimes (c,d)] \otimes (e,f) = (ac-bd, ad+bc) \otimes (e,f) = ((ac-bd)e - (ad+bc)f, (ac-bd)f + (ad+bc)e) = \boxed{(ace - bde - adf - bcf,\ acf - bdf + ade + bce)}$
  e
  $(a,b) \otimes [(c,d) \otimes (e,f)] = (a,b) \otimes (ce-df, cf+ed) = (a(ce-df) - b(cf+ed), a(cf+ed) + b(ce-df)) = \boxed{(ace-adf-bcf-bed,\ acf+aed+bce-bdf)}$ Logo, $[(a,b) \otimes (c,d)] \otimes (e,f) = (a,b) \otimes [(c,d) \otimes (e,f)]$ o que significa que $\otimes$ é associativa.
- $(a,b) \otimes (c,d) = (ac-bd, ad+bc) = (ca-db, cb+da) = (c,d) \otimes (a,b)$; logo, $\otimes$ é comutativa.
- $(a,b) \otimes [(c,d) \oplus (e,f)] = (a,b) \otimes (c+e, d+f) = (a(c+e) - b(d+f), a(d+f) + b(c+e)) = (ac+ae-bd-bf, ad+af+bc+be)$
  e
  $(a,b) \otimes (c,d) \oplus (a,b) \otimes (e,f) = (ac-bd, ad+bc) \oplus (ae-bf, af+be) = (ac-bd+ae-bf, ad+bc+af+be)$. Logo, $(a,b) \otimes [(c,d) \oplus (e,f)] = (a,b) \otimes (c,d) \oplus (a,b) \otimes (e,f)$. Como $\otimes$ é comutativa, temos também que $[(c,d) \oplus (e,f)] \otimes (a,b) = (a,b) \otimes [(c,d) \oplus (e,f)] = (a,b) \otimes (c,d) \oplus (a,b) \otimes (e,f) = (c,d) \otimes (a,b) \oplus (e,f) \otimes (a,b)$. Portanto, $\otimes$ é distributiva com relação a $\oplus$.
- $(a,b) \otimes (1,0) = (a\cdot 1 - b\cdot 0, a\cdot 0 + b\cdot 1) = (a-0, 0+b) = (a,b)$. Logo, $\otimes$ tem elemento neutro (unidade), que é o $(1,0)$.

Todos os itens anteriores juntos mostram que $(A, \oplus, \otimes)$ é um anel comutativo com unidade.

Observação. As operações $\oplus$ e $\otimes$ definidas entre (a, b) e (c, d) neste exercício são semelhantes às que são definidas nos números complexos $a+bi$ e $c+di$. Veja os seguintes exemplos:

- Em A temos:
    - $(1, 2) \oplus (3, 4) = (1 + 3, 2 + 4) = (4, 6)$
    - $(1, 2) \otimes (3, 4) = (1 \cdot 3 - 2 \cdot 4, 1 \cdot 4 + 2 \cdot 3) = (-5, 10)$
- Em $\mathbb{C}$ temos:
    - $(1 + 2i) + (3 + 4i) = (1 + 3) + (2 + 4)i = 4 + 6i$
    - $(1 + 2i)(3 + 4i) = 1 \cdot 3 + 1 \cdot 4i + 3 \cdot 2i + 8i^2 = 3 + 4i + 6i - 8 = -5 + 10i.$

R123) Seja $\mathcal{F} = \{f : \mathbb{R} \longrightarrow \mathbb{R} \mid f \text{ é contínua } \}$ e $+, \cdot, \circ$ as seguintes operações:

- $(f + g)(x) = f(x) + g(x)$
- $(f \cdot g)(x) = f(x) \cdot g(x)$
- $(f \circ g)(x) = f(g(x))$

a) Mostre que $(\mathcal{F}, +, \cdot)$ é um anel comutativo, com unidade, mas que não é de integridade.

b) Mostre que $(\mathcal{F}, +, \circ)$ não é um anel.

Solução:

a) Sejam f, g e h três funções contínuas de $\mathbb{R}$ em $\mathbb{R}$, elementos genéricos de $\mathcal{F}$. Temos que as seguintes propriedades são válidas:

- $f(x) + g(x) = g(x) + f(x), \forall x \in \mathbb{R}$
- $(f(x) + g(x)) + h(x) = f(x) + (g(x) + h(x)), \forall x \in \mathbb{R}$
- $f(x) + O(x) = f(x), \forall x \in \mathbb{R}$, onde $O(x)$ representa a função nula: $O(x) = 0$.

- $f(x) + (-f(x)) = O(x), \forall x \in \mathbb{R}$
- $(f(x) \cdot g(x)) \cdot h(x) = f(x) \cdot (g(x) \cdot h(x)), \forall x \in \mathbb{R}$
- $f(x) \cdot (g(x) + h(x)) = f(x) \cdot g(x) + f(x) \cdot h(x)$ e $(f(x) + g(x)) \cdot h(x) = f(x) \cdot h(x) + g(x) \cdot h(x), \forall x \in \mathbb{R}$
- $f(x) \cdot g(x) = g(x) \cdot f(x), \forall x \in \mathbb{R}$
- $f(x) \cdot I(x) = f(x), \forall x \in \mathbb{R}$, onde $I(x)$ é a função constante 1: $I(x) = 1$.

Logo, $(\mathcal{F}, +, \cdot)$ é um anel comutativo com unidade. Para mostrar que $\mathcal{F}$ não é anel de integridade, devemos mostrar exemplos de duas funções contínuas não nulas cujo produto é nulo. Por exemplo, sejam $f, g : \mathbb{R} \longrightarrow \mathbb{R}$ definidas por $f(x) = |x| + x$ e $g(x) = |x| - x$. Veja gráficos a seguir.

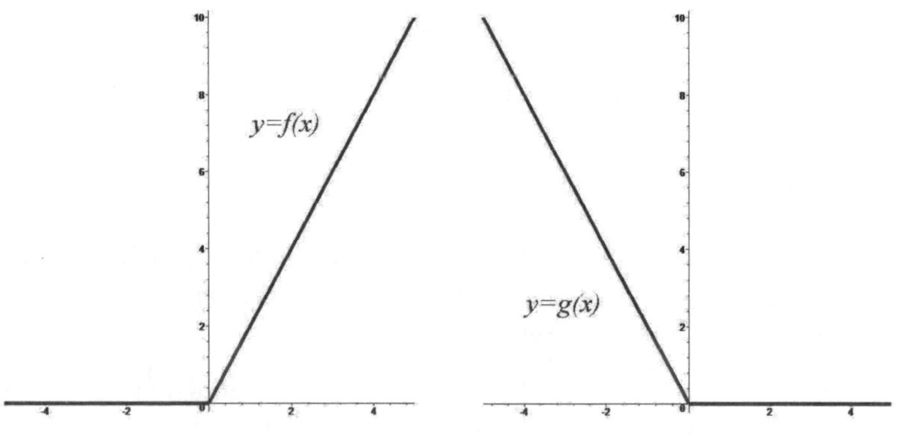

Temos que f e g não são funções nulas, mas $(f \cdot g)(x) = f(x) \cdot g(x) = (|x| + x)(|x| - x) = |x|^2 - x^2 = x^2 - x^2 = 0, \forall x \in \mathbb{R}$.

b) Para mostrar que $(\mathcal{F}, +, \circ)$ não é um anel, basta encontrar exemplos de funções em que falhe alguma das propriedades de anel. Por exemplo, consideremos $f : \mathbb{R} \longrightarrow \mathbb{R}$, $g : \mathbb{R} \longrightarrow \mathbb{R}$ e $h : \mathbb{R} \longrightarrow \mathbb{R}$ definidas por $f(x) = x^2$, $g(x) = 3x$ e $h(x) = x + 1$. Temos que:

1 $(f \circ (g + h))(x) = (f(g + h))(x) = f(3x + x + 1) = f(4x + 1) = (4x + 1)^2 = 16x^2 + 8x + 1$,

2 $(f \circ g + f \circ h)(x) = (f \circ g)(x) + (f \circ h)(x) = f(g(x)) + f(h(x)) = f(3x) + f(x + 1) = (3x)^2 + (x + 1)^2 = 10x^2 + 2x + 1$.

Logo, $f \circ (g + h) \neq f \circ g + f \circ h$. Isso significa que a "multiplicação" $\circ$ não é distributiva com relação à adição + definidas no conjunto $\mathcal{F}$, e, consequentemente, ele não é um anel.

R124) Verifique se os conjuntos A a seguir são subanéis de $(\mathbb{Q}, +, \cdot)$:

a) $3\mathbb{Z}$

b) $\mathbb{Q} - \mathbb{Z}$

c) $\{m + \frac{1}{5}n \mid m, n \in \mathbb{Z}\}$

d) $\{-1, 0, 1\}$

Solução:

a) O subconjunto $3\mathbb{Z} \subset \mathbb{Q}$ é formado por todos os múltiplos de 3. É claro que ele não é vazio porque, por exemplo, $3 \in 3\mathbb{Z}$. Sejam $x, y \in 3\mathbb{Z}$. Então existem $m, n \in \mathbb{Z}$ tais que $x = 3m$ e $y = 3n$. Daí, $x - y = 3m - 3n = 3(m - n) \in 3\mathbb{Z}$ e $x \cdot y = (3m)(3n) = 9mn = 3(3mn) \in 3\mathbb{Z}$. Logo, $3\mathbb{Z}$ é um subanel de $\mathbb{Q}$.

b) $A = \mathbb{Q} - \mathbb{Z}$ é formado pelos números racionais que não são inteiros, ou seja, formado pelas frações $p/q \in \mathbb{Q}$ tais que $p/q \notin \mathbb{Z}$. Por exemplo, $3/2 \in A$ e $1/2 \in A$, mas $3/2 - 1/2 = 1 \notin A$. Logo, A não é fechado com relação à subtração, de onde concluímos que A não é subanel de $\mathbb{Q}$.

c) Seja $A = \{m + \frac{1}{5}n \mid m, n \in \mathbb{Z}\}$. Escolhendo (aleatoriamente) $m = n = 1$ e, depois, $m = 0, n = 2$ temos que $x = 1 + \frac{1}{5} \cdot 1 = \frac{6}{5}$ e $y = 0 + \frac{1}{5} \cdot 2 = \frac{2}{5}$ são dois elementos de A. No entanto, $x \cdot y = \frac{6}{5} \cdot \frac{2}{5} = \frac{12}{25}$. Se esse último elemento pertencesse a A, existiriam $m, n \in \mathbb{Z}$ tais que $\frac{12}{25} = m + \frac{1}{5}n \Rightarrow 12 = 25m + 5n$, o que é um absurdo porque 12 não é múltiplo de 5 enquanto que $25m + 5n = 5(5m + n)$ é múltiplo de 5. Concluímos dessa forma que $\frac{12}{25} \notin A$ e, consequentemente, A não é subanel de $\mathbb{Q}$.

d) Se $A = \{-1, 0, 1\}$, escolhendo $x = 1$ e $y = -1$ temos que $x - y = 2 \notin A$. Logo, A não é subanel de $\mathbb{Q}$.

R125) Seja A um anel. Mostre que:

a) Se $(\alpha + \beta)^2 = \alpha^2 + 2\alpha\beta + \beta^2$ para quaisquer $\alpha, \beta \in A$, então A é um anel comutativo.

b) Dê exemplo de um anel A e elementos $\alpha, \beta \in A$ tais que $(\alpha + \beta)^2 \neq \alpha^2 + 2\alpha\beta + \beta^2$.

Solução:

a) Usando a propriedade distributiva da multiplicação com relação à adição temos que se α e β são dois elementos genéricos de um anel A, então $(\alpha+\beta)^2 = (\alpha+\beta)(\alpha+\beta) = \alpha(\alpha+\beta)+\beta(\alpha+\beta) = \alpha^2+\alpha\beta+\beta\alpha+\beta^2$. Utilizamos também a propriedade associativa da adição para poder retirarmos os parênteses da expressão. Se no anel A é válido também que $(\alpha+\beta)^2 = \alpha^2+2\alpha\beta+\beta^2$, então temos que $\alpha^2+2\alpha\beta+\beta^2 = \alpha^2+\alpha\beta+\beta\alpha+\beta^2$. Somando-se $(-\alpha^2)$, $(-\beta^2)$ e $(-\alpha\beta)$ a ambos os membros e simplificando, obtemos: $\alpha\beta = \beta\alpha$, de onde podemos concluir que o anel é comutativo.

b) Basta escolher dois elementos que não comutem em um anel A que não seja comutativo. Por exemplo, sejam $A = M_{2\times 2}(\mathbb{R})$, $\alpha = \begin{bmatrix} 1 & 2 \\ 0 & -1 \end{bmatrix} \in A$ e $\beta = \begin{bmatrix} 0 & 1 \\ 1 & 3 \end{bmatrix} \in A$. Temos $\alpha^2 = \begin{bmatrix} 1 & 0 \\ 0 & 1 \end{bmatrix}$, $\alpha\beta = \begin{bmatrix} 2 & 7 \\ -1 & -3 \end{bmatrix}$, $\beta^2 = \begin{bmatrix} 1 & 3 \\ 3 & 10 \end{bmatrix}$, $\alpha+\beta = \begin{bmatrix} 1 & 3 \\ 1 & 2 \end{bmatrix}$, o que implica em $(\alpha+\beta)^2 = \begin{bmatrix} 4 & 9 \\ 3 & 7 \end{bmatrix}$ e $\alpha^2+2\alpha\beta+\beta^2 = \begin{bmatrix} 6 & 17 \\ 1 & 5 \end{bmatrix}$, de onde podemos observar que $(\alpha+\beta)^2 \neq \alpha^2+2\alpha\beta+\beta^2$.

R126) Verifique se $(S,+,\cdot)$ é um subcorpo de $(\mathbb{R},+,\cdot)$ em cada um dos seguintes casos:

a) $S = \{a+b\sqrt{3} \mid a,b \in \mathbb{Z}\}$

b) $S = \{a\sqrt{2}+b\sqrt{3} \mid a,b \in \mathbb{Q}\}$

c) $S = \{a+b\sqrt[3]{3} \mid a,b \in \mathbb{Q}\}$

(OBS.: S é um subcorpo de K quando ambos são corpos e $S \subset K$)

Solução:

a) Consideremos um elemento de S e vamos verificar se esse elemento tem inverso multiplicativo em S. Por exemplo, seja $x = \sqrt{3} \in S$. Temos que $x^{-1} = \frac{1}{\sqrt{3}} = \frac{\sqrt{3}}{3} = \frac{1}{3}\sqrt{3} \notin S$ (porque $\frac{1}{3} \notin \mathbb{Z}$) $\Rightarrow S$ não é subcorpo de $\mathbb{R}$.

b) Para o conjunto ser um subcorpo, entre outras propriedades, ele precisa ser fechado para a multiplicação. Escolhendo-se $a=1$, $b=0$ e depois $a=2$, $b=0$, obtemos que $x = \sqrt{2}$ e $y = 2\sqrt{2}$ são dois elementos de S. Como $x \cdot y = \sqrt{2} \cdot 2\sqrt{2} = 4 \notin S$, temos que S não é subcorpo de $\mathbb{R}$.

c) Seja $x = \sqrt[3]{3} \in S$. Temos que $x^{-1} = \frac{1}{\sqrt[3]{3}} = \frac{\sqrt[3]{3^2}}{\sqrt[3]{3}\sqrt[3]{3^2}} = \frac{\sqrt[3]{9}}{3} \notin S$. Logo, S não é um subcorpo de $\mathbb{R}$.

R127) Mostre que:

a) $\mathbb{Q}[\sqrt{2}] = \{a + b\sqrt{2} \mid a, b \in \mathbb{Q}\}$ é um subcorpo de $\mathbb{R}$.

b) Existe uma infinidade de corpos $\mathbb{K}$ tais que $\mathbb{Q} \subset \mathbb{K} \subset \mathbb{R}$.

Solução:

a) Escolhendo $a = b = 1$ temos que $1 + \sqrt{2} \in \mathbb{Q}[\sqrt{2}] \Rightarrow \mathbb{Q}[\sqrt{2}] \neq \emptyset$. Sejam $x = a + b\sqrt{2}$ e $y = c + d\sqrt{2}$ dois elementos genéricos de $\mathbb{Q}[\sqrt{2}]$. Temos que:

- $x - y = (a + b\sqrt{2}) - (c + d\sqrt{2}) = \underbrace{(a - c)}_{\in\mathbb{Q}} + \underbrace{(b - d)}_{\in\mathbb{Q}} \sqrt{2} \in \mathbb{Q}[\sqrt{2}]$
- $x \cdot y = (a + b\sqrt{2})(c + d\sqrt{2}) = \underbrace{(ac + 2bd)}_{\in\mathbb{Q}} + \underbrace{(ad + bc)}_{\in\mathbb{Q}} \sqrt{2} \in \mathbb{Q}[\sqrt{2}]$

Fica mostrado dessa forma que $\mathbb{Q}[\sqrt{2}]$ é um subanel de $\mathbb{R}$. Para ser subcorpo, faltam ainda outras propriedades:

- Escolhendo $a = 1$ e $b = 0$ temos que $1 = 1 + 0\sqrt{2} \in \mathbb{Q}[\sqrt{2}] \Rightarrow \mathbb{Q}[\sqrt{2}]$ tem unidade
- $x \cdot y = (a + b\sqrt{2})(c + d\sqrt{2}) = (ac + 2bd) + (ad + bc)\sqrt{2}$ e $y \cdot x = (c + d\sqrt{2})(a + b\sqrt{2}) = (ca + 2db) + (da + cb)\sqrt{2} \Rightarrow x \cdot y = y \cdot x$ $\Rightarrow \mathbb{Q}[\sqrt{2}]$ é comutativo
- Seja $x = m + n\sqrt{2}$ um elemento não nulo de $\mathbb{Q}[\sqrt{2}]$. O inverso multiplicativo x^{-1} é igual a $\frac{1}{m+n\sqrt{2}} = \frac{m-n\sqrt{2}}{(m+n\sqrt{2})(m-n\sqrt{2})} = \underbrace{\frac{m}{m^2 - 2n^2}}_{\in\mathbb{Q}} + \underbrace{\frac{-n}{m^2 - 2n^2}}_{\in\mathbb{Q}} \sqrt{2}$, que é um elemento de $\mathbb{Q}[\sqrt{2}]$.

b) De modo semelhante ao que foi feito no item (a), podemos mostrar que se p for um primo positivo, $\mathbb{Q}[\sqrt{p}] = \{a + b\sqrt{p} \mid a, b \in \mathbb{Q}\}$ é um subcorpo de $\mathbb{R}$. Obtemos, dessa forma, uma infinidade de corpos $\mathbb{Q}[\sqrt{2}]$, $\mathbb{Q}[\sqrt{3}]$, $\mathbb{Q}[\sqrt{5}]$, $\mathbb{Q}[\sqrt{7}]$, $\cdots$ todos contidos em $\mathbb{R}$ e contendo o conjunto $\mathbb{Q}$.

R128) Dê exemplo de um anel A e um subanel B tais que:

a) $\exists 1_A$, $\exists 1_B$ mas $1_A \neq 1_A$.

b) $\exists 1_A$, mas $\nexists 1_B$.

Solução:

a) Consideremos $A = M_{2\times 2}\mathbb{R}$ e $B = \left\{\begin{bmatrix} a & 0 \\ 0 & 0 \end{bmatrix} |a \in \mathbb{R}\right\}$. Temos que B é um subanel de A, $1_A = \begin{bmatrix} 1 & 0 \\ 0 & 1 \end{bmatrix}$, $1_B = \begin{bmatrix} 1 & 0 \\ 0 & 0 \end{bmatrix}$ e $1_A \neq 1_B$.

b) Sejam $B = 2\mathbb{Z}$ = inteiros pares e $A = \mathbb{Z}$ com as operações de adição e multiplicação usuais. Temos que B é subanel de A, existe $1_A = 1 \in \mathbb{Z}$, mas não existe 1_B.

R129) Mostre detalhadamente que se A for um anel de integridade e $a \in A$ for tal que $a^2 = 1$, então $a = 1$ ou $a = -1$.

Solução: Se $a^2 = 1$, então somando-se (-1) a ambos os membros, obtemos: $a^2 + (-1) = 1 + (-1) \Rightarrow a^2 - 1 = 0$. Como $(a+1)(a-1) = a^2 + a - a - 1 = a^2 - 1$, temos que $(a+1)(a-1) = 0$. Como A é um anel de integridade, temos $a + 1 = 0$ ou $a - 1 = 0$. Somando-se (-1) e 1 às igualdades anteriores, concluímos que $a = -1$ ou $a = 1$.

R130) Mostre detalhadamente que se A for um anel de integridade e $a \in A$ for tal que $a^2 = a$, então $a = 0$ ou $a = 1$.

Solução: Se $a^2 = a$, então somando-se $(-a)$ a ambos os membros, obtemos: $a^2 + (-a) = a + (-a) \Rightarrow a^2 - a = 0 \Rightarrow a(a-1) = 0$. Como A é um anel de integridade, temos $a = 0$ ou $a - 1 = 0$. Somando-se 1 à igualdade anterior, concluímos que $a = 0$ ou $a = 1$.

R131) Em um anel A, um elemento $x \in A$ é denominado *nilpotente* quando existir $n \in \mathbb{N}$ tal que $x^n = 0$. Mostre que o único elemento nilpotente de um anel de integridade é o zero.

Solução: Suponhamos x um elemento nilpotente de um anel A.

- Se $x^n = 0$, onde $x \in A$ e $n \in \mathbb{N}$, então não podemos ter $n = 0$ porque, se assim fosse, a potência x^n não seria igual a 0.
- Se $n = 1$, então $x^n = 0 \Rightarrow x = 0$.
- Se $n > 1$, então $x^n = 0 \Rightarrow \underbrace{x \cdot x \cdot x \cdot \cdots \cdot x}_{n \text{ fatores}} = 0$. Como A é um anel de integridade, temos $x = 0$.

Observação. Sendo A um anel de integridade, se $x_1, x_2 \in A$ são tais que $x_1 \cdot x_2 = 0$, então $x_1 = 0$ ou $x_2 = 0$. Isso pode ser generalizado (por indução) para uma quantidade de k fatores, com $k > 1$: se $x_i \in A$, com $i \in \{1, 2, \cdots, k\}$ são tais que $x_1 \cdot x_2 \cdot \cdots \cdot x_k = 0$, então existe $j \in \{1, 2, \cdots, k\}$ tal que $x_j = 0$.

R132) No corpo Z_{11}, resolva:

a) A equação $x^3 = x$

b) O sistema de equações $\begin{cases} \bar{2}x + \bar{3}y & = & \bar{1} \\ \bar{5}x - \bar{2}y & = & \bar{8} \end{cases}$

Solução:

a) Como 11 é primo, $\mathbb{Z}_{11}$ é um corpo. Logo, podemos usar as propriedades (comutativa, distributiva, etc.) da adição e multiplicação para escrever a equação na seguinte forma: $x^3 = x \Rightarrow x^3 - x = \bar{0} \Rightarrow x(x^2 - \bar{1}) = \bar{0} \Rightarrow x(x + \bar{1})(x - \bar{1}) = \bar{0}$. Como $\mathbb{Z}_{11}$ é um anel de integridade, temos que $x = \bar{0}$ ou $x + \bar{1} = \bar{0}$ ou $x - \bar{1} = \bar{0}$, ou seja, $x = \bar{0}$ ou $x = -\bar{1} = \overline{10}$ ou $x = \bar{1}$. Logo, o conjunto-solução da equação é $S = \{\bar{0}, \bar{1}, \overline{10}\}$.

b) Multiplicando-se a primeira equação por $\bar{2}$, a segunda por $\bar{3}$ e somando-se as duas equações, podemos eliminar a variável y:
$\begin{cases} \bar{4}x + \bar{6}y & = & \bar{2} \\ \overline{15}x - \bar{6}y & = & \overline{24} \end{cases} \Rightarrow \begin{cases} \bar{4}x + \bar{6}y & = & \bar{2} \\ \bar{4}x - \bar{6}y & = & \bar{2} \end{cases} \Rightarrow (\bar{4}x + \bar{6}y) + (\bar{4}x - \bar{6}y) = \bar{2} + \bar{2}$

$\Rightarrow \bar{8}x = \bar{4} \Rightarrow x = (\bar{8})^{-1} \cdot \bar{4}$. Como $\bar{8} \cdot \bar{7} = \overline{56} = \bar{1}$, temos que $(\bar{8})^{-1} = \bar{7}$. Daí, $x = \bar{7} \cdot \bar{4} = \overline{28} = \bar{6}$. Substituindo-se $x = \bar{6}$ na primeira equação do sistema, obtemos: $\bar{2} \cdot \bar{6} + \bar{3}y = \bar{1} \Rightarrow \bar{3}y = \bar{1} - \overline{12} \Rightarrow \bar{3}y = -\overline{11} = \bar{0} \Rightarrow y = (\bar{3})^{-1} \cdot \bar{0} \Rightarrow y = \bar{0}$. Portanto, a solução do sistema é $x = \bar{6}$, $y = \bar{0}$.

R133) Determine todos os divisores de zero do anel $\mathbb{Z}_{15}$.

Solução: $\bar{a}$ e $\bar{b}$ são divisores de zero de $\mathbb{Z}_{15}$ se eles forem não nulos e $\bar{a} \cdot \bar{b} = \bar{0}$, ou seja, $\overline{a \cdot b} = \bar{0} \Rightarrow a \cdot b$ é um múltiplo de $15 \Rightarrow a, b \in \{3, 5, 6, 9, 10, 12\}$, um conjunto formado por divisores de 15 e seus múltiplos maiores do que 1 e menores do que 15. Portanto, os divisores de zero de $\mathbb{Z}_{15}$ são $\bar{3}$, $\bar{5}$, $\bar{6}$, $\bar{9}$, $\overline{10}$, $\overline{12}$.

R134) Seja A um anel no qual $x^2 = x$ para todo $x \in A$. Mostre que $x = -x$ para todo $x \in A$. (*Sugestão: calcule* $(x + x)^2$.)

Solução: Em um anel A, se $a, b \in A$, então $(a + b)^2 = (a + b)(a + b) = a(a + b) + b(a + b) = a^2 + ab + ba + b^2$. Se $a = b = x$, então $(x + x)^2 = x^2 + x \cdot x + x \cdot x + x^2 = x^2 + x^2 + x^2 + x^2 = x + x + x + x$. Por outro lado, $(x + x)^2 = x + x$. Logo, $x + x = x + x + x + x$. Somando-se $(-x) + (-x) + (-x)$ aos dois membros dessa última igualdade, obtemos: $(-x) + x + (-x) + x + (-x) = (-x) + x + (-x) + x + (-x) + x + x \Rightarrow -x = x$ para todo $x \in A$.

Observação. Note que utilizamos as propriedades associativa da adição e distributiva da multiplicação com relação à adição no desenvolvimento acima.

R135) Seja A um anel no qual $x^2 = x$ para todo $x \in A$. Mostre que A é um anel comutativo. (*Sugestão: calcule* $(x + y)^2$.)

Solução: Como $(x + y)^2 = x^2 + xy + yx + y^2$, temos que $(x + y)^2 = x + xy + yx + y$. Por outro lado, $(x + y)^2 = x + y$ e daí $x + xy + yx + y = x + y$. Somando-se $(-x) + (-y)$ aos dois membros da última igualdade, obtemos: $x + (-x) + xy + yx + y + (-y) = x + (-x) + y + (-y)$, ou seja, $xy + yx = 0$. Usando o exercício B1, temos $yx = -yx$. Portanto, $xy - yx = 0$, de onde obtemos que $xy = yx$ para quaisquer $x, y \in A$, ou seja, o anel A é comutativo.

R136) No anel $\mathbb{Z}_8$, determine todas as soluções da equação $x^2 - \bar{1} = \bar{0}$.

Solução: Em todo anel comutativo, é válido o seguinte *produto notável*: $(a + b)(a - b) = a^2 - b^2$. Logo, a equação dada pode ser escrita na forma $(x + \bar{1})(x - \bar{1}) = \bar{0}$. Portanto, duas soluções são obtidas quando $x + \bar{1} = \bar{0}$ ou quando $x - \bar{1} = \bar{0}$, ou seja, quando $x = -\bar{1} = \bar{7}$ ou $x = \bar{1}$. Em um anel de integridade, essas seriam as únicas soluções. Mas $\mathbb{Z}_8$ não é anel de integridade porque seus divisores de zero são $\bar{2}$, $\bar{4}$ e $\bar{6}$. Logo, também podemos obter soluções da equação dada quando $x + \bar{1}$ ou $x - \bar{1}$ coincidem com esses divisores de zero. Dessa forma, obtemos as seguintes possíveis soluções:

- $x + \bar{1} = \bar{2} \Rightarrow x = \bar{1}$
- $x + \bar{1} = \bar{4} \Rightarrow x = \bar{3}$
- $x + \bar{1} = \bar{6} \Rightarrow x = \bar{5}$
- $x - \bar{1} = \bar{2} \Rightarrow x = \bar{3}$
- $x - \bar{1} = \bar{4} \Rightarrow x = \bar{5}$
- $x - \bar{1} = \bar{6} \Rightarrow x = \bar{7}$

Por substituição direta na equação, podemos verificar que $x = \bar{3}$ não é uma raiz da equação, enquanto $\bar{1}$, $\bar{5}$ e $\bar{7}$ são raízes. Portanto, o conjunto-solução da equação $x^2 - \bar{1} = \bar{0}$ é $S = \{\bar{1}, \bar{5}, \bar{7}\}$.

R137) No corpo $\mathbb{Z}_{101}$, determine o inverso multiplicativo do elemento $\overline{43}$.

Solução: Como 101 é primo, o $\text{mdc}(101, 43) = 1$. Logo, existem $a, b \in \mathbb{Z}$ tais que $101a + 43b = 1$. Para calcular a e b, podemos usar o método das divisões sucessivas para o cálculo do máximo divisor comum, dispostas no seguinte diagrama onde fizemos $x = 101$ e $y = 43$:

	2	2	1	6	2
x	y	15	13	2	1
15	13	2	1	0	

Observando as divisões indicadas nesse diagrama, temos:

(a) $x = 2 \cdot y + \boxed{15}$

(b) $y = 2 \cdot \boxed{15} + 13$

(c) $15 = 1 \cdot 13 + 2$

(d) $13 = 6 \cdot 2 + 1$

Do item (a), temos que $15 = x - 2y$, que, substituído em (b), fornece $y = 2 \cdot (x - 2y) + 13$, ou seja, $y = 2x - 4y + 13 \Rightarrow 5y - 2x = 13$. Do item (c), temos $2 = 15 - 13$, que, substituindo em (d), fornece $13 = 6 \cdot (15 - 13) + 1$, que é equivalente a $7 \cdot 13 - 6 \cdot 15 = 1$, ou seja, $7(5y - 2x) - 6(x - 2y) = 1$, que equivale a $\underbrace{47}_{=b}\, y \underbrace{-20}_{=a}\, x = 1 \Rightarrow \overline{47y - 20x} = \bar{1} \Rightarrow \overline{47} \cdot \bar{y} - \underbrace{\overline{20} \cdot \bar{x}}_{=\bar{0}} = \bar{1} \Rightarrow \overline{47} \cdot \overline{43} = \bar{1}$, de onde concluímos que o inverso multiplicativo de $\overline{47}$ em $\mathbb{Z}_{101}$ é o elemento $\overline{43}$.

8.9 EXERCÍCIOS PROPOSTOS

P46) Considerando as operações $\oplus$ e $\odot$ em $\mathbb{R}$ definidas por $x \oplus y = x + y - 3$ e $x \odot y = x + y - \frac{xy}{3}$, mostre que $(\mathbb{R}, \oplus, \odot)$ é um anel comutativo com unidade.
Resposta: o elemento neutro de $\oplus$ é 3 e o elemento neutro de $\odot$ é 0

P47) Verifique se $(S, +, \cdot)$ é um subcorpo de $(\mathbb{R}, +, \cdot)$ em cada um dos seguintes casos:

a) $S = \{a + b\sqrt{3} \mid a, b \in \mathbb{Q}\}$

b) $S = \{a + b\sqrt{3} \mid a, b \in \mathbb{Z}\}$

c) $S = \{a\sqrt{2} + b\sqrt{3} \mid a, b \in \mathbb{Q}\}$

d) $S = \{a + b\sqrt[3]{3} \mid a, b \in \mathbb{Q}\}$

(OBS.: S é um subcorpo de K quando ambos são corpos e $S \subset K$)
Resposta: somente no item (a) S é um subcorpo de $\mathbb{R}$

P48) Verifique se o sistema

$$\begin{cases} \bar{3}x + \bar{4}y &= \bar{1} \\ \bar{2}x + y &= \bar{6} \end{cases}$$

tem solução $(x, y) \in \mathbb{Z}_7 \times \mathbb{Z}_7$.
Resposta: solução = $(\bar{1}, \bar{6})$

P49) Sendo A um anel de integridade, mostre com detalhes que se $x \in A$ for tal que $x^2 = 1$, então $x = 1$ ou $x - 1$.
Resposta: $x^2 = 1 \Rightarrow x^2 - 1 = 0 \Rightarrow (x^2 + x) + (-x - 1) = 0 \Rightarrow (x + 1)(x - 1) = 0$ etc.

P50) Dê exemplo de um anel A e um subanel $B \subset A$ tais que:
a) $\exists 1_A, \exists 1_B$, mas $1_A \neq 1_B$ b) $\exists 1_A$, mas $\nexists 1_B$
Resposta: a) $A = \mathbb{Z} \times \mathbb{Z}, B = \mathbb{Z} \times \{0\}$; $A = \mathbb{Z}, B = 2\mathbb{Z}$

P51) Considerando as matrizes $A = \begin{bmatrix} 4 & 2 & 0 \\ 2 & 1 & 0 \\ -2 & -1 & 1 \end{bmatrix}$, $B = \begin{bmatrix} 2 & 3 & 1 \\ 2 & -2 & -2 \\ -1 & 2 & 1 \end{bmatrix}$ e $C = \begin{bmatrix} 3 & 1 & -3 \\ 0 & 2 & 6 \\ -1 & 2 & 1 \end{bmatrix}$ pertencentes a $M_{3\times 3}(\mathbb{Z})$. Nesse caso, temos que $AB = AC = \begin{bmatrix} 12 & 8 & 0 \\ 6 & 4 & 0 \\ -7 & -2 & 1 \end{bmatrix}$ o que implica $A(B - C) = 0$. Baseado nessas observações, verifique se $M_{3\times 3}(\mathbb{Z})$ é um anel de integridade.
Resposta: não é anel de integridade

CAPÍTULO 9

Homomorfismos de anéis, ideais, anéis-quocientes

9.1 HOMOMORFISMO DE ANÉIS

Definição 9.1. Uma função $f : A \longrightarrow B$ de um anel A em um anel B é denominada *homomorfismo de anéis* quando forem verificadas as seguintes propriedades:

- $\forall x, y \in A,\ f(x + y) = f(x) + f(y)$;
- $\forall x, y \in A,\ f(x \cdot y) = f(x) \cdot f(y)$

Exemplo 9.1. Sejam $A = \mathbb{R}$, $B = \mathbb{R}\times\mathbb{R}$ (produto direto) e a função $f : A \longrightarrow B$ definida por $f(x) = (0, x)$. Se $x, y \in \mathbb{R}$, então $f(x+y) = (0, x+y) = (0, x)+(0, y) = f(x)+f(y)$, e também $f(x\cdot y) = (0, x\cdot y) = (0, x)\cdot(0, y) = f(x)\cdot f(y)$. Logo, f é um homomorfismo do anel A no anel B.

Definição 9.2. O *núcleo* de um homomorfismo $f : A \longrightarrow B$, denotado por $N(f)$ ou por $\ker(f)$, é definido como sendo o conjunto de todos os elementos de A cuja imagem pela f é igual ao zero do anel B:

$$N(f) = \{x \in A \mid f(x) = 0_B\}$$

Exemplo 9.2. Ainda com relação ao exemplo 9.1, vamos determinar o seu núcleo. Suponhamos $a \in N(f)$. Então, pela definição de núcleo, f(a) = (0, 0) = zero do anel B. Como $f(a) = (0, a)$, temos que $(0, a) = (0, 0)$, de onde resulta que $a = 0$. Assim, o núcleo de f é o conjunto $N(f) = \{0\}$.

Seja $f : A \longrightarrow B$ um homomorfismo de anéis. As seguintes propriedades podem ser verificadas:

- $f(0_A) = 0_B$ onde 0_A representa o zero do anel A e 0_B é o zero de B;
- $f(-x) = -f(x), \forall x \in A$;
- $f(x - y) = f(x) - f(y), \forall x, y \in A$;
- f é uma função injetora se, e somente se, $N(f) = \{0_A\}$;

- se S é um subanel de A, então $f(S)$ é um subanel de B.

Lembrando que, A e B sendo anéis, temos que $(A, +)$ e $(B, +)$ são grupos e as propriedades citadas acima são idênticas às que foram mostradas nas proposições 6.1 e 6.3.

Proposição 9.1. *Seja $f : A \longrightarrow B$ um homomorfismo de anéis que seja uma função sobrejetora. Então:*

- *Se A possuir unidade 1_A, então o mesmo acontece com B e a unidade de B é $1_B = f(1_A)$.*

- *Se A tem unidade e x é invertível (com relação à multiplicação), então $f(x)$ também é invertível e $f(x^{-1}) = [f(x)]^{-1}$.*

Demonstração. Seja y um elemento qualquer de B. Como f é sobrejetora, $y = f(a)$ para algum $a \in A$ e daí $y \cdot f(1_A) = f(a) \cdot f(1_A) = f(a \cdot 1_A) = f(a) = y$. De modo análogo se mostra que $f(1_A) \cdot y = y$. Assim, $f(1_A)$ é a unidade de B, ou seja, $f(1_A) = 1_B$.

Seja x^{-1} o inverso de $x \in A$. Temos que $x \cdot x^{-1} = 1_A \Rightarrow f(x) \cdot f(x^{-1}) = f(1_A) = 1_B$. Analogamente, temos também que $f(x^{-1}) \cdot f(x) = 1_B$. Logo, $f(x^{-1})$ é o inverso de $f(x)$, isto é, $f(x^{-1}) = [f(x)]^{-1}$. □

9.2 ISOMORFISMO

Definição 9.3. Um *isomorfismo* de um anel A em um anel B é uma função $f : A \longrightarrow B$. que é um homomorfismo e bijetora.

Observações.

- Se existir um isomorfismo de anéis $f : A \longrightarrow B$, então $f^{-1} : B \longrightarrow A$ também é um isomorfismo.

- Quando existir um isomorfismo de A em B, então diremos que A e B são *isomorfos* e denotamos isso por $A \simeq B$.

- Se A e B forem anéis isomorfos, então eles têm as mesmas propriedades, a diferença entre eles é basicamente os nomes dos elementos.

Exemplo 9.3. Sendo A um anel qualquer, então o anel $A \times \{0\}$ é isomorfo a A. Neste caso, a diferença entre eles é apenas de uma segunda coordenada nula que tem cada elemento de $A \times \{0\}$. Para verificar que A e $A \times \{0\}$ são isomorfos, basta considerarmos uma função $f : A \longrightarrow A \times \{0\}$ definida por $f(x) = (x, 0)$. Temos as seguintes propriedades a respeito de f:

- $f(x + y) = (x + y, 0) = (x, 0) + (y, 0) = f(x) + f(y), \forall x, y \in A.$
- $f(x \cdot y) = (x \cdot y, 0) = (x, 0) \cdot (y, 0) = f(x) \cdot f(y), \forall x, y \in A.$
- Se $f(x) = f(y)$, então $(x, 0) = (y, 0) \Rightarrow x = y$, logo, f é injetora.
- dado $Y = (a, 0)$ um elemento genérico de $A \times \{0\}$, o elemento $a \in A$ é tal que $f(a) = (a, 0) = Y$, logo, f é sobrejetora.

Portanto, f é um isomorfismo de A em $A \times \{0\}$.

Observação. De modo análogo, temos também que todo anel A é isomorfo ao anel $\{0\} \times A$.

9.3 IDEAIS

Definição 9.4. Em um anel comutativo A, um subconjunto não vazio $I \subset A$ é um *ideal* em A quando ele satisfizer às seguintes propriedades:

- $x - y \in I, \forall x, y \in I$
- $a \cdot x \in I, \forall x \in I$ e $\forall a \in A$

Exemplo 9.4. Sejam $A = \mathbb{Z}$ e $I = 2\mathbb{Z}$ = conjunto dos inteiros pares.

- É claro que $I \neq \emptyset$, porque $0 \in I$.
- Se $x, y \in I$, então $x = 2m$ e $y = 2n$ com $m, n \in \mathbb{Z}$. Daí, temos que $x - y = 2m - 2n = 2(m - n) \in I$.
- Se $a \in A$, então $a \cdot x = a \cdot (2m) = 2(a \cdot m) \in I$.

Portanto, fica mostrado dessa forma que $2\mathbb{Z}$ é um ideal em $\mathbb{Z}$. Em geral, temos que $n\mathbb{Z}$ é um ideal em $\mathbb{Z}$ para todo inteiro n.

Exemplo 9.5. Seja $A = \mathbb{R}^{\mathbb{R}}$ = todas as funções de $\mathbb{R}$ em $\mathbb{R}$ e $I = \{f \in A \mid f(2) = 0\}$ = funções de $\mathbb{R}$ em $\mathbb{R}$ cujos gráficos passam pelo ponto $(2, 0)$. Temos as seguintes propriedades a respeito do conjunto I:

- Consideremos, por exemplo, a função $f : \mathbb{R} \longrightarrow \mathbb{R}$ definida por $f(x) = x - 2$. Como $f(2) = 0$ temos que $f \in I$, o que significa que $I \neq \emptyset$.
- Se $f, g \in I$, então $f(2) = 0$ e $g(2) = 0$. Daí, se $h = f - g$, então $h(2) = (f - g)(2) = f(2) - g(2) = 0 - 0 = 0$, logo, $h \in I$.

- Se $f \in I$ e $g \in A$, então $f(2) = 0$. Se $j = f \cdot g$, então $j(2) = (f \cdot g)(2) = f(2) \cdot g(2) = 0 \cdot g(2) = 0$, logo, $j \in I$.

Portanto, I é um ideal em A.

Exemplo 9.6. Todo anel A possui pelo menos dois ideais: o próprio anel A e o conjunto unitário formado só pelo zero, o $\{0\}$. Esses são chamados os *ideais triviais* de um anel.

Exemplo 9.7. Seja $f : A \longrightarrow B$ um homomorfismo de anéis e $N = N(f)$. A respeito de N, temos as seguintes propriedades:

- Como f é homomorfismo, $f(0) = 0$. Isso significa que $0 \in N$ e, consequentemente, $N \neq \emptyset$.
- Se $x, y \in N$, então $f(x) = 0$ e $f(y) = 0$. Daí, $f(x - y) = f(x) - f(y) = 0 - 0 = 0 \Rightarrow x - y \in N$.
- Se $x \in N$ e $a \in A$, então $a \cdot x$ é tal que $f(a \cdot x) = f(a) \cdot f(x) = f(a) \cdot 0 = 0 \Rightarrow a \cdot x \in N$.

Com isso, fica mostrado que o núcleo $N(f)$ é um ideal em A.

Observação. Note que um ideal em um anel A é um tipo particular de subanel de A. No entanto, nem todo subanel é um ideal em um anel A. Por exemplo, $\mathbb{Q}$ é um subanel de $\mathbb{R}$, mas não é um ideal em $\mathbb{R}$: basta considerar $1 \in \mathbb{Q}$ e $\sqrt{2} \in \mathbb{R}$ e observar que $1 \cdot \sqrt{2} \notin \mathbb{Q}$.

Proposição 9.2. *Sejam A um anel comutativo e I um ideal em A. Então:*

a) $0 \in I$.

b) $x \in I \Rightarrow -x \in I$.

c) $x, y \in I \Rightarrow x + y \in I$.

d) Se $1 \in I$, *então* $I = A$.

e) Se I possui algum elemento invertível, então $I = A$.

Demonstração. a) Como $I \neq \emptyset$, então I contém algum elemento a. Então $a - a \in I \Rightarrow 0 \in I$.

b) Como $0 \in I$, temos que $0 - x = -x \in I$.

c) Como $x, y \in I$, então $x, (-y) \in I \Rightarrow x - (-y) = x + y \in I$.

d) É claro que $I \subset A$. Seja $x \in A$. Como $1 \in I$, temos $x \cdot 1 \in I$, ou seja, $x \in I$. Portanto, $A \subset I$ de onde concluímos que $A = I$.

e) Se $x \in I$ for invertível, então $x \cdot x^{-1} = 1 \in I$, o que implica em $I = A$.

□

Definição 9.5. Sejam A um anel comutativo e $a_1, a_2, \cdots, a_n \in A$, onde $n \geq 1$ é um inteiro. O conjunto formado por todas as combinações do tipo $x_1 \cdot a_1 + x_2 \cdot a_2 + \cdots + x_n \cdot a_n$, com $x_1, x_2, \cdots, x_n \in A$ é um ideal em A que é denominado *ideal gerado por* $a_1, a_2, \cdots, a_n$ e é denotado por $\langle a_1, a_2, \cdots, a_n \rangle$.

Observação. Usando-se a definição de ideal, é imediato verificar que $I = \langle a_1, \cdots, a_n \rangle$ é um ideal em A:

- Tomando todos os $x_i = 0$, obtemos $0 = 0 \cdot a_1 + \cdots + 0 \cdot a_n \in I$; logo, $I \neq \emptyset$.
- Sejam $x, y \in I$; então $x = x_1 \cdot a_1 + \cdots + x_n \cdot a_n$ e $y = y_1 \cdot a_1 + \cdots + y_n \cdot a_n$, onde $x_i, y_i \in A, \forall i \in \{1, \cdots, n\}$. Temos que $x - y = \underbrace{(x_1 - y_1)}_{\in A} \cdot a_1 + \cdots + \underbrace{(x_n - y_n)}_{\in A} \cdot a_n \in I$.
- Se $x \in I$ e $a \in A$, então $a \cdot x = a \cdot \underbrace{(x_1 \cdot a_1 + \cdots + x_n \cdot a_n)}_{=x} = \underbrace{(a \cdot x_1)}_{\in A} \cdot a_1 + \cdots + \underbrace{(a \cdot x_n)}_{\in A} \cdot a_n \in I$.

Definição 9.6. Quando $I = \langle a \rangle = \{x \cdot a \mid x \in A\}$ for um ideal geral por um único elemento a de um anel comutativo A, então I é denominado *ideal principal* gerado por a.

Exemplo 9.8. O conjunto dos números pares é um ideal principal de $\mathbb{Z}$ porque é gerado pelo $2 \in \mathbb{Z}$. Em geral, $I = n\mathbb{Z}$ é um ideal principal de $\mathbb{Z}$ e $I = \langle n \rangle$.

Definição 9.7. Um anel de integridade no qual todos os ideais são principais é denominado *anel principal.*

Exemplo 9.9. $\mathbb{Z}$ é um anel principal. Para verificarmos isso, seja I um ideal de $\mathbb{Z}$. Se $I = \{0\}$, então I é principal porque $I = \langle 0 \rangle$ é gerado só pelo zero. Se $I \neq \{0\}$ então existe um menor número positivo n que pertença a I (neste caso, I é formado por números positivos e negativos pois $x \in I \Leftrightarrow -x \in I$). Se $m \in I$ for um elemento qualquer, então, dividindo m por n, obtemos que $m = q \cdot n + r$, onde $0 \leq r < n$. Como $r = m - q \cdot n \in I$, não podemos ter $r > 0$ porque senão r seria um elemento positivo de I e menor do que n, o que seria absurdo (n é o menor elemento positivo de I). Portanto, $r = 0$, o que significa que $m = q \cdot n$. Concluímos então observando que I contém n e todo elemento de I é múltiplo de n, ou seja, $I = \langle n \rangle \Longrightarrow I$ é ideal principal em $\mathbb{Z}$.

Proposição 9.3. *Seja A um anel comutativo com unidade. Então, A é um corpo se, e somente se, seus únicos ideais são os triviais A e $\{0\}$.*

Demonstração. ($\Rightarrow$) Suponhamos A um corpo e I um ideal de A tal que $I \neq \{0\}$. Então I contém um elemento não nulo x e, como A é um corpo, x é invertível e, pelo item (e) da Proposição 9.2, temos que $A = I$. Logo, os ideais de A só podem ser o $\{0\}$ ou o A.

($\Leftarrow$) Suponhamos que os únicos ideias de A sejam os triviais. Como A é um anel comutativo com unidade, então, para A ser um corpo, falta só que todo elemento $x \neq 0$ possua um inverso (multiplicativo). Considerando $I = \langle x \rangle$, temos que $I \neq \{0\}$, e daí só pode ser $I = A$, ou seja, $A = \langle x \rangle$. Como $1 \in A$, temos também que $1 \in \langle x \rangle$, isto é, existe $a \in A$ tal que $1 = a \cdot x \Rightarrow a = x^{-1}$. Portanto, x possui inverso e daí A é um corpo. □

Definição 9.8. Dados dois ideais I e J de um anel comutativo A, definimos as seguintes operações com eles:

- Interseção: $I \cap J = \{x \in A \mid x \in I \text{ e } x \in J\}$
- Adição: $I + J = \{x + y \mid x \in I \text{ e } y \in J\}$

Os conjuntos $I \cap J$ e $I + J$ assim obtidos também são ideais de A.

Proposição 9.4. *Sejam I e J ideais em um anel comutativo A. Então:*

a) $I \cap J$ é o maior ideal que está contido em I e em J.

b) $I + J$ é o menor ideal que contém simultaneamente I e J.

(Aqui, "menor" e "maior" se referem à ordem da inclusão de conjuntos).

Demonstração. a) Seja K um ideal de A tal que $K \subset I$ e $K \subset J$. Então $K \subset I \cap J$. Isso mostra que $I \cap J$ é o maior ideal que está contido simultaneamente em I e J.

b) Seja L um ideal de A tal que $I \subset L$ e $J \subset L$. Se $x \in I + J$, então $x = i + j$, onde $i \in I$ e $j \in J$. Como $i, j \in L$, temos $i + j \in L$, isto é, $x \in L$. Logo, $I + J \subset L$, o que mostra que $I + J$ é o menor ideal que contém I e J simultaneamente.

□

Definição 9.9. Seja P um ideal de um anel comutativo A tal que $P \neq A$. Dizemos que P é um *ideal primo* quando

$$\forall x, y \in A,\ x \cdot y \in P \Rightarrow x \in P \text{ ou } y \in P.$$

Exemplo 9.10. No anel $A = \mathbb{Z}$, consideremos $P = 3\mathbb{Z}$ = inteiros múltiplos de 3. Então, se $x, y \in A$ são tais que $x \cdot y \in P$, então $x \cdot y \in 3\mathbb{Z} \Rightarrow 3|(x \cdot y) \Rightarrow 3|x$ ou $3|y \Rightarrow x \in P$ ou $x \in P$. Logo, P é um ideal primo.

Exemplo 9.11. Por outro lado, o ideal $J = 6\mathbb{Z}$ não é um ideal primo, pois podemos considerar $x = 2 \in \mathbb{Z}$ e $y = 3 \in \mathbb{Z}$ para os quais $x \cdot y = 6 \in J$, mas, $x \notin J$ e $y \notin J$.

Observação. Em geral, $p\mathbb{Z}$ é um ideal primo de $\mathbb{Z}$ se, e somente se, p é primo.

Definição 9.10. Em um anel comutativo A, um ideal $M \neq A$ é denominado *ideal maximal* quando o único ideal que contém M e é diferente dele é o próprio anel A.

Exemplo 9.12. Sejam $A = \mathbb{Z}$ e $M = 2\mathbb{Z}$. Se I for um ideal diferente de M e que contenha o M, então contém algum número ímpar $x = 2n + 1 \in I$. Como $(2n) \in M \subset I$, temos que $1 = x - (2n) \in I$ e daí concluímos que $I = A$. Logo, M é maximal.

Exemplo 9.13. Por outro lado, o ideal $J = 8\mathbb{Z}$ não é maximal em $A = \mathbb{Z}$ porque, por exemplo, o ideal $L = 4\mathbb{Z}$ é diferente de J e diferente de A e, no entanto, $J \subset L \subset A$

Observação. Pode-se mostrar que, em um anel comutativo com unidade A, todo ideal maximal em A também é um ideal primo.

9.4 ANÉIS-QUOCIENTES

Seja I um ideal em um anel comutativo A no qual consideramos a seguinte relação $\sim$:

$$x \sim y \Leftrightarrow x - y \in I, \quad \forall x, y \in A.$$

Essa é uma relação de equivalência em A porque:

- Como $0 \in I$, temos $x - x \in I \Rightarrow x \sim x, \forall x \in A$.
- Se $x \sim y$, então $x - y \in I \Rightarrow -(x - y) \in I \Rightarrow y - x \in I \Rightarrow y \sim x$.
- $x \sim y$ e $y \sim z \Rightarrow x - y \in I$ e $y - z \in I \Rightarrow (x - y) + (y - z) \in I \Rightarrow x - z \in I \Rightarrow x \sim z$.

As classes de equivalência, neste caso, são os conjuntos $\bar{x} = \{x + i \mid i \in I\} = x + I$ e o conjunto-quociente de A por $\sim$ é o conjunto $A/\sim \; = \{\bar{x} \mid x \in A\}$, que é formado por todas as classes de equivalência da relação $\sim$. Neste caso, denotaremos $A/\sim$ também por A/I.

Definição 9.11. Seja I um ideal em um anel comutativo A. O *anel quociente* de A por I é o conjunto

$$A/I = \{x + I \mid x \in A\}$$

com as operações de adição e multiplicação definidas a seguir:

- Adição: $(x + I) + (y + I) = (x + y) + I, \forall x, y \in A$
- Multiplicação: $(x + I) \cdot (y + I) = (x \cdot y) + I, \forall x, y \in A$

Observação. Pode-se mostrar que se I for um ideal de um anel comutativo A e se $x_1+I = x_2+I$ e $y_1+I = y_2+I$, então $(x_1+y_1)+I = (x_2+y_2)+I$ e $(x_1 \cdot y_1)+I = (x_2 \cdot y_2)+I$. Isso mostra que as operações de adição e multiplicação definidas em 9.11 estão bem definidas, ou seja, independem dos representantes das classes.

Todas as propriedades mencionadas na definição de um anel podem ser verificadas, tais como:

- A adição de classes é comutativa, porque $(x+I)+(y+I) = (x+y)+I = (y+x)+I = (y + I) + (x + I)$, para quaisquer $x, y \in I$.
- O elemento neutro do anel-quociente A/I é a classe $0 + I = I$, porque $(x + I) + (0 + I) = (x + 0) + I = x + I$ para todo $x \in A$.
- O inverso aditivo de $x+I$ é $(-x)+I$ porque $x+I+(-x)+I = (x+(-x))+I = 0+I$ para todo $x \in A$.

Teorema 9.1. *Seja $f : A \longrightarrow B$ um homomorfismo de anéis que seja também uma função sobrejetora. Se I for o núcleo de f, então A/I e B são anéis isomorfos.*

Demonstração. Já vimos que o núcleo I é um ideal de A; logo, podemos ter o anel-quociente $A/I = \{x + I \mid x \in A\}$. Seja $\varphi : A/I \longrightarrow B$ definida por $\varphi(x + I) = f(x)$. Essa função φ satisfaz às seguintes propriedades. Para quaisquer $a, b \in A$ temos:

- $\varphi((a+I)+(b+I)) = \varphi((a+b)+I) = f(a+b) = f(a)+f(b) = \varphi(a+I)+\varphi(b+I)$.
- $\varphi((a+I) \cdot (b+I)) = \varphi((a \cdot b)+I) = f(a \cdot b) = f(a) \cdot f(b) = \varphi(a+I) \cdot \varphi(b+I)$.
- $\varphi(a + I) = \varphi(b + I) \Leftrightarrow f(a) = f(b) \Leftrightarrow f(a) - f(b) = 0_B \Leftrightarrow f(a - b) = 0_B \Leftrightarrow a - b \in I \Leftrightarrow a + I = b + I$.
- Dado $y \in B$, como f é sobrejetora, temos que existe $a \in A$ tal que $f(a) = b$. Logo, a classe $a + I$ é tal que $\varphi(a + I) = f(a) = b$.

As duas primeiras propriedades verificadas acima mostram que φ é um homomorfismo de anéis; as duas últimas, mostram que φ é uma função bijetora. Portanto, φ é um isomorfismo de A/I em B. □

Exemplo 9.14. Seja $f : \mathbb{Z} \longrightarrow \mathbb{Z}_5$ definida por $f(x) = \bar{x}$. Essa função é sobrejetora porque dado qualquer $\bar{a} \in \mathbb{Z}_5$, então $a \in \mathbb{Z}$ é tal que $f(a) = \bar{a}$. Além disso, ela é um homomorfismo de anéis pois para quaisquer $x, y \in \mathbb{Z}$, temos:

- $f(x+y) = \overline{x+y} = \bar{x} + \bar{y} = f(x) + f(y)$
- $f(x \cdot y) = \overline{x \cdot y} = \bar{x} \cdot \bar{y} = f(x) \cdot f(y)$

Sendo f um homomorfismo de anéis, podemos calcular seu núcleo $N(f)$. Suponhamos $a \in N(f)$. Então, pela definição de núcleo, $f(a) = \bar{0}$ = elemento neutro de $\mathbb{Z}_5$ com relação à adição, o que implica em $\bar{a} = \bar{0}$. Dessa última igualdade, concluímos que $(a-0)$ é um múltiplo de 5, ou seja, a é um múltiplo de 5. Como a é um elemento genérico de $N(f)$, chegamos à conclusão de que ele é igual ao conjunto de todos os múltiplos de 5, ou seja, $N(f) = 5\mathbb{Z}$. Usando agora o teorema do homomorfismo (para anéis), obtemos que

$$\mathbb{Z}/5\mathbb{Z} \simeq \mathbb{Z}_5.$$

De um modo geral, temos que $\mathbb{Z}/n\mathbb{Z} \simeq \mathbb{Z}_n$.

9.5 EXERCÍCIOS RESOLVIDOS

R138) Consideremos o anel $A = \mathbb{Z}$ e o ideal $I = 4\mathbb{Z}$ = múltiplos de 4 (operações de adição e multiplicação usuais). Construa as tábuas de adição e multiplicação do anel-quociente A/I.

Solução: Temos que:

- $0 + I = \{\cdots, -12, -8, -4, 0, 4, 8, 12, \cdots\} = I$
- $1 + I = \{\cdots, -11, -7, -3, 1, 5, 9, 13, \cdots\}$
- $2 + I = \{\cdots, -10, -6, -2, 2, 6, 10, 14, \cdots\}$
- $3 + I = \{\cdots, -9, -5, -1, 3, 7, 11, 15, \cdots\}$
- $4 + I = \{\cdots, -8, -4, 0, 4, 8, 12, 16, \cdots\} = I$

Portanto, o anel-quociente de A por I é

$$A/I = \{I, 1+I, 2+I, 3+I\}.$$

Alguns exemplos de adição entre seus elementos são $(2+I)+(1+I) = (2+1)+I = 3+I$ e $(2+I)+(4+I) = (2+4)+I = 6+I = 2+I$ e todas as possíveis adições entre seus elementos podem ser observadas na seguinte tábua:

$+$	I	$1+I$	$2+I$	$3+I$
I	I	$1+I$	$2+I$	$3+I$
$1+I$	$1+I$	$2+I$	$3+I$	I
$2+I$	$2+I$	$3+I$	I	$1+I$
$3+I$	$3+I$	I	$1+I$	$2+I$

Alguns exemplos de multiplicação entre seus elementos são $(2+I)\cdot I = (2+1)\cdot(0+I) = 2\cdot 0+I = 0+I = I$ e $(3+I)+(2+I) = (3\cdot 2)+I = 6+I = 2+I$ e todas as possíveis multiplicações entre seus elementos podem ser observadas na seguinte tábua:

$\cdot$	I	$1+I$	$2+I$	$3+I$
I	I	I	I	I
$1+I$	I	$1+I$	$2+I$	$3+I$
$2+I$	I	$2+I$	I	$2+I$
$3+I$	I	$3+I$	$2+I$	$1+I$

R139) Dê exemplo de um homomorfismo de anéis $f : A \longrightarrow B$ tal que $f(1_A) \neq 1_B$.

Solução: Sejam $A = B = \mathbb{Z}$. Então $1_A = 1_B = 1$. Consideremos a função nula $f : \mathbb{Z} \longrightarrow \mathbb{Z}$, $f(x) = 0$, que é um homomorfismo de A em B. Como $f(1) = 0$, temos que $f(1_A) \neq 1_B$.

Observação. Esse tipo de exemplo só é possível quando a função f não for sobrejetora.

R140) Considere os anéis $A = (\mathbb{R}, +, \cdot)$ com operações usuais e $B = (\mathbb{R}, \oplus, \odot)$, onde $x \oplus y = x + y + 1$ e $x \odot y = x + y + xy$.

a) Mostre que $f : A \longrightarrow B$ definida por $f(x) = x - 1$ é um isomorfismo de anéis.

b) Mostre que $f : A \longrightarrow A$ definida por $f(x) = x - 1$ não é um isomorfismo de anéis.

Solução:

a) Sejam $x, y \in A$. Então:

- $f(x+y) = x+y-1$ e $f(x) \oplus f(y) = f(x)+f(y)+1 = (x-1)+(y-1)+1 = x+y-1$. Logo, $f(x+y) = f(x) \oplus f(y)$.
- $f(x \cdot y) = xy-1$ e $f(x) \odot f(y) = f(x)+f(y)+f(x)f(y) = (x-1)+(y-1)+(x-1)(y-1) = x+y-2+xy-x-y+1 = xy-1$. Logo, $f(x \cdot y) = f(x) \odot f(y)$. Portanto, f é um homomorfismo de anéis.
- Suponhamos $f(x) = f(y)$. Então, $x-1 = y-1 \Rightarrow x = y$. Logo, f é injetora.
- Dado $y \in B = \mathbb{R}$, considerando $x = y+1 \in A = \mathbb{R}$, temos: $f(x) = x-1 = (y+1)-1 = y$. Logo, f é sobrejetora.

Ficou mostrado nos itens anteriores que f é um isomorfismo de anéis.

b) Com as operações usuais, o elemento neutro da adição de A é o 0. Como $f(0) = -1 \neq 0$, temos que f não é isomorfismo de anéis.

R141) Verifique se $(I, +, \cdot)$ é um ideal do anel $(A, +, \cdot)$ em cada um dos seguintes casos:

a) $I = \mathbb{Z}$, $A = \mathbb{Q}$.

b) $I = 3\mathbb{Z}$, $A = \mathbb{Z}$.

c) $I = 2\mathbb{Z}$, $A = \mathbb{Z}$ com as operações de adição usual de inteiros e multiplicação definida por $x \cdot y = 0$ para quaisquer $x, y \in \mathbb{Z}$.

d) I = elementos de $\mathbb{Z}$ que são divisores de 100 e $A = \mathbb{Z}$.

e) $I = 3\mathbb{Z} \cup 7\mathbb{Z}$, $A = \mathbb{Z}$.

f) $I = \{f : \mathbb{R} \longrightarrow \mathbb{R} \mid f(-1) = 0\}$, $A = \mathbb{R}^{\mathbb{R}}$.

g) $I = \{f : \mathbb{R} \longrightarrow \mathbb{R} \mid f(3) = f(4) = 0\}$, $A = \mathbb{R}^{\mathbb{R}}$.

h) $I = \{f : \mathbb{R} \longrightarrow \mathbb{R} \mid f(1) + f(2) = 0\}$, $A = \mathbb{R}^{\mathbb{R}}$.

Solução:

a) Sejam $x = 1 \in I$ e $a = \frac{1}{3} \in A$. Como $a \cdot x = \frac{1}{3} \notin I$, temos que I não é ideal de A.

b) É claro que $I \neq \emptyset$ porque, por exemplo, $3 \in I$. Sejam $x, y \in I$. Então, $x = 3m$ e $y = 3n$ com $m, n \in \mathbb{Z}$. Daí, temos $x - y = 3m - 3n = 3(m - n) \in I$. Se $a \in \mathbb{Z}$, temos $a \cdot x = 3(am) \in I$. Logo, I é um ideal de A.

c) É claro que $I \neq \emptyset$ porque, por exemplo, $2 \in I$. Sejam $x, y \in I$. Então, $x = 2m$ e $y = 2n$ com $m, n \in \mathbb{Z}$. Daí, temos $x - y = 2m - 2n = 2(m - n) \in I$. Se $a \in \mathbb{Z}$, temos $a \cdot x = 0 \in I$. Logo, I é um ideal de A.

d) Dois divisores de 100 são $x = 5$ e $y = 10$. Como $x + y = 15$ não é divisor de 100, temos que I não é ideal de A.

e) I é formado pelos inteiros que são múltiplos de 3 ou múltiplos de 7. Dois elementos de I são $x = 3$ e $y = 14$. Como $x + y = 17 \notin I$ temos que I não é ideal de A.

f) A função nula pertence a I; logo, $I \neq \emptyset$. Se $f, g \in I$, então $f(-1) = 0$ e $g(-1) = 0$. Daí, $(f - g)(-1) = f(-1) - g(-1) = 0 - 0 = 0$; logo, $f - g \in I$. Se $h \in A$, então $(f \cdot h)(-1) = f(-1) \cdot h(-1) = 0 \cdot h(-1) = 0$. Logo, $f \cdot h \in I$. Portanto, I é um ideal de A.

g) A função nula pertence a I; logo, $I \neq \emptyset$. Se $f, g \in I$, então $f(3) = f(4) = g(3) = g(4) = 0$. Daí, $(f - g)(3) = f(3) - g(3) = 0 - 0 = 0$ e $(f - g)(4) = f(4) - g(4) = 0 - 0 = 0$; logo, $f - g \in I$. Se $h \in A$, então $(f \cdot h)(3) = f(3) \cdot h(3) = 0 \cdot h(3) = 0$ e $(f \cdot h)(4) = f(4) \cdot h(4) = 0 \cdot h(4) = 0$. Logo, $f \cdot h \in I$. Portanto, I é um ideal de A.

h) Sejam $f(x) = -2x + 3$ e $h(x) = x$. Então, $f(1) + f(2) = 1 + (-1) = 0 \Rightarrow f \in I$ e $g(x) = h(x) \cdot f(x) = x(-2x + 3) = -2x^2 + 3x \Rightarrow g(1) + g(2) = 1 + (-2) = -1 \neq 0 \Rightarrow g = h \cdot f \notin I$. Logo, I não é ideal de A.

R142) Seja $A = \{a + b\sqrt{2} \mid a, b \in \mathbb{Q}\}$. Mostre que se $f : A \longrightarrow A$ for um isomorfismo de anéis, então $f(\sqrt{2}) = \sqrt{2}$ ou $f(\sqrt{2}) = -\sqrt{2}$.

Solução: Se f for isomorfismo de anéis, então $f(1) = 1$, o que implica $f(2) = f(1 + 1) = f(1) + f(1) = 1 + 1 = 2$, e daí obtemos $2 = f(2) = f(\sqrt{2} \cdot \sqrt{2}) = f(\sqrt{2}) \cdot f(\sqrt{2}) = [f(\sqrt{2})]^2 \Rightarrow [f(\sqrt{2})]^2 = 2$, de onde concluímos que $f(\sqrt{2}) = \pm\sqrt{2}$.

R143) Verifique se $f : \mathbb{Q} \times \mathbb{Z} \longrightarrow \mathbb{Z} \times \mathbb{Q}$ tal que $f(x, y) = (y, x)$ é um isomorfismo de anéis.

Solução: Sejam $X = (a, b)$ e $Y = (c, d)$ dois elementos do domínio de f.

- $f(X+Y) = f((a,b)+(c,d)) = f(a+c,b+d) = (b+d,a+c) = (b,a)+(d,c) = f(a,b) + f(c,d) = f(X) + f(Y)$
- $f(X \cdot Y) = f((a,b) \cdot (c,d)) = f(ac,bd) = (bd,ac) = (b,a) \cdot (d,c) = f(a,b) \cdot f(c,d) = f(X) \cdot f(Y)$; logo, f é um homomorfismo de anéis.
- $f(X) = f(Y) \Rightarrow f(a,b) = f(c,d) \Rightarrow (b,a) = (d,c) \Rightarrow b = d$ e $a = c \Rightarrow (a,b) = (c,d) \Rightarrow X = Y$; logo, f é injetora
- Dado $W = (r,s) \in \mathbb{Z} \times \mathbb{Q}$, consideremos $Z = (s,r) \in \mathbb{Q} \times \mathbb{Z}$. Temos que $f(Z) = f(s,r) = (r,s) = W$; logo, f é sobrejetora.

Desse modo, fica mostrado que f é um isomorfismo de anéis.

R144) Sejam $\mathbb{K}$ um corpo e para cada $a \in \mathbb{K}$ considere a função $f_a : \mathbb{K} \longrightarrow \mathbb{K}$ tal que $f_a(x) = axa^{-1}$.

a) Mostre que f_a é um isomorfismo de anéis.

b) Se b for outro elemento de $\mathbb{K}$, então calcule a composta $f_a \circ f_b$.

Solução:

a) Sejam $x, y \in \mathbb{K}$. Temos:

   - $f_a(x+y) = a(x+y)a^{-1} = (ax+ay)a^{-1} = axa^{-1} + aya^{-1} = f_a(x) + f_a(y)$
   - $f_a(x \cdot y) = a(x \cdot y)a^{-1} = ax(a^{-1}a)ya^{-1} = (axa^{-1})(aya^{-1}) = f_a(x) \cdot f_a(y)$. Assim, este item, junto com o item anterior, mostra que f_a é um homomorfismo de anéis.
   - Se $f_a(x) = f_a(y)$, então $axa^{-1} = aya^{-1}$. Multiplicando-se à esquerda por a^{-1} e à direita por a, obtemos $a^{-1}axa^{-1}a = a^{-1}aya^{-1}a \Rightarrow 1 \cdot x \cdot 1 = 1 \cdot y \cdot 1 \Rightarrow x = y$. Logo, f_a é injetora.
   - Dado $s \in \mathbb{K}$ (contradomínio de f), seja $r = a^{-1}sa$ pertencente a $\mathbb{K}$ (domínio de f), temos que $f_a(r) = ara^{-1} = a(a{-}1sa)a^{-1} = 1 \cdot s \cdot 1 = s$. Logo, f_a é sobrejetora.

Fica mostrado dessa forma que f_a é um isomorfismo de $\mathbb{K}$ em $\mathbb{K}$.

b) Se $a, b, x \in \mathbb{K}$, então $(f_a \circ f_b)(x) = f_a(f_b(x)) = f_a(bxb^{-1}) = a(bxb^{-1})a^{-1} = (ab)x(b^{-1}a^{-1}) = (ab)x(ab)^{-1} = f_{ab}(x)$. Portanto, $f_a \circ f_b = f_{ab}$.

R145) Mostre que se $f : \mathbb{Z} \longrightarrow \mathbb{Z}$ é um isomorfismo de anéis, então f é a função identidade.

Solução: Como f é um isomormorfismo, temos que f é um homomorfismo e $f(a+b) = f(a) + f(b)$ para quaisquer $a, b \in \mathbb{Z}$.

- Sendo f um homomorfismo, temos $f(0) = 0$
- Sendo f também sobrejetora, temos $f(1) = 1$
- $f(2) = f(1+1) = f(1) + f(1) = 1 + 1 = 2$
- $f(3) = f(2+1) = f(2) + f(1) = 2 + 1 = 3$
- $f(4) = f(3+1) = f(3) + f(1) = 3 + 1 = 4$ etc.
- Supondo $f(k) = k$, temos que $f(k+1) = f(k) + f(1) = k + 1$. Logo, por indução, $f(n) = n$ para todo $n \in \mathbb{N}$.
- Se $m \in \mathbb{Z}$ for tal que $m < 0$, então $-m \in \mathbb{N}$ e daí $f(-m) = -m$ pelo que foi mostrado no item anterior. Como $f(-m) + f(m) = f((-m) + m) = f(0) = 0$, temos que $f(-m) = -f(m) \Rightarrow -m = -f(m) \Rightarrow f(m) = m$.

Concluímos então que $f(x) = x$, $\forall x \in \mathbb{Z}$, ou seja, f é a função identidade em $\mathbb{Z}$.

R146) Seja $f : A \longrightarrow B$ um homomorfismo de anéis e P um ideal primo de B. Mostre que $f^{-1}(P)$ é um ideal primo de A.

Solução: Inicialmente, vamos mostrar que $f^{-1}(P)$ é um ideal de A. Depois, mostramos que é um ideal primo.

- Como $0 \in P$ e $f(0) = 0$ temos que $f^{-1}(P) \neq \emptyset$ porque $f^{-1}(P)$ contém pelo menos o elemento 0.
- Se $a, b \in f^{-1}(P)$, então $f(a), f(b) \in P \Rightarrow f(a) - f(b) \in P \Rightarrow f(a-b) \in P \Rightarrow a - b \in f^{-1}(P)$.

- Se $a \in f^{-1}(P)$ e $x \in A$, então $f(a) \in P$ e $f(x) \in B \Rightarrow f(a) \cdot f(x) \in P \Rightarrow f(a \cdot x) \in P \Rightarrow a \cdot x \in f^{-1}(P)$. Logo, $f^{-1}(P)$ é um ideal de A.

- Suponhamos $x, y \in A$ tais que $x \cdot y \in f^{-1}(P)$. Então, $f(x \cdot y) \in P \Rightarrow f(x) \cdot f(y) \in P$. Como P é primo, temos $f(x) \in P$ ou $f(y) \in P \Rightarrow x \in f^{-1}(P)$ ou $y \in f^{-1}(P)$. Logo, $f^{-1}(P)$ é um ideal primo de A.

R147) Mostre que $(2\mathbb{Z}, +, \cdot)$ e $(3\mathbb{Z}, +, \cdot)$ não são anéis isomorfos.

Solução: Suponhamos que exista um isomorfismo $f : 2\mathbb{Z} \longrightarrow 3\mathbb{Z}$. Então $f(2) = 3n$ para algum $n \in \mathbb{Z}$. Como $f(0) = 0$ e f é injetora, temos que $n \neq 0$. Usando o fato de que f é um homomorfismo de anéis, temos:

- $f(4) = f(2 + 2) = f(2) + f(2) = 3n + 3n = 6n$

- $f(4) = f(2 \cdot 2) = f(2) \cdot f(2) = (3n)(3n) = 9n^2$

o que implica em $6n = 9n^2 \Rightarrow 2 \cdot 3n = 3n \cdot 3n$. Como $3\mathbb{Z}$ é um anel de integridade e $3n \neq 0$, podemos cancelar o $3n$ nos dois membros da última igualdade de onde obtemos: $2 = 3n$. Essa última igualdade é um absurdo porque o segundo membro é um múltiplo de 3 e o primeiro membro não é. Portanto, não pode existir isomorfismo de $2\mathbb{Z}$ em $3\mathbb{Z}$.

R148) Verifique se $\mathbb{Q}[\sqrt{5}] = \{a + b\sqrt{5} \mid a, b \in \mathbb{Q}\}$ e $\mathbb{Q}[\sqrt{7}] = \{a + b\sqrt{7} \mid a, b \in \mathbb{Q}\}$ são anéis isomorfos (com as operações de adição e multiplicação usuais).

Solução: Suponhamos que exista um isomorfismo $f : \mathbb{Q}[\sqrt{5}] \longrightarrow \mathbb{Q}[\sqrt{7}]$. Como f é um homomorfismo sobrejetor, temos $f(1) = 1$, o que implica em $f(5) = f(1 + 1 + 1 + 1 + 1) = f(1) + f(1) + f(1) + f(1) + f(1) = 1 + 1 + 1 + 1 + 1 = 5$. O elemento $\sqrt{5}$ é levado pela f para um elemento $a + b\sqrt{7}$ com $a, b \in \mathbb{Q}$, isto é, $f(\sqrt{5}) = a + b\sqrt{7}$. Elevando-se ao quadrado, obtemos: $[f(\sqrt{5})]^2 = (a + b\sqrt{7})^2 \Rightarrow f(\sqrt{5}) \cdot f(\sqrt{5}) = a^2 + 2ab\sqrt{7} + (\sqrt{7})^2 \Rightarrow f(\sqrt{5} \cdot \sqrt{5}) = a^2 + 2ab\sqrt{7} + 7 \Rightarrow f(5) = a^2 + 2ab\sqrt{7} + 7 \Rightarrow 5 = a^2 + 2ab\sqrt{7} + 7$

- Não podemos ter $a = 0$ porque isso implicaria $5 = 0 + 0 + 7$, que é absurdo.

- Não podemos ter $b = 0$ porque isso implicaria $5 = a^2 + 7 \Rightarrow a^2 = -2$, que é absurdo, porque não existe número racional cujo quadrado seja igual a -2.

- Assim, $a \neq 0$ e $b \neq 0$, o que implica $ab \neq 0$.

Como $2ab\sqrt{7} = -a^2 - 2$, temos $\sqrt{7} = \frac{-a^2-2}{2ab}$, o que é absurdo, porque $\sqrt{7}$ é irracional, enquanto que $\frac{-a^2-2}{2ab}$ é racional. Portanto, não pode existir isomorfismo f de $\mathbb{Q}[\sqrt{5}]$ em $\mathbb{Q}[\sqrt{7}]$

R149) Determine todos os possíveis isomorfismos do anel $(\mathbb{Z} \times \mathbb{Z}, +, \cdot)$ nele mesmo.

Solução: Seja $f : \mathbb{Z} \times \mathbb{Z} \longrightarrow \mathbb{Z} \times \mathbb{Z}$ um isomorfismo de anéis. Então, $f(0,0) = (0,0)$ e $f(1,1) = (1,1)$. Vamos calcular os valores de $f(0,1)$ e $f(1,0)$. Se esses valores forem conhecidos, a partir deles, podemos calcular todos os outros. Temos que:

- Suponhamos $f(0,1) = (a,b)$. Então, $(0,1) \cdot (0,1) = (0 \cdot 0, 1 \cdot 1) = (0,1) \Rightarrow f[(0,1) \cdot (0,1)] = f(0,1) \Rightarrow f(0,1) \cdot f(0,1) = f(0,1) \Rightarrow (a,b) \cdot (a,b) = (a,b) \Rightarrow (a^2, b^2) = (a,b) \Rightarrow a^2 = a$ e $b^2 = b \Rightarrow$ ($a = 0$ ou $a = 1$) e ($b = 0$ ou $b = 1$) $\Rightarrow f(0,1) = (0,1)$ ou $f(0,1) = (1,0)$. Note que, sendo f injetora, não podemos ter $f(0,1) = (0,0)$, nem $f(0,1) = (1,1)$.
- Suponhamos $f(1,0) = (c,d)$. Usando argumentos semelhantes aos do item anterior, a partir de $(1,0) \cdot (1,0) = (1,0)$, chegamos a $(c^2, d^2) = (c,d)$, o que implica em $f(1,0) = (0,1)$ ou $f(1,0) = (1,0)$.

Portanto, temos dois casos a considerar:

Caso 1: $f(0,1) = (0,1)$ e $f(1,0) = (1,0)$

- Neste caso, temos $f(0,2) = f[(0,1) + (0,1)] = f(0,1) + f(0,1) = (0,1) + (0,1) = (0,2)$, $f(0,3) = f[(0,2) + (0,1)] = f(0,2) + f(0,1) = (0,2) + (0,1) = (0,3)$ etc.
- Supondo $f(0,k) = (0,k)$, temos $f(0,k+1) = f[(0,k) + (0,1)] = f(0,k) + f(0,1) = (0,k) + (0,1) = (0,k+1)$. Logo, por indução, $f(0,n) = (0,n)$, $\forall n \in \mathbb{N}$.
- Se m for um inteiro negativo, então $-m$ é positivo e $f(0,-m) = (0,-m)$. Como $f(0,0) = (0,0)$, temos que $f[(0,m) + (0,-m)] = f(0,0) = (0,0) \Rightarrow f(0,m) + f(0,-m) = (0,0) \Rightarrow f(0,m) + (0,-m) = (0,0) \Rightarrow f(0,m) = -(0,-m) \Rightarrow f(0,m) = (0,m)$. Portanto, $f(0,y) = (0,y)$, $\forall y \in \mathbb{Z}$.
- A partir de $f(1,0) = (1,0)$, usando um cálculo semelhante ao item anterior, obtemos $f(2,0) = (2,0)$, $f(3,0) = (3,0)$, etc. e chegamos a $f(x,0) = (x,0)$, $\forall x \in \mathbb{Z}$.
- Portanto, $f(x,y) = f[(x,0) + (0,y)] = f(x,0) + f(0,y) = (x,0) + (0,y) \Rightarrow f(x,y) = (x,y)$.

Caso 2: $f(0,1) = (1,0)$ e $f(1,0) = (0,1)$

- Este caso é semelhante ao anterior: a partir de $f(0,1) = (1,0)$, calculamos $f(0,2) = (2,0)$, $f(0,3) = (3,0)$ etc. e chegamos a $f(0,y) = (y,0)$, $\forall y \in \mathbb{Z}$.
- A partir de $f(1,0) = (0,1)$, chegamos a $f(2,0) = (0,2)$, $f(3,0) = (0,3)$ etc. e chegamos a $f(x,0) = (0,x)$, $\forall x \in \mathbb{Z}$.
- Daí, $f(x,y) = f(x,0) + f(0,y) = (0,x) + (y,0) \Rightarrow f(x,y) = (y,x)$.

Portanto, as funções $f(x,y) = (y,x)$ e $g(x,y) = (x,y)$, sendo homomorfismos de $\mathbb{Z} \times \mathbb{Z}$ em $\mathbb{Z} \times \mathbb{Z}$ e bijetoras, são os únicos isomorfismos de $\mathbb{Z} \times \mathbb{Z}$ em $\mathbb{Z} \times \mathbb{Z}$.

9.6 EXERCÍCIOS PROPOSTOS

P52) Construa as tábuas de adição e multiplicação do anel-quociente $\mathbb{Z}/5\mathbb{Z}$.

Resposta:

$+$	I	$1+I$	$2+I$	$3+I$	$4+I$
I	I	$1+I$	$2+I$	$3+I$	$4+I$
$1+I$	$1+I$	$2+I$	$3+I$	$4+I$	I
$2+I$	$2+I$	$3+I$	$4+I$	I	$1+I$
$3+I$	$3+I$	$4+I$	I	$1+I$	$2+I$
$4+I$	$4+I$	I	$1+I$	$2+I$	$3+I$

$\cdot$	I	$1+I$	$2+I$	$3+I$	$4+I$
I	I	I	I	I	I
$1+I$	I	$1+I$	$2+I$	$3+I$	$4+I$
$2+I$	I	$2+I$	$4+I$	$2+I$	$1+I$
$3+I$	I	$3+I$	$1+I$	$4+I$	$2+I$
$4+I$	I	$4+I$	$3+I$	$2+I$	$1+I$

P53) Mostre que se $f : \mathbb{Z} \longrightarrow \mathbb{Z}$ é um isomorfismo de anéis, então f é a função identidade.

Resposta: $f(1) = 1 \Rightarrow f(n) = n, \forall n > 0$; $f(0) = 0 \Rightarrow f(n + (-n)) = f(0) = 0 \Rightarrow f(-n) = -n, \ \forall n > 0$

P54) Verifique se $(I, +, \cdot)$ é um ideal do anel $(A, +, \cdot)$ em cada um dos seguintes casos:

a) $I = \mathbb{Z}$, $A = \mathbb{Q}$.

b) $I = 3\mathbb{Z}$, $A = \mathbb{Z}$.

c) $I = \{f : \mathbb{R} \longrightarrow \mathbb{R} \mid f(-1) = 0\}$, $A = \mathbb{R}^{\mathbb{R}}$.

d) $I = \{f : \mathbb{R} \longrightarrow \mathbb{R} \mid f(3) = f(4) = 0\}$, $A = \mathbb{R}^{\mathbb{R}}$.

Resposta: I não é ideal de A somente no item (a)

P55) Verifique se $\mathbb{Q}[\sqrt{5}] = \{a + b\sqrt{5} \mid a, b \in \mathbb{Q}\}$ e $\mathbb{Q}[\sqrt{7}] = \{a + b\sqrt{7} \mid a, b \in \mathbb{Q}\}$ são anéis isomorfos (com as operações de adição e multiplicação usuais).
Resposta: não são anéis isomorfos

P56) Seja $A = \{a + b\sqrt{2} \mid a, b \in \mathbb{Q}\}$. Mostre que se $f : A \longrightarrow A$ for um isomorfismo de anéis, então $f(\sqrt{2}) = \sqrt{2}$ ou $f(\sqrt{2}) = -\sqrt{2}$.
Resposta: $f(1) = 1 \Rightarrow 2 = f(2) = f(\sqrt{2} \cdot \sqrt{2}) = f(\sqrt{2}) \cdot f(\sqrt{2}) = f(\sqrt{2})^2$

P57) Determine todos os possíveis homomorfismos de anéis $f : (A, +, \cdot) \longrightarrow (B, +, \cdot)$ em cada um dos casos:

a) $A = \mathbb{Z}$, $B = \mathbb{Z}_{17}$

b) $A = \mathbb{Z}$, $B = \mathbb{Z}_6$

c) $A = \mathbb{Q}$, $B = \mathbb{Z} \times \mathbb{Z}$

d) $A = \mathbb{Z} \times \mathbb{Z}$, $B = \mathbb{Z}$

Resposta: a) $f(x) = \bar{0}$ ou $f(x) = \bar{x}$; b) $f(x) = \bar{0}$ ou $f(x) = \bar{x}$ ou $f(x) = \bar{3}\bar{x}$ ou $f(x) = \bar{4}\bar{x}$; c) $f(x) = (0, 0)$; d) $f(x, y) = 0$ ou $f(x, y) = x$ ou $f(x, y) = y$.

P58) Mostre que
a) $f : (\mathbb{R}, +, \cdot) \longrightarrow (\mathbb{R}, +, \cdot)$, $f(x) = x - 1$ não é um isomorfismo de anéis, operações de adição e multiplicação usuais.
b) $f : (\mathbb{R}, +, \cdot) \longrightarrow (\mathbb{R}, \oplus, \odot)$, $f(x) = x - 1$ é um isomorfismo de anéis, onde $a \oplus b = a + b + 1$ e $a \odot b = a + b + ab$.
Resposta: a) observe que $f(0) \neq 0$; b) mostre que $f(a+b) = f(a) \oplus f(b)$ e $f(a \cdot b) = f(a) \odot f(b)$

Observação: No item b), note que o elemento neutro de $\oplus$ é 1, o elemento neutro de $\odot$ é 0 e que $f(1) = 0$; portanto, f leva elemento neutro do domínio no elemento neutro da imagem.

CAPÍTULO 10

Polinômios

Seja A um anel. Uma *sequência de elementos em* A é uma função $f : \mathbb{N} \longrightarrow A$. que costuma ser representada na forma $f = (a_0, a_1, a_2, \cdots)$ ou, de forma mais simplificada, $f = (a_i)$.

Nesse formato, estamos representando $f(k)$ por a_k, para todo $k \in \mathbb{N}$. O elemento $a_k \in A$ é denominado o k*-ésimo termo* da sequência.

Exemplos

- $f = (-3, 0, 1, \pi, 5, 6, -10, \sqrt{3}, \sqrt{3}, 5, \cdots)$ é uma sequência de elementos em $\mathbb{R}$.
- $g = (\bar{1}, \bar{2}, \bar{3}, \bar{1}, \bar{2}, \bar{3}, \bar{4}, \bar{0}, \bar{0}, \cdots, \bar{0}, \bar{0}, \cdots)$ é uma sequência de elementos em $\mathbb{Z}_5$.

Definição

Consideremos duas sequências $f = (a_i)$ e $g = (b_i)$.

- **Igualdade:** Dizemos que $f = g$ quando $a_i = b_i$ para todo $i \in \mathbb{N}$.
- **Adição:** A *soma* de f com g é uma sequência $h = (c_i)$ tal que $c_i = a_i + b_i$ para todo $i \in \mathbb{N}$.
- **Multiplicação:** O *produto* de f por g é uma sequência $j = (d_i)$ tal que $d_i = \sum_{k=0}^{i} a_{i-k} b_k$ para todo $i \in \mathbb{N}$.

Observação

O produto das sequências $f = (a_i)$ e $g = (b_i)$ é uma sequência $h = (d_i)$ cujos termos são: $d_0 = a_0b_0$, $d_1 = a_1b_0 + a_0b_1$, $d_2 = a_2b_0 + a_1b_1 + a_0b_2$, $d_3 = a_3b_0 + a_2b_1 + a_1b_2 + a_0b_3, \cdots$

$$d_k = a_kb_0 + a_{k-1}b_1 + a_{k-2}b_2 + \cdots + a_0b_k$$

Definição

Em um anel A, uma sequência $(a_1, a_2, a_3, \cdots)$ com $a_i \in A$ para todo $i \in \mathbb{N}$ é denominada **polinômio sobre** A quando existir um índice $s \in \mathbb{N}$ tal que $a_k = 0$ para todo $k > s$. O conjunto de todos os polinômios com coeficientes no anel A é denotado por $A[x]$.

Observação

Uma sequência que é um polinômio tem todos os seus termos nulos a partir de certa ordem. Por isso, um polinômio também é denominado **sequência quase nula**. Os termos de um polinômio também são chamados de **coeficientes**.

Exemplo

$f = (5, 6, 9, -3, 0, 0, \cdots, 0, \cdots)$, onde $a_k = 0$ se $k > 3$ é um polinômio sobre o anel $\mathbb{Z}$.

10.1 GRAU DE UM POLINÔMIO

Consideremos $f = (a_i)$ um polinômio não nulo. O **grau de** f é o maior índice dos termos não nulos de f, ou seja, é definido como sendo igual a n se $a_n \neq 0$ e $a_k = 0$ para todo $k > n$. Neste caso, o termo a_n é denominado **coeficiente dominante de** f. O polinômio nulo $o = (0, 0, 0, \cdots, 0, \cdots)$ não tem grau definido.
Notação: O grau de um polinômio f é denotado por ∂f ou por $gr(f)$.

Exemplos

- O termo não nulo de $p = (5, -2, 1, 8, 0, 0, \cdots, 0, \cdots) \in \mathbb{Z}[x]$ que tem o maior índice é o $a_3 = 8$; logo, o grau de p é 3, ou seja, $\partial p = 3$.

- O termo não nulo de $q = (\bar{2}, \bar{0}, \bar{0}, \bar{3}, \bar{1}, \bar{0}, \bar{0}, \cdots, \bar{0}, \cdots) \in \mathbb{Z}_5[x]$ que tem o maior índice é o $a_4 = \bar{1}$; logo, $\partial q = 4$.

- Em um anel A, se $a \in A$, então o polinômio do tipo $c = (a, 0, 0, 0, \cdots, 0, \cdots)$ é um polinômio de grau 0 e é denominado *polinômio constante* em $A[x]$.

10.2 NOTAÇÃO USUAL

Seja A um anel com unidade. O polinômio

$$x = (0, 1, 0, 0, \cdots, 0, \cdots)$$

é denominado **indeterminada** sobre A.

Usando a definição de produto de polinômios, temos:

- $x^2 = x \cdot x = (0, 0, 1, 0, 0, 0, \cdots, 0, \cdots)$
- $x^3 = x^2 \cdot x = (0, 0, 0, 1, 0, 0, \cdots, 0, \cdots)$
- $x^4 = x^3 \cdot x = (0, 0, 0, 0, 1, 0, \cdots, 0, \cdots)$ etc.

Dado um polinômio qualquer $f = (a_0, a_1, a_2, \cdots, a_n, 0, 0, \cdots)$ de $A[x]$ temos que $f = a_0 + a_1x + a_2x^2 + \cdots + a_nx^n$. Essa notação é considerada a usual para indicar um polinômio f.

Exemplos

- O polinômio $p = (-3, \sqrt{2}, 3, 4, -5, 1, 0, 0, 0, \cdots, 0, \cdots) \in \mathbb{R}[x]$ é denotado na forma usual por $p = -3 + \sqrt{2}x + 3x^2 + 4x^3 - 5x^4 + x^6$ ou por $p(x) = -3 + \sqrt{2}x + 3x^2 + 4x^3 - 5x^4 + x^6$;
- O polinômio $q = (4, 5, -3, 2, 7, 0, 0, 0, \cdots, 0, \cdots) \in \mathbb{Z}[x]$ é denotado na forma usual por $q = 4 + 5x - 3x^2 + 2x^3 + 7x^4$ ou por $q(x) = 4 + 5x - 3x^2 + 2x^3 + 7x^4$;
- O polinômio $q = (\bar{2}, \bar{3}, \bar{0}, \bar{0}, \bar{1}, \bar{7}, \bar{0}, \bar{0}, \bar{0}, \cdots, \bar{0}, \cdots) \in \mathbb{Z}_8[x]$ é denotado na forma usual por $f = \bar{2} + \bar{3}x + x^4 + \bar{7}x^5$ ou por $f(x) = \bar{2} + \bar{3}x + x^4 + \bar{7}x^5$.

Os graus dos polinômios $p(x)$, $q(x)$ e $f(x)$ anteriores são: $\partial p = 6$, $\partial q = 4$ e $\partial f = 5$.

Proposições básicas

- A soma e o produto de dois polinômios de $A[x]$ dá como resultado um polinômio de $A[x]$.
- Se A for um anel, então $A[x]$ também é.
- Se A for um anel comutativo, então $A[x]$ também é.
- Se A for um anel com unidade, então $A[x]$ também é.
- Se A for um anel de integridade, então $A[x]$ também é.
- Em geral, $A[x]$ não é um corpo (mesmo que A seja um corpo).
- Se $p = \partial f$ e $q = \partial g$, então $\partial(f+g) = \max(p,q)$ e $\partial(f \cdot g) \leq p+q$. Se A for um anel de integridade ou um corpo, então $\partial(f \cdot g) = p+q$.
- Todo anel A é isomorfo ao subanel de $A[x]$ formado por todos os polinômios constantes.

Divisão de polinômios

Sendo A um anel comutativo com unidade, dados dois polinômios f e g em $A[x]$, dizemos que f *divide* g quando existir $h \in A[x]$ tal que $g = f \cdot h$.

Notação: Denotamos "*f divide g*" por $f \mid g$ e "*f não divide g*" por $f \nmid g$.

Observação

f divide g é considerado o mesmo que: *f é divisor de g* ou *g é divisível por f* ou *g é múltiplo de f*.

Exemplo

Sejam $f(x) = x-2$ e $g(x) = x^2-5x+6 = (x-2)\cdot(x-3)$. Considerando $h(x) = x-3$, temos que $g(x) = f(x)\cdot h(x)$ e daí concluímos que $f(x) \mid g(x)$.

Teorema (algoritmo da divisão)

Seja K um corpo. Dados dois polinômios $f, g \in K[x]$, existe um único $q \in K[x]$ (denominado **quociente**) e um único $r \in K[x]$ (denominado **resto**) tais que

$$f = g \cdot q + r \text{ e } r = 0 \text{ ou } \partial r < \partial g.$$

$$\begin{array}{r|l} f(x) & g(x) \\ \hline r(x) & q(x) \end{array}$$

Exemplo

Dividir $f(x) = 6x^4 + 5x^3 - 10x^2 + 7x - 8$ por $g(x) = x^2 - 2x + 1$.

Dividindo $6x^4$ por x^2 obtemos $6x^2$. Multiplicamos $6x^2$ por $g(x)$ e subtraímos o produto de $f(x)$. Repetimos esse procedimento até obtermos um polinômio de grau menor do que o grau de $g(x)$.

$$\begin{array}{r|l}
6x^4 + 5x^3 - 10x^2 + 7x - 8 & x^2 - 2x + 1 \\ \cline{2-2}
\underline{-6x^4 + 12x^3 - 6x^2} \qquad\qquad & 6x^2 + 17x + 18 \\
17x^3 - 16x^2 + 7x \qquad & \\
\underline{-17x^3 + 34x^2 - 17x} \qquad & \\
18x^2 - 10x - 8 & \\
\underline{-18x^2 + 36x - 18} & \\
26x - 26 &
\end{array}$$

Obtivemos quociente $q(x) = 6x^2 + 17x + 18$ e resto $r(x) = 26x - 26$. Observe que $f(x) = g(x) \cdot q(x) + r(x)$.

Raízes de polinômios

Sejam A um anel comutativo com unidade, $f(x) = a_0 + a_1x + \cdots + a_nx^n \in A[x]$ e $s \in A$.

- O *valor de f em s*, denotado por $f(s)$, é o seguinte elemento de A: $f(s) = a_0 + a_1 \cdot s + a_2 \cdot s^2 + \cdots + a_n \cdot s^n$.
- Quando $f(s) = 0$, dizemos que s é uma *raiz* do polinômio f.

Exemplo

Sejam $f(x) = 4 + x^2 - x^3$, $r = 2$ e $s = 3$. Temos:

- $f(r) = f(2) = 4 + 2^2 - 2^3 = 0$
- $f(s) = f(3) = 4 + 3^2 - 3^3 = -14$

Portanto, r é uma raiz do polinômio $f(x)$, mas s não é.

Proposição

Sejam A um anel comutativo com unidade, $f \in A[x]$ e $g = x - s \in A[x]$.

- O resto da divisão de f por g é igual a $f(s)$.
- f é divisível por g se, e somente se, $f(s) = 0$ (ou seja, s é raiz de $f(x)$).

Exemplos

- Em $\mathbb{Z}[x]$, dados $f = x^2 + 5x + 3$ e $g = x - 4$, então o resto da divisão de f por g é $f(4) = 4^2 + 5 \cdot 4 + 3 = 39$.
- Consideremos $f(x) = x^3 - 8$ e $g(x) = x - 2$. O resto da divisão de $f(x)$ por $g(x)$ é igual a $f(2) = 2^3 - 8 = 0$. Isso significa que a divisão é exata e que 2 é raiz de $f(x)$.

Raízes racionais

Seja $a_nx^n + \cdots + a_2x^2 + a_1x + a_0 = 0$ uma equação polinomial de coeficientes inteiros. Se $\frac{p}{q}$ for uma raiz racional dessa equação com $p, q \in \mathbb{Z}$, então p é um divisor de a_0 e q é um divisor de a_n.

Exemplo

Consideremos a equação $12x^6 - x^5 + 23x^4 - 2x^3 + 58x^2 - 5x - 5 = 0$.

- Os divisores do termo independente de x são ± 1 e ± 5.
- Os divisores do coeficiente do termo de maior grau são ± 1, ± 2 ± 3, ± 4, ± 6 e ± 12.
- Logo, as possíveis raízes racionais da equação são: ± 1, $\pm\frac{1}{2}$, $\pm\frac{1}{3}$, $\pm\frac{1}{4}$, $\pm\frac{1}{6}$, $\pm\frac{1}{12}$, ± 5, $\pm\frac{5}{2}$, $\pm\frac{5}{3}$, $\pm\frac{5}{4}$, $\pm\frac{5}{6}$ e $\pm\frac{5}{12}$.
- Substituindo na equação, verificamos que somente $\frac{1}{3}$ e $-\frac{1}{4}$ são raízes.

Exemplo

Determine todas as raízes da equação

$$f(x) = 2x^4 + 5x^3 - 17x^2 - 35x + 21 = 0.$$

Solução

- Os divisores de 21 são: ± 1, ± 3, ± 7 e ± 21
- Os divisores de 2 são: ± 1 e ± 2
- Dividindo-se os divisores de 21 pelos divisores de 2, obtemos as possíveis raízes racionais da equação dada: ± 1, ± 3, ± 7, ± 21, $\pm\frac{1}{2}$, $\pm\frac{3}{2}$, $\pm\frac{7}{2}$ e $\pm\frac{21}{2}$
- Por substituição direta, temos que somente $\frac{1}{2}$ e -3 são raízes
- Daí, temos que $f(x)$ é divisível por $2(x - \frac{1}{2})(x - (-3)) = 2x^2 + 5x - 3$
- Efetuando-se a divisão de

  $$f(x) = 2x^4 + 5x^3 - 17x^2 - 35x + 21$$

  por

  $$g(x) = 2x^2 + 5x - 3,$$

  obtemos quociente igual a $(x^2 - 7)$ e resto igual a zero
- As raízes de $x^2 - 7$ são $\pm\sqrt{7}$
- Concluímos, então, que todas as raízes da equação dada são $\pm\sqrt{7}$, $\frac{1}{2}$ e -3, ou seja, seu conjunto-solução é:

  $$S = \{-\sqrt{7}, \sqrt{7}, \frac{1}{2}, -3\}$$

10.3 POLINÔMIOS IRREDUTÍVEIS

Seja K um corpo e $p \in K[x]$. Dizemos que o polinômio p é *irredutível* em $K[x]$ (ou *irredutível sobre K*) quando p não é um polinômio constante e, se existirem $f, g \in K[x]$ tais que $p = f \cdot g$, então f é constante ou g é constante. Um polinômio que não é irredutível sobre K é denominado *redutível* sobre K.

Observação

Os polinômios redutíveis sobre K são aqueles polinômios que podem ser fatorados, ou seja, escritos como produto de dois polinômios não constantes de $K[x]$.

Exemplos

- Todo polinômio de grau 1 é irredutível em $\mathbb{R}[x]$.
- $f = x^2 - 9$ é redutível em $\mathbb{R}[x]$ porque é possível escrevê-lo como produto de dois polinômios não constantes: $f = (x+3)(x-3)$. Note que essa fatoração não é única pois temos também $f = (2x+6)(\frac{1}{2}x - \frac{3}{2})$, entre outras possibilidades.
- Se K for um corpo e $f(x) \in K[x]$ com $\partial f \geq 2$ possuir uma raiz $r \in K$, então $f(x)$ é redutível sobre K porque pode ser escrito na forma $(x-r)g(x)$ onde $g(x) \in K[x]$ e $\partial g \geq 1$.
- $f(x) = x^2 - 5$ é irredutível sobre $\mathbb{Q}$ mas é redutível sobre $\mathbb{R}$ porque $f(x) = \underbrace{(x - \sqrt{5})}_{\in \mathbb{R}[x]} \cdot \underbrace{(x + \sqrt{5})}_{\in \mathbb{R}[x]}$.

Teorema (critério de Eisenstein)

Seja $f(x) = a_n x^n + \cdots + a_2 x^2 + a_1 x + a_0$ um polinômio de coeficientes inteiros. Se existir um inteiro primo p tal que

- $p \mid a_0, p \mid a_1, p \mid a_2, \cdots, p \mid a_{n-1}$
- $p \nmid a_n$
- $p^2 \nmid a_0$

então $f(x)$ é irredutível sobre $\mathbb{Z}$.

Exemplo

Seja $f(x) = 7x^5 + 110x^4 - 22x^3 + 44x^2 - 11x + 66$. Considerando o primo $p = 11$ temos que $p \mid 66$, $p \mid (-11)$, $p \mid 44$, $p \mid (-22)$, $p \mid 110$, $p \nmid 7$ e $p^2 \nmid 66$. Logo, $f(x)$ é irredutível sobre $\mathbb{Z}$, ou seja, $f(x)$ não pode ser fatorado como produto de dois polinômios não constantes de coeficientes inteiros.

10.4 RAIZ QUADRADA DE UM POLINÔMIO

Consideremos $p(x)$ e $r(x)$ polinômios tais que $(r(x))^2 = p(x)$. Neste caso, dizemos que $r(x)$ é a raiz quadrada de $p(x)$ e denotamos isso por $r(x) = \sqrt{p(x)}$. Nem sempre um polinômio tem uma raiz quadrada que também é um polinômio; mas, se $p(x)$ tiver uma raiz quadrada $r(x)$, então $-r(x)$ também é uma outra raiz. Por exemplo, $\sqrt{4x^2 + 12x + 9} = 2x + 3$ ou $-2x - 3$.

O antigo algoritmo para o cálculo da raiz quadrada, bastante conhecido e divulgado antes da popularização do uso de calculadoras e computadores, possui uma versão similar para polinômios de uma ou várias variáveis. Esse algoritmo é baseado em identidade como

$$(a + b + c + d)^2 = a^2 + b(b + 2a) + c(c + 2(a + b)) + d(d + 2(a + b + c))$$

e consiste nos seguintes passos:

- Ordenam-se os termos do polinômio de acordo com os expoentes de cada termo. A ordem pode ser, por exemplo, a decrescente dos expoentes.
- Calcula-se o primeiro termo a da raiz quadrada como sendo a raiz quadrada do primeiro termo do polinômio. Eleva-se ao quadrado essa raiz e subtrai-se do polinômio dado.
- Baixam-se os dois termos seguintes do polinômio e divide-se o primeiro desses termos pelo dobro do primeiro termo da raiz; o quociente dessa divisão b é o segundo termo da raiz quadrada.
- Multiplica-se o segundo termo b da raiz pela soma desse termo com o dobro do primeiro termo e o produto, denotado por $b(b + 2a)$, é subtraído dos termos baixados no item anterior.
- Baixam-se mais termos do polinômio de modo a ficarem três termos e divide-se o primeiro desses termos pelo dobro do primeiro termo da raiz; o quociente dessa divisão c é o terceiro termo da raiz quadrada.

- Multiplica-se o terceiro termo c da raiz pela soma desse termo com o dobro dos dois primeiros termos encontrados na raiz e o produto, denotado por $c(c+2(a+b))$, é subtraído dos termos baixados no item anterior.
- Continua-se o procedimento dos itens anteriores enquanto o maior grau dos termos baixados for maior ou igual ao grau da raiz.

O cálculo de raiz quadrada pode ser útil na resolução de outros problemas como fatoração de polinômios e determinação das raízes de equações polinomiais.

Exemplo: Vamos calcular a raiz quadrada de $p(x) = 9x^4 + 30x^3 + 13x^2 - 20x + 4$.

$$
\begin{array}{r|l}
\sqrt{9x^4 + 30x^3 + 13x^2 - 20x + 4} & 3x^2 + 5x - 2 \\
-9x^4 \qquad\qquad\qquad\qquad\qquad & \\
\hline
30x^3 + 13x^2 \qquad\qquad & (6x^2 + 5x) \cdot (5x) = 30x^3 + 25x^2 \\
-30x^3 - 25x^2 \qquad\qquad & (6x^2 + 10x - 2) \cdot (-2) = \\
\hline
-12x^2 - 20x + 4 & \qquad -12x^2 - 20x + 4 \\
12x^2 + 20x - 4 & \\
\hline
0 &
\end{array}
$$

Uma explicação para a construção desse diagrama é a seguinte:

- A raiz de $9x^4$ é $3x^2$ e esse é o primeiro termo da raiz. Eleva-se $3x^2$ ao quadrado e subtrai-se de $p(x)$. Baixam-se os termos $30x^3$ e $13x^2$.
- Dividindo-se $30x^3$ pelo dobro de $3x^2$, obtém-se $5x$, que é o segundo termo da raiz.
- Calcula-se $(2 \cdot (3x^2) + 5x) \cdot (5x)$ e subtrai-se de $p(x)$.
- Baixam-se os termos restantes do polinômio e divide-se $-12x^2$ por $6x^2$. O quociente é -2 e é o terceiro termo da raiz.
- Calcula-se $[(2 \cdot (3x^2 + 5x) - 2) \cdot (-2)]$ e subtrai-se de $p(x)$, obtendo-se resto nulo para a raiz.

Portanto, concluímos que $\sqrt{9x^4 + 30x^3 + 13x^2 - 20x + 4} = 3x^2 + 5x - 2$.

Observações:

- Um problema que pode ser considerado equivalente a esse é:

  "Fatore o polinômio $9x^4 + 30x^3 + 13x^2 - 20x + 4$*".*

- Outro problema equivalente a esse poderia ser enunciado na forma:

  "Resolva a equação $9x^4 + 30x^3 + 13x^2 - 20x + 4 = 0$*".*

  Como $9x^4 + 30x^3 + 13x^2 - 20x + 4 = (3x^2 + 5x - 2)^2$, temos que as raízes dessa equação são $\frac{-5\pm\sqrt{49}}{6}$, ou seja, $\frac{1}{3}$ e -2 (raízes duplas).

10.5 RAIZ CÚBICA DE UM POLINÔMIO

Se $r(x)$ for um polinômio tal que $(r(x))^3 = p(x)$, dizemos que $r(x)$ é a raiz cúbica de $p(x)$ e denotamos isso por $r(x) = \sqrt[3]{p(x)}$. Um algoritmo para o cálculo da raiz cúbica de um polinômio $p(x)$ é baseado em identidade do tipo

$$(a + b + c + d)^3 = a^3 + b(b^2 + 3a^2 + 3ab) + c(c^2 + 3(a + b)^2 + 3(a + b)c) \\ + d(d^2 + 3(a + b + c)^2 + 3(a + b + c)d)$$

e está descrito a seguir.

- Ordenam-se os termos do polinômio de acordo com os expoentes de cada termo.
- Calcula-se a raiz cúbica a do primeiro termo, que será o primeiro termo da raiz do polinômio. Eleva-se esse primeiro termo ao cubo e subtrai-se do polinômio.
- Baixam-se os três termos seguintes do polinômio e divide-se o primeiro termo baixado por $3a^2$, o triplo do quadrado do termo já encontrado na raiz; o quociente dessa divisão b é o segundo termo da raiz.
- Calcula-se a soma dos seguintes produtos:

  1) b^3, o cubo do segundo termo da raiz;
  2) $3a^2b$, o triplo do quadrado do primeiro termo da raiz pelo segundo termo;
  3) $3ab^2$, o triplo do primeiro termo pelo quadrado do segundo termo;

  e subtrai-se a soma $b^3 + 3a^2b + 3ab^2$ do polinômio.

- Baixam-se termos do polinômio em quantidade suficiente para efetuar a subtração da soma calculada no item anterior e divide-se o primeiro termo da diferença pelo triplo do quadrado do primeiro termo já encontrado na raiz. O quociente encontrado c é o terceiro termo da raiz.
- Calcula-se a soma dos produtos c^3, $3(a+b)^2$ c e $3(a+b)c^2$ e subtrai-se a soma do polinômio.
- Continua-se o procedimento dos itens anteriores enquanto o maior grau dos termos baixados for maior ou igual ao grau da raiz.

Exemplo: Calcular a raiz cúbica de

$$p(x) = x^6 + 9x^5 + 12x^4 - 63x^3 - 60x^2 + 225x - 125$$

Segundo o algoritmo descrito, calculamos o primeiro termo da raiz como sendo $\sqrt[3]{x^6} = x^2$, o segundo termo da raiz é o quociente da divisão de $9x^5$ por $3x^4$ e o terceiro termo é o quociente de $-15x^4$ por $3x^4$.

$\sqrt[3]{x^6 + 9x^5 + 12x^4 - 63x^3 - 60x^2 + 225x - 125}$	$x^2 + 3x - 5$
$-x^6$	
$9x^5 + 12x^4 - 63x^3$	$3(x^2)^2 = 3x^4$
$-9x^5 - 27x^4 - 27x^3$	$3(x^2)^2 \cdot (3x) = 9x^5$
	$3(x^2) \cdot (3x)^2 = 27x^4$
$-15x^4 - 90x^3 - 60x^2 + 225x - 125$	$(3x)^3 = 27x^3$
$15x^4 + 90x^3 + 60x^2 - 225x + 125$	
0	$3(x^2+3x)^2 = 3x^4 + 18x^3 + 27x^2$
	$3(x^2+3x)^2 \cdot (-5) = -15x^4 - 90x^3 - 135x^2$
	$3(x^2+3x) \cdot (-5)^2 = 75x^2 + 225x$
	$(-5)^3 = -125$

Concluímos assim que $\sqrt[3]{p(x)} = x^2 + 3x - 5$, ou seja, $p(x) = (x^2 + 3x - 5)^3$.

É possível a descrição de um algoritmo semelhante aos anteriores para o cálculo de $\sqrt[n]{p(x)}$, com $n > 3$. Por exemplo, a partir de uma igualdade como

$$\begin{aligned}(a+b+c+d)^4 = a^4 & +b(b^3 +4ab^2 +6a^2b +4a^3) \\ & +c(c^3 +4(a+b)c^2 +6(a+b)^2c +4(a+b)^3) \\ & +d(d^3 +4(a+b+c)d^2 +6(a+b+c)^2d +4(a+b+c)^3)\end{aligned}$$

podemos descrever um algoritmo para o cálculo da raiz quarta de um polinômio.

10.6 EXERCÍCIOS RESOLVIDOS

R150) Determine A e B reais de modo que a igualdade

$$\frac{3x+1}{(x-2)(x+2)} = \frac{A}{x-2} + \frac{B}{x+2}$$

se verifique para todo $x \in \mathbb{R} - \{2, -2\}$.

Solução: Multiplicando-se os dois membros da igualdade por $(x-2)(x+2)$, obtemos $3x+1 = A(x+2) + B(x-2)$, que é equivalente a $3x+1 = (A+B)x + (2A-2B)$. Comparando os coeficientes nos dois membros da última igualdade, obtemos: $\begin{cases} A+B &= 3 \\ 2A-2B &= 1 \end{cases}$. Multiplicando-se a primeira equação por 2 e somando-se com a segunda, obtemos: $(2A+2B)+(2A-2B) = 6+1$, ou seja, $4A = 7$. Daí, obtemos $A = \frac{7}{4}$, que, substituindo na primeira equação, fornece $\frac{7}{4} + B = 3 \Rightarrow B = -\frac{7}{4} + 3 \Rightarrow B = \frac{5}{4}$. Portanto, $A = \frac{7}{4}$ e $B = \frac{5}{4}$.

R151) Determine o quociente $q(x)$ e o resto $r(x)$ da divisão de $f(x)$ por $g(x)$ em cada caso a seguir:

a) $f(x) = x^4 + 7x^3 - 5x^2 + 10x - 3$, $g(x) = x^2 + 2$

b) $f(x) = x^3 + 6x^2 + 9x - 11$, $g(x) = x^2 + x + 1$

Solução:

a) Dividimos x^4 por x^2 e obtemos como resultado x^2. Multiplicamos x^2 por (x^2+2) e obtemos $x^4 + 2x^2$. Subtraímos esse resultado de $f(x)$, ou seja, somamos $f(x)$ com $-x^4 - 2x^2$, e o resultado dessa operação inicia com $7x^3$. Repetimos o procedimento de divisão por x^2 etc. até obtermos um resultado com grau menor do que 2.

$$\begin{array}{rrrrr|l}
x^4 & +7x^3 & -5x^2 & +10x & -3 & x^2+2 \\
\cline{6-6}
-x^4 & & -2x^2 & & & x^2+7x-7 \\
\cline{1-3}
& 7x^3 & -7x^2 & +10x & & \\
& -7x^3 & & -14x & & \\
\cline{2-4}
& & -7x^2 & -4x & -3 & \\
& & 7x^2 & & +14 & \\
\cline{3-5}
& & & -4x & +11 &
\end{array}$$

O quociente da divisão é $q(x) = x^2 + 7x - 7$ e o resto é $r(x) = -4x + 11$.

b) Dividimos x^3 por x^2 e obtemos x. Multiplicamos x por $(x^2 + x + 1)$ e subtraímos de $f(x)$. Prosseguimos de maneira semelhante até obtermos um resultado de grau menor do que 2.

$$\begin{array}{rrrr|l}
x^3 & +6x^2 & +9x & -11 & x^2+x+1 \\
\cline{5-5}
-x^3 & -x^2 & -x & & x+5 \\
\cline{1-3}
& 5x^2 & +8x & -11 & \\
& -5x^2 & -5x & -5 & \\
\cline{2-4}
& & 3x & -16 &
\end{array}$$

O quociente é $q(x) = x + 5$ e o resto é $r(x) = 3x - 16$.

Em qualquer caso observe que $f(x) = g(x) \cdot q(x) + r(x)$.

R152) Determine o valor de $a \in \mathbb{R}$ para que a divisão de

$$f(x) = x^4 + 2ax^3 + (a-2)x^2 + 5ax - 3$$

por $g(x) = x + 2$ apresente resto igual a -6.

Solução: O resto da divisão de $f(x)$ por $x + 2 = x - (-2)$ é igual a $f(-2) = 16 - 16a + 4(a-2) - 10a - 3 = -22a + 5$. Devemos ter $-22a + 5 = -6$, o que implica $-22a = -11$, ou seja, $a = \frac{1}{2}$.

R153) Determine $\bar{a} \in \mathbb{Z}_5$ de modo que $f(x) = \bar{2}x^3 + x^2 - \bar{3}x + \bar{a} \in \mathbb{Z}_5[x]$ seja divisível por $g(x) = x + \bar{1} \in \mathbb{Z}_5[x]$.

Solução: O resto da divisão de $f(x)$ por $x+\bar{1} = x-(-\bar{1})$ é igual a $f(-\bar{1}) = -\bar{2}+\bar{1}+\bar{3}+\bar{a} = \bar{2} + \bar{a}$. Para que o resto da divisão seja nulo, devemos ter $\bar{2} + \bar{a} = \bar{0}$, ou seja, $\bar{a} = -\bar{2} = \bar{3}$.

R154) Determine o resto da divisão de $f(x) = 7x^5 + ax^3 + bx^2 + 4x + 1 \in \mathbb{R}[x]$ por $x - 2$, sabendo o quociente da divisão é $q(x) = 7x^4 + cx^3 + dx^2 + ex + 25 \in \mathbb{R}[x]$.

Solução: O resto da divisão por um polinômio de grau 1 só pode ter resto constante. Suponhamos que o resto dessa divisão seja $r(x) = k \in \mathbb{R}$. Devemos ter $f(x) = q(x) \cdot (x - 2) + r(x)$, ou seja,

$$7x^5 + ax^3 + bx^2 + 4x + 1 = (7x^4 + cx^3 + dx^2 + ex + 25) \cdot (x - 2) + k.$$

O termo independente de x do lado esquerdo da última igualdade é igual a 1. Por outro lado, o termo independente de x do lado direito é igual a $25 \cdot (-2) + k$. Logo, $25 \cdot (-2) + k = 1 \Rightarrow k - 50 = 1 \Rightarrow \boxed{k = 51}$.

R155) a) Se $z, w \in \mathbb{C}$, $n \in \mathbb{N}$ e $a, b \in \mathbb{R}$, mostre que $\overline{z^n} = \bar{z}^n$ e $\overline{az + bw} = a\bar{z} + b\overline{w}$.
b) Se z for uma raiz complexa de uma equação polinomial de coeficientes reais, mostre que $\bar{z}$ é raiz dessa mesma equação.
c) Resolva a equação $x^4-13x^3+63x^2-173x+182 = 0$, sabendo que uma das raízes é $2-3i$.
d) Determine uma equação polinomial de coeficientes reais que tenha $7 + i$ e $-2 + 5i$ como duas de suas raízes.

Solução:

a) Se $z = x_1 + iy_1$ e $w = x_2 + iy_2$ com $x_1, x_2, y_1, y_2 \in \mathbb{R}$, temos que

- $z + w = (x_1 + x_2) + i(y_1 + y_2)$
- $\overline{z + w} = (x_1 + x_2) - i(y_1 + y_2)$
- $\bar{z} + \overline{w} = (x_1 - iy_1) + (x_2 - iy_2) = (x_1 + x_2) - i(y_1 + y_2)$. Fica mostrado assim que $\overline{z + w} = \bar{z} + \overline{w}$

- $z \cdot w = (x_1 + iy_1)(x_2 + iy_2) = (x_1x_2 - y_1y_2) + i(x_1y_2 + x_2y_1)$
- $\overline{z \cdot w} = (x_1x_2 - y_1y_2) - i(x_1y_2 + x_2y_1)$
- $\overline{z} \cdot \overline{w} = (x_1 - iy_1)(x_2 - iy_2) = (x_1x_2 - y_1y_2) - i(x_1y_2 + x_2y_1)$. E assim, fica provado que $\overline{z \cdot w} = \overline{z} \cdot \overline{w}$
- Se $z_1 = z_2 = z$, então $\overline{z^2} = \overline{z \cdot z} = \overline{z} \cdot \overline{z} = (\overline{z})^2$ e, de um modo geral (usando o princípio de indução) obtemos $\overline{z^n} = (\overline{z})^n$ para todo inteiro positivo n
- Se a e b são números reais, então $\overline{a} = a$ e $\overline{b} = b$ e daí $\overline{az + bw} = \overline{az} + \overline{bw} = \overline{a} \cdot \overline{z} + \overline{b} \cdot \overline{w} = a\overline{z} + b\overline{w}$

b) Se z for uma raiz de um polinômio $p(z) = a_nz^n + a_{n-1}z^{n-1} + \cdots + a_1z + a_0$ de coeficientes reais, então $\overline{p(z)} = \overline{a_nz^n + a_{n-1}z^{n-1} + \cdots + a_1z + a_0} = \overline{a_n}\overline{z^n} + \overline{a_{n-1}}\overline{z^{n-1}} + \cdots + \overline{a_1}\overline{z} + \overline{a_0} = a_n\overline{z}^n + a_{n-1}\overline{z}^{n-1} + \cdots + a_1\overline{z} + a_0 = p(\overline{z})$. Desse modo, se z for uma raiz do polinômio $p(z)$, então $p(z) = 0$ que implica $\overline{p(z)} = p(\overline{z}) = 0$, ou seja, $\overline{z}$ também é raiz do mesmo polinômio.

c) Se $z = 2 - 3i$ for uma raiz, então $\overline{z} = 2 + 3i$ também é. Logo, o polinômio $p(x) = x^4 - 13x^3 + 63x^2 - 173x + 182$ é divisível por $(x - z)(x - \overline{z}) = (x - 2 + 3i)(x - 2 - 3i) = (x - 2)^2 - (3i)^2 = x^2 - 4x + 4 + 9 = x^2 - 4x + 13$. Dividindo $p(x)$ por $x^2 - 4x + 13$ obtemos quociente $q(x) = x^2 - 9x + 14$ e resto igual a 0. Resolvendo a equação $q(x) = 0$ obtemos as outras duas raízes: $x = 2$, $x = 7$.
d) Se $7 + i$ e $-2 + 5i$ são raízes, então os conjugados $7 - i$ e $-2 - 5i$ também são. Daí, calculamos o produto

$$
\begin{aligned}
(x - (7 + i))(x - (-2 + 5i))(x - (7 - i))(x - (-2 - 5i)) &= \\
(x - 7 - i)(x - 7 + i)(x + 2 - 5i)(x + 2 + 5i) &= \\
((x - 7)^2 + 1)((x + 2)^2 + 25) = (x^2 - 14x + 50)(x^2 + 4x + 29)& \\
&= x^4 - 10x^3 + 23x^2 - 206x + 1450.
\end{aligned}
$$

Logo, a equação procurada é $x^4 - 10x^3 + 23x^2 - 206x + 1450 = 0$.

R156) Considere a equação de coeficientes inteiros $25x^6 + bx^5 + cx^4 + dx^3 + ex^2 + 49 = 0$ e o conjunto

$$A = \left\{ \frac{7}{10}, \frac{8}{5}, \frac{25}{49}, \frac{7}{25}, \frac{7}{3}, \frac{19}{7}, \frac{3}{25}, \frac{49}{5}, \frac{7}{8}, \frac{17}{5} \right\}.$$

Quais os elementos de A que podem ser raízes dessa equação?

Solução: Sendo $p, q \in \mathbb{Z}$, para que $\frac{p}{q}$ seja raiz da equação dada, devemos ter $p \mid 49$ e $q \mid 25$. Portanto, dos elementos de A, os únicos que têm chance de serem raízes são o $\frac{7}{25}$ e o $\frac{49}{5}$.

R157) Determine as raízes das seguintes equações polinomiais:

a) $15x^3 + 22x^2 - 15x + 2 = 0$

b) $4x^4 + 19x^3 + 23x^2 + 41x - 12 = 0$

Solução:

a) O termo independente de x da equação $f(x) = \boxed{15}x^3 + 22x^2 - 15x + \boxed{2} = 0$ é 2 e o coeficiente do termo de maior grau é 15.

   - Os divisores de 2 são ± 1, ± 2
   - Os divisores de 15 são ± 1, ± 3, ± 5, ± 15
   - As possíveis raízes racionais da equação são os divisores de 2 divididos pelos divisores de 15, ou seja, são ± 1, $\pm\frac{1}{3}$, $\pm\frac{1}{5}$, $\pm\frac{1}{15}$, ± 2, $\pm\frac{2}{3}$, $\pm\frac{2}{5}$, $\pm\frac{2}{15}$
   - Substituindo cada uma das possíveis raízes em $f(x)$ obtemos $f(-2) = 0$, $f(\frac{1}{5}) = 0$ e $f(\frac{1}{3}) = 0$.

   Logo, as raízes da equação são -2, $\frac{1}{5}$ e $\frac{1}{3}$.

b) O termo independente de x da equação $f(x) = \boxed{4}x^4 + 19x^3 + 23x^2 + 41x \boxed{-12} = 0$ é -12 e o coeficiente do termo de maior grau é 4.

   - Os divisores de 12 (ou -12) são ± 1, ± 2, ± 3, ± 4, ± 6, ± 12
   - Os divisores de 4 são ± 1, ± 2, ± 4
   - As possíveis raízes racionais da equação são os divisores de 12 divididos pelos divisores de 4, ou seja, são ± 1, $\pm\frac{1}{2}$, $\pm\frac{1}{4}$, ± 2, ± 3, $\pm\frac{3}{2}$, $\pm\frac{3}{4}$, ± 4, ± 6, ± 12
   - Substituindo cada uma das possíveis raízes em $f(x)$ obtemos $f(-4) = 0$ e $f(\frac{1}{4}) = 0$
   - Logo, -4 e $\frac{1}{4}$ são raízes, o que implica que $f(x)$ é divisível pelo polinômio $4(x - (-4))(x - \frac{1}{4}) = 4x^2 + 15x - 4$.
   - Dividindo-se $f(x)$ por $4x^2 + 15x - 4$ obtemos quociente igual a $x^2 + x + 3$

- As outras raízes de $f(x)$, além do -4 e $\frac{1}{4}$, são as raízes de $x^2+x+3=0$ que são raízes complexas: $x = \frac{-1\pm\sqrt{1-12}}{2} = \frac{-1\pm\sqrt{-11}}{2} = \frac{-1\pm\sqrt{11}i}{2}$.

Logo, as raízes da equação são -4, $\frac{1}{4}$ e $-\frac{1}{2} \pm \frac{\sqrt{11}}{2}i$.

R158) Seja $\frac{p}{q} \in \mathbb{Q}$, $\text{mdc}(p,q) = 1$, uma raiz da equação polinomial de coeficientes inteiros

$$f(x) = a_n x^n + \cdots + a_1 x + a_0 = 0.$$

Mostre que p é um divisor de a_0 e que q é um divisor de a_n.

Solução: Supondo $\frac{p}{q}$ uma raiz e substituindo-a na equação, obtemos: $a_n(\frac{p}{q})^n + a_{n-1}(\frac{p}{q})^{n-1} \cdots + a_1(\frac{p}{q}) + a_0 = 0$. Multiplicando-se os dois membros por q^n, obtemos $a_n p^n + a_{n-1} q p^{n-1} + \cdots + a_1 p q^{n-1} + a_0 q^n = 0$. Isolando-se $a_n p^n$ no primeiro membro e, depois, isolando-se também $a_0 q^n$, obtemos:

- $a_0 q^n = \underbrace{-a_n p^n - a_{n-1} q p^{n-1} - \cdots - a_1 p q^{n-1}}_{\text{múltiplo de } p} \Rightarrow p \mid a_0 q^n$. Como $\text{mdc}(p,q) = 1$, temos $p \mid a_0$
- $a_n p^n = \underbrace{-a_{n-1} q p^{n-1} - \cdots - a_1 p q^{n-1} - a_0 q^n}_{\text{múltiplo de } q} \Rightarrow q \mid a_n p^n$. Como $\text{mdc}(p,q) = 1$, temos $q \mid a_n$

R159) a) Se $f(x) = a_n x^n + \cdots + a_1 x + a_0$ é um polinômio de coeficientes inteiros com grau $n \geqslant 1$, então, para todo $m \in \mathbb{Z}$, $f(x)$ pode ser escrito como uma soma de termos do tipo $b_k(x-m)^k$, com $k = 0, 1, 2, \ldots, n$ e $b_k \in \mathbb{Z}$:

$$f(x) = \sum_{k=0}^{n} b_k (x-m)^k = b_n(x-m)^n + \cdots + b_2(x-m)^2 + b_1(x-m) + b_0.$$

b) Escreva $f(x) = 4x^4 + 11x^3 - 50x^2 + 47x - 131$ na forma $\sum_{k=0}^{4} b_k (x+2)^k$

c) Escreva $f(x) = 4x^4 + 11x^3 - 50x^2 + 47x - 131$ na forma $\sum_{k=0}^{4} b_k (x-5)^k$

Solução:

a) Podemos usar o princípio de indução para demonstrar isso.

- Para $n = 1$, $f(x) = a_1x + a_0 = a_1x - a_1m + a_1m + a_0 = a_1(x - m) + (a_1m + a_0) = b_1x + b_0$, onde $b_1 = a_1$ e $b_0 = a_1m + a_0$.
- Suponhamos o resultado válido para $n = k$, ou seja, suponhamos que um polinômio de grau k possa ser escrito como soma de potências $(x - m)^j$, com $j = 0, 1, \ldots, k$.
- Para $n = k + 1$, temos um polinômio $f(x)$ de grau $k + 1$ que ao ser dividido por $(x - m)$ fornece um quociente $q(x)$ de grau k e um resto $r \in \mathbb{Z}$ constante. Assim, como $q(x)$ é soma de potências $(x - m)^j$, com $j = 0, 1, \ldots, k$, temos que $(x - m)q(x)$ é soma de potências de $(x - m)^j$, com $j = 1, 2, \ldots, k + 1$. Daí, temos que $f(x)$ é soma de potências de $(x - m)^j$, com $j = 0, 1, 2, \ldots, k + 1$. $f(x) = (x - m)q(x) + r$. Isso pode ser representado no seguinte diagrama:

$$f(x) = \underbrace{(x - m)\underbrace{q(x)}_{\text{soma de termos } b_j(x-m)^j,\, j=0,\ldots,k} + r}_{\text{soma de termos } b_j(x-m)^j,\, j=0,1,\ldots,k+1}$$

b) Dividimos $f(x)$ por $(x+2)$; depois, dividimos o quociente obtido por (x+2) também e repetimos isso 4 vezes, ou seja, o número de divisões efetuadas é igual ao grau de $f(x)$.

- $f(x) = q_1(x)(x + 2) + r_1$, com $q_1(x) = 4x^3 + 3x^2 - 56x + 159$ e $r_1 = -449$
- $q_1(x) = q_2(x)(x + 2) + r_2$, com $q_2(x) = 4x^2 - 5x - 46$ e $r_2 = 251$
- $q_2(x) = q_3(x)(x + 2) + r_3$, com $q_3(x) = 4x - 13$ e $r_3 = -20$
- $q_3(x) = q_4(x)(x + 2) + r_4$, com $q_4(x) = 4$ e $r_4 = -21$

Substituindo $q_3(x)$ em $q_2(x)$, $q_2(x)$ em $q_1(x)$ e $q_1(x)$ em $f(x)$, obtemos:

$$f(x) = (((4(x + 2) - 21)(x + 2) - 20)(x + 2) + 251)(x + 2) - 449$$

que equivale a

$$f(x) = 4(x + 2)^4 - 21(x + 2)^3 - 20(x + 2)^2 + 251(x + 2) - 449.$$

b) Dividimos $f(x)$ por $(x - 5)$; depois, dividimos o quociente obtido por (x-5) e repetimos isso 4 vezes.

- $f(x) = q_1(x)(x-5) + r_1$, com $q_1(x) = 4x^3 + 31x^2 + 105x + 572$ e $r_1 = 2729$
- $q_1(x) = q_2(x)(x-5) + r_2$, com $q_2(x) = 4x^2 + 51x + 360$ e $r_2 = 2372$
- $q_2(x) = q_3(x)(x-5) + r_3$, com $q_3(x) = 4x + 71$ e $r_3 = 715$
- $q_3(x) = q_4(x)(x-5) + r_4$, com $q_4(x) = 4$ e $r_4 = 91$

Substituindo $q_3(x)$ em $q_2(x)$, $q_2(x)$ em $q_1(x)$ e $q_1(x)$ em $f(x)$, obtemos:

$$f(x) = (((4(x-5)+91)(x-5)+715)(x-5)+2372)(x-5)+2729$$

que é o mesmo que

$$f(x) = 4(x-5)^4 + 91(x-5)^3 + 715(x-5)^2 + 2372(x-5) + 2729.$$

R160) Seja $\frac{p}{q}$ uma raiz da equação polinomial $f(x) = a_n x^n + \cdots + a_1 x + a_0$ onde $p, q, a_n, \ldots, a_1, a_0 \in \mathbb{Z}$, e $\text{mdc}(p,q) = 1$. Então $(p - mq) \mid f(m)$, $\forall m \in \mathbb{Z}$. Em particular, $(p-q) \mid f(1)$ e $(p+q) \mid f(-1)$.

Solução: Seja $m \in \mathbb{Z}$ qualquer. Existem inteiros b_i, tais que $f(x) = b_n(x-m)^n + b_{n-1}(x-m)^{n-1} + \cdots + b_1(x-m) + b_0$. Cada b_i é o resto da divisão de $f(x)$ pela potência $(x-m)^i$. Usando o fato de que p/q é raiz de $f(x)$, temos $f(p/q) = b_n(p/q - m)^n + \cdots + b_1(p/q - m) + b_0 = 0$, que é o mesmo que $b_n(p-mq)^n + qb_{n-1}(p-mq)^{n-1} + \cdots + q^n(p-mq) = -a_0 q^n$ O primeiro membro dessa última equação é um inteiro múltiplo de $(p-mq)$. Logo, $(-a_0 q^n)$ também é múltiplo de $(p-mq)$. Seja $d \in \mathbb{Z}$ tal que $d \mid q$ e $d \mid (p-mq)$. Daí temos que $d \mid (mq)$, o que implica $d \mid (mq + (p-mq))$, ou seja, $d|p$. Assim, d é um divisor de p e $-q$, logo, $d = \pm 1$. Portanto, $\text{mdc}(p-mq, q) = 1$. Daí, como $(p-mq) \mid (-a_0 q^n)$, temos $(p-mq) \mid a_0$, ou seja, $(p-mq)$ é um divisor de $f(m)$, $\forall m \in \mathbb{Z}$.

Observações:

- Um exemplo de aplicação desse resultado: $2/9$ e $-1/27$ são duas *"candidatas a raiz racional"* da equação $f(x) = 27x^5 - x^2 - 6x - 4 = 0$. Sem nos darmos ao trabalho de substituí-las diretamente na equação, podemos garantir que elas não são raízes, apenas observando que $f(1) = 16$ e que $(2-9)$ e $(-1-27)$ não são divisores de 16.
- Usando esse resultado, fica muito mais fácil dizer que $-3/7$ não é raiz da equação $7x^3 + 2x^2 - 4x + 6 = 0$ porque "$(-3-7)$ *não é divisor da soma dos coeficientes dessa equação*" do que substituir $-3/7$ na equação e efetuar os cálculos.

R161) Resolver a equação $6x^3 + x^2 + x - 5 = 0$

Solução: As possíveis raízes racionais da equação $f(x) = 6x^3 + x^2 + x - 5 = 0$ são

$$\pm 1, \pm 5, \pm 1/2, \pm 5/2, \pm 1/3, \pm 5/3, \pm 1/6, \pm 5/6.$$

Como $f(1) = 3$, temos que $\pm 5, -5/2, \pm 1/3, \pm 1/64$ e $-5/6$ não podem ser raízes porque a diferença entre o numerador e o denominador dessas frações não é divisor de 3. Como $f(-1) = -11$, temos que $1/2$ e $5/2$ não são raízes, porque 11 não é múltiplo de $(1 + 2)$ nem de $(5 + 2)$. Restaram apenas duas possíveis raízes: $1/2$ e $5/6$. Substituindo diretamente na equação, vemos que somente $5/6$ é raiz.
Podemos ver também que $1/2$ não é raiz da seguinte forma: $f(2) = 49$ e $(-1 - 2(2))$ não é divisor de 49.
Dividindo $f(x)$ por $(x - 5/6)$ obtemos $6x^2 + 6x + 6$ e, a partir daí, determinamos as outras raízes da equação:

$$6x^2 + 6x + 6 = 0 \Rightarrow x^2 + x + 1 = 0 \Rightarrow x = \frac{-1 \pm \sqrt{1 - 4}}{2} \Rightarrow x = -\frac{1}{2} \pm \frac{i\sqrt{3}}{2}.$$

Portanto, as raízes da equação são $\frac{5}{6}$ e $-\frac{1}{2} \pm \frac{i\sqrt{3}}{2}$.

R162) Verifique se a equação $25x^{100} + 7x^4 + 2x^3 - 81 = 0$ tem alguma raiz racional.

Solução: Uma provável raiz racional da equação $f(x) = 25x^{100} + 7x^4 + 2x^3 - 81 = 0$ seria da forma p/q com $p \mid 81$ e $q \mid 25$. Isso implicaria que p e q seriam ímpares e $(p - q)$ seria par. Como $f(1) = -47$ é ímpar, temos que $(p - q)$ não seria divisor $f(1)$, uma contradição. Portanto, tal raiz racional dessa equação não pode existir.

Observação: Toda equação de coeficientes inteiros e tais que o coeficiente do termo constante, o coeficiente do termo de maior grau e a soma dos coeficentes da equação são ímpares não tem raiz racional, não importa qual seja o grau da equação.

R163) Dados $n \in \mathbb{N}$, $n \geq 2$ e um inteiro primo $p > 0$, mostre que $\sqrt[n]{p}$ é irracional.

Solução: Se $a = \sqrt[n]{p}$, então $a^n = p \Rightarrow a^n - p = 0 \Rightarrow a$ é raiz da equação $f(x) = x^n - p = 0$. As possíveis raízes racionais dessa equação são os divisores de p: $1, -1, p, -p$. Como $f(1) = 1 - p \neq 0$, $f(-1) = (-1)^n - p \neq 0$, $f(p) = p^n - p \neq 0$ e $f(-p) = (-p)^n - p \neq 0$ temos que a equação não possui raiz racional. Concluímos, então, que a é irracional.

R164) Um resultado conhecido como *critério de Eisenstein* pode ser aplicado para se saber da irredutibilidade de um tipo particular de polinômio de coeficientes inteiros, é enunciado na seguinte forma:
Seja $f(x) = a_n x^n + \cdots + a_1 x + a_0 \in \mathbb{Z}[x]$ para o qual existe um inteiro primo p tal que

- $p \mid a_0,\ p \mid a_1,\ p \mid a_2,\ \cdots,\ p \mid a_{n-1}$,
- $p \nmid a_n$,
- $p^2 \nmid a_0$,

então $f(x)$ é irredutível sobre $\mathbb{Z}$. Veja também o exercício C1.
Usando esse resultado, verifique se os seguintes polinômios são irredutíveis sobre $\mathbb{Z}$:

a) $f(x) = 5x^9 + 7x^4 - 49x^3 + 14x^2 - 7x + 21$

b) $g(x) = x^6 + 20x^5 - 14x^4 + 8x^3 + 50x^2 - 44x + 10$

c) $h(x) = 4x^4 - 121x^3 + 22x^2 - 44x + 33$

d) $j(x) = 3x^7 + 100x^6 - 90x^5 + 80x^4 - 70x^3 + 30x^2 - 40x + 15$

Solução:

a) Consideremos o primo $p = 7$. Temos: $p \mid 7$, $p \mid (-49)$, $p \mid 14$, $p \mid (-7)$, $p \mid 21$, $p \nmid 5$, $p^2 \nmid 21$. Logo, pelo critério de Eisenstein, $f(x)$ é irredutível sobre $\mathbb{Z}$.

b) Consideremos o primo $p = 2$. Temos: $p \mid 20$, $p \mid (-14)$, $p \mid 8$, $p \mid 50$, $p \mid (-44)$, $p \mid 10$, $p \nmid 1$, $p^2 \nmid 10$. Logo, pelo critério de Eisenstein, $f(x)$ é irredutível sobre $\mathbb{Z}$.

c) Consideremos o primo $p = 11$. Temos: $p \mid (-121)$, $p \mid 22$, $p \mid (-44)$, $p \mid 33$, $p \nmid 4$, $p^2 \nmid 33$. Logo, pelo critério de Eisenstein, $f(x)$ é irredutível sobre $\mathbb{Z}$.

d) Consideremos o primo $p = 5$. Temos: $p \mid 100$, $p \mid (-90)$, $p \mid 80$, $p \mid (-70)$, $p \mid 30$, $p \mid (-40)$, $p \mid 15$, $p \nmid 3$, $p^2 \nmid 15$. Logo, pelo critério de Eisenstein, $f(x)$ é irredutível sobre $\mathbb{Z}$.

R165) Mostre que os seguintes polinômios são redutíveis sobre A:

a) $f(x) = x^2 + \bar{1}$, $A = \mathbb{Z}_5$

b) $g(x) = x^2 + x + \bar{2}$, $A = \mathbb{Z}_4$

c) $h(x) = x^4 - 4$, $A = \mathbb{R}$

d) $j(x) = x^3 - 8$, $A = \mathbb{R}$

e) $k(x) = 10x^3 + 13x^2 - 13x + 2$, $A = \mathbb{Q}$

f) $h(x) = x^4 + 4$, $A = \mathbb{Z}$

g) $j(x) = x^4 + x^2 + 1$, $A = \mathbb{Z}$

h) $k(x) = x^5 + x + 1$, $A = \mathbb{Z}$ (Sugestão: some e subtraia os termos x^4, x^3 e x^2)

Solução: Em cada caso, devemos mostrar que é possível fatorar o polinômio dado escrevendo-o como produto de dois polinômios não constantes de $A[x]$. Em alguns casos, podemos utilizar conhecidas fórmulas como $a^2 + 2ab + b^2 = (a+b)^2$, $a^2 - b^2 = (a+b)(a-b)$ etc.

a) Por substituição direta em $f(x)$ dos elementos de $\mathbb{Z}_5 = \{\bar{0}, \bar{1}, \bar{2}, \bar{3}, \bar{4}\}$, obtemos: $f(\bar{0}) = \bar{1}$, $f(\bar{1}) = \bar{2}$, $f(\bar{2}) = \bar{5} = \bar{0}$, $f(\bar{3}) = \overline{10} = \bar{0}$ e $f(\bar{4}) = \overline{17} = \bar{2}$. Logo, as raízes de $f(x)$ em $\mathbb{Z}_5$ são $\bar{2}$ e $\bar{3}$, o que implica em $f(x) = (x - \bar{2})(x - \bar{3}) = (x + \bar{3})(x + \bar{2})$.

b) Substituindo-se cada elemento de $\mathbb{Z}_4 = \{\bar{0}, \bar{1}, \bar{2}, \bar{3}$ em $g(x)$, obtemos: $g(\bar{0}) = \bar{2}$, $g(\bar{1}) = \bar{4} = \bar{0}$, $g(\bar{2}) = \bar{8} = \bar{0}$, $g(\bar{3}) = \overline{14} = \bar{2}$. Logo, as raízes de $g(x)$ em $\mathbb{Z}_4$ são $\bar{1}$ e $\bar{2}$. Logo, $g(x) = (x - \bar{1})(x - \bar{2}) = (x + \bar{3})(x + \bar{2})$.

c) $h(x) = x^4 - 4 = (x^2)^2 - 2^2 = (x^2 + 2)(x^2 - 2)$

d) Como $j(2) = 2^3 - 8 = 0$ temos que 2 é raiz de $j(x)$. Isso significa que $j(x)$ é divisível por $x - 2$. A divisão de $j(x)$ por $x - 2$ deixa resto nulo e quociente igual a $x^2 + 2x + 4$. Logo, $j(x) = (x-2)(x^2 + 2x + 4)$.

e) As possíveis raízes racionais de $k(x)$ são os divisores de 2 divididos pelos divisores de 10, ou seja, são ± 1, ± 2, $\pm\frac{1}{2}$, $\pm\frac{1}{5}$, $\pm\frac{2}{5}$, $\pm\frac{1}{10}$. Substituindo diretamente em $k(x)$ verificamos que somente -2, $\frac{1}{5}$ e $\frac{1}{2}$ são raízes. Portanto, $k(x) = 10(x - (-2))(x - \frac{1}{5})(x - \frac{1}{2}) = (x+2)(5x-1)(2x-1)$.

f) Para que $x^4 + 4$ seja o quadrado de algum outro polinômio, falta somar um termo $4x^2$. Para não alterar o polinômio, somamos e subtraímos o mesmo termo: $h(x) = x^4 + 4 = x^4 + 4 + 4x^2 - 4x^2 = (x^4 + 2x^2 + 4) - 4x^2 = (x^2 + 2)^2 - (2x)^2 = ((x^2 + 2) - 2x)(x^2 + 2) + 2x) = (x^2 - 2x + 2)(x^2 + 2x + 2)$.

g) Vamos *"completar o quadrado"* em $j(x)$. Para isso, devemos somar x^2 para obtermos $x^4 + 2x^2 + 1$, que é um quadrado perfeito. Portanto, $j(x) = x^4 + x^2 + 1 = x^4 + x^2 + x^2 + 1 - x^2 = (x^4 + 2x^2 + 1) - x^2 = (x^2 + 1)^2 - x^2 = ((x^2 + 1) + x)((x^2 + 1) - x) = (x^2 + x + 1)(x^2 - x + 1)$.

h) $k(x) = x^5 + \underbrace{x^4 - x^4}_{0} + \underbrace{x^3 - x^3}_{0} + \underbrace{x^2 - x^2}_{0} + x + 1 = (x^5 + x^4 + x^3) - (x^4 + x^3 + x^2) + (x^2 + x + 1) = x^3(x^2 + x + 1) - x^2(x^2 + x + 1) + (x^2 + x + 1) = (x^2 + x + 1)(x^3 - x^2 + 1)$

R166) Escreva o polinômio $f(x) = x^4 - 7x^2 + 10$ como um produto de fatores irredutíveis sobre os seguintes corpos K:

a) $K = \mathbb{Q}$

b) $K = \mathbb{Q}[\sqrt{2}] = \{a + b\sqrt{2} \mid a, b \in \mathbb{Q}\}$

c) $K = \mathbb{Q}[\sqrt{5}] = \{a + b\sqrt{5} \mid a, b \in \mathbb{Q}\}$

d) $K = \mathbb{R}$

Solução:

a) Inicialmente, vamos tentar resolver a equação $x^4 - 7x^2 + 10 = 0$ (que é conhecida pelo nome de *equação biquadrada*). Fazendo $x^2 = y$, obtemos $y^2 - 7y + 10 = 0$, que é uma equação do segundo grau na variável y, cujas raízes são $y = \frac{7 \pm \sqrt{49-40}}{2} \Rightarrow y = 2$ ou $y = 5$. Daí, temos $y^2 - 7y + 10 = (y - 2)(y - 5) \Rightarrow \boxed{f(x) = (x^2 - 2)(x^2 - 5)}$. Os polinômios $x^2 - 2$ e $x^2 - 7$ não têm raízes racionais; logo, são irredutíveis sobre $\mathbb{Q}$.

b) Em $\mathbb{Q}[\sqrt{2}]$ o polinômio $x^2 - 2$ pode ser fatorado na forma $x^2 - 2 = (x + \sqrt{2})(x - \sqrt{2})$. Logo, em $\mathbb{Q}[\sqrt{2}]$, a fatoração de $f(x)$ como produto de irredutíveis é $\boxed{f(x) = (x + \sqrt{2})(x - \sqrt{2})(x^2 - 5)}$.

c) Em $\mathbb{Q}[\sqrt{5}]$ o polinômio $x^2 - 5$ pode ser fatorado na forma $x^2 - 5 = (x + \sqrt{5})(x - \sqrt{5})$. Logo, em $\mathbb{Q}[\sqrt{5}]$, a fatoração de $f(x)$ como produto de irredutíveis é $\boxed{f(x) = (x^2 - 2)(x + \sqrt{5})(x - \sqrt{5})}$.

d) Em $\mathbb{R}]$ o polinômio $x^2 - 2$ pode ser fatorado na forma $x^2 - 2 = (x + \sqrt{2})(x - \sqrt{2})$ e $x^2 - 5$ como $x^2 - 5 = (x + \sqrt{5})(x - \sqrt{5})$. Logo, em $\mathbb{R}$, a fatoração de $f(x)$ como produto de irredutíveis é $\boxed{f(x) = (x + \sqrt{2})(x - \sqrt{2})(x + \sqrt{5})(x - \sqrt{5})}$.

R167) Seja $P(x) = (2x^2 + x + 1)(-3 + 7x - x^2) + (x^3 - 2)(-13 + 2x) \in \mathbb{Z}[x]$

a) Mostre que $P(x)$ é um polinômio constante.

b) Racionalize o denominador de $\frac{1}{1 + \sqrt[3]{2} + 2\sqrt[3]{4}}$. (*Sugestão: calcule* $P(\sqrt[3]{2})$).

Solução:

a) Efetuando-se todas as operações que estão indicadas em $P(x)$, obtemos: $P(x) = -6x^2 - 3x - 3 + 14x^3 + 7x^2 + 7x - 2x^4 - x^3 - x^2 - 13x^3 + 26 + 2x^4 - 4x = 23$. Logo, $P(x)$ é constante e é igual a 23.

b) Sabemos que $P(\sqrt[3]{2}) = 23$. Substituindo-se $x = \sqrt[3]{2}$ na expressão de $P(x)$ dada no enunciado, obtemos: $(2(\sqrt[3]{2})^2 + \sqrt[3]{2} + 1) \cdot (-3 + 7\sqrt[3]{2} - (\sqrt[3]{2})^2)) + \underbrace{((\sqrt[3]{2})^3 - 2)}_{=0} \cdot (-13 + 2\sqrt[3]{2}) = 23 \Rightarrow -3 + 7\sqrt[3]{2} - \sqrt[3]{4} = \frac{23}{2\sqrt[3]{4} + \sqrt[3]{2} + 1}$, de onde obtemos finalmente que

$$\frac{1}{1 + \sqrt[3]{2} + 2\sqrt[3]{4}} = \frac{-3 + 7\sqrt[3]{2} - \sqrt[3]{4}}{23}$$

R168) Calcule $D(x) = \text{mdc}(A(x), B(x))$ sabendo que $A(x) = x^5 + x^4 - 3x^3 + 3x - 2$, $B(x) = x^4 + x + 1$ e determine polinômios $P(x)$ e $Q(x)$ tais que

$$P(x)A(x) + Q(x)B(x) = D(x).$$

Solução: Para calcular o máximo divisor comum de polinômios usamos o mesmo método utilizado com números inteiros: o método das divisões sucessivas. Dividimos $A(x)$ por $B(x)$, obtendo quociente $Q_1(x)$ e resto $R_1(x)$. Depois, dividimos o divisor $B(x)$ pelo resto $R_1(x)$ e obtemos outro quociente $Q_2(x)$ e outro resto $R_2(x)$. Continuamos com esse procedimento de dividir o divisor pelo resto da divisão anterior até obtermos um resto nulo. Com isso, a divisão do último resto não nulo encontrado pelo seu coeficiente de maior grau é igual ao máximo divisor comum de $A(x)$ e $B(x)$. Além disso, utilizamos os restos assim obtidos para determinar o $P(x)$ e o $Q(x)$ da equação $P(x)A(x) + Q(x)B(x) = D(x)$.

Construímos o seguinte diagrama com todos os quocientes e restos das divisões efetuadas:

	$x+1$	$\frac{-3x+1}{9}$	$\frac{-108x-63}{16}$	$\frac{1088x-528}{23409}$	$\frac{44217x+10404}{6400}$
$x^5+x^4-3x^3+3x-2$	x^4+x+1	$-3x^3-x^2+x-3$	$\frac{4x^2-x+12}{9}$	$\frac{153x+36}{16}$	$\frac{400}{289}$
$-3x^3-x^2+x-3$	$\frac{4x^2-x+12}{9}$	$\frac{153x+36}{16}$	$\frac{400}{289}$	0	

Efetuamos as operações indicadas em cada um dos seguintes passos:

- Dividimos $A(x)$ por $B(x)$ e obtemos quociente $Q_1(x) = x+1$ e resto $R_1(x) = -3x^3 - x^2 + x - 3$, relacionados pela igualdade $A(x) = Q_1(x)B(x) + R_1(x)$. Nessa equação, isolamos o resto e substituímos o quociente:

$$R_1(x) = A(x) - Q_1(x)B(x) = A(x) - (x+1)B(x)$$

- Dividimos $B(x)$ por $R_1(x)$ e obtemos quociente $Q_2(x) = \dfrac{-3x+1}{9}$ e resto $R_2(x) = \dfrac{4x^2 - x + 12}{9}$, relacionados por

$$\begin{aligned} B(x) = Q_2(x)R_1(x) + R_2(x) &\Rightarrow R_2(x) = B(x) - Q_2(x)R_1(x) \\ &\Rightarrow R_2(x) = B(x) - \left(\frac{-3x+1}{9}\right)[A(x) - (x+1)B(x)] \\ &= \left(\frac{3x-1}{9}\right)A(x) + \left(\frac{-3x^2-2x+10}{9}\right)B(x) \end{aligned}$$

- Dividimos $R_1(x)$ por $R_2(x)$ e obtemos quociente $Q_3(x) = \dfrac{-108x-63}{16}$ e resto $R_3(x) = \dfrac{153x+36}{16}$, relacionados por

$$\begin{aligned} &R_1(x) = Q_3(x)R_2(x) + R_3(x) \Rightarrow R_3(x) = R_1(x) - Q_3(x)R_2(x) = \\ &[A(x) - (x+1)B(x)] - \left(\frac{-108x-63}{16}\right)\left[\left(\frac{3x-1}{9}\right)A(x) + \left(\frac{-3x^2-2x+10}{9}\right)B(x)\right] \\ &= \left[\frac{36x^2+9x+9}{16}\right]A(x) + \left[\frac{-36x^3-45x^2+90x+54}{16}\right]B(x) \end{aligned}$$

- Dividimos $R_2(x)$ por $R_3(x)$ e obtemos quociente $Q_4(x) = \dfrac{1088x - 528}{23409}$ e resto $R_4(x) = \dfrac{400}{289}$, relacionados por

$$R_2(x) = Q_4(x)R_3(x) + R_4(x) \Rightarrow R_4(x) = R_2(x) - Q_4(x)R_3(x)$$
$$\Rightarrow R_4(x) = \left[\left(\frac{3x-1}{9}\right)A(x) + \left(\frac{-3x^2-2x+10}{9}\right)B(x)\right]$$
$$-\left(\frac{1088x-528}{23409}\right)\left(\left[\frac{36x^2+9x+9}{16}\right]A(x) + \left[\frac{-36x^3-45x^2+90x+54}{16}\right]B(x)\right)$$
$$= \left[\frac{-272x^3+64x^2+832x-256}{2601}\right]A(x)+$$
$$\left[\frac{272x^4+208x^3-1712x^2-656x+3088}{2601}\right]B(x)$$

- Dividimos $R_3(x)$ por $R_4(x)$ e obtemos quociente $Q_5(x) = \dfrac{44217x + 10404}{6400}$ e resto $R_5(x) = 0$, por isso encerramos o processo de divisões sucessivas, concluindo que o $\mathrm{mdc}(A(x), B(x))$ é igual a $R_4(x)$ dividido por $\frac{400}{289}$, ou seja, $D(x) = \mathrm{mdc}(A(x), B(x)) = 1$.

Obtivemos a equação

$$\left[\frac{-272x^3+64x^2+832x-256}{2601}\right](x^5+x^4-3x^3+3x-2)+$$
$$\left[\frac{272x^4+208x^3-1712x^2-656x+3088}{2601}\right](x^4+x+1) = \frac{400}{289}$$

e, dividindo por $\frac{400}{289}$ e simplificando, obtemos:

$$\underbrace{\left[\frac{-17x^3+4x^2+52x-16}{225}\right]}_{P(x)}\underbrace{(x^5+x^4-3x^3+3x-2)}_{A(x)}+$$
$$\underbrace{\left[\frac{17x^4+13x^3-107x^2-41x+193}{225}\right]}_{Q(x)}\underbrace{(x^4+x+1)}_{B(x)} = 1$$

de onde finalmente obtemos que $P(x) = \dfrac{-17x^3+4x^2+52x-16}{225}$ e $Q(x) = \dfrac{17x^4+13x^3-107x^2-41x+193}{225}$.

Observação: Cada divisão de $R_k(x)$ por $R_{k+1}(x)$ efetuada leva a uma equação da forma $R_k(x) = Q_{k+2}(x)R_{k+1}(x) + R_{k+2}(x)$. Nessa equação, isolamos R_{k+2}, substituímos $Q_{k+2}(x)$ pelo seu valor atual e substituímos $R_{k+1}(x)$ e $R_{k+2}(x)$ pelos restos anteriores que são combinações de $A(x)$ e $B(x)$.

$$R_{k+2}(x) = \left(\underbrace{R_k(x)}_{\text{combinação de } A(x) \text{ e } B(x)}\right) - \left(\underbrace{Q_{k+2}(x)}_{\text{substitui pelo valor atual}}\right)\left(\underbrace{R_{k+1}(x)}_{\text{combinação de } A(x) \text{ e } B(x)}\right)$$

R169) a) Dados $A(x) = x^3+4x+1$ e $B(x) = x^2+x-1$, calcule $D(x) = \text{mdc}(A(x), B(x))$ e determine polinômios $P(x)$ e $Q(x)$ tais que $P(x)A(x) + Q(x)B(x) = D(x)$.

b) Racionalize $\dfrac{1}{\theta^2+\theta-1}$ sabendo que $\theta \in \mathbb{R}$ é uma raiz irracional da equação $x^3+4x+1=0$.

Solução:

a) Usamos o método das divisões sucessivas para construir o seguinte diagrama:

	$x-1$	$\frac{x+1}{6}$	$-6x$
x^3+4x+1	x^2+x-1	$6x$	$\boxed{-1}$
$6x$	-1	0	

Efetuamos as seguintes divisões:

- Dividimos $A(x) = x^3+4x+1$ por $B(x) = x^2+x-1$ e obtivemos quociente $Q_1(x) = x-1$ e resto $R_1(x) = 6x$. Daí, temos que $A(x) = Q_1(x)B(x)+R_1(x)$ que implica $R_1(x) = A(x) - Q_1(x)B(x) = A(x) - (x-1)B(x)$.
- Dividimos $B(x)$ por $R_1(x)$ e obtivemos quociente $Q_2(x) = \frac{x+1}{6}$ e resto $R_2(x) = -1$, que implica $B(x) = Q_2(x)R_1(x) + R_2(x) \Rightarrow R_2(x) = B(x) - Q_2(x)R_1(x) = B(x) - \left(\frac{x+1}{6}\right)[A(x) - (x-1)B(x)] =$ $= -\left(\frac{x+1}{6}\right)A(x) + \left(\frac{x^2+5}{6}\right)B(x)$.
- $R_1(x)$ por $R_2(x)$ e obtivemos quociente $Q_3(x) = -6x$ e resto $R_3(x) = 0$. Como obtivemos um resto nulo, encerramos o processo de divisões sucessivas concluindo que o $\text{mdc}(A(x), B(x))$ é igual a $R_2(x)$ dividido pelo seu coeficente de maior grau: $\text{mdc}(A(x), B(x)) = \frac{-1}{-1} = 1$. Nesse caso, dizemos que os polinômios $A(x)$ e $B(x)$ são primos entre si.

- A igualdade envolvendo $R_2(x)$ obtida anteriormente é o mesmo que

$$-1 = -\left(\frac{x+1}{6}\right)A(x) + \left(\frac{x^2+5}{6}\right)B(x).$$

Dividindo tudo por (-1):

$$\underbrace{1}_{D(x)} = \underbrace{\left(\frac{x+1}{6}\right)}_{P(x)}A(x) + \underbrace{\left(\frac{-x^2-5}{6}\right)}_{Q(x)}B(x).$$

Obtivemos a igualdade $D(x) = P(x)A(x)+Q(x)B(x)$, onde $D(x) = 1$, $P(x) = \frac{x-1}{6}$ e $Q(x) = \frac{-x^2-5}{6}$.

b) Substituindo θ na equação $P(x)A(x) + Q(x)B(x) = D(x)$ obtida no item a), obtemos $P(\theta)A(\theta) + Q(\theta)B(\theta) = D(\theta)$, que é o mesmo que

$$\left(\frac{\theta-1}{6}\right)\underbrace{(\theta^3+4\theta+1)}_{0} + \left(\frac{-\theta^2-5}{6}\right)(\theta^2+\theta-1) = 1 \Rightarrow \left(\frac{-\theta^2-5}{6}\right)(\theta^2+\theta-1) = 1$$

$$\Rightarrow \frac{1}{\theta^2+\theta-1} = \frac{-\theta^2-5}{6}.$$

Obtivemos assim uma fração $\frac{-\theta^2-5}{6}$ que tem denominador racional e que equivale à fração dada $\frac{1}{\theta^2+\theta-1}$.

Observações:

- Um problema que envolva racionalização de fração também pode ser enunciado sob a forma de *"calcular o inverso de determinado elemento em determinado corpo"*. Por exemplo, o item b) poderia ser enunciado da forma: "Mostre que o inverso de $\theta^3 + 4\theta + 1$ é uma combinação de somas e produtos de θ".
- Podemos usar esse cálculo de $\text{mdc}(A(x), B(x))$ para enunciar outro problema semelhante ao item b): *"Racionalize $\frac{1}{\beta^3+4\beta+1}$ sabendo que β é uma raiz irracional da equação $x^2 + x - 1 = 0$."* Nesse caso, teríamos

$$1 = \left(\frac{\beta-1}{6}\right)(\beta^3+4\beta+1) + \left(\frac{-\beta^2-5}{6}\right)\underbrace{(\beta^2+\beta-1)}_{0}$$

e a resposta seria $\dfrac{1}{\beta^3 + 4\beta + 1} = \dfrac{\beta - 1}{6}$.

R170) Sejam $A(x)$, $B(x)$, $P(x)$, $Q(x)$, $D(x)$ polinômios em $\mathbb{Z}[x]$ tais que $D(x) = \text{mdc}(A(x), B(x))$ e $D(x) = A(x)P(x) + B(x)Q(x)$. Calcule $\text{mdc}(P(x), Q(x))$.

Solução: Como $D(x)$ é divisor de $A(x)$ e de $B(x)$, existem polinômios $R(x)$ e $S(x)$ tais que $A(x) = D(x)R(x)$ e $B(x) = D(x)S(x)$. Daí, temos que

$$D(x) = \underbrace{D(x)R(x)}_{A(x)} P(x) + \underbrace{D(x)S(x)}_{B(x)} Q(x).$$

Dividindo por $D(x)$, obtemos $1 = R(x)P(x) + S(x)Q(x)$. Se $d(x)$ for um polinômio tal que $d(x) \mid P(x)$ e $d(x) \mid Q(x)$, então $d(x) \mid R(x)P(x)$ e $d(x) \mid S(x)Q(x) \Rightarrow d(x) \mid (R(x)P(x) + S(x)Q(x) \Rightarrow d(x) \mid 1$. E assim concluímos que um divisor comum de $P(x)$ e $Q(x)$ também é divisor de 1, portanto $\text{mdc}(P(x), Q(x)) = 1$.

R171) Onde está o erro? Seja x uma raiz da equação $x^2 + x + 1 = 0$. Então, $x \neq 0$ e, por isso, podemos dividir os dois membros da equação por x e obtemos $x + 1 + \frac{1}{x} = 0$. Da equação inicial temos $x + 1 = -x^2$, o que implica $-x^2 + \frac{1}{x} = 0$, ou seja, $x^2 = \frac{1}{x}$, que é equivalente a $x^3 = 1$. A partir daí, obtemos $x = 1$. Substituindo essa solução na equação $x^2 + x + 1 = 0$ original, obtemos $3 = 0$. Como a conclusão não está correta, onde foi cometido um erro?

Solução: Foi mostrado no enunciado que toda raiz da equação $x^2 + x + 1 = 0$ também é raiz de $x^3 = 1$. No entanto, a recíproca não é verdadeira: nem toda raiz de $x^3 = 1$ é raiz de $x^2 + x + 1 = 0$. As raízes de $x^2 + x + 1 = 0$ são r_1 e r_2 e as raízes de $x^3 = 1$ são 1, r_1 e r_2. O erro no enunciado está na afirmação de que a raiz $x = 1$ da equação $x^3 = 1$ também é raiz de $x^2 + x + 1$.

R172) Considere $f(x) = a_n x^n + \cdots + a_1 x + a_0 \in \mathbb{Z}[x]$. Mostre que se existir um inteiro primo p tal que

- $p \mid a_0,\ p \mid a_1, \cdots, p \mid a_{n-1}$,
- $p \nmid a_n$,
- $p^2 \nmid a_0$,

então $f(x)$ é irredutível sobre $\mathbb{Z}$.

Solução: Suponhamos $f(x)$ redutível. Então existem polinômios $g(x), h(x)$ pertencentes a $\mathbb{Z}[x]$ tais que $f(x) = g(x) \cdot h(x)$ e $1 \leq \partial g < n$, $1 \leq \partial h < n$. Sejam $g(x) = b_r x^r + \cdots + b_1 x + b_0 \in \mathbb{Z}[x]$ e $h(x) = c_s x^s + \cdots + c_1 x + c_0 \in \mathbb{Z}[x]$, onde $r = \partial g$, $s = \partial h$ e $r + s = n$. Como $a_0 = b_0 c_0$ e $p \mid a_0$, temos que p é um divisor de b_0 ou de c_0, mas não pode ser divisor simultaneamente de b_0 e c_0 porque $p^2 \nmid a_0$. Temos então dois casos a considerar: caso 1, em que $p \mid b_0$ e $p \nmid c_0$, e um caso 2, em que $p \nmid b_0$ e $p \mid c_0$.
Suponhamos $p \mid b_0$ e $p \nmid c_0$. Como $a_n = b_r \cdot c_s$ e $p \nmid a_n$, temos $p \nmid b_r$. Seja b_i o primeiro coeficiente (de menor índice i) de $g(x)$ tal que $p \nmid b_i$; isso significa que $p \mid b_0$, $\cdots p \mid b_{i-1}$. Como $\underbrace{a_i}_{\text{múltiplo de } p} = \underbrace{b_0 c_i + b_1 c_{i-1} + \cdots + b_{i-1} c_1}_{\text{múltiplo de } p} + b_i c_0$, temos que $b_i c_0$ é um múltiplo de p, o que é um absurdo porque $p \nmid b_i$ e $p \nmid c_0$.
De modo semelhante, o caso 2 também leva a um absurdo. Concluímos então que o polinômio $f(x)$ é irredutível sobre $\mathbb{Z}$.

Observação. Esta proposição é conhecida pelo nome de *critério de Eisenstein.*

R173) Mostre que o número

$$\sqrt[3]{\frac{25}{8} + \frac{11\sqrt{2}}{4}} + \sqrt[3]{\frac{25}{8} - \frac{11\sqrt{2}}{4}}$$

é inteiro.

Solução: Antes de tudo, note que essa soma de raízes cúbicas é um número real. Sejam $a = \sqrt[3]{\frac{25}{8} + \frac{11\sqrt{2}}{4}}$, $b = \sqrt[3]{\frac{25}{8} - \frac{11\sqrt{2}}{4}}$ e $x = a + b$. Então, temos que:

- $x^3 = (a+b)^3 = a^3 + 3a^2b + 3ab^2 + b^3 = a^3 + b^3 + 3ab\underbrace{(a+b)}_{=x} \Rightarrow x^3 = a^3 + b^3 + 3abx.$

- $a^3 + b^3 = \left(\sqrt[3]{\frac{25}{8} + \frac{11\sqrt{2}}{4}}\right)^3 + \left(\sqrt[3]{\frac{25}{8} - \frac{11\sqrt{2}}{4}}\right)^3 = \left(\frac{25}{8} + \frac{11\sqrt{2}}{4}\right) + \left(\frac{25}{8} - \frac{11\sqrt{2}}{4}\right) = \frac{25}{4}$

- $ab = \left(\sqrt[3]{\frac{25}{8} + \frac{11\sqrt{2}}{4}}\right)\left(\sqrt[3]{\frac{25}{8} - \frac{11\sqrt{2}}{4}}\right) = \sqrt[3]{\left(\frac{25}{8}\right)^2 - \left(\frac{11\sqrt{2}}{4}\right)^2} = \sqrt[3]{\frac{625}{64} - \frac{121 \cdot 2}{16}} =$
$= \sqrt[3]{\frac{625-968}{64}} = \sqrt[3]{-\frac{343}{64}} = -\frac{7}{4}.$

- Portanto, $x^3 = \frac{25}{4} + 3x \cdot (-\frac{7}{4}) \Rightarrow 4x^3 = 25 - 21x \Rightarrow 4x^3 + 21x - 25 = 0.$

- As possíveis raízes racionais dessa equação são os divisores de 25 divididos pelos divisores de 4.
- Testando uma por uma, temos que $x = 1$ é uma raiz racional da equação.
- Dividindo-se $4x^3 + 21x - 25$ por $x - 1$, obtemos $4x^2 + 4x + 25$, que não tem raiz real (porque $\Delta = 4^2 - 4 \cdot 4 \cdot 25 < 0$). Portanto, a única raiz real da equação é $x = 1$.

Concluímos que

$$\sqrt[3]{\frac{25}{8} + \frac{11\sqrt{2}}{4}} + \sqrt[3]{\frac{25}{8} - \frac{11\sqrt{2}}{4}} = 1.$$

Observação: Um problema como esse é construído a partir do valor final, desenvolvendo-se os cálculos até a obtenção do enunciado inicial. No caso deste problema:

- Escolhemos um valor inteiro. No caso deste problema o valor escolhido foi 1.
- Escrevemos esse inteiro escolhido como soma de suas metades: $1 = \frac{1}{2} + \frac{1}{2}$.
- Em uma dessas metades, adicionamos um número irracional, por exemplo, $\sqrt{2}$. Na outra metade, subtraímos esse mesmo número irracional. Isso significa escrever o inteiro escolhido como soma de dois números irracionais da seguinte forma:

$$1 = \left(\frac{1}{2} + \sqrt{2}\right) + \left(\frac{1}{2} - \sqrt{2}\right)$$

- Elevamos cada um desses números irracionais ao cubo e extraímos suas raízes cúbicas:

$$1 = \sqrt[3]{\left(\frac{1}{2} + \sqrt{2}\right)^3} + \sqrt[3]{\left(\frac{1}{2} - \sqrt{2}\right)^3}$$

- Desenvolvemos os cubos em cada um dos radicandos:

$$1 = \sqrt[3]{\left(\frac{1}{2}\right)^3 + 3\left(\frac{1}{2}\right)^2 \cdot \sqrt{2} + 3 \cdot \frac{1}{2}(\sqrt{2})^2 + (\sqrt{2})^3}$$

$$+ \sqrt[3]{\left(\frac{1}{2}\right)^3 - 3\left(\frac{1}{2}\right)^2 \cdot \sqrt{2} + 3 \cdot \frac{1}{2}(\sqrt{2})^2 - (\sqrt{2})^3}.$$

- Simplificamos os radicandos e o problema está pronto! Agora é só enunciar.

$$1 = \sqrt[3]{\frac{25}{8} + \frac{11\sqrt{2}}{4}} + \sqrt[3]{\frac{25}{8} - \frac{11\sqrt{2}}{4}}.$$

R174) a) Calcule m e n em função de a e b para que

$$x = \sqrt[3]{m + \sqrt{n}} + \sqrt[3]{m - \sqrt{n}}$$

seja raiz da equação $x^3 + ax + b = 0$.
b) usando o resultado obtido no item a), determine uma raiz de $x^3 + 5x + 2 = 0$.

Solução:

a) Usando que $(r+s)^3 = r^3 + 3r^2s + 3rs^2 + s^3 = r^3 + s^3 + 3rs(r+s)$, temos que

$$x^3 = \left(\underbrace{\sqrt[3]{m+\sqrt{n}}}_{r} + \underbrace{\sqrt[3]{m-\sqrt{n}}}_{s}\right)^3 = \left(\underbrace{\sqrt[3]{m+\sqrt{n}}}_{r}\right)^3 + \left(\underbrace{\sqrt[3]{m-\sqrt{n}}}_{s}\right)^3$$

$$+ 3 \cdot \underbrace{\sqrt[3]{m+\sqrt{n}}}_{r} \cdot \underbrace{\sqrt[3]{m-\sqrt{n}}}_{s} \cdot \left(\overbrace{\underbrace{\sqrt[3]{m+\sqrt{n}}}_{r} + \underbrace{\sqrt[3]{m-\sqrt{n}}}_{s}}^{x}\right)$$

$$= (m + \cancel{\sqrt{n}}) + (m - \cancel{\sqrt{n}}) + 3\sqrt[3]{m^2 - (\sqrt{n})^2} \cdot x = 2m + 3\sqrt[3]{m^2 - n}\,x$$

$$\Rightarrow x^3 \underbrace{-3\sqrt[3]{m^2 - n}}_{a}\,x \underbrace{-2m}_{b} = 0$$

$$\Rightarrow \begin{cases} b = -2m \Rightarrow m = -\dfrac{b}{2} \\ a = -3\sqrt[3]{m^2 - n} \Rightarrow \left(-\dfrac{a}{3}\right)^3 = m^2 - n \Rightarrow n = m^2 + \left(\dfrac{a}{3}\right)^3 \\ \Rightarrow n = \left(\dfrac{a}{3}\right)^3 + \left(\dfrac{b}{2}\right)^2 \end{cases}$$

Desse modo, obtivemos que uma raiz da equação $x^3 + ax + b = 0$ é dada por

$$x = \sqrt[3]{-\frac{b}{2} + \sqrt{\left(\frac{a}{3}\right)^3 + \left(\frac{b}{2}\right)^2}} + \sqrt[3]{-\frac{b}{2} - \sqrt{\left(\frac{a}{3}\right)^3 + \left(\frac{b}{2}\right)^2}}.$$

Obtivemos assim uma fórmula de resolução para esse tipo de equação.

b) Comparando a equação $x^3 + 5x + 2 = 0$ com $x^3 + ax + b = 0$, temos $a = 5$ e $b = 2$. Substituindo esses valores na fórmula do item a), temos:

$$x = \sqrt[3]{-\frac{2}{2} + \sqrt{\left(\frac{5}{3}\right)^3 + \left(\frac{2}{2}\right)^2}} + \sqrt[3]{-\frac{2}{2} - \sqrt{\left(\frac{5}{3}\right)^3 + \left(\frac{2}{2}\right)^2}} \Rightarrow$$

$$x = \sqrt[3]{-1 + \sqrt{\frac{152}{27}}} + \sqrt[3]{-1 - \sqrt{\frac{152}{27}}} \Rightarrow x = \sqrt[3]{-1 + \frac{2\sqrt{38}}{3\sqrt{3}}} - \sqrt[3]{1 + \frac{2\sqrt{38}}{3\sqrt{3}}}.$$

Obtivemos assim o número $\sqrt[3]{-1 + \frac{2\sqrt{38}}{3\sqrt{3}}} - \sqrt[3]{1 + \frac{2\sqrt{38}}{3\sqrt{3}}}$ como sendo uma raiz da equação $x^3 + 5x + 2 = 0$.

Observação:

- As possíveis raízes racionais da equação $x^3 + 5x + 2 = 0$ são ± 1 e ± 2. Testando diretamente esses valores, percebemos que nenhum deles é raiz da equação. Sendo assim, essa equação não tem raiz racional e isso implica no fato de que o valor de x encontrado no item b) se trata de uma raiz irracional.
- Observando o gráfico da função $f(x) = x^3 + ax + b$ podemos afirmar o seguinte:
  - Se $a \geqslant 0$, então a função é crescente e tem uma única raiz real.

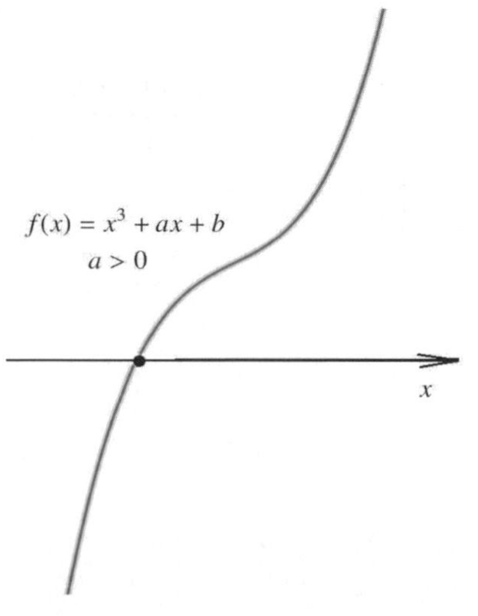

- Se $a < 0$ e $n = \left(\frac{a}{3}\right)^3 + \left(\frac{b}{2}\right)^2 = 0$, então a equação tem uma raiz real simples e uma raiz real dupla (que é $x = \sqrt{\frac{-a}{3}}$, se $b > 0$, ou $x = -\sqrt{\frac{-a}{3}}$, se $b < 0$).

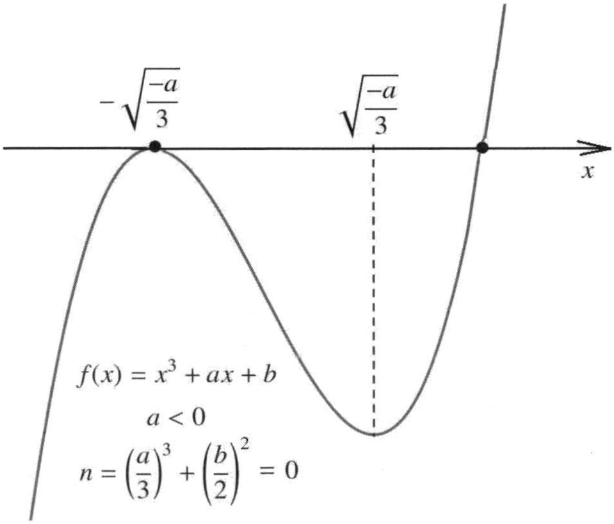

- Se $a < 0$ e $n = \left(\frac{a}{3}\right)^3 + \left(\frac{b}{2}\right)^2 > 0$, então a equação tem uma única raiz real e duas raízes complexas.

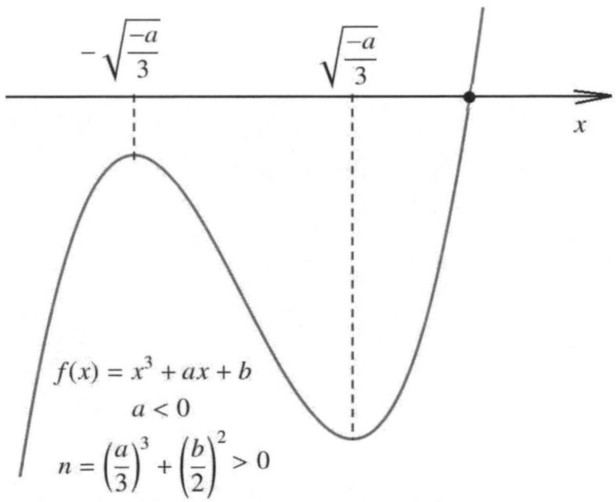

- Se $a < 0$ e $n = \left(\frac{a}{3}\right)^3 + \left(\frac{b}{2}\right)^2 < 0$, então a equação tem três raízes reais distintas.

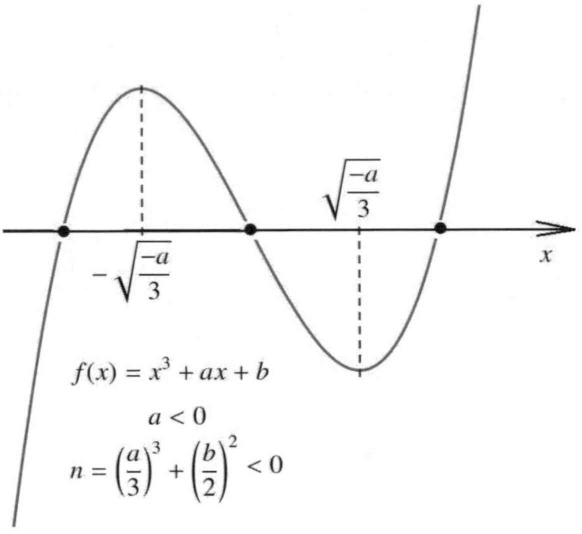

R175) a) Consideremos uma equação $x^3 + ax + b = 0$ na qual $\left(\frac{a}{3}\right)^3 + \left(\frac{b}{2}\right)^2 < 0$. A partir da fórmula obtida no exercício R25, obtenha uma fórmula para calcular as raízes reais dessa equação.
b) Resolva a equação $x^3 - 3x - 1 = 0$.

Solução:

a) Sejam $m = -\frac{b}{2}$ e $n = \left(\frac{a}{3}\right)^3 + \left(\frac{b}{2}\right)^2 < 0$. Por hipótese $n < 0$, por causa disso $\sqrt[3]{m + \sqrt{n}}$ e $\sqrt[3]{m - \sqrt{n}}$ não são números reais.
Se $z = m + \sqrt{n} = m + i\sqrt{|n|}$, então $|z| = \sqrt{m^2 + (\sqrt{|n|})^2} = \sqrt{m^2 + |n|}$ e daí a forma polar de z é

$$z = |z| \cdot \frac{z}{|z|} = |z| \cdot \left(\frac{m + i\sqrt{|n|}}{|z|}\right) = |z| \left(\underbrace{\frac{m}{|z|}}_{\cos\theta} + i \underbrace{\frac{\sqrt{|n|}}{|z|}}_{\operatorname{sen}\theta}\right) = |z|(\cos\theta + i\operatorname{sen}\theta),$$

onde $\cos\theta = \frac{m}{|z|}$ e $\operatorname{sen}\theta = \frac{\sqrt{|n|}}{|z|} \Rightarrow \theta = \arccos\frac{m}{|z|} = \arccos\left(\frac{m}{\sqrt{m^2+|n|}}\right)$. Logo,

$$m + \sqrt{n} = \sqrt{m^2 + |n|}\left[\cos\left(\arccos\left(\frac{m}{\sqrt{m^2 + |n|}}\right)\right) + i\operatorname{sen}\left(\arccos\left(\frac{m}{\sqrt{m^2 + |n|}}\right)\right)\right].$$

Por um motivo semelhante, temos também

$$m - \sqrt{n} = \sqrt{m^2 + |n|}\left[\cos\left(\arccos\left(\frac{m}{\sqrt{m^2 + |n|}}\right)\right) - i \operatorname{sen}\left(\arccos\left(\frac{m}{\sqrt{m^2 + |n|}}\right)\right)\right].$$

A partir dessa forma polar, podemos calcular $\sqrt[3]{m + \sqrt{n}}$ e $\sqrt[3]{m - \sqrt{n}}$:

$$\sqrt[3]{m + \sqrt{n}} = \sqrt[3]{\sqrt{m^2 + |n|}}\left[\cos\left(\frac{\arccos\left(\frac{m}{\sqrt{m^2 + |n|}}\right) + 2k\pi}{3}\right) + i \operatorname{sen}\left(\frac{\arccos\left(\frac{m}{\sqrt{m^2 + |n|}}\right) + 2k\pi}{3}\right)\right],$$

$k = 0, 1, 2,$ e também

$$\sqrt[3]{m - \sqrt{n}} = \sqrt[3]{\sqrt{m^2 + |n|}}\left[\cos\left(\frac{\arccos\left(\frac{m}{\sqrt{m^2 + |n|}}\right) + 2j\pi}{3}\right) - i \operatorname{sen}\left(\frac{\arccos\left(\frac{m}{\sqrt{m^2 + |n|}}\right) + 2j\pi}{3}\right)\right],$$

$j = 0, 1, 2.$

Por fim, vamos calcular $x = \sqrt[3]{m + \sqrt{n}} + \sqrt[3]{m - \sqrt{n}}$. Para essa soma resultar em número real, é preciso que a parte imaginária de $\sqrt[3]{m + \sqrt{n}}$ cancele a parte imaginária de $\sqrt[3]{m-\sqrt{n}}$. Por isso, devemos considerar $k = j$ no cálculo das raízes cúbicas anteriores:

$$x = \sqrt[3]{m+\sqrt{n}} + \sqrt[3]{m-\sqrt{n}} =$$

$$\sqrt[6]{m^2+|n|}\left[\cos\left(\frac{\arccos\left(\frac{m}{\sqrt{m^2+|n|}}\right)+2k\pi}{3}\right) \cancel{+ i\,\text{sen}\left(\frac{\arccos\left(\frac{m}{\sqrt{m^2+|n|}}\right)+2k\pi}{3}\right)}\right]$$

$$+\sqrt[6]{m^2+|n|}\left[\cos\left(\frac{\arccos\left(\frac{m}{\sqrt{m^2+|n|}}\right)+2k\pi}{3}\right) \cancel{- i\,\text{sen}\left(\frac{\arccos\left(\frac{m}{\sqrt{m^2+|n|}}\right)+2k\pi}{3}\right)}\right]$$

$$\Rightarrow x = 2\sqrt[6]{m^2+|n|}\left[\cos\left(\frac{\arccos\left(\frac{m}{\sqrt{m^2+|n|}}\right)+2k\pi}{3}\right)\right],$$

com $k = 0, 1, 2$. Obtemos assim uma fórmula para calcular as raízes da equação $x^3 + ax + b = 0$, quando $a < 0$ e $n = \left(\frac{a}{3}\right)^3 + \left(\frac{b}{2}\right)^2 < 0$.

b) Na equação $x^3 - 3x - 1 = 0$, temos $a = -3$ e $b = -1$. Usando a fórmula obtida no item a), temos: $m = -\frac{b}{2} = \frac{1}{2}$ e $n = (\frac{a}{3})^3 + (\frac{b}{2})^2 = -1 + \frac{1}{4} = -\frac{3}{4}$. Daí,

$$x = 2\sqrt[6]{\frac{1}{4}+\frac{3}{4}}\left[\cos\left(\frac{\arccos\left(\frac{\frac{1}{2}}{\sqrt{\frac{1}{4}+\frac{3}{4}}}\right)+2k\pi}{3}\right)\right]$$

$$= 2\cos\left(\frac{\arccos\left(\frac{1}{2}\right)+2k\pi}{3}\right) = 2\cos\left(\frac{\frac{\pi}{3}+2k\pi}{3}\right) = 2\cos\left(\frac{(6k+1)\pi}{9}\right),$$

com $k = 0, 1, 2$.

Portanto, as raízes de $x^3 - 3x - 1 = 0$ são $2\cos\frac{\pi}{9}$, $2\cos\frac{7\pi}{9}$ e $2\cos\frac{13\pi}{9}$. Transformando em graus, essas raízes podem ser escritas na forma $2\cos 20°$, $-2\cos 40°$ e $-2\cos 80°$ e são aproximadamente iguais a $1,87938524$, $-1,53208888$ e $-0,34729635$.

Observação: Como a equação $x^3 - 3x - 1 = 0$ não possui raízes racionais, concluímos que $\cos 20°$, $\cos 40°$ e $\cos 80°$ são irracionais.

R176) a) Mostre que uma equação do tipo $ax^3 + bx^2 + cx + d = 0$, $a \neq 0$, pode ser transformada em uma equação $y^3 + \alpha y + \beta = 0$, se for feita a mudança de variável $y = x + \dfrac{b}{3a}$.
b) Determine uma raiz real da equação $2x^3 - 12x^2 + 25x - 17 = 0$.

Solução:

a) Como $y = x + \dfrac{b}{3a}$ implica $x = y - \dfrac{b}{3a}$, vamos substituir esse x na equação:

$$ax^3 + bx^2 + cx + d = 0 \Rightarrow a\left(y - \frac{b}{3a}\right)^3 + b\left(y - \frac{b}{3a}\right)^2 + c\left(y - \frac{b}{3a}\right) + d = 0 \Rightarrow$$

$$a\left[y^3 - 3y^2 \cdot \frac{b}{3a} + 3y \cdot \left(\frac{b}{3a}\right)^2 - \left(\frac{b}{3a}\right)^3\right] + b\left[y^2 - 2y \cdot \frac{b}{3a} + \left(\frac{b}{3a}\right)^2\right]$$

$$+ c\left(y - \frac{b}{3a}\right) + d = 0 \Rightarrow ay^3 + \left(c - \frac{b^2}{3a}\right)y + \left(d - \frac{bc}{3a} + \frac{2b^3}{27a^2}\right) = 0$$

$$\Rightarrow y^3 + \underbrace{\left(\frac{3ac - b^2}{3a^2}\right)}_{\alpha} y + \underbrace{\left(\frac{27a^2d - 9abc + 2b^3}{27a^3}\right)}_{\beta} = 0 \Rightarrow y^3 + \alpha y + \beta = 0,$$

onde $\alpha = \dfrac{3ac - b^2}{3a^2}$ e $\beta = \dfrac{27a^2d - 9abc + 2b^3}{27a^3}$.

b) Na equação $2x^3 - 12x^2 + 25x - 17 = 0$, temos $a = 2$, $b = -12$, $c = 25$ e $d = -17$. Se fizermos a mudança de variável $x = y - \frac{b}{3a} = y + 2$, obtemos a equação $2(y+2)^3 - 12(y+2)^2 + 25(y+2) - 17 = 0$, que é o mesmo que

$$2(y^3 + 6y^2 + 12y + 8) - 12(y^2 + 4y + 4) + 25y + 50 - 17 = 0$$

$$\Rightarrow 2y^3 + y + 1 = 0 \Rightarrow y^3 + \frac{y}{2} + \frac{1}{2} = 0$$

que é uma equação do tipo $y^3 + \alpha y + \beta = 0$, com $\alpha = \beta = \frac{1}{2}$ e que pode ser resolvida pela fórmula do exercício R7:

$$y = \sqrt[3]{-\frac{\beta}{2} + \sqrt{\left(\frac{\alpha}{3}\right)^3 + \left(\frac{\beta}{2}\right)^2}} + \sqrt[3]{-\frac{\beta}{2} - \sqrt{\left(\frac{\alpha}{3}\right)^3 + \left(\frac{\beta}{2}\right)^2}}$$

$$\Rightarrow y = \sqrt[3]{-\frac{1}{4} + \sqrt{\frac{1}{216} + \frac{1}{4}}} + \sqrt[3]{-\frac{1}{4} - \sqrt{\frac{1}{216} + \frac{1}{4}}}$$

$$\Rightarrow y = \sqrt[3]{-\frac{1}{4} + \frac{\sqrt{87}}{36}} - \sqrt[3]{\frac{1}{4} + \frac{\sqrt{87}}{36}}.$$

Finalmente, fazemos a mudança de variável de y para x:

$$x = y + 2 = 2 + \sqrt[3]{-\frac{1}{4} + \frac{\sqrt{87}}{36}} - \sqrt[3]{\frac{1}{4} + \frac{\sqrt{87}}{36}}.$$

Essa é a única raiz real da equação $2x^3 - 12x^2 + 25x - 17 = 0$.

Observações:

- A raiz real encontrada é aproximadamente igual a $r = 1,410245$. Se dividirmos a equação dada por $(x - r)$, obtemos uma equação do segundo grau cujas raízes complexas são as outras duas raízes da equação $2x^3 - 12x^2 + 25x - 17 = 0$.
- Outra forma de encontrar as outras raízes é usar o exercício proposto P9 (a seguir). As outras raízes são

$$2 + \left(-\frac{1}{2} + \frac{i\sqrt{3}}{2}\right)\sqrt[3]{-\frac{1}{4} + \frac{\sqrt{87}}{36}} - \left(-\frac{1}{2} - \frac{i\sqrt{3}}{2}\right)\sqrt[3]{\frac{1}{4} + \frac{\sqrt{87}}{36}}$$

e

$$2 + \left(-\frac{1}{2} - \frac{i\sqrt{3}}{2}\right)\sqrt[3]{-\frac{1}{4} + \frac{\sqrt{87}}{36}} - \left(-\frac{1}{2} + \frac{i\sqrt{3}}{2}\right)\sqrt[3]{\frac{1}{4} + \frac{\sqrt{87}}{36}}.$$

- A mudança de variável $y = x + \frac{b}{3a}$ sempre transforma uma equação completa do 3° grau $ax^3 + bx^2 + cx + d = 0$ em uma equação do tipo $y^3 + \alpha y + \beta = 0$ em que o coeficiente do termo de segundo grau é nulo e que pode ser resolvida pelas fórmulas dos exercícios R25 ou R26.

- A partir da informação do item anterior, obtemos que uma solução da equação $ax^3 + bx^2 + cx + d = 0$ é dada por

$$x = -\frac{b}{3a} + \sqrt[3]{\frac{9abc - 27a^2d - 2b^3}{54a^3} + \sqrt{\left(\frac{9abc - 27a^2d - 2b^3}{54a^3}\right)^2 + \left(\frac{3ac - b^2}{9a^2}\right)^3}}$$
$$+ \sqrt[3]{\frac{9abc - 27a^2d - 2b^3}{54a^3} - \sqrt{\left(\frac{9abc - 27a^2d - 2b^3}{54a^3}\right)^2 + \left(\frac{3ac - b^2}{9a^2}\right)^3}}$$

R177) a) Mostre que $\forall m, n, p \in \mathbb{N}$, $f(x) = x^{3m} + x^{3n+1} + x^{3p+2}$ é divisível por $g(x) = x^2 + x + 1$.
b) Mostre que $\forall a_j \in \mathbb{N}$, $f(x) = x^{ka_1} + x^{ka_2+1} + x^{ka_3+2} + \cdots + x^{ka_k+k-1}$ é divisível por $g(x) = 1 + x + \cdots + x^{k-2} + x^{k-1}$.

Solução:

a) Consideremos α uma raiz de $g(x)$. Então $g(\alpha) = \alpha^2 + \alpha + 1 = 0$ e multiplicando por $(\alpha - 1)$, obtemos $(\alpha - 1)\underbrace{(\alpha^2 + \alpha + 1)}_{0} = \alpha^3 - 1 = 0$. Logo, $\alpha^3 = 1$. Isso significa que α é uma raiz cúbica (complexa) de 1. Calculamos agora $f(\alpha)$:
$$f(\alpha) = \alpha^{3m} + \alpha^{3n+1} + \alpha^{3p+2} = \underbrace{(\alpha^3)^m}_{1} + \underbrace{(\alpha^3)^n}_{1} \cdot \alpha + \underbrace{(\alpha^3)^p}_{1} \cdot \alpha^2 = 1 + \alpha + \alpha^2 = 0$$
Fica mostrado dessa forma que toda raiz de $g(x)$ também é raiz de $f(x)$. Como $g(x)$ só tem raiz simples (não repetida), concluímos que $f(x)$ é divisível por $g(x)$.

b) Se α é raiz de $g(x)$, então $g(\alpha) = 1 + \alpha + \alpha^2 + \cdots + \alpha^{k-1} = 0$. Multiplicando por $(\alpha - 1)$, obtemos $\underbrace{(1 + \alpha + \alpha^2 + \cdots + \alpha^{k-1})}_{0}(\alpha - 1) = \alpha^k - 1 = 0$. Logo, α é uma raiz k-ésima da unidade. Além disso, α é raiz simples de $g(x)$ porque as raízes k-ésimas da unidade são em número de k raízes distintas. Vamos calcular $f(\alpha)$:
$$\begin{aligned} f(\alpha) &= \alpha^{ka_1} + \alpha^{ka_2+1} + \alpha^{ka_3+2} + \cdots + \alpha^{ka_k+k-1} \\ &= \underbrace{(\alpha^k)^{a_1}}_{1} + \underbrace{(\alpha^k)^{a_2}}_{1} \cdot \alpha + \underbrace{(\alpha^k)^{a_3}}_{1} \cdot \alpha^2 + \cdots + + \underbrace{(\alpha^k)^{a_k}}_{1} \cdot \alpha^{k-1} \\ &= 1 + \alpha + \alpha^2 + \cdots + \alpha^{k-1} = 0 \end{aligned}$$

Assim, fica mostrado que toda raiz de $g(x)$ também é raiz de $f(x)$. Como $g(x)$ só tem raiz simples, concluímos que $f(x)$ é divisível por $g(x)$.

Observação: É importante observar que as raízes de $g(x)$ não são repetidas para poder concluir a divisibilidade de $f(x)$ por $g(x)$. Observe, por exemplo, o caso em que $f(x) = (x-1)(x-2)(x-3)$ e $g(x) = (x-1)^2(x-3)$. Apesar de toda raiz de $g(x)$ ser raiz de $f(x)$, $f(x)$ não é divisível por $g(x)$.

R178) a) Mostre que se $z \in \mathbb{C}$ for uma raiz de

$$f(x) = a_n x^n + a_{n-1}x^{n-1} + \cdots + a_1 x + a_0 \in \mathbb{C}[x],$$

$a_n \neq 0$, e $M = \max\left\{\left|\dfrac{a_k}{a_n}\right|, k = 0, 1, \ldots, n-1\right\}$, então $|z| \leq 1 + M$.

b) Se z é uma raiz da equação $4x^5 + 2x^4 - 11x^3 + 8x^2 - x - 3 = 0$, determine R para o qual $|z| \leqslant R$.

Solução:

a) Se $f(x) = a_n x^n + a_{n-1}x^{n-1} + \cdots + a_1 x + a_0$, então

$$f(x) = a_n x^n \left(1 + \frac{a_{n-1}}{a_n x} + \cdots + \frac{a_1}{a_n x^{n-1}} + \frac{a_0}{a_n x^n}\right)$$

$$\Rightarrow |f(x)| = |a_n x^n| \cdot \left| \underbrace{1}_{z_1} + \underbrace{\frac{a_{n-1}}{a_n x} + \cdots + \frac{a_1}{a_n x^{n-1}} + \frac{a_0}{a_n x^n}}_{z_2} \right|$$

$$\geqslant |a_n x^n| \cdot \left(\underbrace{1}_{|z_1|} - \underbrace{\left|\frac{a_{n-1}}{a_n x} + \cdots + \frac{a_1}{a_n x^{n-1}} + \frac{a_0}{a_n x^n}\right|}_{|z_2|} \right)$$

Como

$$
\begin{aligned}
\left|\frac{a_{n-1}}{a_n x}+\cdots+\frac{a_1}{a_n x^{n-1}}+\frac{a_0}{a_n x^n}\right| &\leqslant \left|\frac{a_{n-1}}{a_n x}\right|+\cdots+\left|\frac{a_1}{a_n x^{n-1}}\right|+\left|\frac{a_0}{a_n x^n}\right| \\
&= \underbrace{\left|\frac{a_{n-1}}{a_n}\right|}_{\leqslant M}\cdot\frac{1}{|x|}+\cdots+\underbrace{\left|\frac{a_1}{a_n}\right|}_{\leqslant M}\cdot\frac{1}{|x^{n-1}|}+\underbrace{\left|\frac{a_0}{a_n}\right|}_{\leqslant M}\cdot\frac{1}{|x^n|} \\
&\leqslant \frac{M}{|x|}+\cdots+\frac{M}{|x|^{n-1}}+\frac{M}{|x|^n} = M\underbrace{\left(\frac{1}{|x|}+\cdots+\frac{1}{|x|^{n-1}}+\frac{1}{|x|^n}\right)}_{\text{soma de progressão geométrica}}
\end{aligned}
$$

$$
= M\left[\frac{\frac{1}{|x|}\left(1-\frac{1}{|x|^n}\right)}{1-\frac{1}{|x|}}\right] = M\left[\frac{1-\frac{1}{|x|^n}}{|x|\left(1-\frac{1}{|x|}\right)}\right] = M\cdot\frac{\overbrace{\left(1 \quad \frac{1}{|x|^n}\right)}^{\leqslant 1}}{|x|-1} \leqslant \frac{M}{|x|-1}.
$$

Multiplicando por (-1), depois somando 1, temos que

$$
\begin{aligned}
&-\left|\frac{a_{n-1}}{a_n x}+\cdots+\frac{a_1}{a_n x^{n-1}}+\frac{a_0}{a_n x^n}\right| \geqslant -\frac{M}{|x|-1} \\
&\quad\Rightarrow 1-\left|\frac{a_{n-1}}{a_n x}+\cdots+\frac{a_1}{a_n x^{n-1}}+\frac{a_0}{a_n x^n}\right| \geqslant 1-\frac{M}{|x|-1} = \frac{|x|-1-M}{|x|-1}
\end{aligned}
$$

e, daí, obtemos finalmente que

$$
|f(x)| \geqslant |a_n x^n|\cdot\left(\frac{|x|-1-M}{|x|-1}\right).
$$

Se $z \in \mathbb{C}$ for tal que $|z| > 1+M$, então $|z| > 1$ e também

$$
|f(z)| \geqslant \underbrace{|a_n z^n|}_{>0}\cdot\left(\frac{\overbrace{|z|-1-M}^{>0}}{\underbrace{|z|-1}_{>0}}\right) > 0
$$

$\Rightarrow z$ não é raiz da equação $f(x)=0$.
Portanto, se $z \in \mathbb{C}$ for raiz da equação $f(x)=0$, então devemos ter $|z| \leqslant 1+M$.

b) Se z for raiz de $4x^5 + 2x^4 - 11x^3 + 8x^2 - x - 3 = 0$, então

$$|z| \leqslant 1 + \max\left\{\left|\frac{a_k}{a_n}\right|, k = 0, 1, \ldots, n-1\right\}$$

$$\Rightarrow |z| \leqslant 1 + \max\left\{\left|\frac{2}{4}\right|, \left|\frac{-11}{4}\right|, \left|\frac{8}{4}\right|, \left|\frac{-1}{4}\right|, \left|\frac{-3}{4}\right|\right\} \Rightarrow |z| \leqslant 1 + \frac{11}{4} \Rightarrow |z| \leqslant \frac{15}{4}.$$

Observações:

- Devido à desigualdade $|z| \leqslant 1 + \max\left\{\left|\frac{a_k}{a_n}\right|, k = 0, 1, \ldots, n-1\right\}$, dizemos que $1+\max\left\{\left|\frac{a_k}{a_n}\right|, k = 0, 1, \ldots, n-1\right\}$ é uma **cota superior** para as raízes da equação $f(x) = 0$.
- Utilizamos várias vezes a desigualdade conhecida como *"desigualdade triangular"*: $|z_1 + z_2| \leqslant |z_1| + |z_2|, \forall z_1, z_2 \in \mathbb{C}$. Uma consequência disso é $|z_1| = |(z_1 + z_2) - z_2| \leqslant |z_1 + z_2| + \underbrace{|-z_2|}_{|z_2|} \Rightarrow |z_1 + z_2| \geq |z_1| - |z_2|$.
- Se o termo constante da equação, a_0, não for nulo, então a equação $g(x) = a_0x^n + a_1x^{n-1} + \cdots + a_{n-1}x + a_n$ também tem grau n e suas raízes são iguais a $1/z$, onde z é raiz de $f(x)$. Pelo que foi mostrado, temos

$$\left|\frac{1}{z}\right| \leqslant 1 + \max\left\{\left|\frac{a_k}{a_0}\right|, k = 1, 2, \ldots, n\right\},$$

ou seja,

$$|z| \geqslant \frac{1}{1 + \max\left\{\left|\frac{a_k}{a_0}\right|, k = 1, 2, \ldots, n\right\}}.$$

Por isso dizemos que que $\frac{1}{1+\max\left\{\left|\frac{a_k}{a_0}\right|, k=1,2,\ldots,n\right\}}$ é uma **cota inferior** para as raízes da equação $f(x) = 0$.

- A fórmula anterior aplicada à equação do item b) nos permite afirmar que se z for qualquer raiz de $4x^5 + 2x^4 - 11x^3 + 8x^2 - x - 3 = 0$, então

$$|z| \geqslant \frac{1}{1 + \max\left\{\left|\frac{4}{-3}\right|, \left|\frac{2}{-3}\right|, \left|\frac{-11}{-3}\right|, \left|\frac{8}{-3}\right|, \left|\frac{-1}{-3}\right|\right\}}$$

$$\Rightarrow |z| \geqslant \frac{1}{1 + \frac{11}{3}} \Rightarrow |z| \geqslant \frac{1}{\frac{14}{3}} \Rightarrow |z| \geqslant \frac{3}{14}.$$

- Existem outras fórmulas como essa que permitem determinar cota superior (ou inferior) para as raízes de uma equação polinomial, sem precisar resolver a equação.

R179) Mostre que o polinômio $p(x) = 25x^4 + 10x^3 - 29x^2 - 6x + 5$ é redutível sobre $\mathbb{Z}$ e escreva-o como um produto de dois polinômios não constantes de coeficientes inteiros.

Solução: Seguimos o roteiro do cálculo da raiz quadrada de um polinômio que é baseado na fórmula

$$(a + b + c + d)^2 = a^2 + b(b + 2a) + c(c + 2(a + b)) + d(d + 2(a + b + c))$$

e construímos o seguinte diagrama:

$$\begin{array}{r|l}
\sqrt{25x^4 + 10x^3 - 29x^2 - 6x + 5} & 5x^2 + x - 3 \\
-25x^4 \qquad\qquad\qquad\qquad\quad & \\ \hline
10x^3 - 29x^2 \qquad\quad & (10x^2 + x) \cdot x = 10x^3 + x^2 \\
-10x^3 \quad - x^2 \qquad\quad & \\
-30x^2 - 6x + 5 & (10x^2 + 2x - 3) \cdot (-3) = \\
30x^2 + 6x - 9 & \qquad -30x^2 - 6x + 9 \\
-4 &
\end{array}$$

Obtemos dessa forma um resto igual a -4 no cálculo da raiz quadrada de $p(x)$. Isso significa que

$$\begin{aligned}
p(x) &= (5x^2 + x - 3)^2 + (-4) = (5x^2 + x - 3)^2 - 2^2 \\
&\Rightarrow p(x) = ((5x^2 + x - 3) - 2)((5x^2 + x - 3) + 2) \\
&\Rightarrow p(x) = (5x^2 + x - 5)(5x^2 + x - 1).
\end{aligned}$$

R180) Mostre que os polinômios $p(x) = x^{10k+4} - x^3 + x^2 - x + 1$ e $q(x) = x^{10k+9} + x^3 - x^2 + x - 1$ são redutíveis, para todo $k \in \mathbb{N}$, $k \geqslant 1$. Em particular, $x^{24} - x^3 + x^2 - x + 1$ e $x^{29} + x^3 - x^2 + x - 1$ são redutíveis.

Solução: Seja $s(x) = x^4 - x^3 + x^2 - x + 1$. Multiplicando $s(x)$ por $(x + 1)$, obtemos

$$s(x)(x+1) = (x^4 - x^3 + x^2 - x + 1)(x+1) = x^5 + \cancel{x^4} - \cancel{x^4} - \cancel{x^3} + \cancel{x^3} + \cancel{x^2} - \cancel{x^2} - \cancel{x} + \cancel{x} + 1 = x^5 + 1$$

Daí, se r for uma raiz de $s(x)$, então

$$s(r) = 0 \Rightarrow s(r)(r+1) = 0 \Rightarrow r^5 + 1 = 0$$
$$\Rightarrow r^5 = -1 \Rightarrow (r^5)^2 = (-1)^2 \Rightarrow r^{10} = 1 \Rightarrow (r^{10})^k = 1^k \Rightarrow r^{10k} = 1$$

Como

$$p(r) = r^{10k+4} - r^3 + r^2 - r + 1 = r^{10k} \cdot r^4 - r^3 + r^2 - r + 1 = r^4 - r^3 + r^2 - r + 1 = s(r) = 0,$$

temos que r é raiz de $p(x)$, ou seja, toda raiz de $s(x)$ também é raiz de $p(x)$. Logo, $p(x)$ é divisível por $s(x)$.

Por outro lado,

$$q(r) = r^{10k+9} + r^3 - r^2 + r - 1 = r^{10k} \cdot r^5 \cdot r^4 + r^3 - r^2 + r - 1 = -r^4 + r^3 - r^2 + r - 1 = -s(r) = 0,$$

temos que r é raiz de $q(x)$, ou seja, toda raiz de $s(x)$ também é raiz de $q(x)$. Logo, $q(x)$ é divisível por $s(x)$.

Observação: Dividindo $x^{24} - x^3 + x^2 - x + 1$ e $x^{29} + x^3 - x^2 + x - 1$ por $x^4 - x^3 + x^2 - x + 1$, obtemos as fatorações

$$x^{24} - x^3 + x^2 - x + 1$$
$$= \left(x^4 - x^3 + x^2 - x + 1\right)\left(x^{20} + x^{19} - x^{15} - x^{14} + x^{10} + x^9 - x^5 - x^4 + 1\right)$$

$$x^{29} + x^3 - x^2 + x - 1$$
$$= \left(x^4 - x^3 + x^2 - x + 1\right)\left(x^{25} + x^{24} - x^{20} - x^{19} + x^{15} + x^{14} - x^{10} - x^9 + x^5 + x^4 - 1\right)$$

10.7 EXERCÍCIOS PROPOSTOS

P59) Determine um polinômio $p(x) \in \mathbb{Z}[x]$ que satisfaça a seguinte igualdade:

$$(2x+5)\cdot p(x) = 2x^3 + 12x^2 + 2x - 28 + p(x).$$

Resposta: $p(x) = x^2 + 4x - 7$

P60) a) Seja $f(x) = 0$ é uma equação polinomial de coeficientes inteiros. Mostre que se r for uma raiz inteira dessa equação, então $(r-1)$ é um divisor de $f(1)$ e $(r+1)$ é um divisor de $f(-1)$.
b) Mostre que a equação $x^5 + 4x^4 - 16x^3 + 50x^2 - 47x + 121 = 0$ não tem raiz inteira.
Resposta: a) calcule $f(1)$ e $f(-1)$ a partir de $f(x) = (x-r)q(x)$, onde $q(x) \in \mathbb{Z}[x]$; b) uma raiz $r \in \mathbb{Z}$ deveria ser ímpar com soma dos coeficientes da equação ímpar; isso contradiz o resultado do item (a).

P61) Mostre que

$$\sqrt[3]{\frac{37}{2} + \frac{55\sqrt{7}}{8}} + \sqrt[3]{\frac{37}{2} - \frac{55\sqrt{7}}{8}}$$

é um número inteiro.
Resposta: é raiz da equação $4x^3 - 27x - 148 = 0$ e é igual a 4

P62) Racionalize a fração $\dfrac{1}{\theta^2 - \theta - 2}$, sabendo que θ é uma raiz irracional da equação $x^4 + x + 3 = 0$.
Resposta: $\dfrac{2\theta^3 - 3\theta^2 + \theta - 3}{21}$

P63) Encontre dois polinômios $M(x)$ e $N(x)$ de coeficientes inteiros que tornem verdadeira a igualdade

$$(x^2 - 2x - 2)M(x) + (-x^3 + 4x^2 - 3x - 1)N(x) = x^4$$

para todo x.
Resposta: $M(x) = x^6 - x^5 - x^4$, $N(x) = x^5 + x^4$

P64) Se z for qualquer uma das raízes da equação

$$2x^6 + 3x^5 + 4x^4 - 6x^3 + 17x^2 + 6x + 10 = 0,$$

determine $R > 0$ e $S > 0$ de tal forma que $S < |z| < R$.
Resposta: $S = \frac{10}{27}$ e $R = \frac{9}{2}$

P65) Determine todas as raízes da equação

$$64x^6 + 384x^5 + 1008x^4 + 1472x^3 + 1260x^2 + 600x + 125 = 0.$$

(Sugestão: calcule a raiz cúbica do polinômio).
Resposta: raízes triplas: $-1 + i/2, -1 - i/2$

P66) Verifique se é possível escrever o polinômio

$$p(x) = x^6 + 6x^5 - 3x^4 - 6x^3 + 126x^2 - 180x + 225$$

como um produto de dois polinômios não constantes de coeficientes inteiros.
(Sugestão: calcule a raiz quadrada de $p(x)$).
Resposta: $p(x) = (x^3 + 3x^2 - 6x + 15)^2$

P67) Mostre que $p(x) = x^{4k+3} + x^2 + x + 1$ é redutível, para todo $k \in \mathbb{N}$, $k \geqslant 1$. Em particular, $q(x) = x^{103} + x^2 + x + 1$ é redutível.
(Sugestão: toda raiz de $x^3 + x^2 + x + 1 = 0$ também é raiz de $x^4 - 1 = 0$ e de $x^{4k} - 1 = 0$, e, daí, temos que $p(x)$ é divisível por $x^3 + x^2 + x + 1$).

P68) Mostre que os polinômios $p(x) = x^{3k+2} + x + 1$, $q(x) = x^{6k+2} - x + 1$ e $s(x) = x^{6k+5} + x - 1$ são redutíveis, para todo $k \in \mathbb{N}$, $k \geqslant 1$. Em particular, $x^{11} + x + 1$, $x^{14} - x + 1$ e $x^{17} + x - 1$ são redutíveis.
Resposta: $p(x)$ é divisível por $x^2 + x + 1$, $q(x)$ e $s(x)$ são divisíveis por $x^2 + x - 1$.

P69) Mostre que se $\alpha = -\frac{1}{2} + \frac{i\sqrt{3}}{2}$ e $x_1 = \sqrt[3]{m + \sqrt{n}} + \sqrt[3]{m - \sqrt{n}}$ for raiz da equação $x^3 + Ax + B = 0$, então $x_2 = \alpha\sqrt[3]{m + \sqrt{n}} + \bar{\alpha}\sqrt[3]{m - \sqrt{n}}$ e $x_3 = \bar{\alpha}\sqrt[3]{m + \sqrt{n}} + \alpha\sqrt[3]{m - \sqrt{n}}$ também são raízes dessa equação.
Resposta: Substitua x_2 e x_3 na equação e use que $\alpha^3 = \bar{\alpha}^3 = \alpha\bar{\alpha} = 1$ e $x_1^3 + Ax_1 + B = 0$

CAPÍTULO 11

Exercícios de revisão

Neste capítulo, apresentamos uma pequena lista de exercícios dos mais diversos temas que são úteis para se fazer uma revisão rápida dos assuntos.

R181) Seja $\otimes$ a operação sobre $\mathbb{R}$ definida por $x \otimes y = x + y + xy$. Verifique se essa operação é comutativa, se é associativa e se tem elemento neutro.

Solução:

- Para quaisquer $x, y \in \mathbb{R}$, $x \otimes y = x + y + xy = y + x + yx = y \otimes x$. Logo, a operação $\otimes$ é comutativa.
- Para quaisquer $x, y, z \in \mathbb{R}$, temos:
  - $x \otimes (y \otimes z) = x \otimes (y + z + yz) = x + (y + z + yz) + x(y + z + yz) = x + y + z + xy + xz + yz + xyz$
  - $(x \otimes y) \otimes z = (x + y + xy) \otimes z = (x + y + xy) + z + (x + y + xy)z = x + y + z + xy + xz + yz + xyz$.

  Logo, $x \otimes (y \otimes z) = (x \otimes y) \otimes z$, de onde concluímos que $\otimes$ é associativa.
- $0 \otimes x = x \otimes 0 = x + 0 + x \cdot 0 = x, \forall x \in \mathbb{R}$. Logo, o 0 (zero) é o elemento neutro da operação.

R182) Consideremos o conjunto dos números reais $\mathbb{R}$ com a operação definida por $x * y = \sqrt[3]{x^3 + y^3}$. Mostre que $G = (\mathbb{R}, *)$ é um grupo abeliano.

Solução:

- $x * y = \sqrt[3]{x^3 + y^3} = \sqrt[3]{y^3 + x^3} = y * x, \forall x, y \in \mathbb{R}$. Logo, $*$ é comutativa.

- Sejam $x, y, z \in \mathbb{R}$ três elementos genéricos.
  - $x * (y * z) = x * \sqrt[3]{y^3 + z^3} = \sqrt[3]{x^3 + \left(\sqrt[3]{y^3 + z^3}\right)^3} = \sqrt[3]{x^3 + y^3 + z^3}$
  - $(x * y) * z = \sqrt[3]{x^3 + y^3} * z = \sqrt[3]{\left(\sqrt[3]{x^3 + y^3}\right)^3 + z^3} = \sqrt[3]{x^3 + y^3 + z^3}$

  Logo, $x * (y * z) = (x * y) * z$, ou seja, a operação $*$ é associativa.
- $0 * x = x * 0 = \sqrt[3]{x^3 + 0^3} = \sqrt[3]{x^3} = x$, $\forall x \in \mathbb{R}$, logo, 0 (zero) é o elemento neutro.
- Dado $x \in \mathbb{R}$, $y = -x$ é tal que $y*x = x*y = \sqrt[3]{x^3 + y^3} = \sqrt[3]{x^3 + (-x)^3} = \sqrt[3]{x^3 - x^3} = \sqrt[3]{0} = 0 =$ elemento neutro. Logo, $-x$ é o elemento inverso de x.

Os quatro itens anteriores demonstram que $(G, *)$ é um grupo abeliano.

R183) Verifique se H é subgrupo de G nos seguintes casos:

a) $H = (\mathbb{R} - \mathbb{Q}, +)$, $G = (\mathbb{R}, +)$

b) $H = (\{2^m 3^n 5^r \mid m, n, r \in \mathbb{Z}\}, \cdot)$, $G = (\mathbb{Q}^*, \cdot)$

c) $H = \left(\left\{\begin{bmatrix} 0 & a \\ b & a-b \end{bmatrix} \mid a, b \in \mathbb{R}\right\}, +\right)$, $G = (M_{2\times 2}(\mathbb{R}), +)$

Solução:

a) O conjunto H é o conjunto dos números irracionais. Dados dois irracionais, por exemplo, $x = 2 - \sqrt{3}$ e $y = 2 + \sqrt{3}$, temos $x + y = (2 - \sqrt{3}) + (2 + \sqrt{3}) = 4 \notin H$. Logo, o conjunto dos irracionais não é fechado para a adição de números reais e, consequentemente, não formam um subgrupo de $\mathbb{R}$.

b) Escolhendo $m = n = r = 0$, temos $x = 2^0 3^0 5^0 = 1 \in H \Rightarrow H \neq \emptyset$. Sejam $a, b \in H$. Existem $m_1, n_1, r_1, m_2, n_2, r_2 \in \mathbb{Z}$ tais que $a = 2^{m_1} 3^{n_1} 5^{r_1}$ e $b = 2^{m_2} 3^{n_2} 5^{r_2}$ $\Rightarrow a \cdot b^{-1} = 2^{m_1} 3^{n_1} 5^{r_1} 2^{-m_2} 3^{-n_2} 5^{-r_2} = 2^{m_1 - m_2} 3^{n_1 - n_2} 5^{r_1 - r_2} \in H$. Logo, H é um subgrupo de G.

c) Escolhendo $a = b = 0$, temos que $\begin{bmatrix} 0 & 0 \\ 0 & 0 \end{bmatrix} \in H \Rightarrow H \neq \emptyset$. Sejam $X, Y \in H$. Existem $a, b, c, d \in \mathbb{R}$ tais que $X = \begin{bmatrix} 0 & a \\ b & a-b \end{bmatrix}$ $Y = \begin{bmatrix} 0 & c \\ d & c-d \end{bmatrix}$. Como $X +$

$(-Y) = X - Y = \begin{bmatrix} 0 & a-c \\ b-d & (a-c)-(b-d) \end{bmatrix} \in H$, temos que H é um subgrupo de G.

R184) Dadas as permutações $a = \begin{pmatrix} 1 & 2 & 3 & 4 \\ 4 & 1 & 2 & 3 \end{pmatrix}$, $b = \begin{pmatrix} 1 & 2 & 3 & 4 \\ 3 & 4 & 2 & 1 \end{pmatrix}$ e $c = \begin{pmatrix} 1 & 2 & 3 & 4 \\ 1 & 4 & 3 & 2 \end{pmatrix}$, determine a solução $x \in S_4$ da equação $axb^{-3} = c^2$.

Solução: Multiplicando a equação dada por a^{-1} à esquerda e por b^3 à direita, obtemos $\underbrace{a^{-1}a}_{=e}\, x\, \underbrace{b^{-3}b^3}_{=e} = a^{-1}c^2b^3 \Rightarrow x = a^{-1}c^2b^3$. Temos que:

- $a^{-1} = \begin{pmatrix} 4 & 1 & 2 & 3 \\ 1 & 2 & 3 & 4 \end{pmatrix} = \begin{pmatrix} 1 & 2 & 3 & 4 \\ 2 & 3 & 4 & 1 \end{pmatrix}$
- $b^3 = \begin{pmatrix} 1 & 2 & 3 & 4 \\ 3 & 4 & 2 & 1 \end{pmatrix}\begin{pmatrix} 1 & 2 & 3 & 4 \\ 3 & 4 & 2 & 1 \end{pmatrix}\begin{pmatrix} 1 & 2 & 3 & 4 \\ 3 & 4 & 2 & 1 \end{pmatrix} = \begin{pmatrix} 1 & 2 & 3 & 4 \\ 4 & 3 & 1 & 2 \end{pmatrix}$
- $c^2 = \begin{pmatrix} 1 & 2 & 3 & 4 \\ 1 & 4 & 3 & 2 \end{pmatrix}\begin{pmatrix} 1 & 2 & 3 & 4 \\ 1 & 4 & 3 & 2 \end{pmatrix} = \begin{pmatrix} 1 & 2 & 3 & 4 \\ 1 & 2 & 3 & 4 \end{pmatrix}$ = elemento neutro;

Portanto, $x = a^{-1}c^2b^3 = \begin{pmatrix} 1 & 2 & 3 & 4 \\ 2 & 3 & 4 & 1 \end{pmatrix}\begin{pmatrix} 1 & 2 & 3 & 4 \\ 1 & 2 & 3 & 4 \end{pmatrix}\begin{pmatrix} 1 & 2 & 3 & 4 \\ 4 & 3 & 1 & 2 \end{pmatrix} = \begin{pmatrix} 1 & 2 & 3 & 4 \\ 1 & 4 & 2 & 3 \end{pmatrix}$ é a solução procurada da equação dada.

R185) Consideremos os grupos $G = (\mathbb{R}\times\mathbb{R}, +)$, $J = (\mathbb{R}, +)$ a função $\varphi : G \longrightarrow J$ definida por $\varphi(x, y) = 3x - 5y$. Mostre que φ é um homomorfismo de grupos e determine $N(\varphi)$.

Solução:

- Sejam $a = (x, y)$ e $b = (z, w)$ dois elementos genéricos de G. Temos: $\varphi(a + b) = \varphi(x+z, y+w) = 3(x+z) - 5(y+w) = (3x - 5y) + (3z - 5w) = \varphi(x, y) + \varphi(z, w) = \varphi(a) + \varphi(b)$. Isso mostra que φ é um homomorfismo de G em J.
- Suponhamos que (x, y) seja um elemento do núcleo de φ. Então, pela definição de núcleo de um homomorfismo, temos que $\varphi(x, y)$ = elemento neutro de $J = 0$ o

que implica em $3x - 5y = 0 \Rightarrow y = \frac{3}{5}x \Rightarrow N(\varphi) = \{(x, y) \in \mathbb{R} \times \mathbb{R} \mid y = \frac{3}{5}x\} \Rightarrow N(\varphi) = \{(x, \frac{3}{5}x) \mid x \in \mathbb{R}\}$.

R186) Sejam $G = (\mathbb{Z}_{10}, +)$ e $H = \{\bar{0}, \bar{5}\}$ um subgrupo de G. Construa a tábua do grupo-quociente $(G/H, +)$ e determine o inverso (aditivo) dos elementos $\bar{3} + H$ e $\bar{4} + H$.

Solução: Calculando as classes laterais à esquerda módulo H determinadas por elementos de G, temos:

- $\bar{0} + H = \{\bar{0} + \bar{0}, \bar{0} + \bar{5}\} = H$
- $\bar{1} + H = \{\bar{1} + \bar{0}, \bar{1} + \bar{5}\} = \{\bar{1}, \bar{6}\}$
- $\bar{2} + H = \{\bar{2} + \bar{0}, \bar{2} + \bar{5}\} = \{\bar{2}, \bar{7}\}$
- $\bar{3} + H = \{\bar{3} + \bar{0}, \bar{3} + \bar{5}\} = \{\bar{3}, \bar{8}\}$
- $\bar{4} + H = \{\bar{4} + \bar{0}, \bar{4} + \bar{5}\} = \{\bar{4}, \bar{9}\}$
- $\bar{5} + H = \{\bar{5} + \bar{0}, \bar{5} + \bar{5}\} = \{\bar{5}, \bar{0}\} = H$ e, a partir daqui, há apenas repetição de classes.

Portanto, $G/H = \{H, \bar{1} + H, \bar{2} + H, \bar{3} + H, \bar{4} + H\}$ e sua tábua é:

$+$	H	$\bar{1} + H$	$\bar{2} + H$	$\bar{3} + H$	$\bar{4} + H$
H	H	$\bar{1} + H$	$\bar{2} + H$	$\bar{3} + H$	$\bar{4} + H$
$\bar{1} + H$	$\bar{1} + H$	$\bar{2} + H$	$\bar{3} + H$	$\bar{4} + H$	H
$\bar{2} + H$	$\bar{2} + H$	$\bar{3} + H$	$\bar{4} + H$	H	$\bar{1} + H$
$\bar{3} + H$	$\bar{3} + H$	$\bar{4} + H$	H	$\bar{1} + H$	$\bar{2} + H$
$\bar{4} + H$	$\bar{4} + H$	H	$\bar{1} + H$	$\bar{2} + H$	$\bar{3} + H$

O elemento neutro de todo grupo-quociente é o elemento H. Assim, determinar o inverso de $\bar{3} + H$ é só verificar na tábua qual é o elemento que somado com ele dá como resultado o H. Chegamos à conclusão de que o inverso de $\bar{3} + H$ é o $\bar{2} + H$. Por um motivo semelhante, o inverso de $\bar{4} + H$ é o $\bar{1} + H$.

Observação: A adição de classes laterais é efetuada de acordo com a definição: $(\bar{a} + H) + (\bar{b} + H) = (\bar{a} + \bar{b}) + H = \overline{a + b} + H$.

R187) Verifique se cada conjunto S a seguir é subanel de A (adição e multiplicação usuais).

a) $S = 5\mathbb{Z}$, $A = \mathbb{Z}$.

b) $S = \left\{ \begin{bmatrix} x & x & x \\ y & y & 0 \\ z & 0 & 0 \end{bmatrix} \mid x, y, z \in \mathbb{R} \right\}$, $A = M_{3\times 3}(\mathbb{R})$.

Solução:

a) S é o conjunto de todos os múltiplos de 5.

- É claro que S não é vazio porque $5 \in S$.
- Sejam $x, y \in S$. Então existem inteiros $m, n \in \mathbb{Z}$ tais que $x = 5m$ e $y = 5n$.
- $x - y = 5m - 5n = 5 \underbrace{(m - n)}_{\in \mathbb{Z}} \in S$
- $x \cdot y = (5m)(5n) = 5 \underbrace{(5mn)}_{\in \mathbb{Z}} \in S$

Fica mostrado dessa forma que S é um subanel de A

b) Consideremos os dois seguintes elementos de S (escolhidos aleatoriamente): $x = \begin{bmatrix} 1 & 1 & 1 \\ 2 & 2 & 0 \\ 3 & 0 & 0 \end{bmatrix}$ e $y = \begin{bmatrix} 2 & 2 & 2 \\ -1 & -1 & 0 \\ 4 & 0 & 0 \end{bmatrix}$. Temos que seu produto é $xy = \begin{bmatrix} 5 & 1 & 2 \\ 2 & 2 & 4 \\ 6 & 6 & 6 \end{bmatrix} \notin S$. Logo, S não é subanel de A.

R188) Verifique se $(I, +, \cdot)$ é um ideal do anel $(A, +, \cdot)$ em cada um dos seguintes casos:

a) $I = \{f : \mathbb{R} \longrightarrow \mathbb{R} \mid f(-1) = f(1) = 0\}$, $A = \mathbb{R}^{\mathbb{R}}$.

b) $I = \{f : \mathbb{R} \longrightarrow \mathbb{R} \mid f(-1) = f(1) = 2\}$, $A = \mathbb{R}^{\mathbb{R}}$.

Solução:

a)
- Seja f a função nula $f(x) = 0$. Então $f \in I \Rightarrow I \neq \emptyset$.
- Sejam $f, g \in I$. Então, $f(-1) = f(1) = g(-1) = g(1) = 0 \Rightarrow (f - g)(-1) = f(-1) - g(-1) = 0 - 0 = 0$ e $(f - g)(1) = f(1) - g(1) = 0 - 0 = 0$. Logo, $f - g \in I$.
- Se $f \in I$ e $h \in A$, então $(h \cdot f)(-1) = h(-1) \cdot f(-1) = h(-1) \cdot 0 = 0$ e $(h \cdot f)(1) = h(1) \cdot f(1) = h(1) \cdot 0 = 0$. Logo, $h \cdot f \in I$.

Pelo que foi mostrado, concluímos que I é um ideal de A.

b) Um exemplo de elemento de I pode ser dado por $f(x) = x^2 + 1$. Seja $g(x) = x \in A$. Temos que $h(x) = f(x) \cdot g(x)$ é tal que $h(x) = x^3 + x$, $h(-1) = -2$ e $h(1) = 2$. Logo, $h(x) \notin I$ de onde podemos concluir que I não é ideal de A.

R189) Verifique se $(3\mathbb{Z}, +, \cdot)$ e $(5\mathbb{Z}, +, \cdot)$ são anéis isomorfos.

Solução: Suponhamos que exista um isomorfismo $f : 3\mathbb{Z} \longrightarrow 5\mathbb{Z}$. Então $f(3) = 5n$ para algum $n \in \mathbb{Z}$. Como $f(0) = 0$ e f é injetora, temos que $n \neq 0$. Usando o fato de que f é um homomorfismo de anéis, temos:

- $f(9) = f(3 + 3 + 3) = f(3) + f(3) + f(3) = 5n + 5n + 5n = 15n$
- $f(9) = f(3 \cdot 3) = f(3) \cdot f(3) = (5n)(5n) = 25n^2$

o que implica em $15n = 25n^2 \Rightarrow 3 \cdot 5n = 5n \cdot 5n$. Como $5\mathbb{Z}$ é um anel de integridade e $5n \neq 0$, podemos cancelar o $5n$ nos dois membros da última igualdade, de onde obtemos: $3 = 5n$. Essa última igualdade é um absurdo porque o segundo membro é um múltiplo de 5 e o primeiro membro não é. Portanto, não pode existir isomorfismo de $3\mathbb{Z}$ em $5\mathbb{Z}$.

R190) Calcule $f(\sqrt{11})$ sabendo que $f : \mathbb{Q}[\sqrt{11}] \longrightarrow \mathbb{Q}[\sqrt{11}]$ é um isomorfismo de anéis e $\mathbb{Q}[\sqrt{11}] = \{a + b\sqrt{11} \mid a, b \in \mathbb{Q}\}$.

Solução: Se f for isomorfismo de anéis, então $f(1) = 1$, o que implica

- $f(2) = f(1+1) = f(1) + f(1) = 1 + 1 = 2$,
- $f(3) = f(1+2) = f(1) + f(2) = 1 + 2 = 3$,
- $f(4) = f(2+2) = f(2) + f(2) = 2 + 2 = 4$,
- $f(7) = f(3+4) = f(3) + f(4) = 3 + 4 = 7$,
- $f(11) = f(4+7) = f(4) + f(7) = 4 + 7 = 11$

e daí obtemos $11 = f(11) = f(\sqrt{11} \cdot \sqrt{11}) = f(\sqrt{11}) \cdot f(\sqrt{11}) \Rightarrow [f(\sqrt{11})]^2 = 11$, de onde concluímos que $f(\sqrt{11}) = \pm\sqrt{11}$.

R191) Considere o anel $A = \mathbb{Z}$ e o ideal $I = 6\mathbb{Z}$ (adição e multiplicação usuais). Construa as tábuas de adição e multiplicação do anel-quociente A/I.

Solução: Temos que:

- $0 + I = I = \{\cdots, -18, -12, -6, 0, 6, 12, 18, \cdots\}$
- $1 + I = \{\cdots, -17, -11, -5, 1, 7, 13, 19, \cdots\}$
- $2 + I = \{\cdots, -16, -10, -4, 2, 8, 14, 20, \cdots\}$
- $3 + I = \{\cdots, -15, -9, -3, 3, 9, 15, 21, \cdots\}$
- $4 + I = \{\cdots, -14, -8, -2, 4, 10, 16, 22, \cdots\}$
- $5 + I = \{\cdots, -13, -7, -1, 5, 11, 17, 23, \cdots\}$
- $6 + I = \{\cdots, -12, -6, 0, 6, 12, 18, 24, \cdots\} = I$

Portanto, o anel-quociente de A por I é

$$A/I = \{I, 1 + I, 2 + I, 3 + I, 4 + I, 5 + I\}.$$

com as seguintes operações:

- $(a + I) + (b + I) = (a + b) + I$
- $(a + I) \cdot (b + I) = ab + I$

Todas as possíveis adições entre seus elementos podem ser observadas na seguinte tábua:

$+$	I	$1+I$	$2+I$	$3+I$	$4+I$	$5+I$
I	I	$1+I$	$2+I$	$3+I$	$4+I$	$5+I$
$1+I$	$1+I$	$2+I$	$3+I$	$4+I$	$5+I$	I
$2+I$	$2+I$	$3+I$	$4+I$	$5+I$	I	$1+I$
$3+I$	$3+I$	$4+I$	$5+I$	I	$1+I$	$2+I$
$4+I$	$4+I$	$5+I$	I	$1+I$	$2+I$	$3+I$
$5+I$	$5+I$	I	$1+I$	$2+I$	$3+I$	$4+I$

e todas as possíveis multiplicações na seguinte tábua:

$\cdot$	I	$1+I$	$2+I$	$3+I$	$4+I$	$5+I$
I	I	I	I	I	I	I
$1+I$	I	$1+I$	$2+I$	$3+I$	$4+I$	$5+I$
$2+I$	I	$2+I$	$4+I$	I	$2+I$	$4+I$
$3+I$	I	$3+I$	I	$3+I$	I	$3+I$
$4+I$	I	$4+I$	$2+I$	I	$4+I$	$2+I$
$5+I$	I	$5+I$	$4+I$	$3+I$	$2+I$	$1+I$

R192) Determine o resto da divisão de $f(x) = \bar{2}x^5 - \bar{4}x^2 + \bar{3}x + \bar{5} \in \mathbb{Z}_{13}[x]$ por $g(x) = x - \bar{2} \in \mathbb{Z}_{13}[x]$.

Solução: O resto da divisão de $f(x)$ por $x - \bar{2}$ é igual a $f(\bar{2}) = \overline{64} - \overline{16} + \bar{6} + \bar{5} = \overline{59} = \bar{4}$.

R193) Verifique se os seguintes polinômios são irredutíveis sobre $\mathbb{Z}$:

a) $p(x) = x^3 + 4x^2 + 9x + 10$.

b) $q(x) = x^3 + 6x^2 - 9x + 21$.

c) $r(x) = x^6 - 9x^3 + 8$.

d) $s(x) = x^8 + x + 1$ (Sugestão: some e subtraia os termos x^7, x^6, x^5, x^4, x^3 e x^2).

Solução:

a) As possíveis raízes inteiras de $p(x)$ são os divisores de 10: ± 1, ± 2, ± 5, ± 10. Substituindo uma por uma em $p(x)$, obtemos que somente -2 é raiz: $p(-2) = 0$. Isso significa que $f(x)$ é divisível por $x - (-2) = x + 2$.

$$\begin{array}{rrrr|l} x^3 & +4x^2 & +9x & +10 & x+2 \\ \cline{5-5} -x^3 & -2x^2 & & & x^2+2x+5 \\ \cline{1-2} & 2x^2 & +9x & & \\ & -2x^2 & -4x & & \\ \cline{2-3} & & 5x & +10 & \\ & & -5x & -10 & \\ \cline{3-4} & & & 0 & \end{array}$$

Dividindo-se $p(x)$ por $x + 2$ obtemos quociente igual a $x^2 + 2x + 5$ e resto nulo $\Rightarrow f(x) = (x + 2)(x^2 + 2x + 5)$, o que mostra que $f(x)$ é **redutível** sobre $\mathbb{Z}$.

b) Seja $p = 3$. Temos que $p \nmid 1$, $p|6$, $p|(-9)$, $p|21$ e $p^2 \nmid 21$. Logo, pelo critério de Eisenstein, $q(x)$ é **irredutível** sobre $\mathbb{Z}$.

c) Se fizermos uma mudança de variável $x^3 = y$, então $x^6 - 9x^3 + 8$ transforma-se em $y^2 - 9y + 8$. Resolvendo a equação do segundo grau $y^2 - 9y + 8 = 0$ obtemos as raízes $y_1 = 1$ e $y_2 = 8$. Logo, $y^2 - 9y + 8 = (y - y_1)(y - y_2) = (y - 1)(y - 8)$. Substituindo y por x^3, obtemos $r(x) = (x^3 - 1)(x^3 - 8)$. Portanto, $r(x)$ é **redutível** sobre $\mathbb{Z}$.

Observação: Usando o produto notável $a^3 - b^3 = (a - b)(a^2 + ab + b^2)$, obtemos que $x^3 - 1 = (x - 1)(x^2 + x + 1)$ e também $x^3 - 8 = (x - 2)(x^2 + 2x + 4)$. Daí, temos também a seguinte fatoração: $r(x) = (x - 1)(x - 2)(x^2 + x + 1)(x^2 + 2x + 4)$.

d)

$$\begin{aligned} s(x) &= x^8 + \underbrace{x^7 - x^7}_{0} + \underbrace{x^6 - x^6}_{0} + \underbrace{x^5 - x^5}_{0} + \underbrace{x^4 - x^4}_{0} + \underbrace{x^3 - x^3}_{0} + \underbrace{x^2 - x^2}_{0} + x + 1 \\ &= (x^8 + x^7 + x^6) - (x^7 + x^6 + x^5) + (x^5 + x^4 + x^3) - (x^4 + x^3 + x^2) + (x^2 + x + 1) \\ &= x^6(x^2 + x + 1) - x^5(x^2 + x + 1) + x^3(x^2 + x + 1) - x^2(x^2 + x + 1) + (x^2 + x + 1) \\ &= (x^2 + x + 1)(x^6 - x^5 + x^3 - x^2 + 1) \end{aligned}$$

Portanto, $s(x)$ é **redutível** sobre $\mathbb{Z}$.

R194) Sejam $p(x) = x^5 + x + 1$ e $q(x) = x^8 + x + 1$.

a) Calcule $d(x) = \text{mdc}(p(x), q(x))$.

b) Determine polinômios $a(x), b(x) \in \mathbb{Z}[x]$ tais que $a(x)p(x) + b(x)q(x) = d(x)$.

c) Sabendo que $\theta = \dfrac{1}{3} + \sqrt[3]{\dfrac{-25+\sqrt{621}}{54}} - \sqrt[3]{\dfrac{25+\sqrt{621}}{54}}$ é uma raiz irracional de $p(x)$, determine inteiros $c_0, c_1, c_2 \in \mathbb{Z}$ tais que $\dfrac{\theta^2+\theta+1}{\theta^8+\theta+1} = c_2\theta^2 + c_1\theta + c_0$.

Solução:

a) Vamos usar o método das divisões sucessivas para encontrar o $\text{mdc}(p(x), q(x))$.

- Dividimos $q(x)$ por $p(x)$ e obtemos quociente $q_1(x) = x^3$ e resto $r_1(x) = -x^4 - x^3 + x + 1$ relacionados pela seguinte equação: $q(x) = p(x)q_1(x) + r_1(x)$.
- Dividimos $p(x)$ por $r_1(x)$ e obtemos quociente $q_2(x) = -x + 1$ e resto $r_2(x) = x^3 + x^2 + x$ relacionados por $p(x) = r_1(x)q_2(x) + r_2(x)$.
- Dividimos $r_1(x)$ por $r_2(x)$ e obtemos quociente $q_3(x) = -x$ e resto $r_3(x) = x^2 + x + 1$ relacionados por $r_1(x) = r_2(x)q_3(x) + r_3(x)$.
- Dividimos $r_2(x)$ por $r_3(x)$ e obtemos quociente $q_4(x) = x$ e resto $r_4(x) = 0$. Como obtivemos um resto nulo, encerramos o processo de divisões sucessivas concluindo que o máximo divisor comum é igual a $r_3(x)$.

Portanto, $d(x) = \text{mdc}(p(x), q(x)) = x^2+x+1$. Organizamos as divisões efetuadas no seguinte diagrama:

	x^3	$-x+1$	$-x$	x
x^8+x+1	x^5+x+1	$-x^4-x^3+x+1$	x^3+x^2+x	$\boxed{x^2+x+1}$
$-x^4-x^3+x+1$	x^3+x^2+x	x^2+x+1	0	

b) Das divisões efetuadas no item a), temos:

- $q(x) = q_1(x)p(x) + r_1(x) \Rightarrow r_1(x) = q(x) - x^3p(x)$;
- $p(x) = q_2(x)r_1(x) + r_2(x) \Rightarrow r_2(x) = p(x) - (-x+1)[q(x) - x^3p(x)] = (-x^4 + x^3 + 1)p(x) + (x-1)q(x)$;

- $r_1(x) = q_3(x)r_2(x) + r_3(x) \Rightarrow r_3(x) = r_1(x) - (-x)r_2(x) = (q(x) - x^3p(x)) + x((-x^4+x^3+1)p(x) + (x-1)q(x)) = \underbrace{(-x^5 - x^4 - x^3 + x)}_{a(x)} p(x) + \underbrace{(x^2 - x + 1)}_{b(x)} q(x)$.

Assim, obtivemos $a(x) = -x^5 - x^4 - x^3 + x$ e $b(x) = x^2 - x + 1$.

c) No item b), obtivemos que

$$(-x^5 - x^4 - x^3 + x)(x^5 + x + 1) + (x^2 - x + 1)(x^8 + x + 1) = x^2 + x + 1.$$

Como θ é raiz de $p(x)$, temos $p(\theta) = \theta^5 + \theta + 1 = 0$. Substituindo x por θ nessa equação, obtemos

$$(-\theta^5 - \theta^4 - \theta^3 + \theta)\underbrace{(\theta^5 + \theta + 1)}_{0} + (\theta^2 - \theta + 1)(\theta^8 + \theta + 1) = \theta^2 + \theta + 1$$

$$\Rightarrow (\theta^2 - \theta + 1)(\theta^8 + \theta + 1) = \theta^2 + \theta + 1 \Rightarrow \frac{\theta^2 + \theta + 1}{\theta^8 + \theta + 1} = \theta^2 - \theta + 1.$$

Portanto, $c_2 = 1$, $c_1 = -1$ e $c_0 = 1$.

Observação: No item d) do exercício anterior, obtivemos que

$$x^8 + x + 1 = (x^2 + x + 1)(x^6 - x^5 + x^3 - x^2 + 1).$$

Por isso, podemos simplificar a fração que aparece no item c) do enunciado deste exercício:

$$\frac{\theta^2 + \theta + 1}{\theta^8 + \theta + 1} = \frac{\cancel{(\theta^2 + \theta + 1)}}{\cancel{(\theta^2 + \theta + 1)}(\theta^6 - \theta^5 + \theta^3 - \theta^2 + 1)} = \frac{1}{\theta^6 - \theta^5 + \theta^3 - \theta^2 + 1}$$

CAPÍTULO 12

Testes de múltipla escolha

Neste capítulo, apresentamos testes do tipo objetivos e de múltipla escolha. São apresentadas várias alternativas A, B, C, ... entre as quais apenas uma deve ser correta.

12.1 CONJUNTOS, RELAÇÕES E FUNÇÕES

T1) Se A e B são conjuntos quaisquer de um universo U, então é sempre verdadeiro que

a) $(A \cap \complement_U B) \cup (B \cap \complement_U A) = \varnothing$

b) $(A - B) \cup (B - A) = A \cup B$

c) $A \cap (B \cup C) = (A \cap B) \cup C$

d) $A - B \subset \complement_U A$

e) $A - B \subset \complement_U B$

T2) Se A e B são conjuntos finitos com m e n elementos, respectivamente, então podemos definir quantas funções de A em B?

a) $2^m + 2^n$

b) 2^{mn}

c) $m + n$

d) mn

e) n^m

T3) Consideremos f e g as funções de $\mathbb{R}$ em $\mathbb{R}$ definidas por

$$f(x) = \begin{cases} 2x^2 + x + 1, & \text{se} \quad x \geqslant 3 \\ g(x+7), & \text{se} \quad x < 3 \end{cases} \quad e \quad g(x) = \begin{cases} 4x - 3, & \text{se} \quad x \leqslant 1 \\ f(x-5), & \text{se} \quad x > 1 \end{cases}$$

Os valores $f(0)$ e $g(2)$ são respectivamente iguais a

a) 1 e 5

b) 11 e 19

c) 17 e 23

d) 10 e 99

e) 37 e 22

f) 25 e 49

T4) A inversa de $f : \mathbb{R} - \{\frac{3}{5}\} \longrightarrow \mathbb{R} - \{\frac{3}{5}\}$, $f(x) = \dfrac{3x+8}{5x-3}$ é a função $f^{-1} : \mathbb{R} - \{\frac{3}{5}\} \longrightarrow \mathbb{R} - \{\frac{3}{5}\}$ definida por

a) $f^{-1}(x) = \dfrac{8x+3}{5x-3}$

b) $f^{-1}(x) = \dfrac{3x+8}{5x-3}$

c) $f^{-1}(x) = \dfrac{3x+11}{5x-3}$

d) $f^{-1}(x) = \dfrac{3x}{5x-3}$

e) $f^{-1}(x) = \dfrac{3x+4}{5x-3}$

f) $f^{-1}(x) = \dfrac{5x-3}{8x+3}$

T5) Calcule $f(f(f(f(f(x)))))$ sabendo que a função $f : \mathbb{R} - \{\frac{2}{7}\} \longrightarrow \mathbb{R} - \{\frac{2}{7}\}$ é definida por $f(x) = \dfrac{2x-13}{7x-2}$.

a) $f(f(f(f(f(x))))) = \dfrac{4x - 169}{49x - 4}$

b) $f(f(f(f(f(x))))) = \dfrac{2x + 11}{7x + 4}$

c) $f(f(f(f(f(x))))) = \dfrac{2x - 13}{7x - 2}$

d) $f(f(f(f(f(x))))) = x$

e) $f(f(f(f(f(x))))) = -x$

f) $f(f(f(f(f(x))))) = \dfrac{7x - 3}{4x + 19}$

12.2 DIVISIBILIDADE E CONGRUÊNCIAS

T6) O fatorial de $n \in \mathbb{N}$, denotado por $n!$, é definido por

$$n! = \begin{cases} 1, & \text{se} \quad n \leqslant 1 \\ n \cdot (n-1) \cdot (n-2) \cdots 1, & \text{se} \quad n \geqslant 2 \end{cases}.$$

Se $N = 1! + 2! + 3! + 4! + \cdots + 499! + 500!$, então qual é o resto da divisão de N por 60?

a) 1

b) 2

c) 19

d) 21

e) 25

f) 33

T7) Qual é o resto da divisão de 11^{2024} por 100?

a) 91

b) 81

c) 71

d) 61

e) 51

f) 41

T8) Qual é o resto da divisão de $28^{1000} + 82^{1000}$ por 7?

a) 0

b) 1

c) 2

d) 3

e) 4

f) 5

g) 6

T9) Qual das seguintes congruências pode ser usada como critério de divisibilidade por 11 de um inteiro $N = a_r \cdots a_2 a_1 a_0 = a_r \cdot 10^r + \cdots + a_2 \cdot 10^2 + a_1 \cdot 10 + a_0$?

a) $N \equiv a_0 + 3a_1 + 5a_2 + a_3 + 3a_4 + 5a_5 + \cdots + a_r \pmod{11}$

b) $N \equiv a_0 - 2a_1 + a_2 - 2a_3 + a_4 - 2a_5 + \cdots + a_r \pmod{11}$

c) $N \equiv a_0 + 2a_1 + 3a_2 + a_3 + 2a_4 + 3a_5 + \cdots + a_r \pmod{11}$

d) $N \equiv a_0 + a_1 - a_2 - a_3 + a_4 + a_5 - a_6 - \ldots \pmod{11}$

e) $N \equiv a_0 + a_1 + a_2 + a_3 + a_4 + a_5 + \cdots + a_r \pmod{11}$

f) $N \equiv a_0 - a_1 + a_2 - a_3 + a_4 - a_5 + \cdots + (-1)^r a_r \pmod{11}$

12.3 OPERAÇÕES BINÁRIAS

T10) Considere a operação $\boxtimes$ definida sobre o conjunto $A = \{\heartsuit, \spadesuit, \diamondsuit, \clubsuit\}$ através da tábua:

$\boxtimes$	$\heartsuit$	$\spadesuit$	$\diamondsuit$	$\clubsuit$
$\heartsuit$	$\heartsuit$	$\spadesuit$	$\diamondsuit$	$\clubsuit$
$\spadesuit$	$\spadesuit$	$\diamondsuit$	$\clubsuit$	$\heartsuit$
$\diamondsuit$	$\diamondsuit$	$\clubsuit$	$\heartsuit$	$\spadesuit$
$\clubsuit$	$\clubsuit$	$\heartsuit$	$\spadesuit$	$\diamondsuit$

De acordo com a definição dessa operação, determine os elementos $\diamondsuit^{-1}$ e $\clubsuit^3$.

a) $\diamondsuit^{-1} = \heartsuit, \quad \clubsuit^3 = \diamondsuit$

b) $\diamondsuit^{-1} = \heartsuit, \quad \clubsuit^3 = \clubsuit$

c) $\diamondsuit^{-1} = \spadesuit, \quad \clubsuit^3 = \spadesuit$

d) $\diamondsuit^{-1} = \clubsuit, \quad \clubsuit^3 = \heartsuit$

e) $\diamondsuit^{-1} = \diamondsuit, \quad \clubsuit^3 = \heartsuit$

f) $\diamondsuit^{-1} = \diamondsuit, \quad \clubsuit^3 = \spadesuit$

T11) Desde o início do ensino médio é definida uma adição de vetores baseada principalmente em um diagrama formado por um paralelogramo:

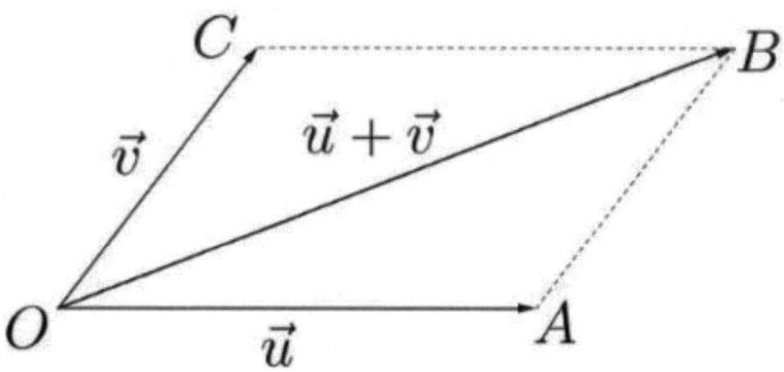

Nesse tipo de diagrama, se os vetores forem determinados pelos segmentos orientados $\overrightarrow{OA}$ e $\overrightarrow{OC}$ do paralelogramo, então sua soma é definida como sendo determinada pelo segmento orientado $\overrightarrow{OB}$ da diagonal. A respeito da adição de vetores definida dessa forma podemos afirmar que ela

a) não é comutativa, não é associativa e não tem elemento neutro.

b) não é comutativa, não é associativa e tem elemento neutro.

c) não é comutativa, é associativa e não tem elemento neutro.

d) é comutativa, é associativa e não tem elemento neutro.

e) é comutativa, não é associativa e tem elemento neutro.

f) não é comutativa, é associativa e tem elemento neutro.

g) é comutativa, não é associativa e não tem elemento neutro.

h) é comutativa, é associativa e tem elemento neutro.

T12) Considere a seguinte resolução **detalhada** da equação do 1° grau $3x + 5 = 11$, onde o conjunto-universo é o dos números reais:

- $3x + 5 = 11$ (equação dada)
- $(3x + 5) + (-5) = 11 + (-5)$
- $3x + (5 + (-5)) = 6$
- $3x + 0 = 6$
- $3x = 6$
- $\frac{1}{3} \cdot (3x) = \frac{1}{3} \cdot 6$
- $(\frac{1}{3} \cdot 3) \cdot x = 2$
- $1 \cdot x = 2$
- $x = 2$. Logo, 2 é a única solução da equação.

Quais foram as propriedades da adição e da multiplicação de números reais utilizadas nessa resolução?

a) Somente a comutatividade e associatividade da multiplicação.

b) Associatividade da adição, associatividade da multiplicação, elemento neutro da adição, elemento neutro da multiplicação, elemento inverso (simétrico) da adição, elemento inverso da multiplicação.

c) Somente a associatividade e comutatividade da adição.

d) Somente as propriedades do elemento neutro da multiplicação e da adição.

e) Somente o elemento inverso (simétrico) da adição e o elemento inverso da multiplicação.

T13) Se uma operação $\otimes$ definida em um conjunto $E \neq \emptyset$ for comutativa e associativa, então para quaisquer $x, y, z \in E$ temos que

a) $(x \otimes y) \otimes z = z \otimes (y \otimes x)$

b) $x \otimes x = y \otimes y$

c) $x \otimes y = z \otimes x$

d) $x \otimes (x \otimes y) = (y \otimes y) \otimes z$

e) $(x \otimes y) \otimes (y \otimes z) = y \otimes (x \otimes z)$

f) $(x \otimes y) \otimes (y \otimes z) = z \otimes (y \otimes x)$

T14) Selecione a única alternativa verdadeira entre as seguintes:

a) Toda operação associativa também é comutativa.

b) Se uma operação sobre um conjunto for associativa e comutativa, então esse conjunto tem que ser infinito.

c) Se uma operação sobre os números reais tem elemento neutro, então esse elemento neutro tem que ser o número 0 ou o número 1.

d) Existe operação que não é comutativa, nem associativa nem tem elemento neutro.

e) Se uma operação tem elemento neutro, então todo elemento tem um inverso.

T15) Seja $*$ uma operação sobre um conjunto $E \neq \emptyset$. Definimos o quadrado de um elemento x, denotado por x^2, como sendo igual a $x * x$. Uma fórmula muito conhecida desde o ensino fundamental é $(a+b)(a-b) = a^2 - b^2$, que envolve as operações de adição, subtração e multiplicação de números reais. Uma demonstração dessa fórmula pode ser a seguinte:

$$\overbrace{(a+b)(a-b) = a(a-b) + b(a-b)}^{\text{igualdade 1}} = (a^2 - ab) + (ba - b^2) =$$

$$\overbrace{(a^2 - ab) + (ab - b^2) = ((a^2 - ab) + ab) - b^2}^{\text{igualdade 4}} = (a^2 + (-ab + ab)) - b^2 =$$

$$(a^2 + 0) - b^2 = a^2 - b^2$$

Quais são as propriedades utilizadas nas igualdades 1 e 4 dessa demonstração?

a) Comutatividade e elemento neutro.

b) Distributividade e associatividade.

c) Associatividade e elemento inverso.

d) Distributividade e elemento neutro.

e) Comutatividade e associatividade.

T16) Considere a operação $\odot$ definida no conjunto $A = \{1, 2, 3, 4\}$ cuja tábua é a seguinte:

$\odot$	1	2	3	4
1	3	4	1	2
2	4	3	2	1
3	1	2	3	4
4	2	1	4	3

Baseando-se nessa tábua, calcule o valor de $3 \odot (4^{-1} \odot 2)$.

a) 1

b) 2

c) 3

d) 4

e) Impossível de se efetuar tal operação.

T17) Sejam $M = \{1, 2, 3, 4, 6, 12\}$ e $*$ a operação sobre M definida por $x * y$ = mínimo múltiplo comum de x e y. Qual dos subconjuntos de M mostrados a seguir é fechado com relação a essa operação?

a) $A = \{3, 4, 12\}$

b) $B = \{1, 2, 3\}$

c) $C = \{2, 3, 4\}$

d) $D = \{3, 4, 6\}$

e) $E = \{1, 4, 6\}$

T18) Considerando as operações usuais de adição e potenciação sobre os números naturais positivos $\mathbb{N}^* = \{1, 2, 3, \dots\}$, qual das alternativas a seguir significa que *"a potenciação não é distributiva à esquerda com relação à adição"*?

a) Existem $a, b, c \in \mathbb{N}^*$ tais que $(a + b)^c \neq a^c + b^c$

b) Existem $a, b, c \in \mathbb{N}^*$ tais que $a^{b+c} \neq a^b + a^c$

c) Existem $a, b, c \in \mathbb{N}^*$ tais que $a + b^c \neq a^c + b$

d) Existem $a, b, c \in \mathbb{N}^*$ tais que $a + b^c = a^c + b$

e) Existem $a, b, c \in \mathbb{N}^*$ tais que $a^{b+c} = a^b + a^c$

T19) Considere o conjunto $A = \{-5, -2, 0, 3, 5, 11, 19\}$ e a operação $x * y = \min(x, y)$ = menor entre x e y se $x \neq y$, ou x se $x = y$. Qual é o elemento neutro da operação $*$ definida sobre o conjunto A?

a) -5

b) -2

c) 0

d) 3

e) 5

f) 11

g) 19

h) A operação não tem elemento neutro.

T20) Considere a operação $\oplus$ definida sobre o conjunto dos números reais $\mathbb{R}$: $x \oplus y = x + y + 3$. Qual é o elemento neutro dessa operação?

a) 0

b) 35

c) -35

d) -3

e) -29

f) 29

g) 3

T21) Considere a operação $\oplus$ definida sobre o conjunto dos números reais $\mathbb{R}$: $x \oplus y = x + y + 3$. Qual o elemento inverso de 29 com relação à operação $\oplus$?

a) 0

b) 35

c) -35

d) -3

e) -29

f) 29

g) 3

12.4 GRUPOS E SUBGRUPOS

T22) Considere as três definições mostradas a seguir:

[1] Um grupo é um conjunto G no qual está definida uma operação binária $*$ que satisfaz as seguintes propriedades:

- Existe $e \in G$ tal que $x * e = e * x = x$.
- Existe $x^{-1} \in G$ tal que $x * x^{-1} = e$.
- $x * (y * z) = (x * y) * z$ para quaisquer $x, y, z \in G$.

[2] Um grupo é um conjunto G no qual está definida uma operação binária $*$ que satisfaz as seguintes propriedades:

- $x * e = e * x = x$ para todo $x \in G$.
- Existem $x, x^{-1} \in G$ tal que $x * x^{-1} = e$.
- $x * (y * z) = (x * y) * z$ para quaisquer $x, y, z \in G$.

[3] Um grupo é um conjunto G no qual está definida uma operação binária $*$ que satisfaz as seguintes propriedades:

- Existe $x \in G$ tal que $x * e = e * x = x$.
- Para qualquer $x \in G$, existe $y \in G$ tal que $x * y = y * x = e$.
- Existem $x, y, z \in G$ tais que $x * (y * z) = (x * y) * z$.

Escolha uma resposta:

a) Todas as definições [1], [2], [3] estão corretas.

b) Nenhuma das definições [1], [2], [3] está correta.

c) Somente a definição [1] está correta.

d) Somente a definição [2] está correta.

e) Somente a definição [3] está correta.

T23) Escolha a única alternativa verdadeira entre as seguintes:

a) Um grupo pode ter mais de um elemento neutro.

b) O conjunto vazio pode ser um grupo, desde que se escolha uma operação conveniente.

c) Se um grupo tem uma quantidade finita de elementos, então ele é abeliano (comutativo).

d) Uma equação da forma $a * x * b = c$ sempre tem uma única solução x em um grupo.

e) O conjunto dos números inteiros $\mathbb{Z}$ é um grupo com a operação de multiplicação usual.

T24) Associe cada item da primeira coluna com um item da segunda coluna mostrada a seguir:

[1] Conjunto dos números naturais $\mathbb{N}$ com a operação de adição de inteiros usual

[2] Conjunto de todos os pontos (x, y) do plano $\mathbb{R}^2$ com a operação de adição definida por $(a, b) + (c, d) = (a + c, b + d)$

[3] Conjunto de todas as matrizes 3×3 invertíveis com a operação de multiplicação de matrizes usual

[i] Grupo abeliano finito

[ii] Grupo não abeliano finito

[iii] Conjunto vazio

[iv] Conjunto unitário

[v] Grupo abeliano com uma infinidade de elementos

[vi] Não é um grupo

[vii] Grupo não abeliano com uma infinidade de elementos

A associação correta é:

a) 1-i, 2-ii, 3-iii

b) 1-iii, 2-iv, 3-i

c) 1-vii, 2-vi, 3-v

d) 1-v, 2-iv, 3-vi

e) 1-v, 2-iii, 3-vi

f) 1-vi, 2-v, 3-vii

T25) O conjunto $\mathbb{Q}[\sqrt{7}] = \{a + b\sqrt{7} \in \mathbb{R}^* \mid a, b \in \mathbb{Q}\}$ é um grupo com a operação de multiplicação usual dos números reais. Sendo $x = 2 - 5\sqrt{7} \in \mathbb{Q}[\sqrt{7}]$, qual é o inverso de x em $\mathbb{Q}[\sqrt{7}]$?

a) 0

b) $1 + \sqrt{7}$

c) $-\frac{2}{171} - \frac{5}{171}\sqrt{7}$

d) $\frac{2}{171} + \frac{5}{171}\sqrt{7}$

e) $2 + 5\sqrt{7}$

f) $-\frac{5}{171}$

g) $\sqrt{7}$

T26) Considerando $(G, *)$ um grupo e $a, b, c \in G$, qual é o elemento inverso de $a^{-1} * b * c^{-1}$?

a) $c^{-1} * b^{-1} * a$

b) $a * b * c$

c) $c * b^{-1} * a^{-1}$

d) $c * b^{-1} * a$

e) $c^{-1} * b^{-1} * a^{-1}$

T27) Considere as permutações $\sigma = \begin{pmatrix} 1 & 2 & 3 & 4 \\ 2 & 1 & 4 & 3 \end{pmatrix}$ e $\rho = \begin{pmatrix} 1 & 2 & 3 & 4 \\ 4 & 3 & 1 & 2 \end{pmatrix}$ pertencentes ao grupo S_4. Determine o elemento desse grupo que corresponde ao resultado da operação $\sigma^{-1}\rho$ (que é o mesmo que $\sigma^{-1} \circ \rho$).

a) $\begin{pmatrix} 1 & 2 & 3 & 4 \\ 3 & 4 & 2 & 1 \end{pmatrix}$

b) $\begin{pmatrix} 1 & 2 & 3 & 4 \\ 1 & 2 & 3 & 4 \end{pmatrix}$

c) $\begin{pmatrix} 1 & 2 & 3 & 4 \\ 1 & 3 & 4 & 2 \end{pmatrix}$

d) $\begin{pmatrix} 1 & 2 & 3 & 4 \\ 4 & 3 & 2 & 1 \end{pmatrix}$

e) $\begin{pmatrix} 1 & 2 & 3 & 4 \\ 2 & 1 & 4 & 3 \end{pmatrix}$

T28) Se x e y são elementos de um grupo G, então o **comutador** de x e y, denotado por $[x, y]$, é definido por

$$[x, y] = x^{-1}y^{-1}xy.$$

Se $G = (\mathbb{R}^*, \cdot)$, então calcule o comutador de π e $\sqrt{2}$.

a) $[\pi, \sqrt{2}] = 0$

a) $[\pi, \sqrt{2}] = 1$

a) $[\pi, \sqrt{2}] = \pi$

a) $[\pi, \sqrt{2}] = \sqrt{2}$

a) $[\pi, \sqrt{2}] = \frac{1}{\pi}$

a) $[\pi, \sqrt{2}] = \frac{\sqrt{2}}{2}$

T29) Se $G = S_4$ e $\sigma_1 = \begin{pmatrix} 1 & 2 & 3 & 4 \\ 3 & 4 & 1 & 2 \end{pmatrix}$, $\sigma_2 = \begin{pmatrix} 1 & 2 & 3 & 4 \\ 4 & 1 & 3 & 2 \end{pmatrix}$, então calcule $[\sigma_1, \sigma_2]$.

a) $[\sigma_1, \sigma_2] = \begin{pmatrix} 1 & 2 & 3 & 4 \\ 3 & 2 & 1 & 4 \end{pmatrix}$

b) $[\sigma_1, \sigma_2] = \begin{pmatrix} 1 & 2 & 3 & 4 \\ 2 & 3 & 4 & 1 \end{pmatrix}$

c) $[\sigma_1, \sigma_2] = \begin{pmatrix} 1 & 2 & 3 & 4 \\ 4 & 1 & 2 & 3 \end{pmatrix}$

d) $[\sigma_1, \sigma_2] = \begin{pmatrix} 1 & 2 & 3 & 4 \\ 2 & 1 & 4 & 3 \end{pmatrix}$

e) $[\sigma_1, \sigma_2] = \begin{pmatrix} 1 & 2 & 3 & 4 \\ 4 & 3 & 2 & 1 \end{pmatrix}$

f) $[\sigma_1, \sigma_2] = \begin{pmatrix} 1 & 2 & 3 & 4 \\ 1 & 2 & 3 & 4 \end{pmatrix}$

T30) Seja $G = \mathbb{R} - \{-1\}$ e a operação $*$ sobre G definida por $x * y = x + y + xy$. Então, temos que

a) $(G, *)$ é um grupo abeliano infinito.

b) $(G, *)$ é um grupo abeliano finito.

c) $(G, *)$ é um grupo não abeliano infinito.

d) $(G, *)$ é um grupo não abeliano finito.

e) $(G, *)$ não é um grupo.

T31) Qual dos conjuntos H a seguir é um subgrupo de $\mathbb{Z}$ com a operação de adição usual dos inteiros?

a) $H = \{-1, 0, 1\}$

b) $H = \{2, 3, 5, 7, 11, 13, \dots\}$ = números primos positivos

c) $H = \{0, \pm 10, \pm 20, \pm 30, \pm 40, \dots\}$ = múltiplos de 10

d) $H = \{1, 2, 4, 8, 16, \dots\}$ = potências de 2 com expoentes não negativos

e) $H = \{\pm 1, \pm 3, \pm 5, \pm 7, \dots\}$ = inteiros ímpares

T32) Entre os conjuntos listados a seguir, qual é o único caso em que H é subgrupo do grupo G?

a) $H = [0, 2] = \{x \in \mathbb{R} \mid 0 \leq x \leq 2\}$, $G = \mathbb{R}$ com operação de adição usual

b) $H = \mathbb{R} - \mathbb{Q}$ = números irracionais, $G = \mathbb{R}$ com operação de adição usual

c) $H = \{e^n \mid n \in \mathbb{Z}\}$, $G = \mathbb{R}^*$ com operação de multiplicação usual, $e = 2,71828\ldots$

d) $H = \mathbb{R} - \mathbb{Q}$ = números irracionais, $G = \mathbb{R}^*$ com operação de multiplicação usual

e) $H = \{\pi^n \mid n \in \mathbb{N}\}$, $G = \mathbb{R}^*$ com operação de multiplicação usual, $\pi = 3,14159\ldots$

T33) Considere a seguinte demonstração:

"Seja $H = \left\{\begin{bmatrix} a & b \\ -b & a \end{bmatrix} \mid a, b \in \mathbb{R}, a^2 + b^2 \neq 0\right\} \subset GL(2, \mathbb{R})$ com a operação usual de multiplicação de matrizes quadradas 2×2. Escolhendo $a = 1$ e $b = 0$, temos que $I = \begin{bmatrix} 1 & 0 \\ 0 & 1 \end{bmatrix} \in H$. Logo, H não é o conjunto vazio.

Sejam $A = \begin{bmatrix} a & b \\ -b & a \end{bmatrix}$ e $B = \begin{bmatrix} c & d \\ -d & c \end{bmatrix}$ dois elementos de H. Então $AB^{-1} = \begin{bmatrix} a & b \\ -b & a \end{bmatrix}\begin{bmatrix} c & d \\ -d & c \end{bmatrix}^{-1} = \begin{bmatrix} a & b \\ -b & a \end{bmatrix}\begin{bmatrix} \frac{c}{c^2+d^2} & \frac{-d}{c^2+d^2} \\ \frac{d}{c^2+d^2} & \frac{c}{c^2+d^2} \end{bmatrix} = \begin{bmatrix} \frac{ac+bd}{c^2+d^2} & \frac{-ad+bc}{c^2+d^2} \\ \frac{ad-bc}{c^2+d^2} & \frac{ac+bd}{c^2+d^2} \end{bmatrix} \in H$."

O que ficou assim demonstrado?

a) Que $H = GL(2, \mathbb{R})$.

b) Que H é um subgrupo finito.

c) Que H é um grupo abeliano que contém o $GL(2, \mathbb{R})$.

d) Que H tem exatamente três elementos: I, A e B.

e) Que H é subgrupo de $GL(2, \mathbb{R})$.

12.5 HOMOMORFISMOS, ISOMORFISMOS, GRUPOS CÍCLICOS

T34) Considerando $G = (\mathbb{R}^*, \cdot)$ o conjunto dos números reais não nulos com a operação de multiplicação usual, qual das funções $f : G \longrightarrow G$ a seguir é um homomorfismo?

a) $f(x) = \dfrac{1}{x}$

b) $f(x) = 4|x| + 2$

c) $f(x) = 1 + \cos^2 x$

d) $f(x) = 3x$

e) $f(x) = \log(1 + |x|)$

T35) Sejam $G = (\mathbb{R}^*, \cdot)$ e $f : G \longrightarrow G$ definida por $f(x) = \sqrt[3]{x}$. A respeito de f podemos afirmar que:

a) f não é homomorfismo de G em G e não possui inversa porque não é bijetora.

b) f é um homomorfismo de G em G e sua inversa $f^{-1} : G \longrightarrow G$ também é.

c) f é um homomorfismo de G em G, mas sua inversa $f^{-1} : G \longrightarrow G$ não é.

d) f não é homomorfismo de G em G porque $\sqrt[3]{x+y} \neq \sqrt[3]{x} + \sqrt[3]{y} \Rightarrow f(x+y) \neq f(x) + f(y)$.

e) f não é homomorfismo de G em G, mas sua inversa $f^{-1} : G \longrightarrow G$ é.

T36) Considere a função exponencial $F : \mathbb{R} \longrightarrow \mathbb{R}_+^*$, $F(x) = e^x$. Considerando a adição usual de números reais no domínio e a multiplicação no contradomínio dessa função, qual das propriedades a seguir pode justificar que a exponencial é um homomorfismo de grupos?

a) $(e^x)^y = e^{xy}$, $\forall x, y \in \mathbb{R}$

b) Dado $a \in \mathbb{R}_+^*$, considerando $x = \log_e a$ temos $F(x) = e^{\log_e a} = a$

c) $e^x \cdot e^y = e^{x+y}$, $\forall x, y \in \mathbb{R}$

d) $e^0 = 1$ e $e^x > 0$ para todo $x \in \mathbb{R}$

e) Se existirem $x, y \in \mathbb{R}$ tais que $e^x = e^y$, então $x = y$

T37) Consideremos o seguinte homomorfismo $\varphi : \mathbb{Z} \times \mathbb{Z} \longrightarrow \mathbb{Z}$, $\varphi(x, y) = 2x - y$ definido entre os grupos aditivos $(\mathbb{Z} \times \mathbb{Z}, +)$ e $(\mathbb{Z}, +)$. Qual das alternativas a seguir contém apenas elementos do núcleo de φ?

a) $(0, 0)$, $(1, 1)$, $(2, 2)$

b) $(-1, 2)$, $(0, 0)$, $(1, -2)$

c) $(1, 2)$, $(2, 4)$, $(3, 6)$

d) $(-2, -1)$, $(0, 1)$, $(1, 0)$

e) $(-1, -1)$, $(0, 0)$, $(1, 1)$

T38) Qual é o núcleo do homomorfismo $f\ (\mathbb{R}^*, \cdot) \longrightarrow (\mathbb{R}^*, \cdot)$, $f(x) = \dfrac{1}{x^4}$?

a) $N(f) = \mathbb{R}^*$

b) $N(f) = \{1\}$

c) $N(f) = \{0\}$

d) $N(f) = \{\frac{1}{4}, 4\}$

e) $N(f) = \{-1, 1\}$

T39) Escolha a alternativa correta entre as seguintes:

a) Existem inteiros $m > 2$ e $n > 2$ tais que o grupo de permutações $(S_m, \circ)$ é isomorfo ao grupo de classes de restos $(\mathbb{Z}_n, +)$.

b) O grupo de permutações $(S_5, \circ)$ é isomorfo ao grupo de classes de restos $(\mathbb{Z}_{120}, +)$.

c) Dados inteiros $m > 2$ e $n > 2$, o grupo de permutações $(S_m, \circ)$ não é isomorfo ao grupo de classes de restos $(\mathbb{Z}_n, +)$.

d) O grupo de permutações $(S_4, \circ)$ é isomorfo ao grupo de classes de restos $(\mathbb{Z}_4, +)$.

e) O grupo de permutações $(S_4, \circ)$ é isomorfo a algum subgrupo do grupo de classes de restos $(\mathbb{Z}_{24}, +)$.

T40) Qual é a ordem da permutação $\sigma = \begin{pmatrix} 1 & 2 & 3 & 4 & 5 \\ 1 & 4 & 3 & 5 & 2 \end{pmatrix} \in S_5$?

a) $o(\sigma) = 1$

b) $o(\sigma) = 2$

c) $o(\sigma) = 3$

d) $o(\sigma) = 4$

e) $o(\sigma) = 5$

T41) Considere as quatro afirmações a seguir a respeito do subgrupo $H = [4]$ do grupo multiplicativo $G = \mathbb{Q}^*$

1. $H \simeq (\mathbb{Z}, +)$
2. $H = [\frac{1}{4}]$
3. $1, 2, 4$ e 8 pertencem a H
4. $-4, 0$ e 4 pertencem a H

Escolha uma resposta:

a) Somente (1) e (3) são verdadeiras.

b) Todas são falsas.

c) Todas são verdadeiras.

d) Somente (1) e (2) são verdadeiras.

e) Somente (2) e (3) são verdadeiras.

T42) Sejam $x = \begin{bmatrix} 0 & -1 \\ 1 & 0 \end{bmatrix} \in (GL(2, \mathbb{R}), \cdot)$ e $G = [x]$ = grupo cíclico gerado por x. Qual dos seguintes grupos J é isomorfo a G?

a) $J = (\mathbb{Z}_4, +)$

b) $J = (GL_4(\mathbb{R}), \cdot)$

c) $J = (\mathbb{Z}, +)$

d) $J = (\mathbb{R}_+^*, \cdot)$

e) $J = (S_4, \circ)$

T43) Sejam $y = \begin{bmatrix} -1 & -1 \\ 0 & -1 \end{bmatrix} \in (GL(2, \mathbb{R}), \cdot)$ e $G = [y]$ = grupo cíclico gerado por y. Qual dos seguintes grupos J é isomorfo a G?

a) $J = (\mathbb{Z}_4, +)$

b) $J = (GL(4, \mathbb{R}), \cdot)$

c) $J = (\mathbb{Z}, +)$

d) $J = (\mathbb{R}_+^*, \cdot)$

e) $J = (S_4, \circ)$

12.6 CLASSES LATERAIS, SUBGRUPOS NORMAIS, GRUPOS-QUOCIENTES

T44) Sejam $G = (\mathbb{Q}, +)$ e $H = \mathbb{Z}$ um subgrupo de G. Qual dos conjuntos listados a seguir corresponde a $\frac{1}{2}+H$, a classe lateral à esquerda, módulo H, definida pelo elemento $\frac{1}{2} \in G$?

a) $\{\dots, -\frac{5}{2}, -\frac{3}{2}, -\frac{1}{2}, \frac{1}{2}, \frac{3}{2}, \frac{5}{2}, \dots\}$

b) $\{\dots, -\frac{5}{4}, -\frac{3}{4}, -\frac{1}{4}, \frac{1}{4}, \frac{3}{4}, \frac{5}{4}, \dots\}$

c) $\{\dots, -2, -\frac{3}{2}, -1, -\frac{1}{2}, 0, \frac{1}{2}, 1, \frac{3}{2}, 2, \dots\}$

d) $\{-1, -\frac{1}{2}, 0, \frac{1}{2}, 1\}$

e) $\{\dots, -7, -5, -3, -1, 1, 3, 5, 7, \dots\}$

T45) Sejam $G = (\mathbb{Z}_9, +)$ e $H = \{\bar{0}, \bar{3}, \bar{6}\}$ subgrupo de G. Qual é a classe lateral, à direita, módulo H, determinada por $\bar{5} \in G$?

a) $\{\bar{0}, \bar{3}, \bar{6}\}$

b) $\{\bar{0}, \bar{1}, \bar{2}\}$

c) $\{\bar{1}, \bar{4}, \bar{7}\}$

d) $\{\bar{5}, \bar{6}, \bar{7}\}$

e) $\{\bar{2}, \bar{5}, \bar{8}\}$

T46) Sejam $G = (\mathbb{R}^*, \cdot)$ e $H = (\mathbb{Q}^*, \cdot)$. Existe uma infinidade de classes laterais à esquerda, módulo H, definidas por $x \in G$, e, entre elas, podemos afirmar que:

a) $2H \neq 3H$

b) $2H = \sqrt{2}H$

c) $3H = \sqrt{3}H$

d) $\sqrt{2}H \neq \sqrt{3}H$

e) $\sqrt{2}H \neq \sqrt{8}H$

T47) Sejam $G = (\mathbb{Z}_6, +)$ e $H = (\{\bar{0}, \bar{2}, \bar{4}\}, +)$. Entre as classes laterais à esquerda, módulo H, definidas por $x \in G$, podemos afirmar que:

a) $\bar{2} + H \neq \bar{4} + H$

b) $\bar{1} + H = \bar{3} + H$

c) $\bar{1} + H = \bar{0} + H$

d) $\bar{1} + H = \bar{4} + H$

e) $\bar{2} + H = \bar{3} + H$

T48) Um grupo G tem ordem 10. Se H for um subgrupo de G, quais as possibilidades para a ordem de H?

a) $o(H) = 100$

b) $o(H) = 4$ ou $o(H) = 8$

c) $o(H) = 4$ ou $o(H) = 6$ ou $o(H) = 9$

d) $o(H) = 3$ ou $o(H) = 7$ ou $o(H) = 8$

e) $o(H) = 1$ ou $o(H) = 2$ ou $o(H) = 5$ ou $o(H) = 10$

T49) Sejam G um grupo de ordem 120 e H um subgrupo de G de ordem 40. Quanto é o índice de H em G?

a) $(G : H) = 3$

b) $(G : H) = 60$

c) $(G : H) = 9$

d) $(G : H) = 80$

e) $(G : H) = 4$

T50) Sejam $G = (\mathbb{Z}_8, +)$ e H um subgrupo de G. Então podemos afirmar que:

a) A ordem de H é igual a 4, obrigatoriamente.

b) H pode ter ordem 6.

c) Devemos ter $(G : H) = 4$, obrigatoriamente.

d) $\bar{0} \notin H$

e) $H \lhd G$

T51) Consideremos $x = \begin{bmatrix} 0 & -1 \\ 1 & 0 \end{bmatrix}$ e $y = \begin{bmatrix} 0 & 1 \\ -1 & -1 \end{bmatrix}$ dois elementos de $G = GL_2(\mathbb{R})$ e $H = [y]$ como sendo o grupo gerado pelo y:

$$H = \left\{ \begin{bmatrix} 1 & 0 \\ 0 & 1 \end{bmatrix}, \begin{bmatrix} 0 & 1 \\ -1 & -1 \end{bmatrix}, \begin{bmatrix} -1 & -1 \\ 1 & 0 \end{bmatrix}, \right\}.$$

O que podemos afirmar a respeito de H e das classes xH e Hx?

a) Que $xH \neq Hx$ e, consequentemente, H é um subgrupo normal em G.

b) Que $xH = Hx$ e, consequentemente, H não é um subgrupo normal em G.

c) Que $xH \neq Hx$ e, consequentemente, H não é um subgrupo normal em G.

d) Que $xH = Hx$ e, consequentemente, H é um subgrupo normal em G.

e) Que $xH = Hx$ e, consequentemente, xH é um subgrupo normal em G.

T52) Se $f : G \longrightarrow J$ for um homomorfismo de grupos e $N = N(f)$, então podemos afirmar que

a) $G/N = J/N$

b) $N \lhd G$

c) $N \lhd J$

d) $G/N \simeq J$

e) $J/N \simeq G$

T53) Sejam $G = GL(2, \mathbb{R})$ o conjunto de todas as matrizes reais 2×2 invertíveis e $S \subset G$ o conjunto de todas as matrizes reais 2×2 com determinante igual a 1. É possível mostrar que:

- $\varphi : (G, \cdot) \longrightarrow (\mathbb{R}^*, \cdot)$, $\varphi(X) = \det(X)$ é um homomorfismo de grupos.
- $N(f) = S$
- φ é sobrejetora.

O que se pode concluir a partir daí?

a) $S \simeq G$

b) $\mathbb{R}^*/S \simeq G$

c) $G/S = \{0\}$

d) $G \simeq (\mathbb{R}^*, \cdot)$

e) $G/S \simeq (\mathbb{R}^*, \cdot)$

12.7 ANÉIS, SUBANÉIS, ANÉIS DE INTEGRIDADE, CORPOS

T54) Em todo anel comutativo A, para quaisquer $a, b, c \in A$, é sempre válido que:

a) $(a+b)(a-b)+(b-a)(b+a)=0$

b) $(a+b)^3 = a^3 + b^3$

c) $(a-b)^2 = a^2 - b^2$

d) $a(b+c) = (a+b)c$

e) $(a+b+c)^2 = a^2 + b^2 + c^2$

T55) Associe cada item da primeira coluna com um item da segunda coluna mostradas a seguir:

[1] Matrizes quadradas de ordem 3 com elementos reais $M_{3\times 3}(\mathbb{R})$

[2] Conjunto de todas as funções de $\mathbb{R}$ em $\mathbb{R}$ com as operações $(f+g)(x) = f(x)+g(x)$ e $(f\cdot g)(x) = f(x)\cdot g(x)$

[3] Conjunto de todos os inteiros pares $(2\mathbb{Z}, +, \cdot)$

[i] Não é um anel

[ii] Anel comutativo, sem unidade

[iii] Anel comutativo, com unidade

[iv] Anel não comutativo, sem unidade

[v] Anel não comutativo, com unidade

A associação correta é:

a) 1-i, 2-ii, 3-iii

b) 1-iii, 2-iv, 3-i

c) 1-iii, 2-ii, 3-v

d) 1-v, 2-iv, 3-ii

e) 1-v, 2-iii, 3-ii

f) 1-ii, 2-v, 3-iv

T56) No anel $\mathbb{Z}_8$, qual é o conjunto S formado por todas as soluções da equação $x^2 = \bar{1}$?

a) $S = \{\bar{1}\}$

b) $S = \{\bar{0}\}$

c) $S = \{\bar{1}, -\bar{1}\}$

d) $S = \{\bar{1}, \bar{3}, \bar{5}, \bar{7}\}$

e) $S = \{\bar{1}, \bar{3}\}$

T57) No anel $M_{2\times 2}(\mathbb{R})$, sendo $x = \begin{bmatrix} 1 & 2 \\ 3 & 4 \end{bmatrix}$, quanto é o resultado da operação $x^0 + x^1 + x^2$?

a) $\begin{bmatrix} 8 & 12 \\ 18 & 26 \end{bmatrix}$

b) $\begin{bmatrix} 9 & 12 \\ 18 & 27 \end{bmatrix}$

c) $\begin{bmatrix} 9 & 9 \\ 27 & 18 \end{bmatrix}$

d) $\begin{bmatrix} 0 & 12 \\ 13 & 26 \end{bmatrix}$

e) $\begin{bmatrix} 8 & 18 \\ 9 & 27 \end{bmatrix}$

T58) Com a adição e multiplicação usuais, em qual dos casos a seguir temos que A é um subanel de B ?

a) $A = \mathbb{Z}_3$, $B = \mathbb{Z}_9$

b) $A =$ inteiros primos, $B = \mathbb{Z}$

c) $A = 2\mathbb{Z}$, $B = 8\mathbb{Z}$

d) $A = \mathbb{R} - \mathbb{Q}$, $B = \mathbb{R}$

e) $A = 4\mathbb{Z}$, $B = 2\mathbb{Z}$

T59) Qual dos seguintes conjuntos é um corpo com relação à adição $\bar{x} + \bar{y} = \overline{x+y}$ e multiplicação $\bar{x} \cdot \bar{y} = \overline{x \cdot y}$?

a) $\mathbb{Z}_9$

b) $\mathbb{Z}_{11}$

c) $\mathbb{Z}_{12}$

d) $\mathbb{Z}_{10}$

e) $\mathbb{Z}_8$

T60) Qual dos seguintes conjuntos é um anel de integridade? (adição e multiplicação são as usuais)

a) O conjunto $\mathbb{Q}$ dos números racionais

b) O conjunto $\mathbb{N}$ dos números naturais

c) $M_{2\times 2}(\mathbb{Q})$

d) $\{f : \mathbb{Z} \longrightarrow \mathbb{Z} \mid f(1) = 1\}$

e) $\{f : \mathbb{Z} \longrightarrow \mathbb{Z} \mid f(0) = 0\}$

f) $M_{3\times 3}(\mathbb{R})$

T61) Escolha a única alternativa verdadeira.

a) Existe um exemplo de corpo que não é anel de integridade.

b) Existe um exemplo de corpo que tem apenas uma quantidade finita de elementos.

c) Todo corpo tem que conter o conjunto dos números reais.

d) Todo corpo que contiver os números racionais também terá que conter os números reais.

e) Os conjuntos $\mathbb{Q}$ e $\mathbb{R}$ são exemplos de corpos e não existe outro corpo $\mathbb{K}$ diferente desses tal que $\mathbb{Q} \subset \mathbb{K} \subset \mathbb{R}$.

T62) Qual dos seguintes conjuntos é um corpo com relação à adição e multiplicação usuais?

a) $\{a + b\sqrt{7} \mid a, b \in \mathbb{Z}\}$

b) $\{a + b\sqrt{7} \mid a, b \in \mathbb{R}, a > 0, b > 0\}$

c) $\{a + b\sqrt{7} \mid a, b \in \mathbb{Q}, a < 0, a < 0\}$

d) $\{a + b\sqrt{7} \mid a, b \in \mathbb{Q}\}$

e) $\{a + b\sqrt[3]{7} \mid a, b \in \mathbb{Q}\}$

T63) Com as operações de adição e multiplicação usuais, qual dos seguintes conjuntos é um corpo?

a) $A = \{a + bi \mid a, b \in \mathbb{Z}\}$

b) $B = \{a + bi \mid a, b \in \mathbb{R}_+^*\}$

c) $C = \{a + b\sqrt[4]{5} \mid a, b \in \mathbb{Q}\}$

d) $D = \{a + b\sqrt[3]{5} \mid a, b \in \mathbb{Q}\}$

e) $E = \{a + b\sqrt{5} \mid a, b \in \mathbb{Z}\}$

f) $F = \{a + b\sqrt{5} \mid a, b \in \mathbb{Q}\}$

T64) Sendo $K = \mathbb{Q}[\sqrt{3}] = \{a + b\sqrt{3} \mid a, b \in \mathbb{Q}\}$ com as operações de adição e multiplicação usuais e $x = 11 + 2\sqrt{3} \in K$, determine x^{-1}, o inverso multiplicativo de x.

a) $x^{-1} = \dfrac{11}{13} - \dfrac{\sqrt{3}}{13}$

b) $x^{-1} = \dfrac{1}{133} + \dfrac{3\sqrt{3}}{133}$

c) $x^{-1} = \dfrac{11}{133} + \dfrac{\sqrt{3}}{133}$

d) $x^{-1} = \dfrac{11}{109} + \dfrac{\sqrt{3}}{109}$

e) $x^{-1} = \dfrac{11}{109} - \dfrac{\sqrt{3}}{109}$

f) $x^{-1} = \dfrac{1}{19} - \dfrac{3\sqrt{3}}{19}$

T65) No corpo $K = \mathbb{Q}[\sqrt[3]{3}] = \{a + b\sqrt[3]{3} + c\sqrt[3]{9} \mid a, b, c \in \mathbb{Q}\}$ com as operações de adição e multiplicação usuais, consideremos $x = 5 - 2\sqrt[3]{3} \in K$, determine x^{-1}, o inverso multiplicativo de x.

a) $x^{-1} = -\dfrac{25}{101} - \dfrac{10\sqrt[3]{3}}{101} + \dfrac{4\sqrt[3]{9}}{101}$

b) $x^{-1} = -\dfrac{25}{101} + \dfrac{10\sqrt[3]{3}}{101} - \dfrac{4\sqrt[3]{9}}{101}$

c) $x^{-1} = \dfrac{25}{101} + \dfrac{10\sqrt[3]{3}}{101} - \dfrac{4\sqrt[3]{9}}{101}$

d) $x^{-1} = \dfrac{25}{101} - \dfrac{10\sqrt[3]{3}}{101} + \dfrac{4\sqrt[3]{9}}{101}$

e) $x^{-1} = \dfrac{25}{101} + \dfrac{10\sqrt[3]{3}}{101} + \dfrac{4\sqrt[3]{9}}{101}$

f) $x^{-1} = \dfrac{25}{101} - \dfrac{10\sqrt[3]{3}}{101} - \dfrac{4\sqrt[3]{9}}{101}$

12.8 HOMOMORFISMOS E ISOMORFISMOS DE ANÉIS

T66) Uma função $f : \mathbb{R} \longrightarrow \mathbb{R}$ possui as seguintes propriedades: $f(a+b) = f(a)+f(b)$ e $f(ab) = f(a)f(b)$ para quaisquer $a, b \in \mathbb{R}$. Como costuma ser denominada uma função como essa?

a) f é uma função contínua definida no anel $(\mathbb{R}, +, \cdot)$.

b) f é uma transformação linear.

c) f é uma função constante definida no anel $(\mathbb{R}, +, \cdot)$.

d) f é uma função crescente definida no anel $(\mathbb{R}, +, \cdot)$.

e) f é uma função monótona definida no anel $(\mathbb{R}, +, \cdot)$.

f) f é um homomorfismo de anéis.

T67) A função $g : \mathbb{Q} \longrightarrow \mathbb{Q}$ é um homomorfismo de anéis tal que $g(3) = 3$ e $g(5) = 5$. Podemos concluir que $g(8)$ e $g(9)$ são respectivamente iguais a:

a) 1 e 8.

b) 8 e 9.

c) 0 e 1.

d) 0 e 0.

e) 9 e 25.

f) 64 e 81.

T68) A função $\varphi : \mathbb{Z} \longrightarrow \mathbb{Z} \times \mathbb{Z}$ é um homomorfismo do anel $(\mathbb{Z}, +, \cdot)$ no anel $(\mathbb{Z} \times \mathbb{Z}, +, \cdot)$. Nessas condições, quanto é $\varphi(0)$?

a) $(0, 0)$

b) $(1, 0)$

c) $(0, 1)$

d) $(1, 1)$

e) Impossível de se calcular.

T69) Qual das funções a seguir é um homomorfismo de anéis?

a) $f : \mathbb{R} \times \mathbb{R} \longrightarrow \mathbb{R},\ f(x,y) = x^2 + y^2$

b) $g : \mathbb{R} \times \mathbb{R} \longrightarrow \mathbb{R},\ g(x,y) = x + y$

c) $h : \mathbb{R} \times \mathbb{R} \longrightarrow \mathbb{R},\ h(x,y) = 0$

d) $j : \mathbb{R} \longrightarrow \mathbb{R},\ j(x) = -x$

e) $p : \mathbb{R} \longrightarrow \mathbb{R},\ p(x) = x^2 - 5x + 6$

T70) A função $f : \mathbb{Z} \longrightarrow \mathbb{Z}$, $f(x) = kx$, é um homomorfismo de anéis. Nessas condições, quais os possíveis valores para k ?

a) $k = 0$ ou $k = 1$.

b) $k = 2$.

c) $k = 1$ ou $k = 2$ ou $k = 3$.

d) $k = -1$ ou $k = 1$.

e) $k = -1$.

T71) Considere as seguintes afirmações:

[1] Se A for um anel com unidade $1 \in A$ e $f : A \longrightarrow A$ um homomorfismo de anéis, então podemos concluir que $f(1) = 1$.

[2] Se A for um anel com unidade, $x \in A$ for invertível (com relação à multiplicação) e $f : A \longrightarrow A$ for um homomorfismo sobrejetor, então $f(x^{-1}) = [f(x)]^{-1}$.

[3] Sejam $f : A \longrightarrow B$ um homomorfismo de anéis e L um subanel de A. Então, a imagem direta de L pela f, $f(L)$, é um subanel de B.

Podemos afirmar que:

a) Todas são verdadeiras.

b) Todas são falsas.

c) Somente [1] é verdadeira.

d) Somente [2] e [3] são verdadeiras.

e) Somente [3] é verdadeira.

f) Somente [2] é verdadeira.

g) Somente [1] e [2] são verdadeiras.

h) Somente [1] e [3] são verdadeiras.

T72) Sendo $f : A \longrightarrow B$ um homomorfismo de anéis, que nome é dado a $f^{-1}(\{0\})$, a imagem inversa de $\{0\}$ pela função f ?

a) Domínio de f.

b) Imagem de f.

c) Valor mínimo de f.

d) Núcleo de f.

e) Função composta de f com a função constante nula.

T73) Consideremos os anéis $A = (\mathbb{R}, +, \cdot)$ e $B = (M_{2\times 2}(\mathbb{R}), +, \cdot)$ e o homomorfismo $f : A \longrightarrow B$ definido por $f(x) = \begin{bmatrix} x & 0 \\ 0 & x \end{bmatrix}$. O núcleo de f é:

a) $\{1\}$

b) $\{0\}$

c) $\{-1, 0, 1\}$

d) $\begin{bmatrix} 1 & 0 \\ 0 & 1 \end{bmatrix}$

e) $\begin{bmatrix} 0 & 0 \\ 0 & 0 \end{bmatrix}$

f) $(0, 0)$

g) $\{(1, 0),\ (0, 1)\}$

12.9 IDEAIS E ANÉIS-QUOCIENTES

T74) Qual dos conjuntos I a seguir é um ideal de $\mathbb{R}$?

a) $I = \{0\}$

b) $I = \mathbb{Z}$

c) $I = \mathbb{Q}$

d) $I = \mathbb{R} - \mathbb{Q}$

e) $I = \mathbb{Q}[\sqrt{2}] = \{a + b\sqrt{2} \mid a, b \in \mathbb{Q}\}$

T75) Qual dos conjuntos I a seguir é um ideal de $\mathbb{Z}$?

a) $I = \{-4m + 1 \mid m \in \mathbb{Z}\}$

b) $I = \{4m + 1 \mid m \in \mathbb{Z}\}$

c) $I = \{4m + 3 \mid m \in \mathbb{Z}\}$

d) $I = \{-4m \mid m \in \mathbb{Z}\}$

e) $I = \{4m \mid m \in \mathbb{Q}\}$

T76) Qual dos conjuntos I a seguir é um ideal de $\mathbb{R}^{\mathbb{R}}$, o conjunto de todas as funções de $\mathbb{R}$ em $\mathbb{R}$?

a) $I = \{f : \mathbb{R} \longrightarrow \mathbb{R} \mid f(-x) = f(x),\ \forall x \in \mathbb{R}\}$ = conjunto de todas as funções pares.

b) $I = \{f : \mathbb{R} \longrightarrow \mathbb{R} \mid f(x) > 0,\ \forall x \in \mathbb{R}\}$ = conjunto de todas as funções positivas.

c) $I = \{f : \mathbb{R} \longrightarrow \mathbb{R} \mid f(1) = 1\}$ = conjunto de todas as funções cujos gráficos passam pelo ponto $(1, 1)$.

d) $I = \{f : \mathbb{R} \longrightarrow \mathbb{R} \mid f(-x) = -f(x),\ \forall x \in \mathbb{R}\}$ = conjunto de todas as funções ímpares.

e) $I = \{f : \mathbb{R} \longrightarrow \mathbb{R} \mid f(0) = 0\}$ = conjunto de todas as funções cujos gráficos passam pela origem $(0, 0)$.

T77) Selecione a única alternativa verdadeira:

a) Se I é um ideal de $\mathbb{Z}$, então I também é um ideal de $\mathbb{R}$.

b) Se I é um ideal de $\mathbb{Z}$, então I também é um ideal de $\mathbb{Q}$.

c) Todo subanel I de um anel comutativo A também é um ideal desse anel.

d) Todo ideal I de um anel comutativo A também é um subanel desse anel.

e) Existe um subconjunto finito com mais de 2 elementos que é ideal de $\mathbb{R}$.

f) Existe um subconjunto finito com mais de 2 elementos que é ideal de $\mathbb{Q}$.

T78) Sejam $A = \mathbb{Z}$ e $I = 7\mathbb{Z}$ com as operações usuais de adição e multiplicação e $x = 3 + I$, $y = 4 + I$ dois elementos do anel-quociente A/I. Calculando a soma $x + y$ e o produto $x \cdot y$ em A/I, obtemos respectivamente:

a) $4 + I$ e $5 + I$

b) $2 + I$ e $3 + I$

c) I e $5 + I$

d) $6 + I$ e $5 + I$

e) $2 + I$ e $1 + I$

T79) Seja J um ideal de um anel comutativo com unidade A. Os elementos neutros da adição e da multiplicação de A/J são respectivamente iguais a:

a) 1 e J

b) J e $1 + J$

c) 0 e J

d) $(-1)J$ e J

e) $-1 + J$ e $1 + J$

T80) Se p for um inteiro primo, o anel-quociente $\mathbb{Z}/p\mathbb{Z}$ é um corpo. Considerando $p = 11$, qual é o inverso multiplicativo de $x = 4 + 11\mathbb{Z} \in \mathbb{Z}/11\mathbb{Z}$?

a) $8 + 11\mathbb{Z}$

b) $5 + 11\mathbb{Z}$

c) $1 + 11\mathbb{Z}$

d) $9 + 11\mathbb{Z}$

e) $3 + 11\mathbb{Z}$

T81) A função $f : \mathbb{Z} \longrightarrow \mathbb{Z}_8$ definida por $f(x) = \bar{x}$ é sobrejetora e é um homomorfismo de anéis cujo núcleo é igual a $8\mathbb{Z}$, o conjunto dos inteiros múltiplos de 8. A partir dessas informações, podemos afirmar que:

a) $\frac{\mathbb{Z}}{\{0\}} \simeq \mathbb{Z}_8$

b) $\frac{\mathbb{Z}}{\{0\}} \simeq 8\mathbb{Z}$

c) $\mathbb{Z} \simeq 8\mathbb{Z}$

d) $\frac{\mathbb{Z}}{8\mathbb{Z}} \simeq \{0\}$

e) $\frac{\mathbb{Z}}{8\mathbb{Z}} \simeq \mathbb{Z}_8$

12.10 POLINÔMIOS

T82) Qual é o resto da divisão de $2x^5 + 3x^2 + 4x - 5$ por $x^3 + 2x^2 + 4$?

a) $21x^2 - 20x + 17$

b) $37x^2 - 21x + 11$

c) $-21x^2 + 20x - 37$

d) $21x^2 - 20x - 37$

e) $21x^2 + 20x - 17$

f) $-37x^2 - 20x + 17$

T83) Dividindo-se o polinômio $f(x)$ por $x^2 + 1$, obtém-se quociente $x - 2$ e resto $2x + 1$. Qual é o resto da divisão de $f(x)$ por $x - 3$?

a) 49

b) 19

c) 0

d) -13

e) 17

T84) Quando $p(x) = x^8 - x + 1 \in \mathbb{R}[x]$ é fatorado, um dos fatores é $x^2 - x + 1$. Sendo assim, podemos afirmar que:

a) $p(x) = (x^2 - x + 1)^4$

b) $p(x) = (x^2 - x + 1)(x^6 + x^5 - x^3 - x^2 + 1)$

c) $p(x) = (x^2 - x + 1)(x^2 + x - 1)(x^2 - x + 1)(x^2 - x - 1)$

d) $p(x) = (x^2 - x + 1)(x^6 + x^5 + x^3 + x^2 + x + 1)$

e) $p(x) = (x^2 - x + 1)(x^6 - x^5 + x^4 - x^3 + x^2 + 1)$

f) $p(x) = (x^2 - x + 1)(x^2 + x - 1)(x^4 - x^3 - x^2 - x - 1)$

T85) Determine os valores de A e B para que a igualdade

$$\frac{x}{x^2 - 9} = \frac{A}{x + 3} + \frac{B}{x - 3}$$

seja verificada para todo $x \in \mathbb{R} - \{-3, 3\}$.

a) $A = B = \frac{1}{2}$

b) $A = -2, B = 2$

c) $A = -\frac{1}{2}, B = 2$

d) $A = -2, B = \frac{1}{2}$

e) $A = B = 2$

T86) Se $f(x)$ for um polinômio de coeficientes reais de grau 3, qual é o grau do polinômio $g(x) = [f(x)]^3 + 10[f(x)]^2 - 4f(x) - 5$?

a) $\partial g = 6$

b) $\partial g = 8$

c) $\partial g = 5$

d) $\partial g = 7$

e) $\partial g = 9$

T87) Sendo $f(x) = \bar{2}x^2 - \bar{2}x + \bar{1} \in \mathbb{Z}_4[x]$, qual é o grau do polinômio $[f(x)]^2$?

a) 0

b) 1

c) 2

d) 3

e) 4

T88) Qual dos polinômios a seguir é irredutível sobre $\mathbb{Z}$?

a) $x^3 + 7x^2 + 14x - 21$

b) $x^4 - 5x^2 + 6$

c) $x^4 - 64$

d) $x^2 - 7x + 12$

e) $x^3 + 7x^2 + 14x$

T89) Quais são as raízes em $\mathbb{Z}_5$ do polinômio $p(x) = x^2 + \bar{4} \in \mathbb{Z}_5[x]$?

a) $\bar{3}$ e $\bar{4}$

b) $\bar{2}$ e $\bar{3}$

c) $\bar{1}$ e $\bar{2}$

d) $\bar{1}$ e $\bar{4}$

e) $\bar{2}$ e $\bar{4}$

T90) Qual é o conjunto S formado por todas as raízes da equação

$$10x^4 - 27x^3 - 110x^2 - 27x + 10 = 0\ ?$$

a) $\{-2, -\frac{1}{2}, \frac{1}{5}, 5\}$

b) $\{-5, -\frac{1}{2}, \frac{1}{5}, 2\}$

c) $\{-2, -\frac{1}{5}, \frac{1}{2}, 5\}$

d) $\{-4, -\frac{1}{2}, \frac{1}{3}, 2\}$

e) $\{-2, -\frac{1}{4}, \frac{1}{2}, 4\}$

T91) Escolha a única alternativa verdadeira.

a) Se A for um anel comutativo com unidade e $f(x), g(x) \in A[x]$ forem dois polinômios de graus 3 e 5, respectivamente, então seu produto $f(x) \cdot g(x)$ é um polinômio de grau 8.

b) Se A for um anel comutativo com unidade e $f(x), g(x) \in A[x]$ forem dois polinômios de graus iguais a 4, então seu produto $f(x) \cdot g(x)$ é um polinômio de grau 8.

c) Se A for um anel comutativo com unidade e $f(x), g(x) \in A[x]$ forem dois polinômios de graus iguais a 4, então sua soma $f(x) + g(x)$ é um polinômio de grau 4.

d) Se A for um corpo e $f(x), g(x) \in A[x]$ forem dois polinômios de graus iguais a 4, então seu produto $f(x) \cdot g(x)$ é um polinômio de grau 8.

e) Se A for um corpo e $f(x), g(x) \in A[x]$ forem dois polinômios de graus iguais a 4, então sua soma $f(x) + g(x)$ é um polinômio de grau 4.

T92) O valor de k para que $p(x) = x^4 + kx^2 + 2x - 8$ seja divisível por $x + 2$ é

a) -3

b) -1

c) 0

d) 1

e) 3

T93) O máximo divisor comum dos polinômios $x^4 + x^3 - 11x^2 + 20$ e $x^5 + 8x^4 + 23x^3 + 31x^2 + 20x + 5$ é

a) $x^2 - x + 5$

b) $x^2 - 5x + 1$

c) $x^2 + 5x + 5$

d) $x^2 + x + 5$

e) $x^3 + 5x - 1$

T94) As raízes racionais da equação $2x^5 + 23x^4 + 82x^3 + 98x^2 + 80x + 75 = 0$ estão contidas no conjunto

a) $\{1, 3, 5, 15, 25, 75, \frac{1}{2}, \frac{3}{2}, \frac{5}{2}, \frac{15}{2}, \frac{25}{2}, \frac{75}{2}\}$

b) $\{\pm 1, \pm 3, \pm 5, \pm 15, \pm 25, \pm 75, \pm\frac{1}{2}, \pm\frac{3}{2}, \pm\frac{5}{2}, \pm\frac{15}{2}, \pm\frac{25}{2}, \pm\frac{75}{2}\}$

c) $\{\pm 1, \pm 3, \pm 6, \pm 15, \pm 25, \pm 60, \pm\frac{1}{2}, \pm\frac{3}{2}, \pm\frac{6}{2}, \pm\frac{15}{2}, \pm\frac{25}{2}, \pm\frac{60}{2}\}$

d) $\{\pm 1, \pm 3, \pm 5, \pm 15, \pm 25, \pm 75, \pm\frac{1}{4}, \pm\frac{3}{4}, \pm\frac{5}{4}, \pm\frac{15}{4}, \pm\frac{25}{4}, \pm\frac{75}{4}\}$

e) $\{\pm 1, \pm 3, \pm 5, \pm 15, \pm 25, \pm 75, \pm\frac{1}{8}, \pm\frac{3}{8}, \pm\frac{5}{8}, \pm\frac{15}{8}, \pm\frac{25}{8}, \pm\frac{75}{8}\}$

f) $\{-1, -3, -5, -15, -25, -5, -\frac{1}{2}, -\frac{3}{2}, -\frac{5}{2}, -\frac{15}{2}, -\frac{25}{2}, -\frac{75}{2}\}$

T95) Se $m = \sqrt[3]{45 - 29\sqrt{2}} + \sqrt[3]{45 + 29\sqrt{2}}$, então m é raiz da equação

a) $x^3 - 21x + 90 = 0$

b) $x^3 + 21x - 90 = 0$

c) $x^3 - 90x - 21 = 0$

d) $x^3 - 21x - 90 = 0$

e) $x^3 + 90x - 21 = 0$

T96) Seja $\alpha \in \mathbb{R}^*$. Qual é uma equação polinomial do quarto grau que tem raízes iguais a α^2, $-\alpha^2$, $\dfrac{1}{\alpha^2}$ e $-\dfrac{1}{\alpha^2}$?

a) $x^4 - \left(\alpha^2 + \frac{1}{\alpha^2}\right)x^2 + 1 = 0$

b) $x^4 - \left(\alpha^4 + \frac{1}{\alpha^4}\right)x^2 + 1 = 0$

c) $x^4 - \left(\alpha^8 + \frac{1}{\alpha^8}\right)x^2 + 1 = 0$

d) $x^4 - \alpha^4 x - \frac{1}{\alpha^4} = 0$

e) $x^4 + \alpha^2 x + \frac{1}{\alpha^2} = 0$

T97) Determine $\text{mdc}(M(x), N(x))$ sabendo que $M(x)$ e $N(x)$ são polinômios tais que

$$(x^4 + 4x^2 - 5)M(x) + (x^4 + 3x^2 + 2)N(x) = x^2 + 1.$$

a) $\text{mdc}(M(x), N(x)) = x^4 + 2x^2 + 1$

b) $\text{mdc}(M(x), N(x)) = x^4 + 3x^2 + 2$

c) $\text{mdc}(M(x), N(x)) = x^4 + 4x^2 - 5$

d) $\text{mdc}(M(x), N(x)) = x^2 + 1$

e) $\text{mdc}(M(x), N(x)) = 1$

T98) Calcule $d(x) = \text{mdc}(x^{17} + x - 1,\ x^{11} + x - 1)$.

a) $d(x) = x^2 - x + 1$

b) $d(x) = x^3 - x + 1$

c) $d(x) = x^4 - x + 1$

d) $d(x) = x^5 - x + 1$

e) $d(x) = x^6 - x + 1$

f) $d(x) = x^7 - x + 1$

T99) Se z for uma raiz da equação $x^{11} + x + 1 = 0$, então

a) $\frac{1}{11} \leqslant |z| \leqslant \frac{1}{2}$

b) $\frac{1}{2} \leqslant |z| < 1$

c) $\frac{1}{2} \leqslant |z| \leqslant 2$

d) $\frac{1}{11} \leqslant |z| < 1$

e) $2 < |z| \leqslant 3$

f) $3 \leqslant |z| \leqslant 4$

T100) Sabendo que as raízes da equação $x^4 - 10x^3 + 54x^2 - 130x + 125 = 0$ são $3 \pm 4i$, $2 \pm i$, então as raízes de $125x^4 - 130x^3 + 54x^2 - 10x + 1 = 0$ são

a) $\frac{3}{5} \pm \frac{2i}{5}, \frac{2}{15} \pm \frac{i}{15}$

b) $\frac{2}{5} \pm \frac{4i}{5}, \frac{3}{50} \pm \frac{i}{50}$

c) $\frac{1}{3} \pm \frac{i}{4}, \frac{1}{2} \pm i$

d) $\frac{3}{25} \pm \frac{4i}{25}, \frac{2}{5} \pm \frac{i}{5}$

e) $\frac{2}{25} \pm \frac{3i}{25}, \frac{1}{5} \pm \frac{4i}{5}$

f) $\frac{4}{125} \pm \frac{3i}{125}, \frac{4}{5} \pm \frac{i}{5}$

RESPOSTAS DOS TESTES

T1 - E	T2 - E	T3 - E	T4 - B	T5 - C
T6 - F	T7 - F	T8 - C	T9 - F	T10 - F
T11 - H	T12 - B	T13 - A	T14 - D	T15 - B
T16 - A	T17 - A	T18 - B	T19 - G	T20 - D
T21 - C	T22 - B	T23 - D	T24 - F	T25 - C
T26 - D	T27 - A	T28 - A	T29 - D	T30 - A
T31 - C	T32 - C	T33 - E	T34 - A	T35 - B
T36 - C	T37 - C	T38 - E	T39 - C	T40 - C
T41 - D	T42 - A	T43 - C	T44 - A	T45 - E
T46 - D	T47 - B	T48 - E	T49 - A	T50 - E
T51 - C	T52 - B	T53 - E	T54 - A	T55 - E
T56 - D	T57 - B	T58 - E	T59 - B	T60 - A
T61 - B	T62 - D	T63 - F	T64 - E	T65 - E
T66 - F	T67 - B	T68 - C	T69 - B	T70 - A
T71 - D	T72 - B	T73 - B	T74 - A	T75 - D
T76 - E	T77 - D	T78 - C	T79 - B	T80 - E
T81 - E	T82 - C	T83 - E	T84 - B	T85 - A
T86 - E	T87 - A	T88 - A	T89 - D	T90 - A
T91 - D	T92 - B	T93 - C	T94 - B	T95 - D
T96 - B	T97 - E	T98 - A	T99 - C	T100 - D

Referências

Ayres Jr, F., Jaisingh, L. R., *Theory and Problems of Abstract Algebra*, Schaum's Outline Series, 2nd. edition, McGraw Hill, New York, 2004.

Baumslag, B., Chandler, B., *Theory and Problems of Group Theory*, Schaum's Outline Series, McGraw Hill, New York, 1968.

Barbeau, E. J., *Polynomials*, Springer-Verlag, New York, 1989.

Domingues, H. H., Iezzi, G., *Álgebra Moderna*, Atual Editora Ltda., São Paulo, 1979.

Faddieev, D., Sominski, I., *Problemas de Algebra Superior*, Editorial Mir, Moscou, 1980.

Fraleigh, J. B., *A first course in Abstract Algebra*, Addison–Wesley Publishing Company, Reading, 1966.

Gallian, J. A., *Contemporary Abstract Algebra*, 10th edition, Boca Raton, 2021.

Gonçalves, A., *Introdução à Álgebra*, Projeto Euclides, Rio de Janeiro, 1979.

Herstein, I. N., *Topics in Algebra*, Ginn and Company, Waltham, 1964.

Hungerford, T. W., *Abstract Algebra: An Introduction*, 3rd edition, Brooks/Cole Cengage Learning, 2014.

Kostrikin, A. I., *Introducción al Álgebra*, Editorial Mir, Moscou, 1983.

Krechmar, V. A., *A Problem Book In Algebra*, Mir Publishers, Moscow, 1978.

Kurosch, A. G., *Curso de Algebra Superior*, Editorial Mir, Moscou, 1968.

Menezes, D. L., *Abecedário da Álgebra – 1º volume – Ciclo Ginasial*, Departamento de Imprensa Nacional, Rio de Janeiro, 1959.

Monteiro, L. H. J., *Elementos de Álgebra*, Ao Livro Técnico S. A., Rio de Janeiro, 1969.

Prakash, R., Kumar, A., Gupta, U., *JEE Advanced Comprehensive Mathematics*, McGraw Hill Education (India) Private Limited, 2019.

Rotman, J. J., *A First Course In Abstract Algebra With Applications*, 3rd edition, Prentice Hall, New Jersey, 2005.

Sominski, I. S., *Método de Inducción Matemática*, 2a edición, Editorial Mir, Moscou, 1985.

Vorobiov, N. N., Criterios de Divisibilidad, 2a edición, Editorial Mir, Moscou, 1984.

Índice remissivo

GRÁFICA PAYM
Tel. [11] 4392-3344
paym@graficapaym.com.br